Allgemeine Chemie

Band I

Ralph S. Becker · Wayne E. Wentworth

Allgemeine Chemie

Band I:

Atom- und Molekülbau, Periodensystem, Chemische Reaktionen

Übersetzt und bearbeitet von Wolfgang Parr

100 meist zweifarbige Abbildungen, 43 Tabellen

Georg Thieme Verlag Stuttgart 1976

Titel der Originalausgabe: *General Chemistry*

Autoren:
Ralph S. Becker
Wayne E. Wentworth
University of Houston

Übersetzer:
Prof. Wolfgang Parr, Houston und Berlin

CIP-Kurztitelaufnahme der Deutschen Bibliothek

Becker , Ralph S.
Allgemeine Chemie / Ralph S. Becker ; Wayne E. Wentworth.
Übers. u. bearb. von Wolfgang Parr. —
Einheitssacht.: General chemistry ⟨dt.⟩.

NE: Wentworth , Wayne E. :; Parr , Wolfgang [Bearb.]

Bd. 1. Atom- und Molekülbau, Periodensystem,
chemische Reaktionen.
ISBN 3-13-519101-X

Printed in Germany

Satz und Druck: Druckhaus Dörr, Inhaber Adam Götz, Ludwigsburg

ISBN Thieme: 3 13 519101 X

ISBN dtv: 3 423 04178 1

Vorwort

Das Lehrbuch „Allgemeine Chemie" ist von den amerikanischen Autoren Ralph Becker und Wayne Wentworth als Einführungstext in die Chemie sowohl für Studenten der Chemie, der Natur- und Ingenieurwissenschaften als auch für Mediziner und Pharmazeuten geschrieben worden. Es ist für Studienanfänger gedacht; Kenntnisse der höheren Mathematik und Grundlagen in der Chemie werden nicht vorausgesetzt.

Die grundlegenden Gedanken der Chemie sind durch den ganzen Text hindurch integriert; sie werden in eine Beziehung miteinander gebracht, sobald dies von anderen Disziplinen gefordert wird.

Der Text befaßt sich entsprechend der allgemeinen Chemie, sowohl mit der anorganischen, physikalischen als auch mit der organischen Chemie. Um eine Streuung der Materie über einzelne Kapitel zu vermeiden, werden die verschiedenen Aspekte möglichst geschlossen behandelt. Das Ziel wurde dadurch erreicht, daß die Struktur und Klassifikation organischer Verbindungen sehr früh besprochen wird und so bei der Einführung neuer Konzepte die Diskussion anorganische und organische Moleküle gleich wohl behandelt.

Die amerikanische Vorlage wurde für den deutschen Sprachgebrauch überarbeitet und, um das Format eines Taschenbuches zu bewahren, erscheint das Werk in 3 Bänden. Jeder Band enthält ein separates Register. In Band I (Kapitel 1—9) werden Atom- und Molekülstrukturen von anorganischen und organischen Verbindungen besprochen. Eine allgemeine Betrachtung des Periodischen Gesetzes und der Gruppeneigenschaften findet man in Kapitel 9. Durch die frühe Einführung organischer Verbindungen wird gewährleistet, daß Thermodynamik, Kinetik und Elektrochemie (Band II, Kapitel 10—15) auf anorganische und organische Moleküle Anwendung finden. Band III (Kapitel 16—19 mit Anhang und Antworten zu Übungen und Aufgaben) beschäftigt sich mit den Übergangselementen (Kapitel 16) und der Kernchemie (Kapitel 17). Die Kapitel 18 (Biochemie) und 19 (Photochemie) stellen besonders interessante Probleme dar, die dem heutigen Stand der Forschung entsprechen. Sie zeigen ferner die Bedeutung der Integration der Chemie mit Physik und Biologie.

An zwei verschiedenen Stellen im Text findet man Aufgaben und Übungen. Sie dienen zwei verschiedenen Zwecken. Die Aufgaben im fortlaufenden Text sollen zum Denken anregen und die Anwendung eines gerade diskutierten Konzepts illustrieren. Die Übungen am Ende eines jeden Kapitels beziehen sich auch auf die vorausgehenden Kapitel und stellen häufig praktische Anwendungen der Chemie im täglichen Leben dar.

Den Herren Professoren R. Becker und W. Wentworth danke ich für Ihre Unterstützungen und Anregungen bei der Bearbeitung des Textes. Ferner danke ich meiner Frau Brigitte für das Schreiben des Manuskriptes und den Herren Dr. K. Hägele und H. J. Schröter für das Lesen von Korrekturen.

Berlin, im November 1975 Wolfgang Parr

Inhaltsverzeichnis

Vorwort V

KAPITEL 1 1

Einleitung 1

I—A. Warum ist die Chemie wichtig? 2
I—B. Chemie und Gesellschaft 4
I—C. Die wissenschaftliche Methode 5

KAPITEL 2 8

Struktur und Zustandsformen der Materie 8

2—A. Allgemeine Struktur der Atome — Elemente 8
Symbole 10
Atomgewichtsskala 10
Atomgewichte der Elemente 12
Einatomige Ionen 12

2—B. Allgemeine Struktur der Moleküle — Verbindungen 15
Molekularformeln 15
Mehratomige Ionen 18
Gegenüberstellung: Kovalente — ionische Bindung 19
Gegenüberstellung: Verbindungen — Mischungen 22
Molekulargewicht 23
Prozentuale Zusammensetzung 24
Bestimmung der einfachsten Formel 25

2—C. Nomenklatur anorganischer Verbindungen 27
Nomenklatur von Verbindungen auf der Basis ihrer ionischen Bestandteile 27
Binäre kovalente Verbindungen der Nichtmetalle 29

2—D. Molbegriff 31

2—E. Zustandsformen der Metalle 34
Fester Zustand 34
Flüssiger Zustand 36
Gasförmiger Zustand 37

2—F. Lösungen — Konzentrationseinheiten 38

2—G. Ideales Gasgesetz 43
Absolute Temperatur — Charles-Gesetz 44
Gramm-Molvolumen — Avogadro-Gesetz 45
Ideale Gasgleichung 47
Dalton-Gesetz der Partialdrucke 50

Übungen 52

KAPITEL 3 57

Chemische Reaktionen 57

3—A. Chemische Gleichungen 57
Abgleichen von Reaktionsgleichungen durch Überprüfen 58

3—B. Allgemeine Klassifikation von chemischen Reaktionen . . . 61
Direkte Vereinigung (Kombination) 61
Zersetzung 62
Einfache Umsetzung 62
Doppelte Umsetzung 63

3—C. Chemisches Gleichgewicht 64

3—D. Oxidations-Reduktionsreaktionen 67
Oxidationszahlen 68
Beispiele für Oxidations-Reduktionsreaktionen 70
Abgleichen von Oxidations-Reduktionsgleichungen 72
Äquivalentgewichte für Oxidations-Reduktionsmittel 74

3—E. Säure-Basen-Reaktionen 75
Säuren 76
Basen 78
Neutralisation durch Säure-Basen-Reaktionen 79
Äquivalentgewichte für Säuren und Basen 80
Lösungsmittelkonzept der Säuren und Basen 81
Brönsted-Lowry'sche Theorie der Säuren und Basen 83

3—F. Beziehung zwischen Mol, Molekül, Masse, Gramm-Molvolumen und Äquivalentgewicht 86

3—G. Stöchiometrie 89

Übungen 95

KAPITEL 4 101

Atomstruktur 101

4—A. Gegenüberstellung der klassischen Mechanik und Quantenmechanik 101
4—B. Dualismus des Lichts 102
4—C. Atomspektren 105
4—D. Bohr'sche Theorie 108
4—E. De Broglie'sche Hypothese 112
4—F. Dualismus des Elektrons — Wellenmechanik 114
4—G. Heisenberg'sche Unschärferelation 115
4—H. Quantenmechanische Ergebnisse für das Wasserstoffatom . . 116
Erlaubte Quantenzahlen 116
Orbitalenergien 119
4—I. Beschreibung der Atomorbitale für Wasserstoff 120

Konturzeichnungen . . . 121
Zweidimensionale Verteilung . . . 122
Atomorbitale des Wasserstoffs . . . 124
4—J. Spinquantenzahl . . . 133
4—K. Begriffe, die die Elektronenkonfigurationen bestimmen . . . 134
Das Pauli-Prinzip . . . 135
Hund'sche Regel . . . 135
4—L. Reihenfolge der Orbitalenergien . . . 136
4—M. Elektronenkonfigurationen der Atome . . . 139
Übungen . . . 142

KAPITEL 5 . . . 147

Periodisches System — Beziehungen zwischen atomaren Parametern 147

5—A. Das periodische System . . . 147
5—B. Allgemeine Merkmale und Grundzüge der Eigenschaften . . . 150
Tendenzen im periodischen System . . . 152
5—C. Tendenz im metallischen Charakter . . . 155
5—D. Ionisationspotential . . . 156
Tendenzen des Ionisationspotentials . . . 157
Ionenladung und Ionisationspotential . . . 159
Stabile Elektronenkonfigurationen . . . 161
5—E. Elektronenaffinität . . . 164
Tendenzen der Elektronenaffinität . . . 164
Ionenladung und Elektronenaffinität . . . 166
5—F. Elektronegativität . . . 166
Tendenzen der Elektronegativität . . . 167
5—G. Atomgröße . . . 169
Tendenzen in der Atomgröße . . . 171
5—H. Ionengröße . . . 172
5—I. Metalle, Metalloide und Nichtmetalle . . . 175
Metalle . . . 175
Metallische Bindung . . . 176
Atomare Eigenschaften und metallischer Charakter . . . 177
Metalloide . . . 178
Elektrische Leitung und Halbleiter . . . 179
Nichtmetalle . . . 179
Atomare Eigenschaften der Nichtmetalle . . . 180
Übungen . . . 181

KAPITEL 6 . . . 184

Struktur und Bindung zweiatomiger Moleküle . . . 184

6—A. Ionenbindung . . . 184
6—B. Kovalente Bindung . . . 189

6—C. Elektronenformeln (Lewis-Formeln) 192
6—D. „Valence-Bond-Theorie" der Bindung 193
6—E. „Molecular-Orbital-Theorie" der Bindung 197
6—F. Elektronegativität und Polarität 209
Definition der Elektronegativität — Gegenüberstellung der Definition von Mulliken und Pauling 210
6—G. Gegenüberstellung von kovalenter und ionischer Bindung . . 212
6—H. Elektronegativität und Bindungsenergie 214
6—I. Resonanz 216
Übungen 221

KAPITEL 7 224

Struktur und Bindung mehratomiger Moleküle 224

7—A. Einfachbindungen in mehratomigen Molekülen 224
7—B. Hybridisierung unter Beteiligung von Einfachbindungen . . 226
7—C. Dipolmomente von Molekülen mit Einfachbindungen 235
7—D. Mehrfachbindungen 237
7—E. Struktur von Molekülen auf der Basis der Abstoßung der Valenzschalenelektronenpaare 240
7—F. Resonanz 244
7—G. Strukturen organischer Moleküle 247
7—H. Kohlenwasserstoffe 247
Alkane 247
Cyclische Alkane 252
Alkene 252
Alkine 255
7—I. Aliphatische sauerstoffhaltige Verbindungen 256
Alkohole und Äther 256
Aldehyde und Ketone 258
Carbonsäuren und Ester 259
Oxidationszustände des Kohlenstoffs in organischen Verbindungen 260
7—J. Aliphatische stickstoffhaltige organische Verbindungen . . . 261
7—K. Aliphatische Halogenverbindungen 262
7—L. Aromatische Kohlenwasserstoffe und ihre Derivate 262
7—M. Polymere 265
Übungen 267

KAPITEL 8 270

Molekulare und ionische Wechselwirkungen 270

8—A. Ion-Ion 270
8—B. Ion-Dipol 272

8—C. Dipol-Dipol 277
8—D. Dipol-Induzierter Dipol 280
8—E. Induzierter Dipol-Induzierter Dipol 281
8—F. Ion-Induzierter Dipol 284
8—G. Wasserstoffbrückenbindung 285

Übungen 292

KAPITEL 9 295

Korrelation molekularer Eigenschaften und Reaktionen mit dem Periodischen System 295

9—A. Allgemeine Moleküleigenschaften und Tendenzen 295
9—B. Gegenüberstellung ionischer und kovalenter Verbindungen . 297
Zusammenfassung 298
9—C. Oxide und Hydroxide der Elemente 299
Basen 299
Säuren 299
Amphotere Hydroxide und Oxide 300
Zusammenfassung 301
9—D. Binäre Wasserstoffverbindungen 302
Zusammenfassung 304
9—E. Binäre Halogenverbindungen 305
Zusammenfassung 306
9—F. Alkylverbindungen der Elemente 306
9—G. Gruppe IA — Alkalimetalle 308
9—H. Gruppe IIA — Erdkalimetalle 312
9—I. Elemente der Gruppe IIIA 316
9—J. Elemente der Gruppe IVA 320
9—K. Elemente der Gruppe VA 326
9—L. Elemente der Gruppe VIA 332
9—M. Gruppe VIIA — Halogene 338
9—N. Edelgase — Gruppe VIIIA 342

Übungen 343

Sachverzeichnis 346

Inhaltsübersicht von Band II

KAPITEL 10 1
Chemische Thermodynamik 1

KAPITEL 11 52
Phasenübergänge und Gleichgewichte 52

KAPITEL 12 92
Lösungen — Zweikomponentensysteme 92

KAPITEL 13 143
Chemisches Gleichgewicht 143

KAPITEL 14 205
Elektrochemie 205

KAPITEL 15 257
Chemische Kinetik 257

Inhaltsübersicht von Band III

KAPITEL 16 1
Übergangselemente 1

KAPITEL 17 40
Kernchemie 40

KAPITEL 18 64
Biochemie 64

KAPITEL 19 95
Photochemie 95
Anhang 132
Antworten zu den Aufgaben und Übungen 186

KAPITEL 1

Einleitung

Bevor wir mit einer brauchbaren Diskussion der Chemie beginnen können, müssen wir zuerst versuchen, eine Definition der Chemie zu geben und erklären, wie sie sich zu anderen Disziplinen verhält. Die allgemeinste Definition der Chemie ist: die Studie der Substanzeigenschaften, das Verhältnis dieser Eigenschaften zur Zusammensetzung, und die Umwandlung oder Vereinigung der Substanzen (chemische Reaktionen), um chemische Verbindungen zu bilden. Diese sehr lokkere Definition verallgemeinert das Hauptziel der meisten chemischen Untersuchungen.

Die Chemie überlagert sich in vielen Bereichen mit anderen Wissenschaften; einige Gebiete in der Chemie sind: Anorganische Chemie, Organische Chemie, Physikalische Chemie, Biochemie, Photochemie, Analytische Chemie, Theoretische Chemie, Agrikulturchemie und Petrochemie. Auf jedem dieser Gebiete stehen besondere Verbindungsklassen, besondere Untersuchungsmethoden oder chemische Reaktionen im individuellen Brennpunkt der Studie. Die Anorganische Chemie z. B. beschäftigt sich mit Umwandlungen oder chemischen Reaktionen der nicht-kohlenstoffhaltigen Substanzen; die Organische Chemie beschäftigt sich mit chemischen Reaktionen der kohlenstoffhaltigen Verbindungen, und die Biochemie behandelt Reaktionen und Verbindungen im lebenden System. Auf der anderen Seite beschäftigt sich die Analytische Chemie nicht direkt mit Substanzumwandlungen, sondern vielmehr mit der Identifizierung einer Substanz (qualitative Analyse) und mit der Bestimmung der Substanzmenge (quantitative Analyse). Diese Information ist natürlich für das Studium chemischer Reaktionen wesentlich, ganz abgesehen davon, ob die Reaktionen anorganischer, organischer oder biochemischer Natur sind. Wir müssen nicht nur alle Substanzen genau identifizieren, sondern es muß auch eine Methode für die quantitative Analyse der Substanzen zur Verfügung stehen, bevor wir chemische Reaktionen vollständig verstehen können. In einigen Gebieten haben wir die Betonung auf die Untersuchung der Molekülstruktur gelegt. Obwohl dies keine direkte Studie chemischer Reaktionen ist, führt sie letzten Endes zu einem besseren Verständnis der Natur der Verbindungen und deren Fähigkeit (oder Unfähigkeit) eine Reaktion einzugehen.

Tabelle **1–1** gibt einige Gebiete und Forschungsbereiche der Chemie an. Man sieht, daß die Gebiete überlappen; jedoch ist die Liste nicht vollständig; in der Tat ist kein Gebiet so klar definiert, daß es von den anderen unabhängig ist. Die Tabelle zeigt, wie weitläufig und auch wie zerstückelt die Gebiete der Chemie sind.

Tabelle 1–1 Chemie und ihre Gebiete

Gebiete	Forschungsbereiche
Anorganische Chemie	Struktur, Eigenschaften und Reaktionen von nichtkohlenstoffhaltigen Verbindungen
Organische Chemie	Struktur, Eigenschaften und Reaktionen von kohlenstoffhaltigen Verbindungen
Biochemie oder Biologische Chemie	Struktur, Eigenschaften und Reaktionen von Verbindungen im Pflanzen- und Tierreich
Photochemie	Struktur; Eigenschaften und Reaktivität von Verbindungen im angeregten Zustand auf Grund elektromagnetischer Strahlung
Analytische Chemie	Entwicklung von Techniken und Vorschriften für die quantitative und qualitative Bestimmung von Verbindungen, Elementen, Ionen oder Radikalen
Physikalische Chemie	Studie der Natur der physikalischen und chemischen Eigenschaften; Methoden zur Untersuchung dieser Eigenschaften und deren Verhältnis zur geometrischen und elektronischen Struktur der Moleküle
Polymere Chemie	Struktur, Eigenschaften und Synthese von Polymeren
Geochemie	Studie der chemischen Zusammensetzung der Erdkruste

I—A. Warum ist die Chemie wichtig?

Hat man eine Idee, was Chemie bedeutet, so müssen wir jetzt fragen: „Warum ist es auch für den Nichtchemiker wichtig, einige chemische Kenntnisse zu haben?“ Die Antwort auf diese Frage wird deutlich, wenn wir die Anwendung der Chemie in anderen Naturwissenschaften, in Ingenieurdisziplinen und im täglichen Leben betrachten. Heutzutage ist es für jeden vorteilhaft, einige Grundkenntnisse der Chemie zu haben. An den verschiedensten Körperfunktionen ist eine Serie chemischer Reaktionen beteiligt, obwohl einige bis jetzt noch nicht in Einzelheiten bekannt sind. Der gesamte Verdauungsprozeß ist eine komplexe Serie chemischer Reaktionen. Am Zyklus Geburt, Leben und Tod ist eine Unzahl unbewußt kontrollierter chemischer Reaktionen beteiligt.

Die meisten Nahrungsmittel, die wir zu uns nehmen, sind auf irgendeinem Weg von Chemikalien beeinträchtigt worden. Chemikalien werden auch häufig aus verschiedenen Gründen als Lebensmittelzusätze verwendet, und die Auswirkung dieser Zusätze auf die Gesundheit wird in Frage gestellt. In den letzten 20 Jahren haben Insektizide eine bedeutende Rolle bei der erhöhten Nahrungsmittelproduktion gespielt. Jedoch haben einige Insektizide, wie DDT beispielsweise, nachteilige Wirkungen auf die Tierwelt, besonders aber auf bestimmte Vögel gehabt. Solche Erfahrungen haben uns gelehrt, mit dem Gebrauch von Insektiziden vorsichtiger zu sein. Andere wirkungsvolle Insektizide sind daraufhin entwickelt worden, die diese ungünstigen Eigenschaften nicht zu haben scheinen; aber kontinuierliches Überwachen durch Wissenschaftler ist erforderlich, wenn wir wirkungsvoll mit der Natur zusammenarbeiten wollen.

Es hat einen enormen Aufschwung auf dem Gebiet der Pharmazeutika gegeben, der zu Drogen und Medikamenten geführt hat, welche das Leben von Millionen Menschen gerettet haben. Viele dieser Verbindungen sind gereinigte Naturstoffe; es gibt jedoch auch viele andere Verbindungen, die durch eine Serie synthetischer Reaktionen hergestellt wurden. Wie bei den Insektiziden und Kunstdüngern können sich auch durch den Gebrauch von Drogen nachteilige Effekte einstellen. Kenntnisse der Chemie sind notwendig, wenn wir Vorsicht üben wollen. Tests müssen entwickelt werden, um zu bestimmen, ob nachteilige Effekte erwartet werden können. Eine der kontroversen Entwicklungen der vergangenen Jahre sind die oralen empfängnisverhütenden Mittel gewesen. Man hat erkannt, daß Überbevölkerung eine schwerwiegende Bedrohung des menschlichen Lebens und Wohlergehens auf diesem Planeten bedeutet, und sicher können Fortschritte auf dem Gebiet der Geburtenkontrolle dieses Problem lösen. Nachteilige Wirkungen bei dem Gebrauch von oralen empfängnisverhütenden Mitteln sind ebenfalls festgestellt worden. Wissenschaftler, die Medikamente entwickeln, müssen diese kontinuierlich wegen später auftretender Nebenwirkungen untersuchen.

Die Moral dieser Diskussion ist natürlich, daß die Chemie und der Gebrauch der Chemikalien entweder Freund oder Feind sein kann.

Das Überleben der Menschheit ist, soweit wir wissen, immer ein Kampf mit der Natur gegen Insekten, Nagetiere, Raubfischarten usw. gewesen. Chemikalien können eine sehr bedeutende Rolle in diesem Kampf spielen; jedoch sollte man es ihnen nicht erlauben, das Gleichgewicht in der Natur im großen Ausmaße zu stören. Das Zerstören dieses Gleichgewichts hat in einigen Fällen zur Ausrottung einiger Tierarten geführt. Man muß lernen, mit der Natur zu leben, wenn man überleben will, und mit Hilfe von Chemikalien kann man die Natur fruchtbarer machen.

Viele Gebiete der Chemie haben bedeutend zum gegenwärtigen hohen Lebensstandard der Menschheit beigetragen. Zum Beispiel sind synthetische Fasern, Plastikartikel und Baumaterialien direkte Ergebnisse der Anwendung der Chemie auf die Bedürfnisse der Gemeinschaft. In vielen Fällen haben sich diese Entwicklungen aus der Kombination der Chemie mit anderen Wissenschaften wie Biologie, Geologie, Physik und verschiedenen Ingenieurdisziplinen ergeben. Es ist diese gegenseitige Wechselwirkung, die es für alle Wissenschaftler und Ingenieure unentbehrlich macht, Grundkenntnisse der chemischen Prinzipien zu haben. Kein Gebiet der Natur- und Ingenieurwissenschaften darf isoliert bleiben. Alle Gebiete sind sehr miteinander verwandt und hängen stark voneinander ab.

I—B. Chemie und Gesellschaft

Wenn wir das heutige Leben mit dem vor zwanzig oder dreißig Jahren vergleichen, so realisieren wir schnell, welchen großen Einfluß die Natur- und Ingenieurwissenschaften auf unsere Gesellschaft hatten. Dieser Einfluß hat sowohl gute, als auch schlechte Folgen. Fernsehen, Atombomben und Atomkraft, Computer und Raumfahrt haben einen riesigen Impakt auf unser Denken und tägliches Leben gemacht. Was die Zukunft bringen mag, kann man nur vermuten.

Die Gesellschaft ist für die Forderungen verantwortlich, die sie an die Naturwissenschaften und die Technik stellt. Es ist daher entscheidend, daß die Mitglieder der Gesellschaft Kenntnisse der Naturwissenschaften haben, um intelligente Entscheidungen zu fällen. Chemie und verwandte Gebiete sind für die bemerkenswerten Fortschritte auf den Gebieten der Plastikartikel, Petrochemie, synthetische Fasern, Pharmazeutika, Treibstoffe, Kunstdünger, Insektizide und Waschmittel verantwortlich. Die laufenden Fortschritte hängen größtenteils von der Nachfrage der Gesellschaft ab. Wenn die Gesellschaft weiterführende Forschung auf irgendeinem Gebiet fordert, und wenn zusätzliche Forschungsgelder zur Verfügung stehen, so wird die wissenschaftliche Forschung Fortschritte machen.

In den vergangenen Jahren hat man den Naturwissenschaften und auch der Industrie einen schlechten Ruf auf Grund der Probleme zukommen lassen, die die Konsequenzen unserer technisch hochgestellten Gesellschaft zu sein scheinen. Luft- und Wasserverunreinigung, Lärm, Müllbeseitigung und Nebenwirkungen von Insektiziden und Drogen haben viele Menschen in Bedrängnis gebracht. Dieses sind Probleme, die ohne Frage wirkliche und sofortige Lösungen benötigen. Einige dieser Probleme werden in den entsprechenden Kapiteln weiter hinten im Buch besprochen. Wir werden die Chemie vieler dieser Probleme, wie sie heute verstanden werden, beschreiben. Da diese Probleme allgemein bekannt sind, müssen sich die zukünftigen Naturwissenschaftler und Ingenieure dieser weniger wünschenswerten Aspekte der Industrie bewußt sein; sie müssen diese Probleme während der Entwicklung neuer Produkte lösen.

Der allgemeine Zweck dieses Buches ist, dem Studenten der Naturwissenschaften eine moderne Darstellung der allgemeinen Chemie zu geben, die nicht nur wissenschaftlich fundiert, sondern auch in der modernen technologischen Welt anwendbar ist. Dieses Buch ist sowohl für Studenten der Chemie als auch für andere Naturwissenschaften gedacht; es ist nicht nur im Interesse des Chemikers geschrieben worden. Wenn immer möglich, sind Anwendungen und Interessen in anderen natur- und ingenieurwissenschaftlichen Disziplinen in den Text eingebaut worden, ohne die Betonung der chemischen Prinzipien aufzugeben.

I—C. Die wissenschaftliche Methode

Die sogenannte wissenschaftliche Methode ist eine etwas idealisierte Methode oder ein Modell für die wissenschaftliche Untersuchung. Sie besteht aus folgenden Schritten:

1. Zusammenstellen von Daten.
2. Auswerten der Daten — Analyse der gegenseitigen Abhängigkeit der Daten.
3. Entwicklung eines *Gesetzes*, das die Variation der Daten beschreibt oder sie mathematisch ausdrückt.
4. Entwicklung einer *Theorie*, die benutzt wird, um das Gesetz zu erklären.*

Die Theorie sollte auf einem fundamentalen Modell unter Beteiligung einiger Grundvoraussetzungen basieren. Wenn die Theorie mit dem Gesetz übereinstimmt (oder nicht übereinstimmt), so beweist (oder beweist nicht) dieses die Grundvoraussetzung des theoretischen Modells. Der Wert einer befriedigenden Theorie ist, daß sie eine tiefere und fundamentalere Einsicht in das *„Wie und Warum"* eines Phänomens gibt, als es ein Gesetz tut. Die Theorie kann dazu benutzt werden, um weitere Untersuchungen vorzuschlagen, die die Theorie und ihre Begrenzung kritischer ins Auge faßt.

---

* Nicht in allen Lehrbüchern findet man eine Übereinstimmung zwischen dem 3. und 4. Schritt in der „wissenschaftlichen Methode". Viele Lehrbücher legen die folgende Sequenz der Schritte dar: 3. vorangestellte *Hypothese*, um die experimentellen Daten zu erklären; 4. weitere Überprüfung der Hypothese (vorausgesetzt man kann die Daten korrelieren); dies läßt die Hypothese zu einer Theorie werden und 5. endgültige Überprüfung der Theorie und Feststellung, daß sie als „richtig" angenommen werden kann; dann wird sie als Gesetz bezeichnet. In der Chemie ist diese Sequenz nicht so geeignet wie diejenige, die hier benutzt wird.

Die Entwicklung der Zustandsgleichung für ein ideales Gas kann dazu benutzt werden, um die wissenschaftliche Methode zu illustrieren. Die Entwicklung folgte folgenden Stufen:

1. *Datensammlung:* Messung des Drucks P, des Volumens V, der Temperatur T und der Molzahl n an verschiedenen Gasen.
2. *Datenanalyse:* Auf Grund der Datenanalyse sieht man, daß V mit zunehmendem Druck abnimmt, aber mit Erhöhung von T und n zunimmt.
3. *Entwicklung der Gesetze:* Gesetze werden in Form mathematischer Aussagen geschrieben, um quantitativ auszusagen, wie V sich mit den Variablen Druck P, Temperatur T und Molzahl n ändert. Die Namen der Gesetze anerkennen die Forscher, die bei der Entwicklung der Formel beteiligt waren. Das Symbol $\sim$ bedeutet „ist proportional zu".

   Boyle Gesetz $V \sim \frac{1}{P}$ (n, T = konstant)

   Avogadro Gesetz $V \sim n$ (P, T = konstant)

   Charles Gesetz $V \sim T$ (n, P = konstant)

   Diese Gesetze können zu einer Gleichung vereinigt werden, die als *ideales Gasgesetz* oder *ideale Zustandsgleichung*

   $$PV = nRT$$

   bekannt ist, wobei R = konstant ist.
4. *Entwicklung einer Theorie:* Die *kinetische Gastheorie* ist entwickelt worden, um das Verhalten der Gase durch ein fundamentales Modell der Moleküle oder Atome und deren Bewegung in der Gasphase zu beschreiben. Benutzt man diese kinetische Gastheorie, so kann man die ideale Gasgleichung ableiten. Die Voraussetzungen für das Modell sind:

   a) die Gasmoleküle haben ein vernachlässigbares Volumen im Vergleich zum Abstand zwischen den Molekülen,

   b) es existieren keine Anziehungskräfte zwischen den Molekülen.

Da es in diesem Beispiel eine Übereinstimmung zwischen der theoretischen Ableitung (Schritt 4) und der empirischen Entwicklung (Schritt 3) des idealen Gasgesetzes gibt, sind die beiden gegebenen Annahmen für jedes Gas gültig, das der idealen Zustandsgleichung der Gase gehorcht. Im Gegensatz dazu würde eine Nichtübereinstimmung der Daten P, T, V und n mit dem idealen Gasgesetz vermuten lassen, daß das theoretische Modell mit seinen Grundvoraussetzungen für das fragliche Gas nicht gültig ist. Das heißt, das Gas gehorcht nicht dem idealen

Gasgesetz, da die Molekülgröße und die Anziehungskräfte zwischen den Molekülen nicht vernachlässigt werden können.

Früher haben wir gesagt, daß die wissenschaftliche Methode eine *idealisierte* Untersuchungsmethode ist. Für jeden, der wissenschaftliche Untersuchungen betreibt, kann die wissenschaftliche Methode selten streng in der Praxis angewandt werden. Der Hauptschritt, der in der Sequenz der vier Schritte fehlt, ist die Motivation, experimentelle Daten gleich von Anfang an zu sammeln. Selten geht ein Wissenschaftler in ein Laboratorium in der Absicht, um nur Daten zu sammeln. Sein Ziel ist vielmehr, eine bestimmte Theorie oder einen Aspekt einer Theorie zu bestätigen oder zu entkräftigen. Möglicherweise untersucht er einige Verbindungen auf Grund einer „fachlichen Vermutung". In jedem Fall gab es bezüglich des Experiments einige erste Gedanken und dies ist einer der bedeutendsten Aspekte der wissenschaftlichen Methode. Die darauf folgenden Schritte werden manchmal befolgt und der gesamte Prozeß wird wahrscheinlich viele Male wiederholt. Der Forscher wird auf Grund der zuerst gebildeten Theorie häufig auf andere Daten zurückgreifen, die die Theorie kritischer überprüfen werden. Die Theorie oder das Modell mag dann verfeinert werden, wobei dieser Vorgang dann mehrere Male wiederholt wird. Es ist eigentlich naiv zu behaupten, daß die wissenschaftliche Methode, wie oben ausgeführt, bei allen Forschungsvorhaben durchgeführt wird. In einigen Fällen ist die theoretische Arbeit in der Tat zuerst entwickelt worden, und das Experiment hat die theoretische Voraussage bestätigt. Der Laser, den wir in Kapitel 19 besprechen, war ein solcher Fall der Entwicklung.

In diesem Buch haben wir keine besondere Anstrengung gemacht, um chemischen Prinzipien in der Reihenfolge der wissenschaftlichen Methode (d. h. Tatsachen, Verallgemeinerungen, Gesetze und/oder Theorien) darzustellen. Wir haben das Buch vielmehr so aufgebaut, daß es einen logischen, interessanten Zugang zur modernen, allgemeinen Chemie liefert.

Wissenschaftliches Denken ist kein stereotyper Vorgang. Die Naturwissenschaften sind ein anregendes und dynamisches Gebiet. Die seelische Erregung zu erleben, wenn ein experimentelles Ergebnis einen größeren Durchbruch bestätigt, ist schwierig in Worten auszudrücken. Es mag für den Leser unmöglich sein abzuschätzen, wie anregend die Naturwissenschaften sein können, bevor er nicht selbst seine ersten experimentellen Erfolge hatte. Wir können den Leser nur ermutigen, es für sich selbst herauszufinden.

KAPITEL 2

Struktur und Zustandsformen der Materie

Was für Eigenschaften haben die Substanzen in unserer engsten Umgebung? Was wissen wir über unsere physikalische Welt? In diesem Kapitel beginnen wir damit, die Mikrowelt der kleinen, unteilbaren Grundbausteine zu besprechen, die wir später zu Atomen und Molekülen zusammensetzen. Chemische Reaktionen werden wir in Kapitel 3 besprechen. Die Diskussion der Atomtheorie und der Molekülstruktur wird in den Kapiteln 4 bis 7 erfolgen. Sie soll uns Verständnis darüber geben, warum Verbindungen gebildet werden, und warum sich chemische Reaktionen ereignen. Wir werden diese Grundtatsachen dazu benutzen, Theorien zu entwickeln, die sowohl leicht erkennbare Phänomene als auch laufende Forschungsprobleme erklären, die später diskutiert werden sollen.

2—A. Allgemeine Struktur der Atome — Elemente

Die Materie ist aus diskreten Einheiten zusammengesetzt, die Atome genannt werden. Alle Atome sind in zwei allgemeine Regionen eingeteilt: *nuklear* und *extranuklear*. Die nukleare Region ist im allgemeinen sphärisch und enthält Protonen und Neutronen (siehe Kapitel 17 für weitere Einzelheiten der Kernstruktur). Protonen p^+ sind positiv geladen und Neutronen n sind elektrisch neutral. Die gesamte Masse dieser Teilchen entspricht ungefähr der Gesamtmasse des Atoms; sehr wenig Masse wird im extranuklearen Teil gefunden. Der Durchmesser des Kerns beträgt ungefähr 10^{-12} cm. Fast die gesamte Masse des Atoms ist in dem kleinen Volumen des Kerns enthalten; der Kern hat folgedessen eine außerordentlich hohe Dichte. Sie beträgt etwa 10^8 Tonnen pro cm^3.

Dies ist um viele Größenordnungen dichter als die Dichte aller bekannten Sterne. Die Dichte einiger Sterne beträgt etwa 0.1 Tonnen pro cm^3. Die große Dichte dieser Sterne wird der Tatsache zugeschrieben, daß sie aus Atomen zusammengesetzt sind, von denen ein Teil der extranuklearen Region entfernt wurde.

Die extranukleare Region ist ebenfalls sphärisch und enthält nur eine Art Teilchen, nämlich das Elektron e^-. Das Elektron hat eine geringe Masse, die ungefähr $^1/_{1840}$ der Masse des Protons oder des Neutrons entspricht. Das Elektron besitzt eine negative Ladung, die der Größenordnung der positiven Ladung des Protons entspricht. Die

Zahl der Protonen im Kern ist identisch mit der Zahl der Elektronen in der extranuklearen Region, und daher hat das Atom insgesamt gesehen eine neutrale Ladung. Der Durchmesser der extranuklearen Sphäre = ungefähr 10^{-8} cm – ist fast 10000mal größer als der der nuklearen Sphäre. Daher ist auch die Dichte der extranuklearen Region im Vergleich zur nuklearen Region sehr gering. Die Größe des Atoms hängt fast gänzlich vom Volumen ab, welches von der extranuklearen Region eingenommen wird.

Die *Kernladungszahl Z* ist als die Zahl der Protonen im Kern definiert und, da die Ladung des Atoms neutral ist, weiß man, daß die Kernladungszahl gleich der Anzahl der Elektronen im Atom sein muß.

$$Z = \text{Zahl der Protonen} = \text{Zahl der Elektronen}$$

Die Kernladungszahl charakterisiert ein Element; alle Atome eines bestimmten Elements haben dieselbe Kernladungszahl. Damit ist die Kernladungszahl ein einzigartiges oder identifizierendes Charakteristikum, um Atome in Gruppen zu klassifizieren, die *Elemente* genannt werden. Die *Massenzahl A* gibt die Gesamtzahl der Protonen und Neutronen an. Sie ist immer größer als die Kernladungszahl (außer für Wasserstoff).

$$A = Z + \text{Zahl der Neutronen}$$

Die Atome eines Elements können verschiedene Massenzahlen haben, und sie werden dann *Isotope* des entsprechenden Elements genannt.

Das einfachste aller Atome ist das Wasserstoffatom. Ein bequemer Weg, ein Atom mit seiner besonderen Struktur darzustellen, ist in Abbildung **2–1** gegeben. Obwohl dieses Bild auf akzeptierten Beweisen beruht, ist es keineswegs ein ideales Modell. Man kann das Elektron nicht festlegen, und auch der Kern ist keine Sphäre mit scharf gekennzeichneten Grenzen. Es ist daher wichtig, diese Bilder und

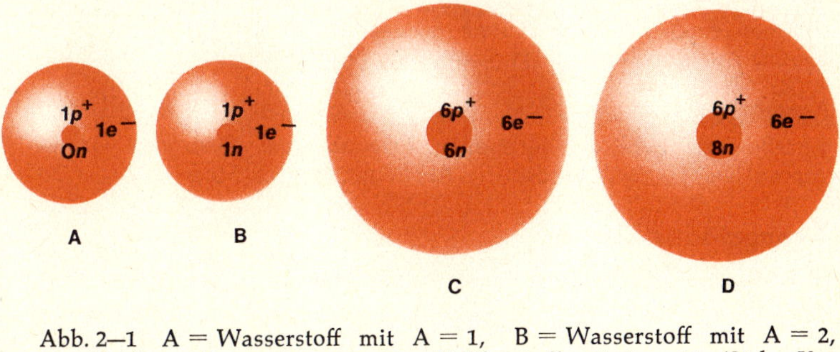

Abb. 2—1 A = Wasserstoff mit A = 1, B = Wasserstoff mit A = 2, C = Kohlenstoff mit A = 12, D = Kohlenstoff mit A = 14. (Siehe Kapitel 4 für Einzelheiten, wie die Lage der Elektronen dargestellt ist.)

Modelle mit großer Vorsicht zu gebrauchen. Wasserstoff (Abbildung **2—1A**) besitzt ein einzelnes Proton im Kern und ein Elektron. Es gibt auch ein Isotop des Wasserstoffs mit der Massenzahl 2, welches Deuterium genannt wird und in Abbildung **2—1B** dargestellt ist. Das Kohlenstoffatom hat die Massenzahl A = 12. Da die Kernladungszahl des Kohlenstoffs 6 beträgt, enthält der Kern dieses Atoms 6 Protonen und 6 Neutronen, wie in Abbildung **2—1C** dargestellt ist. Ein weiteres Kohlenstoffisotop hat die Massenzahl 14. Die Zusammensetzung dieses Isotops ist in Abbildung **2—1D** dargestellt. Eine ausführliche Diskussion der Isotope und ihrer Anwendung wird in Kapitel 17 gegeben.

Symbole

Wir hatten bereits damit begonnen zur Vereinfachung eine abgekürzte Schreibweise, z. B. Z = Kernladungszahl, einzuführen. Es gibt auch eine Kurzschreibweise für die Namen aller Elemente. Damit wir uns zweckdienlich auf die Elemente beziehen können, ordnen wir jedem Element ein gewisses *Symbol* zu, das aus einem oder zwei Buchstaben besteht, die vom Namen des Elements abgeleitet werden. Eine Liste aller bekannten Elemente mit ihren Symbolen und Kernladungszahlen ist in einer Tabelle auf der Innenseite des vorderen Buchdeckels abgedruckt. Eine Übereinkunft wurde getroffen, um die verschiedenen Isotope eines Elements zu kennzeichnen. Die Massenzahl wird als Hochzahl und die Kernladungszahl (tiefgestellt) dem Symbol vorausgestellt. Die Wasserstoffisotope lauten dann

$$^{1}_{1}H \qquad ^{1}_{2}H \qquad ^{1}_{3}H$$

Die Isotope des Kohlenstoffs sind

$$^{12}_{6}C \qquad ^{13}_{6}C \qquad ^{14}_{6}C$$

Die meisten Elemente besitzen mehr als ein Isotop. In der Natur findet man einen gewissen Anteil eines jeden Isotops. So betragen die Anteile für $^{1}_{1}H$, $^{1}_{2}H$ und $^{1}_{3}H$ 0,99985, 0,00015 und 10^{-11}.

Aufgabe 2—1

Skizziere die Zahl der Elektronen, Protonen und Neutronen für die Atome $^{18}_{8}O$, $^{19}_{9}F$ und $^{7}_{3}Li$. Benutze Abbildung 2—1 als Modell.

Atomgewichtsskala

Die Masse *m* des Protons, Neutrons und Elektrons beträgt

$$m_{p^+} = 0{,}16724 \times 10^{-23}\ g$$
$$m_n = 0{,}16747 \times 10^{-23}\ g$$
$$m_{e^-} = 0{,}0000910 \times 10^{-23}\ g$$

Man sieht, daß es sich um außerordentlich geringe Massen handelt. Die Masse des Atoms entspricht *ungefähr* der Summe der Massen der *Elementarteilchen* im Atom. Auf Grund der hohen nuklearen Bindungsenergien zwischen Protonen und Neutronen ist jedoch die Masse des Atoms etwas geringer als die Summe der Massen der Elementarteilchen. Dieser Unterschied wird im Kapitel 17 diskutiert. Die Masse der Atome liegt in der Größenordnung von $0{,}167 \times 10^{-23}$ g für Wasserstoff und $39{,}52 \times 10^{-23}$ g für Uran U. Diese Zahlen sind sehr gering und unhandlich, wenn man relative Massen der Atome vergleichen will, Aus diesem Grund ist eine *relative* Massenskala aufgestellt worden, die als relative *Atomgewichtsskala* bezeichnet wird, und dem Kohlenstoffisotop $^{12}_{6}C$ wird der Wert von 12.00000 willkürlich zugeordnet. Die Massen der anderen Isotope in dieser Atomgewichtsskala werden relativ zur Masse von $^{12}_{6}C$ angegeben. Die Einheit dieser Skala ist AME (Atomare Massen-Einheiten). Die Masse des Protons, des Neutrons und des Elektrons in dieser Atomgewichtsskala beträgt

$$m_{p^+} = 1{,}00728 \text{ AME}$$
$$m_n = 1{,}00867 \text{ AME}$$
$$m_{e^-} = 0{,}000549 \text{ AME}$$

Die Atomgewichtsskala ist so aufgestellt worden, daß die Massen des Protons und Neutrons geschickt beeinander liegen. Es wäre eigentlich angebrachter, diese Skala eine Atommassenskala zu nennen, da es sich um eine relative Skala der Atommassen und nicht der Atomgewichte handelt. Gewicht hängt von der Gravitationskraft ab; Masse ist jedoch unabhängig von jeder Kraft und stellt einen wahren Meßwert der Materiemenge dar.* Diese Skala ist aus Bequemlichkeit die Atomgewichtsskala genannt worden, und wir werden diesen Namen beibehalten, obwohl relative Massen gemessen werden. Der Ausdruck *Atommasse* wird für die Masse eines individuellen Atoms benutzt.

Aufgabe 2—2

Die Masse von $^{12}_{6}C$ beträgt $1{,}99 \times 10^{-23}$ g und die Masse von $^{19}_{9}F$ $3{,}15 \times 10^{-23}$ g. Wie groß ist die Masse von $^{19}_{9}F$ auf der Atomgewichtsskala? [Hinweis: Die Masse eines Isotops ist *nicht* gleich der Summe der Massen von p^+, n und e^-.]

---

* Da das Gewicht eines Objekts von der Gravitationskraft abhängt, ist das Gewicht eines gegebenen Objekts nicht eine Konstante, wenn es in verschiedenen Höhen auf der Erdoberfläche oder auf Planeten mit unterschiedlichen Massen gewogen wird. Die Masse eines Objekts wird dadurch gemessen, daß man das Gewicht eines Objekts relativ zu einem Standardgewicht vergleicht (1 Kilogramm Platinblock beim National Bureau of Standards). Daher ist die Masse unabhängig von der Schwerkraft und ein wahrer Wert für die Materialmenge.

Atomgewichte der Elemente

^1_1H ist das bei weitem dominierende Wasserstoffisotop. In anderen Fällen sind die Isotope gleichmäßiger verteilt, z. B. betragen die Anteile für $^{35}_{17}Cl$ und $^{37}_{17}Cl$ 0,758 bzw. 0,242. Die mittlere Masse aller Isotope eines Elements auf der Atomgewichtsskala wird als *Atomgewicht* des betreffenden Elements bezeichnet. Es ist jedoch *nicht* ein einfacher Mittelwert wie das Mittel zwischen zwei Zahlen. Es ist ein Mittel bezogen auf das Gewicht, wobei die relativen Anteile eines jeden Isotops berücksichtigt sind. Das Atomgewicht eines Elements wird dadurch ermittelt, daß man die natürliche Mischung der Isotope betrachtet. f_1, f_2, . . . soll die anteilmäßige Häufigkeit der verschiedenen Isotope sein und M_1, M_2, . . . die Masse dieser Isotope auf der Atomgewichtsskala. Das gewogene Mittel dieser, welches das Atomgewicht des Elements ist, beträgt dann

$$M = f_1M_1 + f_2M_2 + \ldots = \Sigma f_iM_i$$

Beispiel 2—1

Die Massen der Wasserstoffisotope ^1_1H, ^2_1H und ^3_1H betragen 1.007825, 2.0140 und 3.01605 AME. Die Anteile f_1, f_2, f_3 sind 0.99985, 0.00015 und 10^{-11}. Das Atomgewicht von Wasserstoff beträgt dann

$$M = f_1M_1 + f_2M_2 + f_3M_3$$
$$M = (0{,}99985)\,(1{,}0078) + (0{,}00015)\,(2{,}0140) + 10^{-11}\,(3{,}0161)$$
$$M = 1{,}00797$$

Aufgabe 2—3

Die Massen von $^{35}_{17}Cl$ und $^{37}_{17}Cl$ auf der Atomgewichtsskala sind 34.97 AME und 36.97 AME. Die Anteile dieser Isotope, wie sie in der Natur vorkommen, betragen 0.758 und 0.242. Berechne das Atomgewicht von Chlor.

Von diesem Punkt an werden wir uns nicht mehr auf die Massenzahl eines Elements beziehen, da verschiedene Isotope eine unterschiedliche Anzahl von Neutronen aufweisen. Nur wenn wir uns mit einem spezifischen Isotop beschäftigen, wird die Massenzahl gekennzeichnet.

Einatomige Ionen

Ein *Ion* ist ein Atom oder eine Gruppe von Atomen mit einer positiven oder negativen Ladung. Einatomige Ionen können von einzelnen Atomen durch Anlagerung oder Entfernen von Elektronen gebildet werden. Das Lithium-Atom Li z. B. hat 3 Protonen im Kern und 3 Elektronen, die den Kern umgeben. Verliert man ein Elektron, so ist die Gesamtladung nicht ausgeglichen und das Li-Atom übernimmt eine positive Ladung.

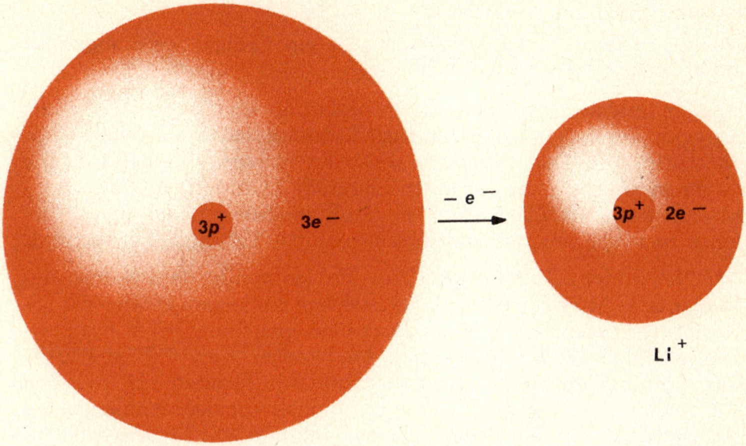

Auf ähnliche Weise kann Fluor ein Elektron aufnehmen, um ein negatives F^--Ion zu bilden.

Natürlich entspricht in einatomigen Ionen eines Elements die Kernladungszahl Z der Zahl der Protonen im Kern, aber Z entspricht *nicht mehr* der Zahl der Elektronen.

Aufgabe 2—4

Wieviele Protonen und Elektronen sind im Fe^{3+}-Ion vorhanden?

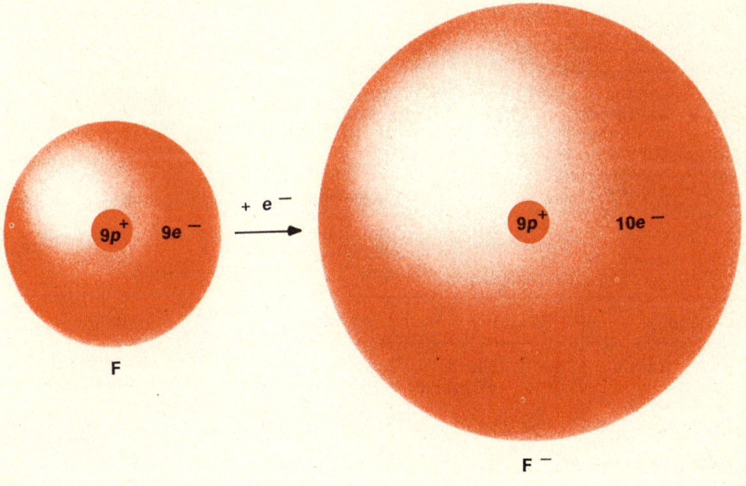

Aufgabe 2—5

Welches einzelne Merkmal charakterisiert ein Element, ganz abgesehen davon, ob es als Atom oder Ion vorliegt?

Positive Ionen werden als *Kationen* bezeichnet und negative Ionen als *Anionen.* Diese Namen sind aus der Richtung, in die diese Ionen sich im elektrischen Feld bewegen, abgeleitet worden (Kapitel 14). Die Kationen wandern zur negativen Elektrode (Kathode) und die Anionen zur positiven Elektrode (Anode). Eine Liste einiger einatomiger Ionen und ihre entsprechenden Namen sind in Tabelle **2—1** aufgeführt.

Der Name eines Kations (positives Ion) entspricht dem Namen des Elements. Gibt es für ein Element mehrere Kationen, so wird die Ladung eines gegebenen Kations durch eine römische Zahl in Klammer angegeben. Cu^+ z. B. wird als Cu(I)-Ion bezeichnet und Cu^{2+} als Cu(II)-Ion. Früher wurde eine ältere Nomenklatur benutzt, um zwischen den beiden möglichen (+) Ladungen zu unterscheiden; Anhängen des Buchstabens *o* für das niedere geladene Ion und Anhängung von *i* für das höher geladene Ion. So wurde z. B. Cu^+ Cupr*o* und Cu^{2+} Cupr*i* genannt. Der Nachteil dieser Nomenklatur war, daß man die beiden möglichen (+) Ladungen beider Ionen kennen mußte, um die Ionen zu benennen. Chrom z. B. bildet zwei positiv geladene Ionen +2 und +3: Cr^{2+} wird Chrom*o* und Cr^{3+} Chrom*i* genannt. Wegen der Unbequemlichkeit und möglicher Verwirrung in dem *o*- und *i*-Nomenklatursystem ist der Gebrauch von *römischen Zahlen bevorzugt.* Benutzt

Tabelle 2–1 Nomenklatur einiger einatomiger Ionen

+1 Ladung		+2 Ladung		+3 Ladung	
H^+	Wasserstoff-Ion	Be^{2+}	Beryllium-Ion	Al^{3+}	Aluminium-Ion
Li^+	Lithium-Ion	Fe^{2+}	Eisen(II)-Ion	Fe^{3+}	Eisen(III)-Ion
Na^+	Natrium-Ion		(Ferro)		(Ferri)
K^+	Kalium-Ion	Cr^{2+}	Chrom(II)-Ion	Cr^{3+}	Chrom(III)-Ion
Rb^+	Rubidium-Ion		(Chromo)		(Chromi)
Cu^+	Kupfer(I)-Ion	Mg^{2+}	Magnesium-Ion		
	(Cupro)	Ca^{2+}	Calcium-Ion		
		Sr^{2+}	Strontium-Ion		
		Ba^{2+}	Barium-Ion		
		Cu^{2+}	Kupfer(II)-Ion		
			(Cupri)		

–4 Ladung		–3 Ladung		–2 Ladung		–1 Ladung	
C^{4-}	Carbid	N^{3-}	Nitrid	O^{2-}	Oxid	F^-	Fluorid
		P^{3-}	Phosphid	S^{2-}	Sulfid	Cl^-	Chlorid
				Se^{2-}	Selenid	Br^-	Bromid
				Te^{2-}	Tellurid	J^-	Jodid
						H^-	Hydrid

man römische Zahlen, so kennzeichnet man die Ladung des Ions und es gibt daher keine Möglichkeit der Fehlinterpretation.

Wir werden später sehen, daß römische Zahlen auch dazu benutzt werden, um die Oxidationszahl oder Oxidationsstufe eines Elements zu kennzeichnen. Im Moment genügt es jedoch zu sagen, daß die Ladung eines einatomigen Ions gleichzeitig der Oxidationszahl entspricht. Die Oxidationszahl ist jedoch ein mehr allgemeiner Begriff. Wir können nicht einfach sagen, daß die Oxidationszahl eines Atoms der Ladung eines Ions des entsprechenden Elements entspricht. Die Bestimmung der Oxidationszahl und ihre Anwendung wird in Kapitel 3 beschrieben.

Die einatomigen Anionen haben eine charakteristische *-id*-Endung, die häufig an den Namen oder an den abgekürzten Namen des Elements angefügt wird. Einige Beispiele werden dieses Prinzip klar machen.

F	Fluor	F^-	Fluor*id*
Cl	Chlor	Cl^-	Chlor*id*
O	Sauerstoff	O^{2-}	Ox*id*
S	Schwefel	S^{2-}	Sulf*id*

Nach wiederholtem Gebrauch dieser Ionen beim Schreiben von Formeln und Namen chemischer Verbindungen, wird man erkennen, welche Atome welche Ionen bilden. Nach einer gründlichen Diskussion der Atomstruktur und des Periodischen Systems in Kapitel 5, wird man verstehen, warum ein Ion mit einer gewissen Ladung für ein gegebenes Element existiert. Weiterhin wird die Verknüpfung eines Elements mit seiner Position im Periodischen System es ermöglichen, sich die Ladung eines Ions einzuprägen.

2—B. Allgemeine Struktur der Moleküle — Verbindungen

Molekularformeln

Eine *Verbindung* ist eine Substanz, die aus bestimmten Elementen in einem definierten Verhältnis oder einer bestimmten Menge zusammengesetzt ist. Eine Verbindung hat einen einzigartigen Satz von Eigenschaften, die charakteristisch für diese Verbindung sind. Das Atom ist die fundamentale Einheit, die ein Element charakterisiert. Die fundamentale Einheit einer Verbindung ist das *Molekül*. Hier gibt es eine Ausnahme, nämlich ionische Verbindungen. Die Klasse dieser Verbindungen wird später in diesem Kapitel diskutiert.

Ein Molekül ist eine spezifische Gruppe von Atomen, die als eine einzige Einheit reagieren, da sie von Kräften, den sogenannten chemischen Bindungen, eng zusammengehalten werden. Die Moleküle einer gegebenen Verbindung sind alle identisch; sie alle haben dieselbe Anzahl von Atomen eines gegebenen Elements, und sie alle besitzen dieselbe Struktur und Größe.

Die Zahl der Atome eines jeden Elements in einem Molekül wird durch eine Zahl (tiefgestellt rechts) in der chemischen Formel für das Molekül angegeben. Die Formel für Wasser ist z. B. H_2O. Die tiefgestellte Zahl zeigt an, daß zwei Wasserstoffatome vorhanden sind. Der Sauerstoff in H_2O hat keine tiefgestellte Zahl. Die Abwesenheit zeigt an, daß sich nur ein Sauerstoffatom im Molekül befindet.

Ein anderes, mehr kompliziertes Molekül ist Essigsäure, mit der chemischen Formel $C_2H_4O_2$. Liest man die tiefgestellten Zahlen, so sehen wir, daß 2 Kohlenstoffatome, 4 Wasserstoffatome und 2 Sauerstoffatome in einem Molekül Essigsäure enthalten sind. Alle Moleküle Essigsäure haben exakt dieselbe Kombination von Atomen.

Die Formel für Essigsäure kann auch als CH_3COOH geschrieben werden. Eine solche Formel gibt Auskunft über die geometrische Struktur des Essigsäuremoleküls. Eine noch genauere Schreibweise der Formel ist

$H_3C{-}COOH$ oder 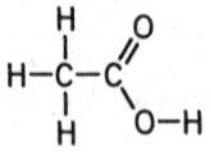

Alle Essigsäuremoleküle haben zusätzlich zur selben Formel noch dieselbe molekulare Struktur. Die Linien in dem molekularen Diagramm stellen chemische Bindungen dar. Ein Kohlenstoffatom ist mit drei Wasserstoffatomen verbunden, und dies wird als CH_3 beschrieben. Das andere Kohlenstoffatom ist mit Hilfe *zweier Bindungen* oder *einer Doppelbindung* an ein Sauerstoffatom und mit einer einfachen Bindung an ein weiteres Sauerstoffatom gebunden, das wiederum mit einem Wasserstoffatom verbunden ist. Diese Anordnung wird häufig als COOH abgekürzt. Die beiden Kohlenstoffatome sind ebenfalls durch eine chemische Bindung zusammengehalten.

Diese Formeln lassen Vermutungen über die Geometrie des Moleküls zu. Jedoch sind sie nicht sehr genau, da sie nur zweidimensional sind. Alle Moleküle existieren und reagieren in drei Dimensionen. Benutzt man diese abgekürzte Schreibweise, so sollte man die Grenzen kennen.

Aufgabe 2—6

Glucose ist eine wichtige Verbindung, die eine Energiequelle für chemische Reaktionen im Körper darstellt. Schreibe die chemische Formel für Glucose, deren Molekül durch das folgende Diagramm dargestellt ist

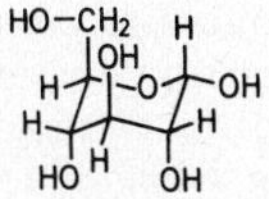

Schreibe die Zahl der Atome eines jeden Elements in der Reihenfolge C, H, O.

Häufig ist es bequem, eine gewisse Atomgruppe innerhalb eines Moleküls als eine Einheit zu betrachten (z. B. CH_3 in Essigsäure). Andere übliche Gruppen sind CH_2, H_2O, NH_2 und OH. Sind mehr als eine dieser Einheiten in einem Molekül enthalten, so werden diese Einheiten in der Formel in Klammern geschrieben und die Zahl der Einheit im Molekül wird durch eine tiefgestellte Zahl nach der Klammer angegeben. Betrachten wir z. B. die Formel für Äthylenglykol

$$C_2H_6O_2 \quad \text{oder} \quad HO{-}CH_2{-}CH_2{-}OH \quad \text{oder} \quad C_2H_4(OH)_2$$

Es sind zwei CH_2-Einheiten vorhanden. Diese Information ist durch $(CH_2)_2$ angezeigt. Der Grund zur Benutzung einer molekularen Formel, die die CH_2-Einheiten auseinanderzieht, stammt offenbar aus der geometrischen Struktur des Moleküls

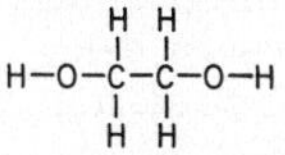

Man sieht, daß die CH_2-Gruppen aneinander gebunden sind und jede wiederum an den Enden an eine OH-Gruppe gebunden ist. Die molekulare Formel $HO(CH_2)_2OH$ gibt uns mehr Information über die Struktur als die Formel $C_2H_6O_2$, die uns nur die Anzahl der Atome angibt.

Aufgabe 2—7

Die geometrische Struktur von 1,1,1-Trifluor-4-chlorbutan ist

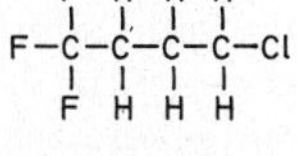

Wieviel CH_2- und wieviel F-Gruppen sind vorhanden? Schreibe die molekulare Formel und kennzeichne die Anzahl der CH_2- und F-Gruppen.

Mehratomige Ionen

Auf diesselbe Art und Weise, wie Atome miteinander verbunden werden können, um Moleküle zu bilden, können sich auch Atome verbinden, um Ionen zu formen. Da diese Ionen mehr als ein Atom enthalten, werden sie *mehratomige Ionen* genannt. Im allgemeinen werden die Atome in mehratomigen Ionen durch starke Bindungen eng zusammengehalten, und daher reagieren mehratomige Ionen als einzelne Einheit analog wie Moleküle. Die negative Ladung eines mehratomigen Anions resultiert aus der Anlagerung eines oder mehrerer Elektronen an die gebundenen Atome. Das Hydroxid-Ion OH^- besitzt insgesamt 10 Elektronen: 8 Elektronen vom Sauerstoff, ein Elektron vom Wasserstoff und ein zusätzliches Elektron. Es gibt auch mehratomige Kationen, sie kommen aber weniger häufig vor als mehratomige Anionen. Ein mehratomiges Kation hat weniger Elektronen als die gebundenen Atome zusammen. Das Ammonium-Ion NH_4^+ besitzt insgesamt 10 Elektronen: 7 vom Stickstoff, jeweils ein Elektron von den vier Wasserstoffatomen und nach Entfernen eines Elektrons erhält man eine positive Ladung.

Es sind noch viele andere mehratomige Ionen bekannt. Einige Ionen sind SO_4^{2-} (Sulfat), NO_3^- (Nitrat), PO_4^{3-} (Phosphat), ClO_3^- (Chlorat), H_3O^+ (Hydronium) und NH_4^+ (Ammonium). Die Ladung dieser Ionen kann nicht einem einzelnen Atom zugeschrieben werden, sondern nur dem gesamten mehratomigen Ion. Eine Liste einiger der häufig vorkommenden mehratomigen Ionen ist in Tabelle 2–2 aufgeführt.

Die Nomenklatur mehratomiger Ionen der Form XO_n basiert auf der Zahl der Sauerstoffatome in dem Ion. Eines der mehratomigen Ionen, die jedes Element mit Sauerstoff bildet, wird durch Anhängen der Endung *-at* benannt, z. B.

PO_4^{3-}	Phosph*at*
AsO_4^{3-}	Arsen*at*
SO_4^{2-}	Sulf*at*
CrO_4^{2-}	Chrom*at*
NO_3^-	Nitr*at*
ClO_3^-	Chlor*at*
BrO_3^-	Brom*at*
JO_3^-	Jod*at*

Es ist notwendig, die Formeln und Ladungen dieser Ionen zu lernen, da das Ion, welches mit *-at* endet, nicht durch die Zahl der Sauerstoffatome oder durch die Ladung gekennzeichnet ist. Die systematische Nomenklatur eines XO_n-Ions basiert auf der Zahl der Sauerstoffatome in dem betreffenden Ion relativ zur Zahl der Sauerstoffatome in dem Ion, dem die *-at*-Endung zuerteilt worden ist. Wenn das Ion ein Sauerstoffatom weniger besitzt als das Ion mit der *-at*-Endung, so wird in der Nomenklatur die Endung *-it* eingeführt. Besitzt das Ion zwei Sauerstoffatome weniger, so wird die Silbe *hypo-* dem Namen, der auf *-it* endet, vorausgestellt. Enhält das Ion ein Sauerstoffatom mehr als das *-at*-Ion, so wird die Silbe *per-* vorausgestellt.

				ClO^-	*Hypo*chlor*it*
PO_3^{3-}	Phosph*it*	SO_3^{2-}	Sulf*it*	ClO_2^-	Chlor*it*
PO_4^{3-}	Phosph*at*	SO_4^{2-}	Sulf*at*	ClO_3^-	Chlor*at*
				ClO_4^-	*Per*chlor*at*

Tabelle 2–2 Nomenklatur üblicher mehratomiger Ionen

+1 Ladung		–3 Ladung		–2 Ladung		–1 Ladung	
NH_4^+	Ammonium	PO_4^{3-}	Phosphat	SO_3^{2-}	Sulfit	NO_2^-	Nitrit
H_3O^+	Hydronium	AsO_3^{3-}	Arsenit	SO_4^{2-}	Sulfat	NO_3^-	Nitrat
		AsO_4^{3-}	Arsenat	$S_2O_3^{2-}$	Thiosulfat	ClO^-	Hypochlorit
				CrO_4^{2-}	Chromat	ClO_2^-	Chlorit
				$Cr_2O_7^{2-}$	Dichromat	ClO_3^-	Chlorat
				CO_3^{2-}	Carbonat	ClO_4^-	Perchlorat
				SiO_3^{2-}	Silicat	BrO_3^-	Bromat
				HPO_4^{2-}	Biphosphat oder Hydrogenphosphat	JO_3^-	Jodat
						MnO_4^-	Permanganat
				$C_2O_4^{2-}$	Oxalat	HSO_4^-	Bisulfat oder Hydrogensulfat
				O_2^{2-}	Peroxid		
						$H_2PO_4^-$	Dihydrogenphosphat
						$HCOO^-$	Formiat
						CH_3COO^-	Acetat
						OH^-	Hydroxid
						CN^-	Cyanid

In Tabelle **2—2** sind acht negative Ionen aufgeführt, die nicht die Struktur haben, die gerade beschrieben worden ist. Diese sind CH_3COO^-, OH^-, CN^-, $HCOO^-$, $C_2O_4^{2-}$, O_2^{2-}, $S_2O_3^{2-}$ und $Cr_2O_7^{2-}$. Benutze Tabelle 2—2 solange, bis die Namen geläufig sind.

Aufgabe 2—8

Benenne die folgenden Ionen: JO_3^-, JO_2^- und BrO^-.

Gegenüberstellung: Kovalente-ionische Bindung

Wir haben die Struktur von Verbindungen beschrieben, in denen das Molekül die fundamentale Einheit ist. Die Bindung in diesen Molekülen wird als *kovalente* Bindung bezeichnet. Eine kovalente Bindung bringt die *Beteiligung* eines oder mehrerer Elektronenpaare mit sich. Das Elektronenpaar kann dann nicht mehr einem einzigen Atom zugeordnet werden, sondern es ist gleichzeitig mit beiden Atomen assoziiert. In den Diagrammen für die Molekülstrukturen haben wir dies schon dadurch zum Ausdruck gebracht, daß jeder Strich, der zwei Atome miteinander verbindet, ein Elektronenpaar darstellt, welches die kovalente Bindung ausmacht.

Ein sehr unterschiedlicher Bindungstyp ist die ionische Bindung, die zwischen Ionen gebildet werden kann. In diesem Fall werden die Elektronen zwischen den Atomen nicht geteilt. Um dies zu illustrieren, wollen wir uns die Bindung zwischen Lithium Li und Fluor F ansehen. Aus dem vorangegangenen Abschnitt ist bekannt, daß Li durch Entfernen eines Elektrons ein positives Ion Li^+ und F ein negatives Ion F^- durch Anlagerung eines Elektrons bilden kann. Die beiden entgegengesetzt geladenen Ionen können eine Bindung bilden, die hauptsächlich auf elektrostatischen Anziehungskräften beruht. Trotz der Tatsache, daß Lithium und Fluor gewöhnlich als getrennte Ionen be-

Tabelle 2–3 Formeln einiger ionischer Verbindungen

Chemische Formel	Ionen
NaCl	Na^+, Cl^-
$MgCl_2$	Mg^{2+}, Cl^-
Na_2SO_4	Na^+, SO_4^{2-}
$MgSO_4$	Mg^{2+}, SO_4^{2-}
$Mg(OH)_2$	Mg^{2+}, OH^-
$Ca_3(PO_4)_2$	Ca^{2+}, PO_4^{3-}

stehen, schreiben wir aus Bequemlichkeit lieber die Molekularformel für Lithiumfluorid LiF als die mehr aussagende Formel Li^+F^-. Verbindungen, in denen die Bindungsverhältnisse elektrostatisch sind, werden ionische Verbindungen genannt.

Es gibt eine große Anzahl von ionischen Verbindungen. In Tabelle **2–3** sind die chemischen Formeln für einige ionische Verbindungen und deren Ionen aufgeführt. Es sei erwähnt, daß die Anzahl der Kationen und Anionen in einer ionischen Verbindung gleich sein muß, damit die Verbindung neutral ist, z. B. muß es $2Cl^-$ für jedes Mg^{2+} in $MgCl_2$ geben, da Cl^- nur eine -1 Ladung und Mg^{2+} eine $+2$ Ladung hat.

Ionische Verbindungen können allgemein durch Verdampfen in ein Gas überführt werden (jedoch nur bei extrem hohen Temperaturen in der Größenordnung 600—1500 °C). In der Gasphase liegt die Verbindung in Form von Molekülen, wie z. B. LiF- oder NaCl-Molekülen vor.*

Im festen Zustand jedoch formt die Verbindung einen Kristall, der aus Ionen aufgebaut ist. In festen ionischen Verbindungen kann man keine Moleküle identifizieren. In NaCl existieren die Na^+- und Cl^--Ionen in einer geordneten dreidimensionalen Anordnung; jedes Na^+ ist von 6 Cl^--Ionen umgeben und jedes Cl^- von 6 Na^+-Ionen. Abbildung **2—2** stellt das kristalline Netzwerk von NaCl dar. Es ist unmöglich, einem gegebenen Na^+-Ion ein einzelnes Cl^--Ion zuzuordnen. Demzufolge ist es nicht richtig, von Molekülen zu reden, wenn man über die feste, kristalline Form einer ionischen Verbindung spricht. Für eine ionische Verbindung im festen Zustand stellt die chemische Formel nur das Verhältnis der Ionen dar. Die chemische Formel NaCl kennzeichnet, daß Na^+ und Cl^- in einem Verhältnis 1:1 vorhanden sind.

Die Gründe für die Ausbildung von kovalenten und ionischen Bindungen wird in Kapitel 6 diskutiert. Eine angemessene Erklärung verlangt ein tieferes Verstehen der Atomstruktur und der Eigenschaften der Atome.

Aufgabe 2—9

Schreibe die chemische Formel für die ionische Verbindung, die von den folgenden Ionen gebildet wird:

a) Al^{3+} und Cl^-

b) Ammonium-Ion und Sulfat-Ion

c) SiO_3^{2-} und Na^+

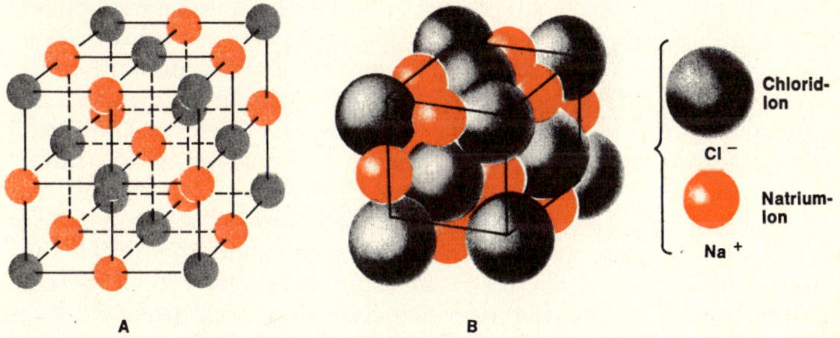

Abb. 2—2 Kristallstruktur von NaCl. A = Lage der Na^+ und Cl^- in den Ecken eines Würfels. B = Die Kugeln stellen die relativen Größen von Na^+ und Cl^- dar.

* Da diese Moleküle hauptsächlich aus Ionen bestehen, ziehen es einige Leute vor, gasförmige Spezies sowie LiF als Ionen-Paare zu bezeichnen. In jedem Fall bleiben LiF und NaCl in der Gasphase eindeutig zweiatomige Einheiten.

Gegenüberstellung: Verbindungen — Mischungen

Es ist schon früher betont worden, daß das Molekül (und daher die Verbindung selbst) eine einzigartige Spezies mit seinen eigenen Eigenschaften ist. Diese Serie von Eigenschaften ist charakteristisch für die Verbindung und ist unabhängig vom Weg, auf dem die Verbindung dargestellt wurde. Diese Verbindung kann einer Mischung gegenübergestellt werden, die keine Substanzen in einem definierten oder eindeutigen Verhältnis enthält. Die Eigenschaften einer Mischung werden sich ändern, wie sich die Zusammensetzung der Mischung ändert.

Um den Unterschied zwischen Mischungen und Verbindungen zu illustrieren, können wir ein einfaches Experiment im Laboratorium betrachten. Wir mischen sauberen Eisenstaub Fe mit pulverisiertem Schwefel S. Eigenschaften wie z. B. Farbe und Dichte der Mischung variieren, wenn die Zusammensetzung geändert wird. Weiterhin kann das Eisen einfach vom Schwefel mit physikalischen Mitteln getrennt werden; da Eisen magnetisch ist, kann es mit Hilfe eines Magneten entfernt werden. Der Schwefel kann durch Mischen mit flüssigem Schwefelkohlenstoff extrahiert werden, da sich nur der Schwefel auflösen wird. Sowohl die Vermischung als auch die Trennung sind physikalische Vorgänge und verursachen keine chemischen Änderungen von Eisen oder Schwefel. Eisen und Schwefel haben in diesem Beispiel nicht chemisch miteinander reagiert, um Verbindungen zu bilden. Würde man jedoch irgendeine dieser Eisen-Schwefel-Mischungen in einem abgedeckten Tiegel auf 1000 °C erhitzen, so würden Eisen und Schwefel miteinander reagieren, um die Verbindung FeS zu bilden. Zusätzlich zum FeS kann ein Überschuß an Eisen oder Schwefel vorhanden sein, da sich Fe und S nur in einem einzigen Verhältnis verbinden, um FeS zu bilden. Falls die Anfangsmischung nicht diese Zusammensetzung hat, so wird das Element, welches im Überschuß vorhanden war, unverändert sein. Die Verbindung FeS ist nicht magnetisch und jeder Versuch Fe und S mit Hilfe dieser Methode zu trennen, wird fehlschlagen. Der Schwefel in FeS wird sich nicht in Schwefelkohlenstoff lösen. Weiterhin wird jede andere *physikalische Methode* fehlschlagen, um das Eisen vom Schwefel in FeS zu trennen. Nur eine chemische Reaktion oder eine Reihe von chemischen Reaktionen kann benutzt werden, um FeS in seine Bestandteile zu zerlegen.

Erhitzen einer Mischung, um zwei Elemente direkt miteinander zu einer Verbindung umzusetzen, ist natürlich nicht der einzige Weg, um Verbindungen zu bilden. Verbindungen können durch verschiedenste chemische Reaktionen gebildet werden. Jede Verbindung, ganz gleich ob kovalent oder ionisch gebunden, ist eine einzigartige Kombination von Elementen in einem ganz bestimmten Verhältnis. Eine Mischung dagegen ist *keine* einzigartige Spezies.

Aufgabe 2—10

Wenn man Zucker und Wasser mischt, ist das resultierende Material eine Verbindung? Erklärung. Kann der Zucker vom Wasser abgetrennt werden? Wenn ja, wie? Würden die Änderungen, die eine Trennung zur Folge haben, physikalischer oder chemischer Natur sein?

Molekulargewicht

Das *Molekulargewicht MG* einer Substanz wird mit Hilfe der Atomgewichtsskala ausgedrückt und entspricht einfach der Summe der Atomgewichte, die die Verbindung aufbauen. Für ionische Verbindungen, die nicht aus Molekülen bestehen, wird von einigen Chemikern der Ausdruck *Formelgewicht FG* bevorzugt. In diesem Buch werden wir den Ausdruck Molekulargewicht sowohl für kovalente als auch ionische Verbindungen benutzen. Ein oder zwei Beispiele werden diese Definition klar machen. Eine Liste mit den Atomgewichten der Elemente ist auf der Innenseite des vorderen Buchdeckels und das Periodische System auf den Innenseiten des hinteren Buchdeckels angegeben.

Beispiel 2—2

Berechne das Molekulargewicht von Wasser (H_2O).

Gewicht H	= 2 × Atomgewicht H	= 2 × 1,008 =	2,016
Gewicht O	= 1 × Atomgewicht O	= 1 × 16,00 =	16,00
		MG von H_2O	= 18,02

Da 2 Wasserstoffatome in H_2O enthalten sind, wird das Gewicht für Wasserstoff in der Verbindung durch Multiplikation des Atomgewichts von Wasserstoff mit 2 gefunden. Da nur ein Sauerstoffatom vorhanden ist, wird das Gewicht des Sauerstoffs auf dieselbe Weise durch Multiplikation mit 1 gefunden. Das Molekulargewicht ist die Summe dieser beiden Produkte.

Beispiel 2—3

Berechne das Molekulargewicht von Sucrose oder gewöhnlichem Zucker, dessen Formel $C_{12}H_{22}O_{11}$ ist.

Gewicht C	= 12 × Atomgewicht C	= 12 × 12,01 =	144,12
Gewicht H	= 22 × Atomgewicht H	= 22 × 1,008 =	22,18
Gewicht O	= 11 × Atomgewicht O	= 11 × 16,00 =	176,00
		MG $C_{12}H_{22}O_{11}$	= 342,30

Beispiel 2—4

Berechne das Molekulargewicht der ionischen Verbindung $Mg_3(PO_4)_2$.

$$\begin{aligned}
\text{Gewicht Mg} &= 3 \times \text{Atomgewicht Mg} &= 3 \times 24{,}31 &= 72{,}93 \\
\text{Gewicht P} &= 2 \times \text{Atomgewicht P} &= 2 \times 30{,}97 &= 61{,}94 \\
\text{Gewicht O} &= 8 \times \text{Atomgewicht O} &= 8 \times 16{,}00 &= 128{,}00 \\
\hline
& \text{MG } Mg_3(PO_4)_2 & &= 262{,}87
\end{aligned}$$

Aufgabe 2—11

Berechne das Molekulargewicht der kovalenten Verbindung Fructose $C_6H_{12}O_6$ (Fruchtzucker).

Aufgabe 2—12

Calciumchlorid absorbiert schnell Wasser und wird daher als Trockenmittel benutzt. Berechne das Molekulargewicht der ionischen Verbindung $CaCl_2$.

Aufgabe 2—13

Welches Verhältnis (bezogen auf Masse) Eisen zu Schwefel muß verwendet werden, um FeS darzustellen, ohne einen Überschuß an Fe oder S zu haben?

Aufgabe 2—14

Welches Verhältnis (bezogen auf Masse) Wasserstoff zu Sauerstoff muß verwendet werden, um Wasser ohne Überschuß von H oder O herzustellen?

Prozentuale Zusammensetzung

Man möchte häufig wissen, wieviel eines betreffenden Elements in einer Verbindung enthalten ist. Diese Information wird manchmal in Massenprozenten des betreffenden Elements ausgedrückt. Um die *prozentuale Zusammensetzung* bezogen auf die Masse einer Verbindung berechnen zu können, teilt man einfach die Gesamtmasse jedes Elements durch das Molekulargewicht und multipliziert jeden Quotienten mit 100. Dieser Vorgang ergibt die prozentuale Zusammensetzung bezogen auf die Masse eines jeden Elements.

$$\%\ \text{Element} = \frac{\text{Zahl der Atome des Elements in der Formel} \times \text{A. G.} \times 100}{\text{Molekulargewicht}}$$

$$= \frac{\text{Gewicht des Elements} \times 100}{\text{Molekulargewicht}}$$

Ein einfaches Beispiel wird dieses Konzept illustrieren.

Beispiel 2—5

Berechne die prozentuale Zusammensetzung des Wassers. (Das Molekulargewicht von H_2O ist in Beispiel 2—2 berechnet worden).

$$\% \, H = \frac{2 \times (1{,}008)}{MW} \times 100 = \frac{2{,}016}{18{,}02} \times 100 = 11{,}2 \, \%$$

$$\% \, O = \frac{1 \times (16{,}00)}{MW} \times 100 = \frac{16{,}00}{18{,}02} \times 100 = 88{,}8 \, \%$$

Aufgabe 2—15

Berechne die prozentuale Zusammensetzung von $Mg_3(PO_4)_2$ und $C_6H_{12}O_6$.

Bestimmung der einfachsten Formel

Wir haben bisher die prozentuale Zusammensetzung mit Hilfe der chemischen Formel der Verbindung bestimmt. Die prozentuale Zusammensetzung gibt das Massenverhältnis der Elemente an und diese proportionalen Massen können dazu benutzt werden, um die Verhältnisse der Atome eines jeden Elements in der betreffenden Verbindung zu bestimmen.

Die Formel, die das Verhältnis der Atome in der Verbindung darstellt, wird die *einfachste Formel* genannt. Wenn wir eine allgemeine Verbindung, die aus den Elementen A, B und C zusammengesetzt ist, darstellen, so ist die einfachste Formel

$$A_x \, B_y \, C_z$$

worin x, y, z die kleinsten ganzen Zahlen sind, die das Verhältnis A:B:C kennzeichnen. Ist die Verbindung ionisch, so entspricht die einfachste Formel der chemischen Formel. Ist die Verbindung jedoch kovalent und existiert als Molekül, so stellt die einfachste Formel *nicht* unbedingt die Molekularformel dar. Ein Molekül der Verbindung kann ein Vielfaches von x, y und z Atomen A, B und C enthalten, und das Molekulargewicht muß bekannt sein, um dieses Vielfache zu bestimmen.

Das Atomgewicht eines Elements stellt das Durchschnittsgewicht eines Atoms in einem betreffenden Element relativ zu anderen Elementen dar. Daher ist die Masse eines Elements in einer Verbindung, geteilt durch das Atomgewicht des Elements, proportional der Zahl der Atome des Elements in der betreffenden Verbindung

$$\text{Zahl der Atome} \sim \frac{\text{Masse}}{\text{Masse (relativ) Atom}} \sim \frac{\text{Masse}}{\text{Atomgewicht}}$$

Für unsere allgemeine Verbindung $A_xB_yC_z$ können x, y und z dann als

$$x \sim \frac{M_A}{\text{Atomgewicht A}}$$

$$z \sim \frac{M_B}{\text{Atomgewicht B}}$$

$$y \sim \frac{M_C}{\text{Atomgewicht C}}$$

ausgedrückt werden, wo m_A, m_B und m_C die Massen von A, B und C in einer Probe dieser Verbindung sind. Wenn die prozentuale Zusammensetzung bekannt ist, dann können die Werte für m_A, m_B und m_C als Masse für eine 100 g Probe der Verbindung genommen werden. Die Werte für x, y und z werden dann auf die kleinst mögliche ganze Zahl durch Division von x, y und z durch die kleinste Zahl des Ansatzes reduziert. Sind die resultierenden Werte für x, y und z nicht ganzzahlig, so ist es notwendig, sie mit einem Faktor zu multiplizieren, um ganze Zahlen zu erhalten. Ein Beispiel, welches die mathematischen Schritte angibt, wird diesen Vorgang erklären.

Beispiel 2—6

Berechne die einfachste Formel für ein Eisenoxid, welches 69,94 % Fe und 30,06 % O enthält.

$$Fe_x\,O_y$$

$$x \sim \frac{69,94}{55,85} = 1,252$$

$$y \sim \frac{30,06}{16} = 1,879$$

Teilen der Werte durch die kleinste Zahl 1,252 im Ansatz ergibt

$$x \sim 1,000$$
$$y \sim 1,501$$

Multipliziert man beide Werte mit 2, so werden beide Zahlen ganzzahlig

$$x = 2$$
$$y = 3$$

Die einfachste Formel ist dann

$$Fe_2O_3$$

Aufgabe 2—16

Benutze die Ergebnisse für $C_6H_{12}O_6$ aus der Aufgabe 2—15 und berechne die einfachste Formel. Entspricht die einfachste Formel der molekularen Formel? Welche zusätzlichen Informationen sind erforderlich, um die Molekularformel aus der einfachsten Formel zu bestimmen?

2—C. Nomenklatur anorganischer Verbindungen

In diesem Abschnitt wird eine systematische Vorschrift für die Benennung aller anorganischen Verbindungen (außer Komplexen, Ionen und Säuren) gegeben. Die Nomenklatur komplexer Ionen wird in Kapitel 16 diskutiert werden, in dem auch Übergangsmetalle und Lanthanide besprochen werden. Säure-Basen-Reaktionen werden im Abschnitt 3—E behandelt; dort wird auch eine systematische Nomenklatur der Säuren eingeführt. Die Nomenklatur organischer Verbindungen wird in Kapitel 7 diskutiert.

Nomenklatur von Verbindungen auf der Basis ihrer ionischen Bestandteile

Wir benennen viele Verbindungen, als ob ihre aufbauenden Atome oder Atomgruppen als Ionen existieren könnten. Dieses bedeutet jedoch *nicht* unbedingt, daß diese Verbindungen selbst ionischen Charakter haben. Die Verbindungen können, aber sie müssen nicht von Natur aus ionisch sein, da die Atome oder Atomgruppen, die sie enthalten, nach der Trennung als Ionen existieren können. Als einfaches Beispiel wollen wir Chlorwasserstoff HCl nehmen. Hier liegt eine kovalente Verbindung vor, aber die Bestandteile können als Ionen H^+ und Cl^- auftreten. Der Name der Verbindung basiert auf den Namen der aufbauenden Ionen. Die Namen gebräuchlicher einatomiger und mehratomiger Kationen und Anionen waren schon in den Tabellen **2—2** und **2—3** angegeben. Man sollte die meisten Ionen, ihre entsprechenden Ladungen und Namen kennen. Viele anorganische Verbindungen bestehen nur aus einem Kation und einem Anion. Der Name der Verbindung gibt zuerst den Namen des Kations und dann den des Anions an. Die Beispiele in Tabelle **2—4** geben die Molekularformeln, die ionischen Bestandteile und den Namen der Verbindungen.

Da jedes Ion eine spezifische Ladung hat, können sich zwei Ionen nur so zu einer Verbindung zusammensetzen, daß diese dann neutral ist. Daher ist es nur erforderlich, die Namen der Ionen spezifisch zu benennen, um die Molekularformel eindeutig festzulegen. So besteht z. B. Calciumphosphat aus Ca^{2+}-Ionen und PO_4^{3-}-Ionen. Sie können sich nur in einem Verhältnis 3:2 miteinander verbinden, um eine neutrale Verbindung zu bilden. Wir wissen daher, daß Calciumphosphat die Formel $Ca_3(PO_4)_2$ haben muß.

Es soll noch darauf hingewiesen werden, daß in den gerade angegebenen Beispielen noch andere Namen für die Kationen benutzt werden können, um die Verbindung zu benennen. So könnte z. B. $FeCl_3$ Eisen(III)-chlorid oder Ferrichlorid genannt werden.

Beispiel 2—7

Gib die chemische Formel für die folgenden Verbindungen an: Chrom(III)-chlorid und Chromoarsenit.

a) Ein Chrom(III)-Ion ist Cr^{3+} und ein Chlorid-Ion ist Cl^- (siehe Tabelle 2—1). Da die Verbindung Chrom(III)-chlorid neutral sein soll, müssen wir 3 Cl^- für jedes Cr^{3+} haben. Die Formel lautet also

$$CrCl_3$$

Tabelle 2–4 Nomenklatur anorganischer Verbindungen auf der Basis ihrer ionischen Bestandteile

Molekular-Formel	Kation		Anion		Name der Verbindung
HCl	H^+	Wasserstoff-Ion	Cl^-	Chlorid	Chlorwasserstoff
$NaCl$	Na^+	Natrium-Ion	Cl^-	Chlorid	Natriumchlorid
$MgCl_2$	Mg^{2+}	Magnesium-Ion	Cl^-	Chlorid	Magnesiumchlorid
$Al(OH)_3$	Al^{3+}	Aluminium-Ion	OH^-	Hydroxid	Aluminiumhydroxid
$MgSO_4$	Mg^{2+}	Magnesium-Ion	SO_4^{2-}	Sulfat	Magnesiumsulfat
$Mg_3(PO_4)_2$	Mg^{2+}	Magnesium-Ion	PO_4^{3-}	Phosphat	Magnesiumphosphat
$FeCl_2$	Fe^{2+}	Eisen(II)-Ion (Ferro-Ion)	Cl^-	Chlorid	Eisen(II)-chlorid (Ferrochlorid)
$FeCl_3$	Fe^{3+}	Eisen(III)-Ion (Ferri-Ion)	Cl^-	Chlorid	Eisen(III)-chlorid (Ferrichlorid)
$CrAsO_4$	Cr^{3+}	Chrom(III)-Ion (Chromi-Ion)	AsO_4^{3-}	Arsenat	Chrom(III)-arsenat (Chromiarsenat)
$Cr(ClO)_2$	Cr^{2+}	Chrom(II)-Ion (Chromo-Ion)	ClO^-	Hypochlorit-Ion	Chrom(II)-hypochlorit Chromohypochlorit
$CaHPO_4$	Ca^{2+}	Calcium-Ion	HPO_4^{2-}	Biphosphat-Ion (Hydrogenphosphat-Ion)	Calciumbiphosphat (Calciumhydrogenphosphat)

b) Ein Chromo-Ion ist Cr^{2+}, und das Arsenit-Ion entspricht AsO_3^{3-} (siehe Tabelle 2—1 und 2—2). Um eine gleiche Anzahl positiver und negativer Ladungen zu haben, müssen wir ansetzen

$$3\,Cr^{2+} = 3 \times (+2) = +6$$
$$2\,AsO_3^{3-} = 2 \times (-3) = -6$$

Die Formel lautet also

$$Cr_3(AsO_3)_2$$

Aufgabe 2—17

Benenne die Verbindungen, die die folgenden Summenformeln haben: $RbBr$, BeF_2, AlN, Cr_2O_3, $(NH_4)_2CO_3$, HBr, $K_2Cr_2O_7$, $Cr(HSO_4)_2$, $Fe(CN)_3$.

Aufgabe 2—18

Schreibe die Summenformeln folgender Verbindungen: Rubidiumhypobromit, Calciumphosphid, Eisen(III)-phosphat, Natriumhydrogenphosphat, Calciumbromid, Eisen(III)-oxalat, Selenwasserstoff.

Binäre kovalente Verbindungen der Nichtmetalle

Eine binäre Verbindung besteht nur aus zwei Elementen. Bestimmte Elemente, die als Nichtmetalle klassifiziert werden, verbinden sich miteinander, um binäre kovalente Verbindungen zu bilden. Diese kovalenten Verbindungen existieren als Moleküle. Es gibt eine bestimmte Anzahl von Atomen eines jeden Elements in einem Molekül einer gegebenen binären kovalenten Verbindung. Jedoch kann sich dasselbe Element in verschiedenen Verhältnissen verbinden, um verschiedene Substanzen zu bilden. So können Stickstoff und Sauerstoff z. B. die Verbindungen N_2O, NO, NO_2, N_2O_4 und N_2O_5 bilden. Aus diesem Grunde muß der Name der Verbindung für die Zahl jedes Atomtyps in dem Molekül spezifisch sein. Dieses wird durch Einführung von griechischen Zahlwörtern erreicht, die dem Bestandteil vorangestellt werden.

Zahl der Atome	Zahlwort	Zahl der Atome	Zahlwort
1	mono-	5	penta-
2	di-	6	hexa-
3	tri-	7	hepta-
4	tetra-	8	octa-

Der Gebrauch des vorgestellten Zahlworts mono- wird allgemein nur benutzt, um die *mono*-Verbindung hervorzuheben, wenn auch *di*- oder *tri*-Verbindungen desselben Elements existieren, z. B. CO Kohlenstoffmonoxid, und CO_2 Kohlenstoffdioxid.

Die Reihenfolge beim Schreiben der Namen für die beiden Elemente basiert auf dem Konzept der *Elektronegativität*. Elektronegativität ist qualitativ definiert, als die relative Fähigkeit eines Atoms in bezug auf ein anderes Atom Bindungselektronen aus einer kovalenten Bindung anzuziehen. Es gibt verschiedene Elektronegativitätsskalen, die entworfen worden sind, um die Elektronegativität quantitativ zu erfassen. Wir werden dies quantitativ und in Einzelheiten in Kapitel 6 diskutieren. Der Einfachheit halber ist eine Liste mit Elektronegativitäten üblicher Elemente in Tabelle **2—5** aufgeführt.

Man kann auch eine Reihenfolge der Elektronegativitäten aus dem Periodischen System ableiten (siehe Abbildung **6—12**). Ganz allgemein

Tabelle 2–5 Elektronegativitäten einiger Elemente

Element	Elektronegativität	Element	Elektronegativität
F	4,0	Be	1,5
O	3,5	Al	1,5
N	3,0	Mg	1,2
Cl	3,0	Li	1,0
Br	2,8	Ca	1,0
C	2,5	Sr	1,0
I	2,5	Na	0,9
H	2,1	Ba	0,9
P	2,1	K	0,8
B	2,0	Rb	0,8
Si	1,8	Cs	0,7

gesehen, erhöht sich die Elektronegativität, wenn man von links nach rechts im Periodischen System geht (mit der Ausnahme der Spalte ganz rechts, den Edelgasen in Gruppe VIIIA) und von unten nach oben. Demnach ist das Element mit der höchsten Elektronegativität Fluor.

Elemente mit geringen Elektronegativitäten werden oft als *elektropositiv* bezeichnet. Die Reihenfolge bei der Benennung der Elemente in der binären kovalenten Verbindung ist: das elektropositivere Element zuerst und dann das elektronegativere Element. Zusätzlich wird dem elektronegativeren Element die charakteristische Endung *-id* gegeben. Will man eine binäre kovalente Verbindung benennen, so geht man in Gedanken die folgenden Schritte durch:

① Suche das elektropositivere Element und ordne die Elemente entsprechend;

② wähle die zutreffenden griechischen Zahlwörter, die die Anzahl der betreffenden Atome kennzeichnen;

③ füge die Endung *-id* an das elektronegativere Element.

Verschiedene Beispiele, wie man binäre kovalente Verbindungen nennt, werden in der folgenden Liste gegeben.

Molekularformel	Name
SO_2	Schwefeldioxid
SO_3	Schwefeltrioxid
N_2O	Distickstoffoxid
NO	Stickstoffoxid
NO_2	Stickstoffdioxid
N_2O_4	Distickstofftetroxid
N_2O_5	Distickstoffpentoxid

Aufgabe 2—19

Nenne die Verbindungen, die durch folgende Molekularformeln beschrieben sind: SO_2, PCl_3, SF_6, ClO_2, Cl_2O_7, OF_2.

Aufgabe 2—20

Schreibe die Molekularformeln für folgende Verbindungen: Kohlenstofftetrachlorid (Tetrachlormethan), Phosphor(V)-chlorid, Brom(V)-fluorid, Phosphor(V)-oxid, Bortrifluorid, Silicium(IV)-fluorid.

In einigen Fällen sind Trivialnamen für Verbindungen adoptiert und viele Jahre gebraucht worden. Da diese Trivialnamen in keiner Weise in ein System passen, ist es unglücklicherweise notwendig, die Namen zu behalten oder nachzuschlagen, um sie mit den entsprechenden Molekularformeln zu verbinden. Diese Trivialnamen für die Verbindungen werden angegeben, wenn die Substanzen im Buch eingeführt werden. Die Trivialnamen entsprechen Ausdrücken in der Umgangssprache und verursachen oft Schwierigkeiten.

2—D. Molbegriff

Wie schon gesagt, ist die Atomgewichtsskala eine relative Skala der Atommassen bezogen auf das ^{12}C-Isotop, dem der Wert 12,000 AME zugeordnet ist. Jedes Molekulargewicht, das wir bezeichnen, ist die Masse eines typischen Moleküls der Substanz in AME Einheiten. Die Masse eines Moleküls findet man, wenn man das gewogene Massenmittel der Moleküle einer typischen Substanzprobe nimmt. So hat z. B. im Durchschnitt

1 Atom Ar	die Masse 39,948 AME
1 Atom ^{12}C	die Masse 12,000 AME
1 Molekül H_2O	die Masse 18,015 AME
1 Molekül NaCl	die Masse 58,443 AME

Chemiker arbeiten jedoch selten im Laboratorium mit einzelnen Atomen oder Molekülen. Daher ist die relative Gewichtsskala in AME Einheiten nicht praktisch. Im allgemeinen arbeiten wir mit Proben, deren Massen in Milligramm oder Gramm angegeben werden. Damit wir die relativen Substanzmassen in Gramm-Einheiten angeben können, definieren wir das *Gramm-Atomgewicht* als das Atomgewicht ausgedrückt in Gramm, und das *Gramm-Molekulargewicht* als das Molekulargewicht ausgedrückt in Gramm. Die Ausdrücke *Gramm-Atom* und *Gramm-Mol* können dann definiert werden als

2—1 1 Gramm-Atom (g-Atom) = Gewichtsmenge eines Elements, dessen Masse dem Gramm-Atomgewicht entspricht (g-Atom-GW)

1 Mol = Gewichtsmenge einer Verbindung, deren Masse dem Gramm-Molekulargewicht entspricht (g-Mol-GW)

Die relativen Atomgewichte und Molekulargewichte können nun in Gramm-Atom und Gramm-Mol Einheiten ausgedrückt werden. Benutzt man die vorangehenden Beispiele, so kann man sagen, daß

1 g-Atom Ar	die Masse 39,948 g,
1 g-Atom ^{12}C	die Masse 12,000 g,
1 Mol H_2O	die Masse 18,015 g,
1 Mol NaCl	die Masse 38,443 g hat.

Man sieht, daß sich in den obigen Beispielen die Massen in g-Atom und Mol in demselben Verhältnis befinden, wie die Massen der Atome und Moleküle. G-Atom und Mol zeigen dasselbe Massenverhältnis wie das Atom und Molekül mit der Ausnahme, daß das g-Atom und Mol eine größere Anzahl Atome und Moleküle enthält. Die Zahl der Atome in einem g-Atom oder die Zahl der Moleküle in einem Mol ist experimentell bestimmt worden und wird die Loschmidt'sche Zahl (im amerikanischen Sprachgebrauch Avogadro'sche Zahl) N_L* genannt.

$$\text{Loschmidt'sche Zahl} = 6{,}023 \times 10^{23}$$

Ist die Substanz ionisch aufgebaut, so wie festes NaCl, so stellt die Loschmidt'sche Zahl die Zahl der Formeleinheiten dar. Eine Formel-Einheit NaCl würde ein Natrium- und ein Chlorid-Ion darstellen. Im Fall von $BaCl_2$ würde die Formeleinheit aus einem Ba^{2+} und 2 Cl^- bestehen. Benutzt man die Loschmidt'sche Zahl, so können wir bequeme Ausdrücke für die Beziehung g-Atom und Atome, und zwischen Mol und Molekülen oder Formeleinheiten schreiben.

2—2a	1 g-Atom	= $6{,}023 \times 10^{23}$	Atome
2—2b	1 Mol	= $6{,}023 \times 10^{23}$	Moleküle
2—2c	1 Mol	= $6{,}023 \times 10^{23}$	Formeleinheiten (ionische Verbindungen)

Die Begriffe Mol, g-Molekulargewicht, Loschmidt'sche Zahl und die Parallelbegriffe g-Atom, g-Atomgewicht und Loschmidt'sche Zahl sind wesentlich für die Chemie. Man muß fähig sein, diese Ausdrücke in Berechnungen zu benutzen und auch ihre Bedeutung verstehen.

Beispiel 2—8

Berechne die Molzahl und die Zahl der Moleküle in 25,0 g Wasser.

Das Molekulargewicht von Wasser beträgt 18,015. Daraus erhält man mit Gleichung **2—1** (I, S.31):

1 Mol Wasser hat die Masse 18,015 g

*Für eine Besprechung der Exponenten, siehe Anhang C.

25 g Wasser können in Mol durch Multiplikation mit dem Faktor (1 Mol/18,015 g)* umgerechnet werden. Man erhält

$$\text{Mol } H_2O = 25{,}0\text{ g}\left(\frac{1\text{ Mol}}{18{,}015\text{ g}}\right) = 1{,}39\text{ Mol}$$

Entsprechend Gleichung 2—2b

$$\text{Moleküle } H_2O = (1{,}39\text{ Mol } H_2O\left(\frac{6{,}023 \times 10^{23}\text{ Moleküle}}{\text{Mol}}\right)$$

Daraus

$$\text{Moleküle } H_2O = 8{,}36 \times 10^{23}\text{ Moleküle}$$

Es sei auf die Kürzung der Ausdrücke Gramm in der ersten Gleichung und Mol in der zweiten Gleichung hingewiesen. Es ist wesentlich, daß die Einheiten zu dem Ausdruck immer mitgeschrieben werden und gegebenenfalls gekürzt werden können. Dieser Vorgang bürgt dafür, daß Faktoren richtig gebraucht werden, und daß die Gleichungen dimensionsmäßig korrekt sind.

Beispiel 2—9

Berechne die Masse und Anzahl der Moleküle in 2,5 Mol Benzol, welches die Molekularformel C_6H_6 hat.

Das Molekulargewicht von Benzol wird wie folgt gefunden:

$$\text{MG} = 6\text{ (Atomgewicht C)} + 6\text{ (Atomgewicht H)}$$
$$\text{MG} = 6\,(12{,}01) + 6\,(1{,}008)$$
$$\text{MG} = 78{,}11$$

Das Gramm-Molekulargewicht von Benzol ist daher 78,11 g. Die Masse von 2,5 Mol Benzol wird durch den Ansatz gefunden

1 Mol Benzol hat die Masse 78,11 g

$$\text{Masse Benzol} = (2{,}5\text{ Mol})\left(\frac{78{,}11\text{ g}}{1\text{ Mol}}\right)$$

$$\text{Masse Benzol} = 195{,}3\text{ g}$$

Benutzt man die Loschmidt'sche Zahl aus Gleichung **2—2**, so erhält man

$$\text{Moleküle Benzol} = (2{,}5\text{ Mol Benzol})\left(6{,}023 \times 10^{23}\,\frac{\text{Moleküle}}{\text{Mol}}\right)$$

$$\text{Moleküle Benzol} = 15{,}06 \times 10^{23}\text{ Moleküle}$$

Aufgabe 2—21

Berechne die Zahl der g-Atome und Atome in 5 g Sauerstoff mit der Molekularformel O_2.

---

* Die Faktormethode für die Umrechnung der Einheiten ist im Anhang A diskutiert.

Aufgabe 2—22

Berechne die Molzahl und die Zahl der Moleküle in 5 g Sauerstoff unter Berücksichtigung, daß Sauerstoff aus zweiatomigen Molekülen O_2 besteht.

Aufgabe 2—23

Berechne die Zahl der Ca^{2+} und Cl^--Ionen in 3 Mol $CaCl_2$.

2—E. Zustandsformen der Materie

In unserer bisherigen Diskussion der Materie haben wir gesehen, daß eine Substanz aus Molekülen zusammengesetzt ist, die wiederum aus Atomen aufgebaut sind. Natürlich sind Moleküle und Atome viel zu klein, um mit bloßem Auge gesehen werden zu können. Nur große Molekülaggregate in Form von Materialien sind sichtbar. Diese Molekülaggregate können *fest, flüssig* oder *gasförmig* sein. Fest, flüssig oder gasförmig sind die drei Grundzustandsformen der Materie. Reine Substanzen, wie wir sie in der Natur antreffen, existieren in einer dieser drei *Zustandsformen* oder Phasen.

Fester Zustand

Der feste Zustand kann von der flüssigen oder der gasförmigen Zustandsform durch seine Fähigkeit, Form und Größe beizubehalten, unterschieden werden. Der Festkörper besteht aus einem dreidimensionalen Netz von Molekülen, Atomen oder Ionen, die stärker untereinander gebunden oder angezogen werden als die flüssigen oder gasförmigen Moleküle. (Siehe Abbildung **2—2** für die Struktur von festem NaCl). In dieser dreidimensionalen Struktur nehmen die Moleküle, Atome oder Ionen spezifische Plätze relativ zueinander ein. Aus diesem Grund sagt man, Festkörper haben eine Fernordnung (Ordnung über weite Entfernungen) im Gegensatz zu Flüssigkeiten, in denen eine Ordnung der Moleküle, Atome und Ionen nur über eine kurze Entfernung (Nahordnung) möglich ist. Aus der Struktur von NaCl in Abbildung **2—2** (a) sieht man, daß jeweils ein Cl^- jede Ecke und jede Fläche des Würfels besetzt. Das Na^+ besetzt die Kanten des Würfels. Diese dreidimensionale Anordnung der Na^+ und der Cl^- Ionen wiederholt sich oft über die Entfernungen (oder Bereiche) durch den kristallinen Festkörper.

Da die Moleküle, Atome oder Ionen sich näher kommen als die flüssigen oder gasförmigen Teilchen, ist der feste Zustand dichter als die entsprechenden flüssigen oder gasförmigen Zustände. Wasser bildet hier eine Ausnahme dieser Regel. Die Dichte des flüssigen Wassers (H_2O) ist größer als die Dichte von festem Wasser (Eis). Bekanntlich schwimmt Eis auf dem Wasser. In den meisten Mischungen von flüssigen und festen Substanzen wird der Festkörper in die Flüssigkeit sinken, da die Dichte des Festkörpers größer ist als die der Flüssigkeit. Wir werden diese Punkte in Kapitel 9—L weiter diskutieren.

Eine ausführliche Diskussion der Bindungen oder der anziehenden Kräfte zwischen Molekülen, Atomen oder Ionen muß auf später verschoben werden, bis wir ein tieferes Verständnis der molekularen Strukturen und Eigenschaften haben. Wir können die relative Größenordnung der Kräfte, die den Festkörper zusammenhalten, abschätzen, indem wir die Schmelzpunkte und Schmelzwärme der Festkörper betrachten. Der *normale Schmelzpunkt* (t_{Fp}) ist als die Temperatur definiert, bei der ein Festkörper bei einer Atmosphäre Druck in den flüssigen Zustand umgewandelt wird. Die erforderliche Wärme für diese Umwandlung, wenn der Festkörper die korrekte Temperatur erreicht hat, wird die *molare Schmelzwärme* (ΔH_{Sw}) genannt. Die molare Schmelzwärme wird allgemein in Kalorien ausgedrückt, die erforderlich sind, um ein Mol Substanz zu schmelzen. Eine Kalorie ist diejenige Wärmemenge, die erforderlich ist, um die Temperatur von 1 g Wasser um 1 Grad C zu erhöhen.

$$\text{fest} \xrightarrow{\text{Wärme}} \text{flüssig}$$

P = 1 Atmosphäre; t = normaler Schmelzpunkt (Festpunkt) = t_{Fp}; Wärme = molare Schmelzwärme = ΔH_{Sw}.

Der flüssige Zustand ist ein weniger geordneter Zustand, in dem die intermolekularen und interionischen Kräfte schwächer sind als im festen Zustand. Die Schmelzwärme ist ein Zeichen für die Abnahme der intermolekularen Kräfte zwischen den festen und flüssigen Phasen. Die normalen Schmelzpunkte und Schmelzwärmen können über einen großen Bereich variieren, wie in Tabelle 2—6 gezeigt ist.

Tabelle 2–6 Normale Schmelzpunkte und Schmelzwärmen einiger Festkörper

Substanz	Formel	t_{Fp} (° C)	ΔH_{Sw} (cal/Mol)
Wasserstoff	H_2	–259,1	28,0
Sauerstoff	O_2	–218,4	106,3
Chlorwasserstoff	HCl	–114,8	476,0
Wasser	H_2O	0,0	1436,0
Natriumchlorid	NaCl	801,0	7220,0
Siliciumdioxid	SiO_2	1710,0	3400,0

Es gibt auch Festkörper, genannt *amorphe Festkörper*, die eine starre Form beibehalten, aber keine geordnete Anordnung oder Vernetzung von Molekülen oder Ionen besitzen. Ein übliches Beispiel für einen amorphen Festkörper ist *Glas*, welches aus Calcium- und Natriumsilicaten besteht. Die Siliciumatome werden in der festen Phase durch aufeinanderfolgende Si—O—Si Bindungen zweier verschiedener Strukturtypen zusammengehalten.

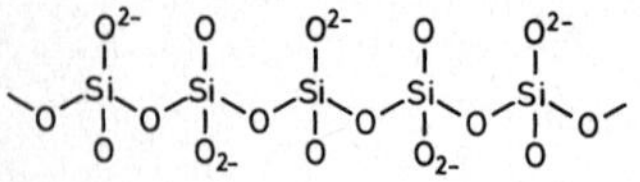

$(SiO_3^{2-})_n$

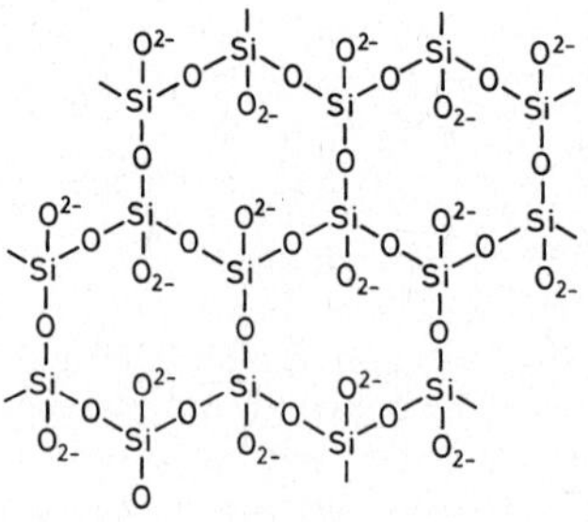

$(Si_2O_5^{4-})_n$

Dementsprechend ist der Festkörper verhältnismäßig starr. Da jedoch die Ketten nicht gleichmäßig sind, haben die Festkörper keine definierte Anordnung oder kein definiertes Netz der Ca, Na, Si und O Atome oder Ionen. Im Gegensatz zum kristallinen Festkörper ist die Struktur von Glas nahgeordnet und durchaus variabel. Weiterhin gibt es *keine* bestimmte Temperatur, bei der ein amorpher Festkörper in die flüssige Phase übergeht. Der amorphe Festkörper wird weich und weicher, wenn die Temperatur erhöht wird. Der amorphe Festkörper verflüssigt sich schließlich, aber der Wechsel vollzieht sich über einen großen Temperaturbereich. Plastik, wie z. B. Polyäthylen, zeigt charakteristische Eigenschaften eines amorphen Festkörpers.

Flüssiger Zustand

Der flüssige Zustand unterscheidet sich vom festen und gasförmigen in der Fähigkeit, sein Volumen, aber nicht seine Form, beizubehalten. Es herrschen bedeutende intermolekulare, interatomare oder ionische Kräfte in der Flüssigkeit, die die Moleküle, Atome oder Ionen auf einer kurzen Entfernung zusammenhalten. Jedoch erlaubt die zusätzliche Wärme, die der flüssige Zustand absorbiert hat, den Molekülen, Atomen und Ionen sich freier als die Teilchen eines Festkörpers zu bewegen. Demzufolge ist dieser Zustand eine Flüssigkeit, die das Volumen beibehält. Man findet noch begrenzte Strukturen im flüssigen Zustand. Die Strukturen von Eis und Wasser werden im einzelnen im Abschnitt 9—L (I, S. 332) besprochen.

Wird dem flüssigen Zustand Wärme zugeführt, so wird eine Temperatur erreicht, bei der die Moleküle der Flüssigkeit als Gas in die Umgebung entweichen können. Geschieht dies bei einem Druck von einer Atmosphäre, so wird diese Temperatur der *normale Siedepunkt* der Substanz genannt, und die Wärme, die für diese Umwandlung erforderlich ist, die *molare Verdampfungswärme* (Tabelle **2–7**)

$$\text{flüssig} \xrightarrow{\text{Wärme}} \text{Gas}$$

Tabelle 2–7 Normale Siedepunkte und Verdampfungswärmen einiger Substanzen

Substanz	Formel	t_{Sp} (° C)	ΔH_{Vd} (cal/Mol)
Wasserstoff	H_2	–252,5	216
Sauerstoff	O_2	–183,0	1 630
Chlorwasserstoff	HCl	–84,9	4 680
Wasser	H_2O	100,0	9 720
Natriumchlorid	NaCl	1413,0	43 400

P = eine Atmosphäre; t = normaler Siedepunkt = t_{Sp}; Wärme = molare Verdampfungswärme = ΔH_{Vd}

Wenn die Flüssigkeit bei einer Atmosphäre Druck in ein Gas übergeführt wird, so sind die intermolekularen, atomaren oder ionischen Kräfte stark vermindert. Demzufolge sind die Größenordnungen der normalen Siedepunkte und Verdampfungswärmen Kriterien für die Stärke der intermolekularen, atomaren und ionischen Kräfte in der Flüssigkeit. Andererseits findet man sehr große Bereiche für die normale Siedepunkte und Verdampfungswärmen.

Gasförmiger Zustand

Die Gasphase besteht aus Molekülen oder Atomen, die weit voneinander entfernt sind und sich innerhalb eines Behälters frei bewegen. Ionen entstehen niemals durch Verdampfung. Substanzen, die ionisch oder mehr oder weniger ionisch im festen oder flüssigen Zustand sind, formen im allgemeinen nach Verdampfen neutrale Moleküle. Auf Grund der Bewegungsfreiheit der Moleküle oder Atome in der Gasphase hat ein Gas weder ein fixiertes Volumen noch eine gegebene Form.

Im Gegensatz zu den Kräften, die den festen und flüssigen Zustand charakterisieren, sind die intermolekularen oder interatomaren Kräfte fast zu vernachlässigen. Dies trifft besonders für niedrige Drucke in der Größenordnung von einer Atmosphäre oder weniger zu, da die

Entfernungen zwischen den Molekülen bei diesen niedrigen Drucken verhältnismäßig groß sind. Wir vernachlässigen normalerweise alle intermolekularen und interatomaren Kräfte, wenn wir Gase bei geringen Drucken diskutieren. Diese Annahme ist ein Teil des Modells für ideale Gase, die im Abschnitt 2–G (I, S. 43) diskutiert werden.

2—F. Lösungen — Konzentrationseinheiten

Eine Lösung ist eine homogene Mischung zweier oder mehrerer Substanzen, die einzigartige Eigenschaften hat, welche wiederum charakteristisch für die Lösung sind. Die Homogenität im Fall einer wahren Lösung liegt auf dem molekularen Niveau. Wenn z. B. Zucker $C_{12}H_{22}O_{11}$ in Wasser gelöst wird, so sind die $C_{12}H_{22}O_{11}$ Moleküle und die H_2O Moleküle innig gemischt. Die $C_{12}H_{22}O_{11}$ Moleküle sind gänzlich im Wasser verteilt, und die Lösung wird keine Eigenschaften haben, die charakteristisch für reinen festen Zucker oder reines Wasser sind. Eine Lösung unterscheidet sich von einer Verbindung dadurch, daß die Eigenschaften der Spezies variieren können. Verschiedene Lösungen von Zucker in Wasser können durch Auflösen verschiedener Zuckermengen in einem bestimmten Volumen Wasser bereitet werden. In einer Verbindung setzen sich die Atome nur in bestimmten und einzigartigen Verhältnissen zusammen.

Lösungen können in allen drei Phasen existieren: gasförmig, flüssig und fest. Die üblichsten Lösungen gibt es in der flüssigen Phase; aber auch gasförmige und feste Lösungen existieren. Gase mischen sich immer, um eine homogene Gasmischung, so wie z. B. Luft, zu bilden. Feste Lösungen sind weniger üblich, aber bestimmte Festsubstanzen können sich homogen auf molekularer oder ionischer Ebene mischen. Beispiele für feste Lösungen sind Metallegierungen und Lötmetall. Da feste Verbindungen ein einzigartiges Kristallnetz von Molekülen oder Ionen haben, sind die Anforderungen für zwei Festkörper, damit sie eine feste Lösung bilden können, verhältnismäßig streng. Eine flüssige Lösung kann als Mischung von zwei Flüssigkeiten oder eines Festkörpers oder eines Gases, gelöst in der flüssigen Substanz, existieren.

Die meisten kovalenten Verbindungen (so wie Zucker in Wasser) lösen sich als Moleküle z. B., die Zuckermoleküle und Wassermoleküle sind homogen in der Lösung verteilt. Jedoch gehen ionische Verbindungen und einige kovalente Verbindungen als Ionen in Lösung. Festes NaCl ($NaCl_{(f)}$) z. B. dissoziiert zu Na^+- und Cl^--Ionen in Wasser. Die Na^+- und Cl^--Ionen werden homogen in der Lösung verteilt sein. Die Na^+ und Cl^- werden total von Wassermolekülen umgeben sein, und wir bezeichnen diesen Zustand mit dem nach rechts unten gestellten Symbol (aq), welches eine *wäßrige* Lösung darstellt. Wir können den Lösungsprozeß in Form einer Gleichung zeigen

$$NaCl_{(f)} + \text{Wasser} \longrightarrow \overset{+}{Na}_{(aq)} + \overset{-}{Cl}_{(aq)}$$

$$C_{12}H_{22}O_{11} + \text{Wasser} \longrightarrow C_{12}H_{22}O_{11\,(aq)}$$

Ändert sich die Zusammensetzung der Lösung, so werden sich die Eigenschaften der Lösung dementsprechend ändern. Eine Lösung, die z. B. 1 Mol Zucker in 10 Mol Wasser enthält, unterscheidet sich von einer Lösung, die nur 0,1 Mol Zucker in 10 Mol Wasser enthält. Aus diesem Grund müssen wir die Zusammensetzung einer Lösung angeben, um sie vollständig zu beschreiben. Die Zusammensetzung einer Lösung kann in verschiedenen Formen von Konzentrationseinheiten ausgedrückt werden. Verschiedene Konzentrationseinheiten sind in verschiedenen Zusammenhängen brauchbar.

Die Komponenten einer Lösung werden häufig identifiziert und man spricht von *Lösungsmittel* und *gelöstem Stoff*. Das *Lösungsmittel* ist allgemein die Komponente in der Lösung, die die höchste Konzentration hat (größere Komponente). Auf der anderen Seite bezeichnet man als *gelösten Stoff* (kleinere Komponente) jede Komponente, die in geringeren Konzentrationen vorliegt als das Lösungsmittel. Festkörper oder Gase, die sich in einer Flüssigkeit lösen, um dann eine flüssige Lösung zu formen, werden allgemein als gelöster Stoff bezeichnet. In jeder Lösung können eine Anzahl von gelösten Stoffen vorhanden sein, und die Konzentration eines jeden gelösten Stoffs muß spezifiziert werden. In der folgenden Diskussion der Konzentrationseinheiten werden nur Zwei-Komponenten-Systeme betrachtet und, wenn notwendig, wird das Lösungsmittel mit A und der gelöste Stoff mit B bezeichnet. Diese Nomenklatur wird durch das ganze Buch beibehalten, wenn wir uns auf Lösungen beziehen.

Konzentrationen werden in Massenprozenten ausgedrückt. Da der Ausdruck Gewicht häufig an Stelle von Masse mißbraucht wird, findet man auch üblicherweise den Ausdruck *„Gewichtsprozente"*. Stellt *m* die Masse dar, so können die Massenprozente für die Komponenten A und B entsprechend Gleichung 2—3 berechnet werden.

2—3a $$\text{Massen-\%}\ A = \frac{m_A}{m_A + m_B} \times 100$$

2—3b $$\text{Massen-\%}\ B = \frac{m_B}{m_A + m_B} \times 100$$

Auf ähnliche Weise kann die Konzentration in Form von *Volumenprozenten* ausgedrückt werden. Stellt V das Volumen dar, so sind die Ausdrücke für die Berechnung der Volumenprozente

2—4a $$\text{Volumen-\% A} = \frac{V_A}{V_A + V_B} \times 100$$

2—4b $$\text{Volumen-\% B} = \frac{V_B}{V_A + V_B} \times 100$$

Um Massenprozente in Volumenprozente umzurechnen, muß die *Dichte* der Substanzen bekannt sein. Die Dichte (ϱ) ist definiert als Masse pro Volumeneinheit und kann aus der bekannten Masse und dem Volumen der Substanz berechnet werden

2—5 $$\varrho = \frac{m}{V}$$

Die Konzentrationseinheiten ppm (parts per million)* und ppb (parts per billion)* werden häufig benutzt, um geringe Mengen einer Substanz (gelöster Stoff) in Gegenwart von fast 100 % einer anderen (Lösungsmittel) auszudrücken. Verunreinigungen sind sehr häufig in geringen Mengen vorhanden, die dann in ppm oder ppb ausgedrückt werden. Die ppm und ppb Einheiten sind auf der Basis *Masse* des gelösten Stoffs und des Lösungsmittels definiert.

1 ppm = 1 Teil gelöster Stoff/10^6 Teile Lösungsmittel

1 ppb = 1 Teil gelöster Stoff/10^9 Teile Lösungsmittel

Die Konzentration in ppm und ppb kann wie folgt berechnet werden

2—6a $$\text{ppm} = \frac{\text{Masse}_{\text{gelöster Stoff}}}{\text{Masse}_{\text{Lösungsmittel}}} \times 10^6$$

2—6b $$\text{ppb} = \frac{\text{Masse}_{\text{gelöster Stoff}}}{\text{Masse}_{\text{Lösungsmittel}}} \times 10^9$$

Für sehr geringe Konzentrationsmengen von gelösten Stoffen ist die Masse der Lösung ungefähr gleich der Masse des Lösungsmittels und die ppm-Einheiten verhalten sich zu Gewichtsprozenten wie

$$\text{ppm} = (\text{Gewichtsprozente}) \times 10^4$$

Eine Konzentrationseinheit, die sehr oft in der Chemie benutzt wird, ist der *Molenbruch*. Der Molenbruch stellt den Anteil jeder Spezies in der Lösung in Mol dar. Sind n Mole vorhanden, so kann der Molenbruch (X) entsprechend den folgenden Gleichungen berechnet werden:

2—7a $$X_A = \frac{n_A}{n_A + n_B}$$

---

* Die Ausdrücke ppm und ppb sind aus dem amerikanischen Sprachgebrauch übernommen worden.

2—7b

$$X_B = \frac{n_B}{n_A + n_B}$$

Die Konzentrationseinheit *Molalität m* wird als Molzahl des gelösten Stoffs in 1 Kilogramm (1000 g) Lösungsmittel definiert. Wird die Molzahl des Lösungsmittel durch n_B dargestellt, so kann die Molalität aus folgender Gleichung berechnet werden

2—8

$$m = \frac{n_B}{\text{kg Lösungsmittel}}$$

Die Berechnung von n_B aus der Masse des Lösungsmittels wurde im vorhergehenden Abschnitt mit Hilfe der Gleichgewichtsbeziehung 2—1 diskutiert

$$n_B = \left[\text{Masse}_{\text{gelöster Stoff}}\ (\text{Gramm}\right]\left(\frac{1\ \text{Mol}}{\text{g-Mol-GW}}\right) = \frac{\text{Masse (Gramm)}}{\text{MG (Gramm)}}\ \text{Mol}$$

Die *Molarität M* einer Lösung ist als die Molzahl in 1 Liter Lösungsmittel definiert

2—9

$$M = \frac{n_B}{\text{Liter Lösungsmittel}}$$

Wiederum kann n_B aus der Masse des gelösten Stoffes wie oben berechnet werden.

Beispiel 2—10

Berechne die Gewichtsprozente, die Volumenprozente, den Molenbruch, die Molalität und die Molarität einer Lösung, die 10 g flüssiges Äthylenglykol ($HO—CH_2—CH_2—OH$) in 500 g Wasser enthält. Die Dichte von Äthylenglykol beträgt 1,1088 g/*ml* und die Dichte des Wassers 1,00 g/*ml*. Die Dichte der fertigen Lösung ist 1,004 g/*ml*.

Benutzt man Gleichungen **2—3** bis **2—9**, so können wir die Konzentration berechnen

Gewichtsprozente

$$\text{Gewichts-\%}\ HO—CH_2—CH_2—OH = \frac{10\ \text{g}}{500\ \text{g} + 10\ \text{g}} 100 = 1{,}96\ \%$$

$$\text{Gewichts-\%}\ H_2O = \frac{500\ \text{g}}{500\ \text{g} + 10\ \text{g}} 100 = 98{,}04\ \%$$

Volumenprozente

Mit Hilfe der Dichte von $HO—CH_2—CH_2—OH$ (1,1088 g/*ml*) können wir schreiben

$$1{,}1088\ \text{g} = 1\ \text{ml}$$

Das Volumen von 10,0 g $HO—CH_2—CH_2—OH$ beträgt dann

$$V_{HO-CH_2-CH_2-OH} = (10{,}0\ \text{g})\left(\frac{1\ \text{ml}}{1.1088\ \text{g}}\right) = 9{,}03\ \text{ml}$$

Auf ähnliche Weise erhält man

$$V_{H_2O} = (500\ g)\left(\frac{1\ ml}{1\ g}\right) = 500\ ml$$

Die Volumenprozente werden dann berechnet

$$\text{Volumen-\%}\quad HO\text{—}CH_2\text{—}CH_2\text{—}OH = \frac{9{,}03\ ml}{500\ ml + 9{,}03\ ml}\,100 = 1{,}77\ \%$$

$$\text{Volumen-\%}\quad H_2O = \frac{500\ ml}{500\ ml + 9{,}03\ ml}\,100 = 98{,}23\ \%$$

PPM

$$\text{ppm}\ HO\text{—}CH_2\text{—}CH_2\text{—}OH = \frac{10\ g}{500\ g} \times 10^6 = 2 \times 10^4 = 20{,}000\ \text{ppm}$$

Molenbruch

Das Molekulargewicht von $HO\text{—}CH_2\text{—}CH_2\text{—}OH$ ist 62. Aus Gleichung **2—1** erhält man

1 Mol $HO\text{—}CH_2\text{—}CH_2\text{—}OH$ hat die Masse 62 g

und die Molzahl von $HO\text{—}CH_2\text{—}CH_2$ in 10,0 g beträgt

$$n_{HO-CH_2-CH_2-OH} = (10{,}0\ g)\left(\frac{1\ Mol}{62\ g}\right) = 0{,}16\ Mol$$

Da das Molekulargewicht von H_2O 18 beträgt und 1 Mol H_2O 18 g wiegt, ergibt sich

$$n_{H_2O} = (500\ g)\left(\frac{1\ Mol}{18\ g}\right) = 27{,}8\ Mol$$

$$X_{HO-CH_2-CH_2-OH} = \frac{0{,}161\ Mol}{27{,}8\ Mol + 0{,}161\ Mol} = 0{,}00576$$

$$X_{H_2O} = \frac{27{,}8\ Mol}{27{,}8\ Mol + 0{,}161\ Mol} = 0{,}994$$

Molalität

Da 500 g H_2O = 0,500 kg sind, ist

$$m = \frac{n_{HO-CH_2-CH_2-OH}}{kg\ H_2O} = \frac{0{,}161\ Mol}{0{,}500\ kg}$$

$$m = 0{,}322\ Mol/kg$$

Molarität

Die Dichte der Lösung beträgt 1,004 g/*ml*. Dann

nehmen 1,004 g 1 ml ein,

und das Volumen von (500 g + 10 g) = 510 g Lösung beträgt

$$V_{Lös} = (510\ g)\left(\frac{1\ ml}{1{,}004\ g}\right) = 508\ ml = 0{,}508\ \text{Liter}$$

Die Molarität beträgt dann

$$M = \frac{n_{HO-CH_2-CH_2-HO}}{\text{Liter Lösung}} = \frac{0{,}161 \text{ Mol}}{0{,}508 \text{ Liter}}$$

$$M = 0{,}317 \text{ Mol/Liter}$$

Aufgabe 2—24

Berechne den Molenbruch von Äthanol (C_2H_5OH) und H_2O in einer Lösung, die 95 Massenprozente Äthanol enthält.

Aufgabe 2—25

Berechne die Molarität einer Lösung, die durch Lösen von 1,5 g Naphthalin $C_{10}H_8$ in genügend Benzol C_6H_6 mit einem Endvolumen von 250 *ml* bereitet wurde.

Aufgabe 2—26

0,30 mg Magnesiumnitrat werden in 1 *ml* Wasser gelöst. Berechne die Molalität an Mg^{2+} und NO_3^--Ionen in der Lösung. Es sei daran erinnert, daß die Dichte von Wasser 1 g/*ml* beträgt.

2—G. Ideales Gasgesetz

Gase bestehen aus Molekülen oder Atomen, die sich in einer kontinuierlichen Bewegung befinden. Der Druck eines Gases entsteht durch die Zusammenstöße der Gasmoleküle mit den Wänden des Behälters. Bei Normaldruck (1 Atmosphäre) und Gastemperaturen ($> 0\,°C$) ist der Abstand zwischen den Molekülen groß im Vergleich zur Größe der Moleküle. Unter diesen Bedingungen kann man die folgenden Annäherungen machen:

① Die Größe der Moleküle kann vernachlässigt werden d. h., das Molekül besitzt eine Punktmasse und beansprucht daher kein Volumen.

② Die Anziehungskräfte zwischen den Molekülen können bei den großen internuklearen Entfernungen unbeachtet gelassen werden.

Unter diesen Bedingungen stoßen die Gasmoleküle mit den Wänden des Behälters zusammen, ohne von den anderen Gasmolekülen in der Gasprobe beeinflußt zu werden. Mathematisch kann gezeigt werden, daß unter diesen beiden Annahmen, der Druck eines Gases in einem abgeschlossenen Behälter von der Molzahl des Gases, dem Volumen und der Temperatur abhängt, aber unabhängig von der Natur der Molekülspezies ist. Daher werden ein Mol N_2-Gas und ein Mol CH_4 Gas denselben Druck auf die Wände des Behälters ausüben, wenn das Volumen und die Temperatur gleich sind, obwohl N_2 und CH_4

verschiedene Molekulargewichte, verschiedene Größe und verschiedene Formen haben. Wir können daher sagen, daß diese verschiedenen Gase, die sich ähnlich verhalten, die Eigenschaften eines *idealen Gases* zeigen. Dabei muß man aber bedenken, daß wir das molekulare Volumen und die intermolekularen Kräfte ignoriert haben, wenn wir verschiedenen Gasen identisches Verhalten zuordnen. Im engsten Sinne verhält sich kein Gas *ideal.* Jedoch bei niederem Druck und hoher Temperatur kommen Druck-, Volumen- und Temperaturverhalten realer Gase dem Verhalten idealer Gase recht nahe.

Absolute Temperatur — Charles-Gesetz

Es gibt drei Gesetze, die das Verhalten eines idealen Gases beschreiben: die Gesetze von Boyle, Charles und Avogadro. Diese Gesetze beschreiben die Verhältnisse zwischen veränderlichem Druck, Volumen, Temperatur und Molzahl. Wie aus dem Boyle-Gesetz hervorgeht, *ändert sich* der Druck eines Gases *umgekehrt* zum Volumen (t wird konstant gehalten).

Das Gesetz von Charles beschreibt die Beziehung zwischen Volumen und Temperatur und dient weiterhin als Basis für die *absolute Temperaturskala.* Das Gesetz von Charles sagt aus, daß das Volumen eines Gases sich *linear* mit der Temperatur *ändert,* wenn Druck und Molzahl konstant gehalten werden.

Trägt man die experimentell ermittelten Volumenwerte gegen die gemessenen Temperaturwerte auf, so sollte eine Gerade erhalten werden. (Siehe Anhang F für weitere Erläuterungen der linearen Funktion.) Diese Gerade wird durch die Gleichung

2—10 $$V = at + b \qquad (P, n = \text{konstant})$$

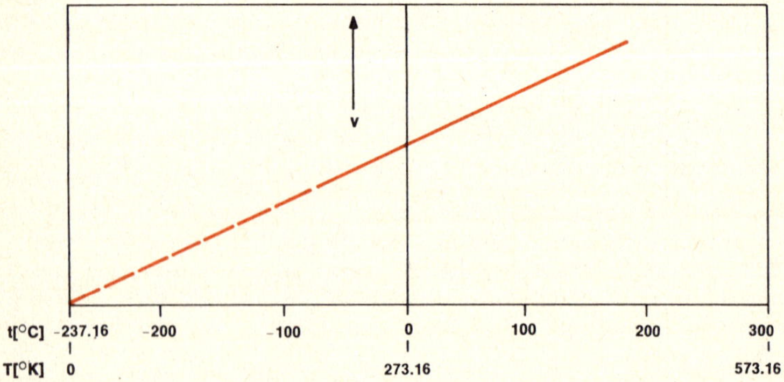

Abb. 2—3 Volumen eines idealen Gases als Funktion der Temperatur.

beschrieben, wobei a = Steigung, b = Abschnitt auf der Abszisse und t = Temperatur (° C) ist. Abbildung 2–3 zeigt die zeichnerische Darstellung dieser linearen Beziehung.

Extrapoliert man die lineare Funktion auf V = 0, so ist der Abschnitt auf der Abszisse –273,16.* Diese Extrapolation erlaubt uns, eine neue Temperaturskala zu definieren, die die absolute Temperatur genannt wird und einen Nullpunkt bei –273,16 ° C hat. Wir bezeichnen dies als absolute Temperaturskala, die die Temperatur in Grad Kelvin (° K) durch die Veränderliche T mißt.

Die Beziehung zwischen ° C und ° K lautet

$$T[^\circ K] = t[^\circ C] + 273{,}16$$

Dies entspricht einer einfachen Verschiebung des Ursprungs auf der t[° C] Achse. Die Beziehung zwischen den t[° C] und T[° K] Skalen kann man leicht erkennen, wenn man die beiden Thermometer in Abbildung 2–4 vergleicht.

Die Verschiebung des Nullpunkts läßt V direkt proportional zu T werden, welches mathematisch als $V \sim T$ oder durch

2–11 $$V = aT$$

ausgedrückt wird, wobei a = Steigung der Geraden ist, die durch Gleichung 2–10 definiert ist.

Der einzige Grund für die Extrapolation auf V = 0 und für die Definition der absoluten Temperaturskala war bisher, eine *direkte Proportionalität* zwischen Volumen und Temperatur zu erreichen. Diese absolute Temperaturskala vereinfacht die Beziehung zwischen Volumen und Temperatur und führt zu einer verhältnismäßig einfachen, allgemeinen Gleichung, der sogenannten idealen Gasgleichung, die eine Beziehung zwischen den Veränderlichen P, V, n und T darstellt.

Gramm-Molvolumen – Avogrado-Gesetz

Das Avogrado-Gesetz sagt aus, daß ein Mol eines jeden Gases bei gegebener Temperatur und gegebenem Druck dasselbe Volumen besitzt. Es ist experimentell bestimmt worden, daß ein Mol eines Gases bei 1 Atmosphäre und T = 273,16 ° K (0 ° C) ein Volumen von 22,4 Litern besitzt, welches als *g-Molvolumen* definiert ist (g-Mol Vol). Die Tatsache, daß dieses Gesetz von verschiedenen Gasen erfüllt wird,

---

* Um eine Zahl mit einer solchen Präzision zu erhalten, muß man die sehr genauen Meßdaten auch auf P = 0 extrapolieren.

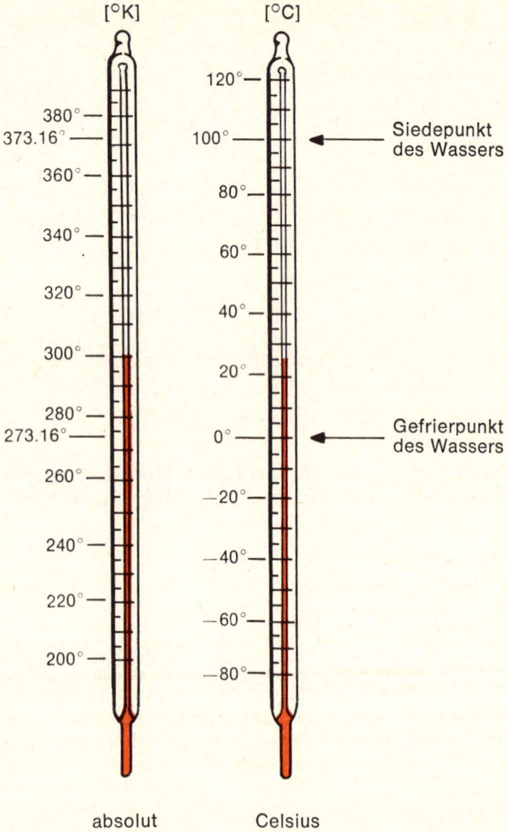

Abb. 2—4 Vergleich der Celsius [°C] und der absoluten Kelvin [°K] Temperaturskalen. Der Gefrierpunkt und der Siedepunkt des Wassers werden als Bezugspunkte benutzt. Man sieht, daß sich die Skalen nur in einer Verschiebung um 273,16 Grad unterscheiden.

macht es möglich, Unterschiede in der molekularen Struktur des Gases zu vernachlässigen. Dieses Gesetz ist ein wesentlicher Bestandteil der *idealen Gasgleichung*. Die Bedeutung von $P = 1$ Atm und $t = 0\,°C$ werden als normale (standard) Temperatur-Druck-(STP-)Bedingungen bezeichnet. Daher kann man sagen

2—12 1 g-Molvolumen = 22,414 Liter/Mol unter STP (Normalbedingungen)

Ideale Gasgleichung

Nur drei Veränderliche müssen spezifiziert werden, um den Zustand einer gasförmigen Substanz zu beschreiben. Kennen wir Druck, Temperatur und Molzahl, so ist der Zustand des Gases klar definiert. Die noch verbleibende Veränderliche, das Volumen, wird durch die drei anderen festgelegt, und es ist nicht notwendig, den Wert anzugeben. Wenn auf der anderen Seite die Veränderlichen P, T und V gegeben sind, so würde die Molzahl n automatisch festgelegt sein. Es ist nur notwendig, drei der Variablen P, V, T und n anzugeben, um den Zustand eines Gases zu beschreiben.

Eine *Zustandsgleichung* ist einfach eine Gleichung, die die Veränderlichen miteinander in Beziehung bringt, um den Zustand des Systems zu beschreiben. Die *ideale Gasgleichung* lautet

2–13 $$PV = nRT = \frac{m}{MG} RT$$

wobei R = konstant (sogenannte molare Gaskonstante), m = Masse des Gases in Gramm und MG = Molekulargewicht des Gases in g/Mol ist.

Nur wenn drei der Veränderlichen P, V, n und T bekannt sind, kann diese Gleichung benutzt werden, um die vierte Veränderliche zu berechnen (falls ein ideales Gas vorliegt). Es gibt verschiedene Zustandsgleichungen, die P, V, n und T für Gase in eine Beziehung zueinander setzen, wenn sich diese nicht ideal verhalten. Es gibt jedoch nur eine Zustandsgleichung für ideale Gase, und diese ist unabhängig von den molekularen Spezies. Andere Zustandsgleichungen enthalten Konstanten, deren spezifische Werte von der Natur der Molekülarten abhängen, die in der Gleichung beschrieben sind.

Der Wert der molaren Gaskonstante R kann gefunden werden, wenn man ein Gramm-Molvolumen 22,414 Liter STP (Standardtemperatur und Standarddruck) betrachtet

$$PV = nRT$$

$$\begin{aligned} P &= 1 \text{ Atm} \\ V &= 22{,}414 \text{ Liter} \\ T &= 273{,}16 \text{ Grad} \\ n &= 1 \text{ Mol} \end{aligned}$$

Berechnung von R

$$(1 \text{ Atm}) \cdot (22{,}414 \text{ Liter}) = (1 \text{ Mol}) \cdot (R) \cdot (273{,}16 \text{ Grad})$$

$$R = \frac{(1 \text{ Atm})\ (22{,}414 \text{ Liter})}{(1 \text{ Mol})\ (273{,}16 \text{ Grad})} = 0{,}08205\ \frac{\text{Liter-Atm}}{\text{Grad-Mol}}$$

Betrachtet man die Einheiten für R, so sieht man, daß es notwendig ist, Einheiten anzugeben, wann immer R benutzt wird, damit keine falsche Dimensionsbezeichnung eingeführt wird. R kann verschiedene Werte annehmen, die von den damit verbundenen Einheiten abhängig sind.

$$R = 0{,}08205\,\frac{\text{Liter-Atm}}{\text{Grad-Mol}} = 82{,}05\,\frac{\text{ml-Atm}}{\text{Grad-Mol}} = 1{,}987\,\frac{\text{cal}}{\text{Grad-Mol}}$$

$$= 1{,}987 \times 10^{-3}\,\frac{\text{Kcal}}{\text{Grad-Mol}}$$

Da der Druck häufig mit Hilfe eines Quecksilber-Barometers oder Manometers gemessen wird, benutzt man als Druckeinheit üblicherweise mm Hg. Die Einheit mm Hg kann auch durch die Einheit Torr ersetzt werden.

$$1\ \text{mm Hg} = 1\ \text{Torr}$$

Da eine Atmosphäre Druck 760 mm Hg aufrechterhält, lautet die Beziehung zwischen diesen Druckeinheiten

$$1\ \text{Atm} = 760\ \text{mm Hg} = 760\ \text{Torr}$$

Beispiel 2—11

Berechne das Volumen einer N_2-Probe, die 25 g N_2 bei einem Druck von 2,00 Atmosphären und 27 °C unter Annahme des idealen Gasgesetzes enthält. Wir können Gleichung **2—13** in Form der Massen- oder Molekulargewichte des Gases benutzen. Die absolute Temperatur beträgt T = 27 + 273,16 = 300 ° K

$$PV = \frac{m}{MG}RT$$

$$(2{,}00\ \text{Atm})\ (V) = \frac{(25\ \text{g})}{(28\ \text{g/Mol})}\left(0{,}08205\,\frac{\text{Liter-Atm}}{\text{Grad-Mol}}\right)(300\ \text{Grad})$$

$$V = \frac{(25)\ (0{,}08205)\ (300)\ \text{Liter}}{(2{,}0)\ (28)}$$

$$V = 11{,}0\ \text{Liter}$$

Es gibt viele Probleme, die Änderungen in den Zuständen (P, V, T oder n) eines Gases mit sich bringen, die gelöst werden können, wenn man die Zustandsgleichung für ideale Gase benutzt. Der allgemeine Vorgang besteht darin, daß man die ideale Gasgleichung unter den Ausgangsbedingungen und dann unter den Endbedingungen aufschreibt. Man erhält zwei Gleichungen, die gleichzeitig in bezug auf die gewünschte Größe gelöst werden können. Unnötige Veränderliche (sowie nR in Beispiel 2—12 und [2 Mol] RT in Beispiel **2—13**) können durch Lösen zweier Gleichungen eliminiert werden.

Beispiel 2—12

Angenommen, wir haben 3 Liter Methan-Gas bei 1 Atm Druck. Wenn das Gas auf 1 Liter komprimiert wird, und sich die Temperatur auf 550 °K erhöht, wie hoch würde der neue Gasdruck sein?

Setzt man die Anfangsinformation in Gleichung **2—13** ein, so erhält man

$$PV = nRT$$

$$(1\ \text{Atm}) \cdot (3\ \text{Liter}) = nR \cdot (300\ \text{Grad})$$

Setzt man die Bedingungen, die am Schluß herrschen, in Gleichung **2—13** ein, so ergibt sich

$$P_E\ (1\ \text{Liter}) = nR\ (550\ \text{Grad})$$

Wir erhalten den Enddruck P_E, wenn wir beide Gleichungen gleichzeitig lösen. Um dieses zu erreichen, lösen wir beide Gleichungen nach nR und setzen sie gleich

$$nR = \frac{(1\ \text{Atm})(3\ \text{Liter})}{(300\ \text{Grad})} = \frac{P_E\ (1\ \text{Liter})}{(550\ \text{Grad})}$$

$$P_E = \frac{(1\ \text{Atm})(3\ \text{Liter})(550\ \text{Grad})}{(300\ \text{Grad})(1\ \text{Liter})}$$

$$P_E = 5{,}5\ \text{Atm}$$

Beispiel 2—13

Angenommen, wir hätten eine Probe mit 2 Mol CO_2 bei 3 Atm Druck und einem Volumen von 2 Litern. Berechne das neue Volumen unter Konstanthaltung der Temperatur, wenn der Druck auf 2 Atm reduziert wird. Die Anfangsbedingungen werden in Gleichung **2—13** eingesetzt

$$PV = nRT$$

$$(3\ \text{Atm}) \cdot (2\text{Liter}) = (2\ \text{Mol}) \cdot RT$$

Nach Einsetzen der Endbedingungen in Gleichung 2—13 erhält man

$$(2\ \text{Atm})(V_E) = (2\ \text{Mol})RT$$

Wir können das Endvolumen V_E berechnen, indem beide Gleichungen gleichzeitig gelöst werden. Da (2 Mol) · RT in beiden Gleichungen konstant ist, erhält man

$$(2\ \text{Mol})RT = (3\ \text{Atm})(2\ \text{Liter}) = (2\ \text{Atm})(V_E)$$

$$V_E = \frac{(3\ \text{Atm})(2\ \text{Liter})}{(2\ \text{Atm})}$$

$$V_E = 2\ \text{Liter}$$

Beispiel 2—14

Angenommen, wir möchten das Molekulargewicht einer gegebenen Menge eines unbekannten Gases wissen. Wenn wir Druck, Volumen und Temperatur der Gasprobe messen, können wir das Molekulargewicht mit Hilfe der idealen Gasgleichung berechnen. Die Messungen für das Gas ergeben

$$P = 252 \text{ Torr} \qquad T = 515\,^\circ\text{K}$$
$$V = 1{,}1 \text{ Liter} \qquad m = 0{,}50 \text{ g}$$

Nach Gleichung **2—13** gilt

$$PV = \frac{m}{MG} RT$$

$$(252 \text{ Torr})\,(1{,}1 \text{ Liter}) = \frac{0{,}50 \text{ g}}{MG}\,(0{,}08205)\left(\frac{\text{Liter-Atm}}{\text{Grad-Mol}}\right)(515 \text{ Grad})$$

Es sei darauf hingewiesen, daß sich die Druckeinheiten nicht aufheben. Der Druck in mm Hg muß in Atm umgerechnet werden. Da 1 Atm = 760 Torr beträgt, erhält man

$$\frac{(1 \text{ Atm})}{(760 \text{ Torr})}(252 \text{ Torr})\,(1{,}1) = \frac{0{,}50 \text{ g}}{MG}\left(0{,}08205\,\frac{\text{Atm}}{\text{Mol}}\right)(515)$$

Löst man nach MG auf, so erhält man

$$MG \neq \frac{(0{,}50 \text{ g})\left(0{,}08205\,\frac{1}{\text{Mol}}\right)(515)(760)}{(252)\,(1{,}1)}$$

$$MG = 58 \text{ g/Mol}$$

Das Molekulargewicht kann nicht dazu benutzt werden, um eine unbekannte Substanz zu identifizieren, da mehr als eine Verbindung dieses Molekulargewicht haben kann. Dieses unbekannte Gas kann verschiedene Substanzen darstellen. Drei der vielen möglichen Verbindungen mit einem Molekulargewicht von 58 sind

$H_3C{-}CH_2{-}CH_2{-}CH_3$	$H_3C{-}CH_2{-}C(=O){-}H$	$H_2C = C = CH{-}F$
Butan	Propanal	1-Fluor-Allen

Aufgabe 2—27

Wir haben ein Gas bei einem Druck von 3 Atm und einer Temperatur von 300 °K. Wenn wir das Volumen konstant halten und die Temperatur auf 615 °K erhöhen, wie groß ist dann der Gasdruck?

Aufgabe 2—28

Wieviel Benzol (C_6H_6) (in Gramm) muß genommen werden, damit das Benzol-Gas bei 500 °K einen Druck von 5 Torr und ein Volumen von 30 Litern hat? Nimm an, Benzol-Gas erfülle unter diesen Bedingungen die ideale Gasgleichung.

Dalton-Gesetz der Partialdrucke

In einer Mischung idealer Gase wird jedes Gas einen Anteil am Gesamtdruck P des Gases ausmachen. Wir definieren den *Partial-*

druck P_i einer jeden Komponente der Gasmischung als den Anteil, den jede Komponente zum Gesamtdruck beiträgt. Der Gesamtdruck ist dann die Summe aller Partialdrucke der Komponenten

2–14 $$P = P_1 + P_2 + \cdots\cdot$$

wobei P_1 der Partialdruck der Komponente 1 und P_2 der Partialdruck der Komponente 2 ist, usw.

Wenn wir annehmen, daß die Anziehungskräfte zwischen Molekülen zweier verschiedener Typen ebenfalls vernachlässigt werden können, so verhält sich die gesamte Gasprobe wie ein ideales Gas.

2–13 $$PV = nRT = (n_1 + n_2 + \cdots\cdot)\,RT$$

wobei n die Gesamtmolzahl ist und n_1 die Molzahl der Komponente 1 usw. Da sich jedes Gas ideal verhält, gilt

2–15a $$P_1V = n_1\,RT$$

2–15b $$P_2V = n_2\,RT$$

$$\vdots \qquad \vdots$$

Teilt man die Gleichung **2–15** durch 2–13, so erhält man

$$\frac{P_1}{P} = \frac{n_1}{n} = X_1$$

$$\frac{P_2}{P} = \frac{n_2}{n} = X_2$$

$$\vdots \qquad \vdots$$

wobei X der Molenbruch ist. Diese Gleichungen können in die Partialdrucke nach dem Gesetz von Dalton umgewandelt werden

2–16a $$P_1 = X_1P$$

2–16b $$P_2 = X_2P$$

$$\vdots \qquad \vdots$$

Man sieht: der Partialdruck einer jeden Komponete ist der Molenbruch (oder die anteilmäßige Molzahl der betreffenden Komponente) multipliziert mit dem Totaldruck.

Aufgabe 2–29

Luft besteht aus ungefähr 78 % N_2 und 21 % O_2 (bezogen auf das Volumen). Das restliche Prozent besteht aus CO_2, H_2 und Ar und anderen

Edelgasen. Berechne die Partialdrucke von N_2 und O_2, wenn der Atmosphärendruck 740 mm Hg beträgt. Nimm an, daß alle Gase dem idealen Gasgesetz gehorchen und das Partialdruckgesetz von Dalton auf die Gasgleichung zutrifft. [Hinweis: In idealen Gasmischungen entsprechen die Volumenprozente den Molprozenten.]

Übungen

1. Vervollständige die folgende Tabelle:

Element	Kern-ladungs-zahl	Zahl der Pro-tonen	Zahl der Elek-tronen	Zahl der Neu-tronen	Massen-zahl
Magnesium	12			12	
Chlor			17		35
Zinn	50				119
Ba^{2+}	56			81	
S^{2-}		16			35

2. Natürlich vorkommendes Bor besteht aus 80,20 % ^{11}B (Masse = 11,009 AME) und 19,80 % ^{10}B (Masse = 10,01 AME). Berechne das Atomgewicht von Bor.

3. a) Berechne die einfachste Formel einer Verbindung, die auf das Gewicht bezogen 30,5 % Stickstoff und 69,5 % Sauerstoff enthält. Berechne die genaue Molekularformel, wenn 4,107 g dieser gasförmigen Verbindung ein Volumen von 0,50 Liter bei P = 2 Atm und t = 0 °C einnimmt.

4. Wenn Isopropanol auf die Haut gerieben wird, so wird die Haut bemerkenswert kühler. Der Siedepunkt von Isopropanol beträgt 82 °C.

   a) Erkläre das Phänomen, welches das Gefühl der Abkühlung bewirkt.

   b) Ein Kind hat hohes Fieber; durch schnelles Abreiben der Haut mit Isopropanol kann die Temperatur erniedrigt werden. Würde Wasser für diesen Zweck genau so effektiv sein wie Isopropanol? Würde Haushaltsöl für diesen Zweck geeignet sein? Erklärung.

5. Benenne die folgenden Verbindungen

   a) CaH_2
   b) $Zn(C_2H_3O_2)_2$
   c) SrC_2O_4
   d) SnO_2
   e) $Ag_2S_2O_3$
   f) J_2O_5
   g) BN
   h) CsJO
   i) $CrBr_2$
   j) $SrCr_2O_7$

6. Schreibe die Formeln für die folgenden Verbindungen:
   a) Chrom(II)-jodid
   b) Natriumperoxid
   c) Magnesiumhydrid
   d) Gold(III)-fluorid
   e) Antimon(III)-permanganat
   f) Natriumsilicat
   g) Eisen(II)-permanganat
   h) Calciumsilicat
   i) Natriumselenid
   j) Calciumdihydrogenphosphat
7. Ammoniumnitrat und Ammoniak (NH_3) Gas sind beide gute Kunstdünger. Welche dieser beiden Verbindungen enthält, ausgedrückt in Gewichtsprozenten, mehr Stickstoff?
8. Das Insektizid DDT hat die Strukturformel

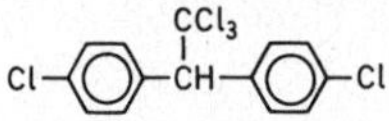

   Schreibe die empirische Formel und berechne den Prozentgehalt an Cl in DDT. Schreibe die Molekularformel und bezeichne die beiden

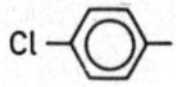

   und Cl Gruppen wie in Frage 2—7.

9. Verbindungen mit charakteristischen Gerüchen können im allgemeinen von menschlichen Sinnesorganen in ppm Konzentrationen wahrgenommen werden. Die Verbindung 1-Octen-3-ol ist der Hauptbestandteil der flüchtigen Komponenten in Pilzen. Diese Verbindung hat die Strukturformel

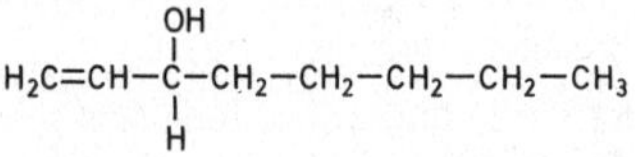

   a) Wenn 1-Octen-3-ol bei einer Konzentration von 1 ppm bestimmt werden könnte, berechne die Menge an 1-Octen-3-ol in g, die erforderlich ist, um diese Konzentration in einem Raum der Größe (4,5 m × 7,1 m × 2,4 m) zu haben. Nimm an, daß das Molekulargewicht von Luft 29 beträgt und t = 25 °C und P = 1 Atm ist.
   b) Schreibe die empirische Formel für 1-Octen-3-ol
   c) Berechne die Gewichtsprozente von C, H und O.
10. a) Beschreibe die Grobstruktur des Kaliumisotops $^{41}_{19}K$ durch Angabe der Zahl der Protonen und Neutronen im Kern und der Zahl der Elektronen.
    b) Das Atomgewicht von K beträgt 39,102. Erkläre die Tatsache, daß das Atomgewicht ungefähr 39 beträgt, obwohl das Kaliumisotop in Teil (a) eine Isotopenmasse von ungefähr 41 hat.
11. Eine Verbindung besteht aus 34,8 % Natrium, 16,7 % Bor und 48,5 % Sauerstoff. Berechne ihre einfachste Formel.

12. Die Formel einer hypothetischen Verbindung des Tellurs (Atomgewicht 127) ist M_2Te. Die Zusammensetzung zeigt 80,0 % Te. Berechne das ungefähre Atomgewicht des Elements M.

13. Eine gasförmige Verbindung enthält 21,8 % Wasserstoff und 78,2 % Bor. Eine Probe dieses Gases wiegt 19 mg bei 100 Torr und t = 77 °C und nimmt ein Volumen von 150 *ml* ein.
    a) Berechne die einfachste Formel aus diesen Daten.
    b) Berechne das Molekulargewicht des Gases.
    c) Bestimme die Molekularformel für diese Verbindung.

14. Hämoglobin reagiert mit O_2, um einen Komplex zu bilden, der 4 Mol Sauerstoff pro Mol Hämoglobin enthält.
    a) Berechne die Zahl der Hämoglobin-Moleküle, die erforderlich sind, um 0,5 Liter O_2 Gas bei 25 °C und 1 Atm zu komplexieren.
    b) Berechne das Volumen an Sauerstoff, das in 10 *ml* Plasma bei 25 °C komplexiert ist. Die Hämoglobin-Konzentration im Blut beträgt 16 g/100 *ml* und das Molekulargewicht von Hämoglobin ist 70 000.

15. a) Eine Vorschrift besagt, daß 10 g Na_2HPO_4 in destilliertem Wasser gelöst werden sollen, um 500 *ml* Lösung herzustellen. Wenn nur $Na_2HPO_4 \times 12\,H_2O$ zur Verfügung steht, wieviel $Na_2HPO_4 \times 12\,H_2O$ muß benutzt werden, um eine Lösung von 10 g Na_2HPO_4 in 500 *ml* zuzubereiten.
    b) Berechne die Molarität der Lösung.

16. Distickstoffoxid (N_2O) Gas wird mit Sauerstoff in der Anesthesie benutzt. Berechne den Partialdruck der beiden Gase in einer Mischung, die 80 % Sauerstoff und 20 % N_2O (bezogen auf das Volumen) enthält. Nimm an, daß der Gesamtdruck 1 Atmosphäre beträgt, und die Gase der idealen Gasgleichung gehorchen.

17. Natrium existiert als Na^+ im Serum. Eine Methode, um Na^+ zu bestimmen, besteht darin, daß Na^+ als

$$NaZn\,(UO_2)_3\,(CH_3COO)_9 \times 9\,H_2O$$

gefällt wird. Das Molekulargewicht dieses Niederschlags beträgt 1538. Die Na^+-Ionen in einer 10 *ml* Serumsprobe ergaben 1,5 g Niederschlag. Berechne die Konzentration von Na^+ im Serum, ausgedrückt als
    a) Gramm-Atom Na^+/Liter Serum
    b) Gewichtsprozente, wobei die Dichte des Serums als 1,00 g/*ml* angenommen wird.
    c) Welche Menge NaCl würde erforderlich sein, um diese Menge Na^+ in 1 Liter Serum herzustellen.

18. Das Mineral Kaliophilit hat die molekulare Formel $K_2O \cdot Al_2O_3 \cdot 2\,SiO_2$ mit einem Molekulargewicht von 316. Wieviel % SiO_2 enthält Kaliophilit?

19. Magnetit (Fe_3O_4) und Pyrit (Fe_2S) enthalten beide Eisen. Welches Mineral würde die größere Menge Eisen auf der Basis des Einheitsgewichts des Minerals liefern?

20. Wenn Säure mit Calcit ($CaCO_3$ oder $CaO \cdot CO_2$) reagiert, wird CO_2 Gas freigesetzt. Welche Menge Calcit ist erforderlich, um 3 *ml* CO_2 bei 60 °C und 2 Atm Druck darzustellen?

21. Eine Verbindung mit dem Trivialnamen Tabun ist ein sehr gefährliches Nervengas. Ihre Strukturformel lautet

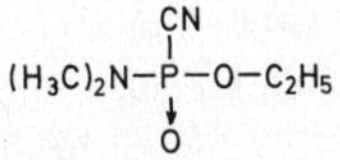

Tabun ist bei einer Konzentration von 1 ppm tödlich.

a) Berechne die Menge an Tabun, die erforderlich ist, um einen See, der als Wasservorrat benutzt wird, zu vergiften. Der See hat die Dimensionen (40,2 km × 16,1 km × 6,1 m). Nimm an, daß die Verbindung nicht mit Wasser reagiert.
b) Berechne die molare Konzentration von 1 ppm Tabun in Wasser. Nimm an, daß die Lösung bei dieser geringen Konzentration dieselbe Dichte wie Wasser (1 g/*ml*) hat.
c) Schreibe die Molekularformel für Tabun.
d) Wieviel % Stickstoff enthält Tabun?

22. Die Gase eines Vulkans auf der Insel Hawaii wurden analysiert. Die Zusammensetzung in Volumenprozente beträgt

Gas	Volumenprozente
CO_2	20,93
SO_2	11,42
N_2	4,13
H_2O	61,56

Es wurden auch Spuren (1 %) CO, H_2, Ar, S_2 und SO_3 gefunden.

a) Wie groß sind die Molenbrüche der Hauptkomponenten?
b) Falls CO_2, SO_2 und H_2O durch Verbrennung von Substanzen, die Kohlenstoff, Schwefel und Wasserstoff enthielten, entstanden wären, berechne den Molenbruch und die Gewichtsprozente an C, S, N und H im ursprünglichen, nicht verbrannten Material.

23. Der Sauerstoffpartialdruck in Luft beträgt 158 mm Hg. Die Luft, die nach dem Atmen exhaliert wird, hat einen Sauerstoffpartialdruck von 115 mm Hg.

a) Wieviel Mol Sauerstoff sind von den Lungen pro Liter Luftaufnahme absorbiert worden?
b) Um CH_3COOH zu CO_2 und H_2O im Krebs-Cyclus zu oxidieren, sind zwei Mol Sauerstoff erforderlich. Berechne das Volumen (in Litern) an Luft, das eingeatmet werden muß, um ein Mol CH_3COOH zu oxidieren? (t = 23 ° C, P = 1 Atm).

24. Ein β-Teilchen (Elektron) kann von einem Kern durch Transformation eines Neutrons in ein Proton emittiert werden

$$n \longrightarrow p^+ + e^-$$

Ein Argonisotop $^{40}_{18}Ar$ ist radioaktiv und gibt ein β-Teilchen (e^-) im Zerfallsprozeß ab. Welches Isotop verbleibt, nachdem der $^{40}_{18}Ar$ Kern ein β-Teilchen abgegeben hat?

25. Berechne die erforderliche Goldmenge, um ein Objekt von der Größe 625 cm^2 mit einer Schicht von 0,0025 cm Gold zu belegen. Die Dichte von Gold ist 19,282 g/*ml*. Berechne die Goldmenge in (a) Gramm, (b) g-Atom. Wieviel Elektronen sind erforderlich, wenn das Gold entsprechend der folgenden Gleichung elektrolytisch aufgelegt würde.

$$e^- + Au^+_{(aq)} \longrightarrow Au_{(f)}$$

26. Die Dichte eines Kerns beträgt $9{,}06 \times 10^{10}$ kg/cm^3. Berechne den Durchmesser eines Goldatoms Au, wenn der Kern die Größe eines Tischtennisballs (Durchmesser etwa 2,5 cm) hat. Die Dichte von Gold ist 19,282 g/cm^3. [Hinweis: Nimm an, der Radius ist proportional zu $V^{1/3}$.]

27. Ein neues Element X ist entdeckt worden. Die Analyse von vier Verbindungen dieses Elements ergab die folgenden Zahlen in g X pro Mol

Verbindung:	I	II	III
g X	160	240	320

Was ist das wahrscheinlichste Atomgewicht von X? Inwieweit kann die Antwort falsch sein?

28. Perchlorsäure $HClO_4$ wird als wäßrige Lösung, die 60 Gewichtsprozente $HClO_4$ enthält, auf den Markt gebracht. Die Dichte der 60%igen Lösung ist 1,54 g/*ml*. Beschreibe, wie man 500 *ml* 0,5 M $HClO_4$ herstellen kann.

29. Cannizzaros Methode zur Bestimmung von Atom- und Molekulargewichten basiert auf der Hypothese von Avogadro, daß zwei Gase bei gleichen T und P dieselbe Anzahl Moleküle enthalten. Daher verhalten sich die Dichten der Gase bei gleichen T und P wie die Molekulargewichte der Gase. Ein Liter eines unbekannten Gases wiegt 0,305 g. 1 Liter Sauerstoff wiegt 0,125 g und beide Gase befinden sich bei gleichen T und P. Berechne das Molekulargewicht des unbekannten Gases unter der Annahme, daß Sauerstoff ein Molekulargewicht von 32 hat.

30. Hämoglobin enthält 0,34 Gewichtsprozente Eisen. Berechne das minimale Molekulargewicht von Hämoglobin. [Hinweis: Jedes Hämoglobinmolekül muß wenigstens ein Eisenatom oder Eisenion enthalten.]

KAPITEL 3

Chemische Reaktionen

3—A. Chemische Gleichungen

In Kapitel 2 haben wir bereits gesagt, daß ein chemisches Symbol eine Kurzschreibweise ist, den Namen eines Elements zu schreiben. Eine chemische Formel ist eine Kurzschreibweise, eine Verbindung zu beschreiben und die relative Anzahl der Atomtypen in der Verbindung anzugeben. Dementsprechend ist eine chemische Gleichung eine Kurzschreibweise, eine chemische Reaktion darzustellen. Eine chemische Reaktion ist ein Vorgang, in dem eine oder mehrere Substanzen chemisch reagieren, um neue Substanzen zu bilden. Die chemische Gleichung zeigt die relative *Anzahl* der Moleküle, Atome oder Ionen an, die an der chemischen Reaktion als Ausgangs- oder Endprodukte beteiligt sind. Zwischen dieser Kurzschreibweise in der Chemie und den Buchstaben des Alphabets, den Worten und den Sätzen einer Sprache kann eine Analogie gezogen werden.

Man betrachte z. B. die Reaktion zwischen Wasserstoff und Brom, um Bromwasserstoff zu bilden.

$$H_2 + Br_2 \longrightarrow 2HBr_2$$

Das „plus"-Zeichen sollte als „reagiert mit" gelesen werden, und der Pfeil* bedeutet „liefert" oder „ergibt". Ein Molekül H_2 reagiert mit 1 Molekül Br_2 und ergibt 2 Moleküle HBr. Der Koeffizient vor HBr zeigt 2 Moleküle HBr an. Es ist nicht notwendig, eine „1" vor H_2 oder Br_2 zu setzen, da es allgemein verstanden wird, daß eine fehlende Zahl eine „1" bedeutet.

Ein weiteres Beispiel für eine chemische Gleichung wird durch die Reaktion zwischen Äthanol (C_2H_5OH) und Sauerstoff dargestellt, um Kohlenstoffdioxid und Wasser zu erhalten.

3–1 $$C_2H_5OH + 3\,O_2 \longrightarrow 2\,CO_2 + 3\,H_2O$$

Diese Gleichung sagt aus, daß ein Molekül C_2H_5OH und 3 Moleküle O_2 reagieren, um 2 Moleküle CO_2 und 3 Moleküle H_2O zu bilden.

Die Koeffizienten vor den Ausgangsprodukten und Endprodukten sind die kleinsten Zahlen, die die *relative* Zahl der Moleküle der Ausgangs- und Endpunkte darstellen kann, die an der Reaktion teilnehmen. So reagiert z. B. nicht nur ein Molekül C_2H_5OH mit drei Molekülen O_2,

* Ein Gleichheitszeichen (=) kann ebenfalls benutzt werden.

sondern auch 2 Moleküle C_2H_5OH reagieren mit 6 Molekülen O_2, wobei sich in diesem Fall die relative Zahl der Moleküle am Endprodukt auch verdoppelt.

$$2\ C_2H_5OH + 6\ O_2 \longrightarrow 4\ CO_2 + 6\ H_2O$$

Man sieht, daß in der neuen Gleichung das Verhältnis der Moleküle an Ausgangs- und Endprodukt dasselbe bleibt wie in Gleichung 3—1. Gleichung 3—1 kann daher die Reaktion einer viel größeren Zahl von Molekülen z. B. 100 oder sogar 10^{20} mal sovielen Molekülen darstellen.Es gibt daher auch keinen Grund, warum die chemische Gleichung nicht als Vielfaches von $6{,}023 \times 10^{23}$ Molekülen ausgedrückt werden kann. Da $6{,}023 \times 10^{23}$ Moleküle einem Mol (Gleichung 2—2b) entsprechen, stellt die chemische Gleichung auch das Vielfache in Mol an Ausgangs- und Endprodukten dar.

$$1(6{,}023 \times 10^{23})\ C_2H_5OH + 3(6{,}023 \times 10^{23})O_2 \longrightarrow 2(6{,}023 \times 10^{23})CO_2 + 3(6{,}023 \times 10^{23})H_2O$$

$$1\ \text{Mol}\ C_2H_5OH + 3\ \text{Mol}\ O_2 \longrightarrow 2\ \text{Mol}\ CO_2 + 3\ \text{Mol}\ H_2O$$

Die *relative* Anzahl der Ausgangs- und Endprodukte, die an einer Reaktion beteiligt sind, können individuelle Moleküle oder Moleküleinheiten sein, wie z. B. das Mol.

Aufgabe 3—1

Silicium(IV)-chlorid reagiert mit Wasser entsprechend der chemischen Gleichung

$$SiCl_4 + 4\ H_2O \longrightarrow H_4SiO_4 + 4\ HCl$$

Wenn $6{,}023 \times 10^{23}$ Moleküle reagieren, wieviel Moleküle HCl werden dargestellt?

Abgleichen von Reaktionsgleichungen durch Überprüfen

In den vorangehenden Beispielen chemischer Gleichungen werden Koeffizienten vor die Molekularformel gesetzt, um die Gleichung richtig zu stellen. Eine abgeglichene Gleichung ist eine Gleichung, in der dieselbe Atomzahl eines jeden Typs auf beiden Seiten der Gleichung auftritt. Die Zahl muß gleich bleiben, da in einer normalen chemischen Reaktion Materie weder geschaffen noch zerstört wird. In normalen chemischen Reaktionen schließen wir nukleare Umwandlungen aus, in denen Elemente in andere Elemente umgewandelt und Masse in Energie umgesetzt werden kann. In nuklearen Umwandlungen bleibt die Masse nicht erhalten, d. h. die Masse ist hier keine Konstante.

Allgemein benutzt man die kleinstmöglichen Zahlen als Koeffizienten in abgeglichenen Gleichungen. Der Vorgang, den wir momentan benutzen, ist als Methode der Überprüfung (Inspektion) bekannt. Er ist auf alle Gleichungen außer Oxidations-Reduktionsgleichungen anwendbar. Das Abgleichen von Oxidations-Reduktionsgleichungen wird auf Abschnitt D in diesem Kapitel verschoben. Es gibt keine fixierten Vorschriften, denen man folgen muß, um Gleichungen durch Überprüfen abzugleichen. Der wirkungsvollste Weg kann am besten aus Beispielen und in Praxis erlernt werden. Allgemein gesehen sollte man die Elemente auf beiden Seiten der Gleichung untersuchen und zwar ein Element nach dem anderen. Man setzt Koeffizienten vor die Moleküle, um die Zahl der Atome eines jeden Elements konstant zu halten. Werden die Koeffizienten hinzugefügt, um ein Element auszugleichen, so muß man die anderen Elemente überprüfen, um zu sehen, ob die zuvor abgeglichenen Atome auch abgeglichen bleiben. Sollten die Atome nicht mehr abgeglichen sein, so müssen sie erneut ausgeglichen werden und der Vorgang wiederholt sich. In einigen Reaktionen bleiben vielatomige Ionen auf beiden Seiten der Gleichung unverändert. Solch ein vielatomiges Ion kann in einer Einheit abgeglichen werden. Einige Beispiele werden diesen Vorgang deutlich machen.

Beispiel 3—1

Stelle die folgenden Gleichungen richtig.

$$ZnS + O_2 \longrightarrow ZnO + SO_2$$

Betrachtet man zuerst Zink, so sieht man, daß Zink sowohl in ZnS auf der linken Seite als auch in ZnO auf der rechten Seite enthalten ist. Da jede Verbindung ein Atom Zn enthält, ist die Gleichung in Bezug auf das Element Zink ausgeglichen. Betrachten wir dann S, so finden wir sowohl ein S in ZnS als auch in SO_2. Da jede Verbindung nur ein S enthält, ist die Gleichung in bezug auf Schwefel ausgeglichen. Das letzte Element, das richtig gestellt werden muß, ist Sauerstoff. Sauerstoff befindet sich in O_2 auf der linken Seite und sowohl in ZnO als in SO_2 auf der rechten Seite. Die rechte Seite enthält 3 Sauerstoffatome und die linke 2. Da Zn und S durch die Koeffizienten von ZnO und SO_2 ausgeglichen sind, sollte O durch hinzufügen eines Koeffizienten vor O_2 abgeglichen werden. Ein Koeffizient von 3/2 für O_2 wird die Sauerstoffatome ausgleichen, da dies 3 Sauerstoffatome auf der linken Seite ergibt

$$ZnS + 3/2\,O_2 \longrightarrow ZnO + SO_2$$

Wir müssen nun zurückgehen und jedes Element überprüfen, ob der Koeffizient unverändert bleibt. Überprüfen wir wiederum Zn und S, so folgern wir, daß keine Änderung in den Zahlen auftritt und daher die Gleichung richtig gestellt ist. Allgemein werden jedoch ganze Zahlen für die Koeffizienten in chemischen Gleichungen benutzt. Um den Bruch 3/2 zu entfernen, multiplizieren wir die Koeffizienten der ganzen Gleichung mit 2. Die abgeglichene Gleichung lautet dann

$$2\,ZnS + 3\,O_2 \longrightarrow 2\,ZnO + 2\,SO_2$$

Beispiel 3—2

Gleiche die folgende Reaktion ab.

$$Ca(OH)_2 + Ca(HCO_3)_2 \longrightarrow CaCO_3 + H_2O$$

Will man Calcium richtig stellen, so sieht man, daß ein Koeffizient von 2 vor $CaCO_3$ gesetzt werden muß

$$Ca(OH)_2 + Ca(HCO_3)_2 \longrightarrow 2\,CaCO_3 + H_2O$$

Zieht man eine Bilanz der Kohlenstoffatome, so sieht man, daß es zwei in $Ca(HCO_3)_2$ und nur eins in $CaCO_3$ gibt. Jedoch der Koeffizient 2 vor $CaCO_3$ stellt die Kohlenstoffatome richtig. Da Kohlenstoff mit 3 Sauerstoffatomen sowohl in HCO_3 als auch in CO_3 verbunden ist, können wir CO_3 als eine Einheit betrachten. In diesem Fall ist die CO_3-Gruppe auch ausgeglichen, da sich 2 CO_3 Gruppen auf beiden Seiten der Gleichung befinden. Die Sauerstoffatome, die nicht zur CO_3 Gruppe gehören, müssen nun richtig gestellt werden. Wir sehen 2 Sauerstoffatome in $Ca(OH)_2$ und nur eins in H_2O. Dies erfordert einen Koeffizienten von 2 vor H_2O, um die noch verbleibenden Sauerstoffatome abzugleichen.

$$Ca(OH)_2 + Ca(HCO_3)_2 \longrightarrow 2\,CaCO_3 + 2\,H_2O$$

Überprüft man schließlich die H-Atome, so sieht man, daß es 2 Atome in $Ca(OH)_2$, 2 Atome in $Ca(HCO_3)_2$ und 4 Atome in 2 H_2O gibt. Daher sind die Wasserstoffatome ohne erforderliche Koeffizientenänderung abgeglichen. Überprüft man Ca, so sehen wir keine Änderung; daher ist die Gleichung richtig gestellt.

Beispiel 3—3

Stelle die chemische Gleichung

$$Al_2(SO_4)_3 + KOH \longrightarrow Al(OH)_3 + K_2SO_4$$

richtig.

Bilanz für Al: $Al_2(SO_4)_3 + KOH \longrightarrow 2\,Al(OH)_3 + K_2SO_4$

Bilanz für SO_4: $Al_2(SO_4)_3 + KOH \longrightarrow 2\,Al(OH)_3 + 3\,K_2SO_4$

Bilanz für K: $Al_2(SO_4)_3 + 6\,KOH \longrightarrow 2\,Al(OH)_3 + 3\,K_2SO_4$

Das Abgleichen von OH erfordert keine weitere Änderung. Nach Überprüfung von Al und SO_4 sieht man, daß die Gleichung richtig ist.

Aufgabe 3—2

Stelle die folgenden chemischen Reaktionen richtig.

a) $Al + O_2 \longrightarrow Al_2O_3$

b) $PCl_3 + H_2O \longrightarrow H_3PO_3 + HCl$

c) $Ca_3P_2 + H_2O \longrightarrow Ca(OH)_2 + PH_3$

d) $Ca(OH)_2 + H_3PO_4 \longrightarrow Ca_3(PO_4)_2 + H_2O$

3—B. Allgemeine Klassifikation von chemischen Reaktionen

Wenn man Chemie studiert, ist es von Nutzen, die chemischen Reaktionen in verschiedene Kategorien oder Typen einzuteilen. Die Klassifikation in diesem Abschnitt ist ganz allgemein und schließt im wesentlichen alle anorganischen Reaktionen ein. Kennt man die Kategorien, in die die chemischen Reaktionen fallen, so kann man Voraussagen machen, auf welche Art und Weise Substanzen reagieren können.

In einem späteren Abschnitt werden wir zusätzliche Klassifikationen bezüglich der Säure-Basen- und Oxidations-Reaktionen einführen. Es wird später offensichtlich werden, daß es die Säure-Basen- und Oxidations-Reduktions-Klassifikationen erlauben, Verbindungen oder Elemente entsprechend ihrer Säurestärke oder Oxidationskraft einzuteilen. Dies macht es möglich, Voraussagen zu treffen, ob eine Reaktion dieses Typs eintreten wird. Dies ist ein sehr wirksames Werkzeug für den Chemiker und aus diesem Grunde wird es immer wieder im Buch betont. Die Klassifikationen in dem vorliegenden Abschnitt geben uns jedoch keine Basis dafür, ob eine chemische Reaktion eintreten wird.

Direkte Vereinigung (Kombination)

Bei diesem Reaktionstyp vereinigen sich 2 Elemente oder Verbindungen direkt, um eine andere Verbindung zu formen. (Abbildung **3—1**). Eine allgemeine Gleichung kann aufgestellt werden, die die direkte Vereinigung zweier Elemente oder zweier Verbindungen A und B zeigt:

$$A + B \longrightarrow AB$$

Stellen A und B Elemente dar, so werden sich die Elemente in ihrer natürlichen Zustandsform befinden. Sie sind nicht unbedingt einatomig; A und B können auch als Moleküle existieren. Weiterhin müssen sich A und B nicht in einem Verhältnis 1:1 verbinden. Beispiele für eine direkte Vereinigung von Elementen sind

$$Fe + S \longrightarrow FeS$$

$$2\,Mg + O_2 \longrightarrow 2\,MgO$$

$$2\,H_2 + O_2 \longrightarrow 2\,H_2O$$

Beispiele für direkte Vereinigungen von Verbindungen sind

$$NaO + CO_2 \longrightarrow Na_2CO_3$$

$$H_2C{=}CH_2 + H_2 \longrightarrow H_3C{-}CH_3$$

$$H_2C{=}CH_2 + Cl_2 \longrightarrow Cl{-}CH_2{-}CH_2{-}Cl$$

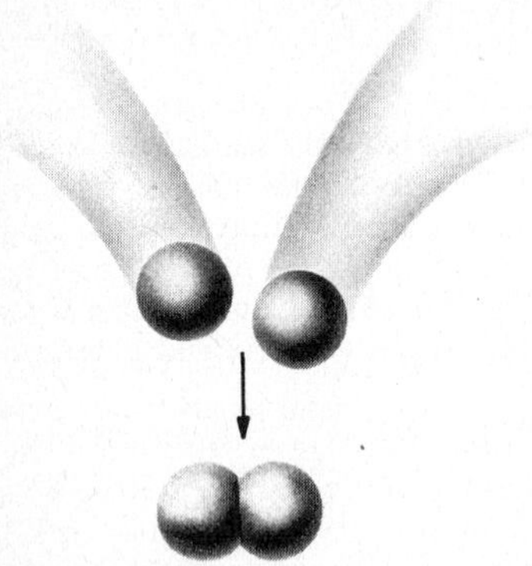

Abb. 3—1 Direkte Vereinigung.

Zersetzung

Dieser Reaktionstyp ist die Umkehrung einer direkten Vereinigung (Abbildung **3—2**). Zersetzungsreaktionen verlaufen unter Dissoziation einer Verbindung in ihre Elemente oder in einfachere Verbindungen. Eine allgemeine Gleichung für die Zersetzung von AB ist

$$AB \longrightarrow A + B$$

Es sei daran erinnert, daß, falls A und B Elemente sind, sie sich in ihrer natürlichen Zustandsform befinden und daher nicht unbedingt einatomig sein müssen. Beispiele für Zersetzungsreaktionen sind:

$$2\,HgO \longrightarrow 2\,Hg + O_2$$

$$2\,KClO_3 \longrightarrow 2\,KCl + 3\,O_2$$

$$CaCO_3 \longrightarrow CaO + CO_2$$

$$CH_3\text{–}CH_2OH \longrightarrow CH_2 = CH_2 + H_2O$$

Abb. 3—2 Zersetzung.

Einfache Umsetzung

In diesem Reaktionstyp wird ein Element in einer Verbindung durch ein anderes Element ersetzt (Abbildung **3—3**). Die allgemeine Reaktion kann wie folgt geschrieben werden

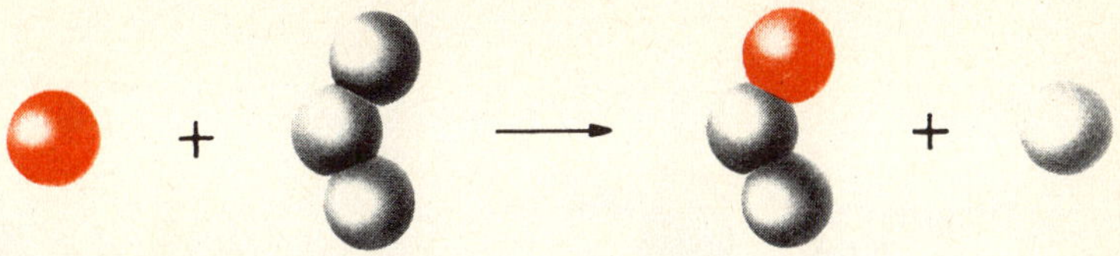

Abb. 3—3 Einfache Umsetzung.

$$AB + C \longrightarrow CB + A$$

A und B können hier sowohl vielatomige Ionen als auch einfache Ionen oder Atome sein. Einige Beispiele hierfür sind:

$$Zn + 2\,HCl \longrightarrow ZnCl_2 + H_2$$
$$Fe + Cu(NO_3)_2 \longrightarrow Fe(NO_3)_2 + Cu$$
$$Zn + H_2SO_4 \longrightarrow ZnSO_4 + H_2$$
$$NH_4^+ + HCl \longrightarrow NH_4Cl + H^+$$

Doppelte Umsetzung

In doppelten Umsetzungsreaktionen sind allgemein Verbindungen beteiligt, die austauschbare Ionen besitzen. In dieser Reaktion tauschen zwei Verbindungen (jede Verbindung besteht aus zwei einfachen oder vielatomigen Ionen) Ionen aus, um zwei neue Verbindungen zu bilden (Abbildung **3—4**). Die allgemeine Gleichung, die eine Reaktion zwischen AB und CD darstellt, lautet

$$AB + CD \longrightarrow AD + CB$$

Es sei nochmals darauf hingewiesen, daß AB, CD, AD und CB sich nicht im Verhältnis 1:1 verbinden müssen. Beispiele für doppelte Umsetzungsreaktionen sind:

$$Al_2(SO_4)_3 + 6\,KOH \longrightarrow 2\,Al(OH)_3 + 3\,K_2SO_4$$
$$2\,AgNO_3 + BaCl_2 \longrightarrow 2\,AgCl\downarrow + Ba(NO_3)_2$$
$$NaOH + HCl \longrightarrow NaCl + HOH$$

Aufgabe 3—3

Kennzeichne den Reaktionstyp, der sich in den folgenden Reaktionen vollzieht

a) $2\,P + 5\,Cl_2 \longrightarrow 2\,PCl_5$

b) $Pb + 2\,AgNO_3 \longrightarrow Pb(NO_3)_2 + 2\,Ag$

c) $Ca(OH)_2 + H_2CO_3 \longrightarrow CaCO_3 + 2\,H_2O$

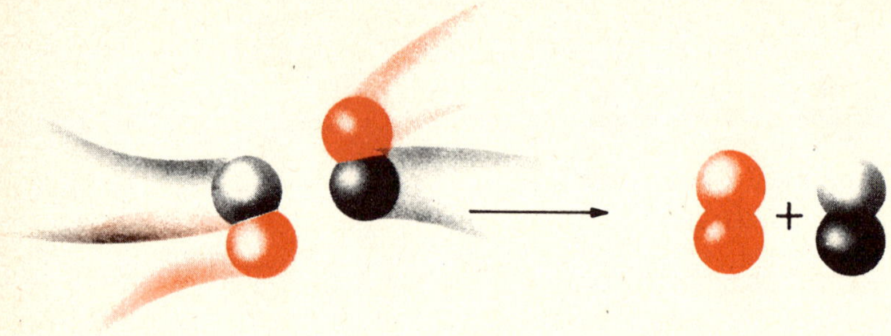

Abb. 3—4 Doppelte Umsetzung (andere Mechanismen sind auch möglich).

d) $Zn + 2\,HCl \longrightarrow ZnCl_2 + H_2$

e) $2\,Al + Fe_2O_3 \longrightarrow Al_2O_3 + 2\,Fe$

f) $2\,Al\,(OH)_3 \longrightarrow Al_2O_3 + 3\,H_2O$

3—C. Chemisches Gleichgewicht

In den bisher geschriebenen chemischen Gleichungen ist angenommen worden, daß sich die Reaktion von den Ausgangs- zu den Endprodukten hin vollzieht (von links nach rechts in Pfeilrichtung). Jedoch können viele Reaktionen auch von den Endprodukten zurück zu den Ausgangsprodukten stattfinden (also von rechts nach links). Reaktionen, die in beiden Richtungen (Hin- und Rückreaktion) ablaufen können, werden zweckmäßig *reversible Reaktionen* genannt. Wir kennzeichnen reversible Reaktionen mit zwei Pfeilen, um die gleichzeitige Reaktion in beiden Richtungen (Hin- und Rückreaktion) anzugeben. Bei der Reaktion zwischen A und B, die die Produkte C und D ergibt, wird die reversible Reaktion wie folgt dargestellt:

$$A + B \rightleftharpoons C + D$$

Die *Reaktionsgeschwindigkeit* ist ein Maß für die Geschwindigkeit, mit der sich die Ausgangsprodukte vereinigen, um die Endprodukte der Reaktion zu bilden. Die Reaktionsgeschwindigkeit kann z. B. in (Mol/Liter) pro Minute ausgedrückt werden.

Beginnen wir in unserem Reaktionsgefäß nur mit den Ausgangsprodukten A und B, so kann die Reaktion im Anfang nur von links nach rechts ablaufen, um die Endprodukte C und D zu bilden.

$$A + B \longrightarrow C + D$$

Sind A und B Substanzen in Lösung, so wird die Reaktion mit einer Geschwindigkeit ablaufen, die von der Konzentration der Ausgangsprodukte abhängt. Wenn A und B reagieren, so werden die Konzentrationen von A und B notwendigerweise abnehmen, und die Geschwindigkeit der Hinreaktion wird dementsprechend abnehmen. Sobald die Endprodukte C und D gebildet sind, setzt die Rückreaktion sofort ein.

$$A + B \longleftarrow C + D$$

Wird mehr C und D während des Reaktionsverlaufs gebildet, so werden sich die Konzentrationen von C und D erhöhen, und damit vergrößert sich die Geschwindigkeit der Rückreaktion entsprechend. Die Konzentrationsänderung bezüglich der Ausgangs- und Endprodukte bezogen auf die Zeit, ist in Abbildung **3—5** wiedergegeben.

Im Verlaufe der Zeit wird die Reaktionsgeschwindigkeit der Hinreaktion (von links nach rechts) abnehmen und die Reaktionsgeschwindigkeit der Rückreaktion (von rechts nach links) wird zunehmen. Schließlich wird die Geschwindigkeit der Hinreaktion gleich der Geschwindigkeit der Rückreaktion sein. Zu diesem Zeitpunkt entspricht die Bildungsgeschwindigkeit der Endprodukte der Bildungsgeschwindigkeit der Ausgangsprodukte und die Konzentrationen der Ausgangs- und Endprodukte werden von da an gleich bleiben. Wenn sich die Konzentration in bezug auf die Zeit nicht ändert, so sagen wir, daß ein chemisches Gleichgewicht erreicht wurde.

$$\text{Geschwindigkeit}_{(\text{Hinreaktion})} \rightleftharpoons \text{Geschwindigkeit}_{(\text{Rückreaktion})}$$
$$A + B \rightleftharpoons C + D \ (\text{Gleichgewicht})$$

Man sieht aus Abbildung **3—5,** daß die Konzentrationen von A, B, C und D zur Zeit t′ konstant werden. Von diesem Punkt an befindet sich die Reaktion im chemischen Gleichgewicht.

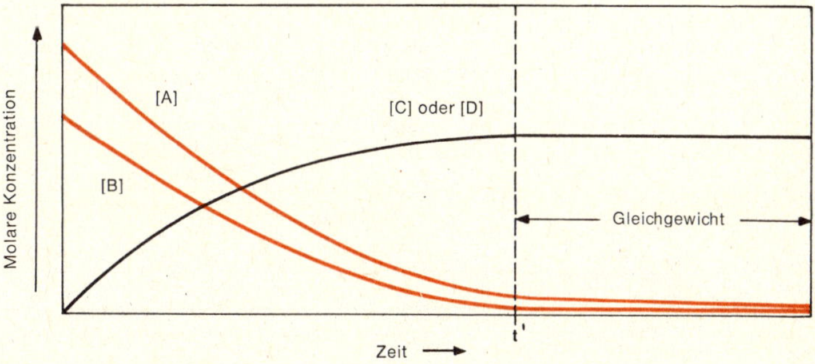

Abb. 3—5 Konzentrationen der Ausgangs- und Endprodukte während einer Reaktion. Die Klammern [ ] geben die molaren Konzentrationen an.

In der Chemie bedeutet Gleichgewicht ein Zustand, in dem keine Konzentrationsänderungen der Spezies stattfinden. Es ist jedoch wichtig zu betonen, daß im chemischen Gleichgewicht noch Hin- und Rückreaktionen stattfinden und neue Ausgangs- und Endprodukte fortlaufend gebildet werden. Aus diesem Grunde benutzen wir den Ausdruck *dynamisches Gleichgewicht.* Dies steht im Gegensatz zum Idealfall eines statischen Gleichgewichts, in dem keine Änderung irgendwelcher Art stattfindet.

Man sieht aus Abbildung **3—5,** daß eine hohe Konzentration der Endprodukte C und D im Gleichgewicht gebildet wurde und damit die Konzentration von A und B dementsprechend ganz gering wurde. Wir können die relative Menge der Endprodukte, die im Gleichgewichtszustand gebildet werden, in Form von Prozenten oder Bruchteilen der Ausgangsprodukte ausdrücken, die reagiert haben. In dem Beispiel in Abbildung **3—5** reagiert ein großer Prozentsatz, um die Endprodukte zu bilden, und wir würden sagen, daß die *Ausbeute* der Reaktion hoch war. In Kapitel 13 werden die Konzentrationen der Ausgangs- und Endprodukte im Gleichgewicht genau miteinander in Verbindung gebracht. Wir werden den Begriff einer Gleichgewichtskonstanten (ein Zahlenausdruck) einführen, der es uns erlauben wird, die Prozente oder Bruchteile zu berechnen, die reagiert haben.

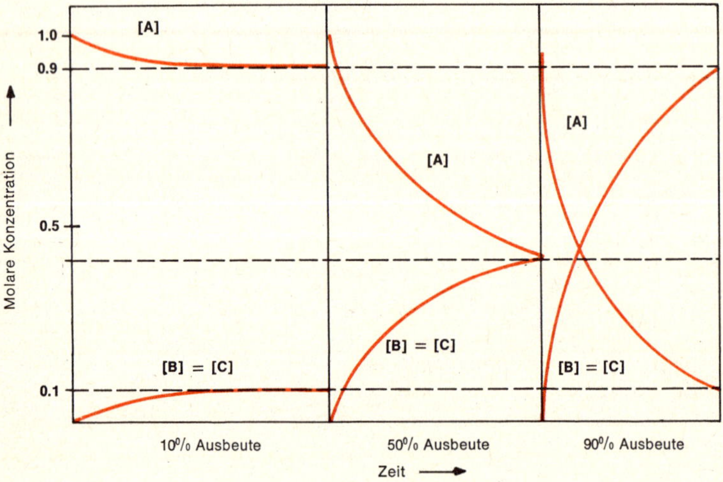

Abb. 3—6 Gleichgewichtskonzentrationen bei verschiedenen Ausbeuten.

Die Prozente oder Bruchteile, die reagiert haben, um Endprodukte zu liefern, können zwischen praktisch keiner Reaktion (0 %) und vollständiger Reaktion (100 %) variieren. Ein Mittelwert ist auch möglich.

Um Abweichungen in der Ausbeute, die man erwarten kann, zu illustrieren, wollen wir die einfache Dissoziation von A in die Endprodukte B und C betrachten

$$A \rightleftharpoons B + C$$

Es wird angenommen, daß zu Beginn weder B noch C vorliegt. Da die gleiche Molzahl B und C gebildet wird, muß B gleich C sein. In Abbildung **3—6** sind drei mögliche Situationen aufgezeigt. Die Prozente, die reagiert haben, um Endprodukte zu bilden, mögen 10 %, 50 % und 90 % betragen. Man sieht aus Abbildung **3—6**, daß die molare Konzentration der Ausgangsprodukte von 1,0 auf 0,9 abnimmt, während die Konzentration der Endprodukte 0,1 im Gleichgewicht erreicht. In Abbildung **3—6 B** erniedrigt sich die Konzentration der Ausgangsprodukte von 1,0 auf 0,5, während sich in Abbildung **3—6 C** die Konzentration der Ausgangsprodukte von 1,0 auf 0,1 erniedrigt.

Durch das ganze Buch hindurch werden wir den doppelten Pfeil nur dann benutzen, wenn die Umkehrbarkeit einer Reaktion betont werden soll oder wenn es zu dem Zeitpunkt in die Diskussion paßt (z. B. beim Berechnen der Gleichgewichtskonzentrationen). In allen anderen Fällen werden Reaktionen mit einem einfachen Pfeil gekennzeichnet, unabhängig davon, ob sie reversibel sind oder nicht.

3—D. Oxidations-Reduktionsreaktionen

Oxidations-Reduktionsreaktionen sind Reaktionen, bei denen zwischen den miteinander reagierenden Substanzen Elektronen ausgetauscht werden. *Oxidation* bedeutet Verlust von Elektronen und *Reduktion* Aufnahme von Elektronen. In einem solchen Reaktionstyp muß die eine Substanz oxidiert (e^- Abgabe) und die andere Substanz reduziert (e^- Aufnahme) werden. Da Elektronen weder erschaffen noch zerstört werden können, muß die Zahl der Elektronen, die die eine Substanz verliert, von der anderen Substanz aufgenommen werden. Da die Substanz, die oxidiert wird, die Reduktion der anderen Substanz bewirkt, wird sie als *Reduktionsmittel* bezeichnet. Ähnlich wird die Substanz, die reduziert wird, die andere Substanz oxidieren, und sie wird daher als *Oxidationsmittel* bezeichnet. Viele biochemische Reaktionen sind Oxidations-Reduktionsreaktionen. Einige Beispiele werden in Kapitel 18 diskutiert. Um Oxidationsmittel und Reduktionsmittel in einer Oxidations-Reduktionsreaktion zu kennzeichnen, müssen wir erst den Begriff der *Oxidationszahl* verstehen.

Oxidationszahlen

Der Begriff der Oxidationszahlen wird seit vielen Jahren in der Chemie benutzt. Er ist außerordentlich brauchbar, wenn man Oxidations-Reduktionsgleichungen ins Gleichgewicht bringen will. Der Begriff ist jedoch nicht von fundamentaler Bedeutung in der Chemie, sondern ist ein Hilfsmittel in gewissen Berechnungen. Der Wert dieses Begriffs wird dem Studenten im Verlaufe des Buches geläufig werden. Im wesentlichen wird er uns dabei behilflich sein, alle Elektronen in einer Verbindung zu erfassen.

Die *Oxidationszahl* ist die *scheinbare* positive oder negative Ladung eines Atoms, wenn die Elektronen in dem Molekül oder Ion den Atomen entsprechend den folgenden Regeln zugeordnet werden:

① Den Atomen aller freien Elemente (nicht in Verbindung mit anderen Elementen) wird der Wert Null zugeordnet. Das freie Element ist der Zustand, in dem das Element in der Natur, ganz abgesehen von der Komplexität der Bindungen der Atome, vorkommt. Die Atome in den folgenden Formeln würden die Oxidationszahl Null haben: H_2, O_2, N_2, S_8, Fe, Zn, Na, Pb, Cl_2, Ca.

② Die Oxidationszahl des H-Atoms ist immer +1 und die des O-Atoms immer −2 unter Berücksichtigung der folgenden vier Ausnahmen:

a) Die Atome in den freien Elementen haben die Oxidationszahl Null, wie unter ① diskutiert.

b) Metallhydride – dem H-Atom wird die Oxidationszahl −1 zugeordnet. (Beispiel: NaH Natriumhydrid)

c) Peroxide – dem O-Atom wird die Oxidationszahl −1 zugeordnet (Beispiel: H_2O_2 Wasserstoffperoxid und Na_2O_2 Natriumperoxid)

d) OF_2 – dem Sauerstoffatom wird der Wert +2 gegeben.

Beispiele, in denen die Oxidationszahl von H +1 und O −2 ist, sind folgende:

$$H_2O,\ H_2SO_4,\ Na_3PO_4,\ Na_2O,\ CH_4,\ CH_3COOH$$

③ Die Ladung einatomiger Ionen entspricht der Oxidationszahl dieses Ions

Fe^{2+}	Oxidationszahl = +2
Na^{+}	Oxidationszahl = +1
Cl^{-}	Oxidationszahl = −1
Mg^{2+}	Oxidationszahl = +2
Fe^{3+}	Oxidationszahl = +3

④ Wenn ein oder mehrere Elektronenpaare zwischen zwei Atomen in einer kovalenten Bindung geteilt werden, so wird das Elektronenpaar (oder die Elektronenpaare) dem Atom mit der höheren Elektronegativität zugeordnet. Wir haben früher eine qualitative Definition der Elektronegativitäten, nämlich die relative Fähigkeit ein geteiltes Elektronenpaar anzuziehen, angegeben. Eine Liste mit Elektronegativitäten wurde in Tabelle **2—5** aufgeführt.

⑤ Die Summe der Oxidationszahlen aller Atome in einem Molekül muß Null sein, mit der Ausnahme in vielatomigen Ionen, in denen die Summe gleich der Ladung des Ions sein muß.

Beispiel 3—4

Die Oxidationszahl von Schwefel in H_2SO_4 kann mit den gegebenen Regeln berechnet werden. Die Oxidationszahl des Wasserstoffs ist +1 und die des Sauerstoffs —2. x soll die unbekannte Oxidationszahl des Schwefels sein. Entsprechend unseren Regeln muß die Summe der Oxidationszahlen aller Atome Null sein

$$\overset{(+1)}{H_2}S\overset{(-2)}{O_4}$$

$$2(+1) + x + 4(-2) = 0$$

$$\text{Oxidationszahl S} = x = +6$$

Beispiel 3—5

Auf ähnliche Weise wird die Oxidationszahl von Schwefel im Thiosulfat-Ion $S_2O_3^{2-}$ berechnet. x sei die Oxidationszahl von Schwefel

$$(S_2\overset{(-2)}{O_3})^{2-}$$

$$2x + 3(-2) = -2$$

$$2x = +4$$

$$\text{Oxidationszahl S} = x = +2$$

Beispiel 3—6

Die Oxidationszahl kann auch als gebrochene Zahl, wie im Falle des Schwefels in $Na_2S_3O_6$, auftreten. Da Natrium ein +1 Ion (Na^+) bildet, ist die Oxidationszahl ebenfalls +1. Der Vorgang für die Berechnung der Oxidationszahl des Schwefels ist wie zuvor

$$\overset{(+1)}{Na_2}S_3\overset{(-2)}{O_6}$$

$$2(+1) + 3x + 6(-2) = 0$$

$$\text{Oxidationszahl S} = x = 3^1/_3$$

Nach einiger Übung im Bestimmen der Oxidationszahlen fällt es leicht, diese einfachen mathematischen Schritte im Kopf auszuführen. Die Bestimmung der Oxidationszahl kann dann einfach und schnell erfolgen.

Aufgabe 3—4

Bestimme die Oxidationszahlen der Atome in den folgenden Verbindungen und Ionen:

$$HNO_3,\ HCl,\ (PO_4)^{3-},\ Ca_3(PO_4)_2,\ Fe^{3+}.$$

Beispiele für Oxidations-Reduktionsreaktionen

Als erstes Beispiel für eine Oxidations-Reduktionsreaktion wollen wir eine einfache Reaktion nehmen, die in wässriger Lösung ausgeführt wird

Reduktion

$$Zn^0 + Cu^{2+} \longrightarrow Zn^{2+} + Cu^0$$

Oxidation

Die Cu^{2+} können aus einem Kupfer(II)-Salz, wie z. B. $Cu(NO_3)_2$, stammen, welches in wäßriger Lösung Cu^{2+}- und NO_3^--Ionen ergibt. Da die Reaktion nur die Cu^{2+}-Ionen in Betracht zieht, ist es nicht notwendig, die NO_3^--Ionen zu schreiben. Cu^{2+} nimmt 2 e^- auf und geht in Cu^0 über; Kupfer wird also reduziert. Cu^{2+} wird daher als *Oxidationsmittel* bezeichnet; es *oxidiert* Zn zu Zn^{2+}. In dieser Reaktion wird metallisches Kupfer abgeschieden, während Zink-Metall als Zn^{2+} in Lösung geht. Da sich die Reaktion von links nach rechts vollzieht, können wir sagen, daß Zn^0 ein besseres Reduktionsmittel ist als Cu^0.

Eine weitere einfache Oxidations-Reduktionsreaktion ist

Oxidation

$$Cu^0 + 2Ag^+ \longrightarrow Cu^{2+} + 2Ag^0$$

Reduktion

Die Reaktion wird ebenfalls in wäßriger Lösung ausgeführt. Ag^+ ist das Oxidationsmittel und Cu wird zu Cu^{2+} oxidiert. Die Reaktion verläuft von links nach rechts (Cu geht in Cu^{2+} über), da Ag^+ ein besseres Oxidationsmittel ist als Cu^{2+}. Aus diesen beiden Reaktionen ersehen wir, daß die Reihenfolge der Oxidationskraft folgende ist:

Oxidationskraft ↑

$$Ag^+ + e^- \longrightarrow Ag^0$$
$$Cu^{2+} + 2e^- \longrightarrow Cu^0$$
$$Zn^{2+} + 2e^- \longrightarrow Zn^0$$

↓ Reduktionskraft

Zahlreiche Substanzen können experimentell untersucht werden und dann in der Reihenfolge ihrer Oxidationskraft tabelliert werden. Hat man eine solche Tabelle zusammengestellt, so kann sie dazu benutzt werden, Voraussagen zu machen, ob eine bestimmte Substanz dazu fähig ist, eine andere zu oxidieren oder zu reduzieren. Die Einzelheiten dieser Voraussage werden in Kapitel 14 (Elektrochemie) dargestellt, wo auch ein quantitatives Maß für die Oxidationskraft beschrieben wird.

Ein letztes Beispiel für eine Oxidations-Reduktionsreaktion ist

Oxidation

$$\overset{(+1)}{K}\,(\overset{(-2)}{O}\overset{(+1)}{Cl}) + \overset{(0)}{H_2} \longrightarrow \overset{(+1)}{K}\overset{(-1)}{Cl} + \overset{(+1)}{H_2}\overset{(-2)}{O}$$

Reduktion

Diese Reaktion wird ebenfalls in Lösung ausgeführt. Die Oxidationszahlen sind berechnet und über die Symbole der Elemente geschrieben. Da Cl von −1 nach +1 übergeht, wird es durch Aufnahme von $2e^-$/Atom reduziert. H geht von der Oxidationsstufe 0 nach +1 und ist daher oxidiert worden, wie der Verlust von $1e^-$/Atom zeigt.

Aufgabe 3—5

Kennzeichne die Spezies, die oxidiert oder reduziert werden, und stelle die Gesamtzahl der Elektronen fest, die für jeden der Oxidations- und Reduktionsvorgänge erforderlich sind.

a) $2\,Au + 3\,F_2 + 6\,HCl \longrightarrow 2\,AuCl_3 + 6\,HF$

b) $3\,H_2S + Cr_2O_7^{2-} + 8\,H^+ \longrightarrow 3\,S + 2\,Cr^{3+} + 7\,H_2O$

c) $Cu + Cl_2 \longrightarrow CuCl_2$

d) $2\,Fe^{2+} + Br_2 \longrightarrow 2\,Br^- + 2\,Fe^{3+}$

Aufgabe 3—6

H^+ wird Zn Metall in Lösung oxidieren; H^+ ist jedoch nicht fähig Cu zu oxidieren

$$Zn^0 + 2\,H^+ \longrightarrow Zn^{2+} + H_{2(g)}$$
$$Cu^0 + 2\,H^+ \longrightarrow \text{keine Reaktion}$$

Wo sollte man die Oxidationskraft des H^+ in der Tabelle mit den obigen Oxidationskräften einordnen?

$$2\,H^+ + 2\,e^- \longrightarrow H_{2(g)}$$

Nimm an, die Oxidationskraft von H^+ entspricht nicht der von Zn^{2+} oder Cu^{2+}.

Abgleichen von Oxidations-Reduktionsgleichungen

Das Abgleichen von Oxidations-Reduktionsgleichungen unterscheidet sich von anderen Reaktionen. Wenn man eine Oxidations-Reduktionsgleichung abgleichen will, muß man sicherstellen, daß die Zahl der Elektronen, die von den oxidierten Spezies übertragen werden, gleich der Zahl der Elektronen ist, die von den reduzierten Spezies aufgenommen werden. Wenn dieser Elektronenübergang ausgeglichen ist, so ist die Nettoladung, die aus den ionischen Spezies in der Reaktion resultiert, auf beiden Seiten der Gleichung automatisch abgeglichen. In anderen Worten: die Gesamtladung bleibt erhalten; Ladung wird während einer chemischen Reaktion weder erschaffen noch zerstört. Beim Abgleichen von Oxidations-Reduktionsgleichungen benutzen wir das Kriterium der Erhaltung der Ladung als eine letzte Überprüfung der richtiggestellten Gleichung.

Wir werden den Vorgang für die Richtigstellung von Oxidations-Reduktionsgleichungen als eine Serie von Schritten angeben, und wir werden zur selben Zeit ein Beispiel bearbeiten, um den Vorgang zu illustrieren. Man betrachte die Oxidations-Reduktionsgleichung

$$Au^0 + F_2 + H^+ \longrightarrow Au^{3+} + HF$$

① Identifiziere die Oxidations-Reduktionsschritte und bestimme die Zahl der Elektronen, die in jedem Schritt übertragen werden. In unserem Beispiel werten wir zuerst die Oxidationszahlen für jedes Element aus und schreiben sie direkt über das Symbol

$$+2e^- \;(F_2 \rightarrow HF)$$

$$\overset{(0)}{Au} + \overset{(0)}{F_2} + \overset{(+1)}{(H)^+} \longrightarrow \overset{(+3)}{(Au)^{3+}} + 2\,\overset{(+1)\,(-1)}{HF}$$

$$-3e^- \;(Au \rightarrow Au^{3+})$$

Da Au^0 nach Au^{3+} geht, ist Au^0 durch Verlust von 3 e^- oxidiert worden. $F_2{}^0$ geht zu einer –1 Oxidationsstufe in HF. Da es 2 Fluoratome in F_2 gibt, sollten wir eine 2 vor HF setzen und damit werden 2 e^- in diesem Reduktionsvorgang gewonnen.

② Gleiche die abgegebenen Elektronen mit den aufgenommenen Elektronen ab durch Einsetzen der entsprechenden Koeffizienten vor die oxidierten oder reduzierten Ausgangsprodukte oder Endprodukte.

In der obigen Reaktion kann die Bilanz der Elektronen mit den Koeffizienten 2 und 3 erreicht werden.

$$2\,(3\,e^- \text{ abgegeben/Au}) = 3\,(2\,e^- \text{ aufgenommen/}F_2)$$

Wir setzen in der Oxidations-Reduktionsgleichung eine 2 vor Au und eine 3 sowohl vor F_2 als auch vor 2 HF.

$$2\,Au^0 + F_2 + H^+ \longrightarrow 2\,Au^{3+} + 3\,(2\,HF)$$

③ Gleiche die restlichen Elemente aus, die nicht oxidiert oder reduziert wurden, ohne die Koeffizienten zu ändern, die bereits für die oxidierten und reduzierten Spezies angegeben wurden.

In der obigen Reaktion ist das einzige andere Element H^+, es kann mit einem Koeffizienten von 6 ausgeglichen werden, da H nur in $3(2\,HF) = 6\,HF$ auftritt. Die richtig gestellte Gleichung lautet:

$$2\,Au^0 + 3\,F_2 + 6\,H^+ \longrightarrow 2\,Au^{3+} + 6\,HF$$

④ Überprüfe die richtiggestellte Oxidations-Reduktionsgleichung durch Ziehen der Ladungsbilanz; die gesamte Ladung auf der linken Seite muß gleich der gesamten Ladung auf der rechten Seite der Gleichung sein.

Ladung auf der rechten Seite $= 2(0) + 3(0) + 6(+1) = +6$

Ladung auf der linken Seite $= 2(+3) + 6(0) = +6$

Da die Ladung abgeglichen ist, und wir bereits gesehen haben, daß sich die gleiche Zahl von Atomen auf jeder Seite der Gleichung befindet, ist die Gleichung richtig.

Aufgabe 3—7

Stelle die folgende Oxidations-Reduktionsgleichung richtig

$$H_2S + Cr_2O_7^{2-} + H^+ \longrightarrow S + Cr^{3+} + H_2O$$

Bestimme zuerst die Oxidationszahl jedes Elements und bestimme, welche Spezies oxidiert und welche reduziert ist.

$$+6\,e^-$$

$$\overset{(+1)(-2)}{H_2\;S} + \overset{(+6)(-2)}{(Cr_2O_7)^{2-}} + \overset{(+1)}{(H)^+} \longrightarrow \overset{(0)}{S} + \overset{(+3)}{(2\,Cr)^{3+}} + \overset{(+1)(-2)}{H_2\;O}$$

$$-2\,e^-$$

Die Oxidationszahl von Cr in $Cr_2O_7^{2-}$ ist +6 und in Cr^{3+} beträgt sie +3. Da sich 2 Cr ändern, beträgt die Elektronenaufnahme $+6\,e^-$. Da ein S^{2-} nur Elektronen verliert, geben wir H_2S und S einen Koeffizienten von 3

$$3\,H_2S + Cr_2O_7^{2-} + H^+ \longrightarrow 3\,S + 2\,Cr^{3+} + H_2O$$

Die O Atome sind mit einem Koeffizienten von 7 für H_2O ausgeglichen. Schließlich werden die H Atome mit $8\,H^+$ auf der linken Seite richtiggestellt.

$$3\,H_2S + Cr_2O_7^{2-} + 8\,H^+ \longrightarrow 3\,S + 2\,Cr^{3+} + 7\,H_2O$$

Aufgabe 3—7

Stelle die folgenden Oxidations-Reduktionsgleichungen richtig.

a) $AuBr^{-}_{4(aq)} + Hg_{(fl)} \longrightarrow Au_{(f)} + HgBr_{2(f)} + Br^{-}_{(aq)}$

b) $Fe(CN)^{3-}_{6(aq)} + Re_{(f)} + OH^{-}_{(aq)} \longrightarrow Fe(CN)^{4-}_{6(aq)} + ReO^{-}_{4(aq)} + H_2O$

c) $Zn_{(f)} + MnO_{4(aq)} + OH_{(aq)} \longrightarrow ZnO^{2-}_{2(aq)} + MnO_{2(f)} + H_2O$

Äquivalentgewichte für Oxidations-Reduktionsmittel

Äquivalente und *Äquivalentgewichte* sind brauchbare Mengen zur Berechnung der Mengen von Ausgangsprodukten, die eine Oxidations-Reduktionsreaktion oder eine Säure-Base-Reaktion eingehen. Für ein Oxidations- oder Reduktionsmittel ist das *Gramm-Äquivalent-Gewicht (g-Äq-GW)* die Masse einer Substanz, die $6{,}023 \times 10^{23}$ (Loschmid'sche Zahl der Elektronen in einer bestimmten Reaktion) Elektronen aufnehmen oder abgeben kann.

Ein Gramm-Molekulargewicht (g-Mol-GW) einer Substanz enthält $6{,}023 \times 10^{23}$ Moleküle und kann $6{,}023 \times 10^{23} \times$ (e^- aufgenommen oder abgegeben/Molekül) aufnehmen oder abgeben. Daher gilt

3—2 $$\text{g-Äq-GW} = \frac{\text{g-Mol-GW}}{e^- \text{ aufgenommen oder abgegeben/Molekül}}$$

Ein *Äquivalent*, Äq, (auch Gramm-Äquivalent genannt) ist die Menge eines Oxidations- oder Reduktionsmittels, das ein Gramm-Äquivalentgewicht enthält. Daraus können wir die Zahl der Äquivalente in einer Probe der Masse *m* berechnen.

3—3 $$\text{Äq} = \frac{m}{\text{g-Äq-GW}}$$

Die Beziehung zwischen Äquivalenten und Masse in Gleichung 3—3 kann auch in Mol durch Einsetzen von Gleichung 3—2 in Gleichung 3—3 ausgedrückt werden

$$\text{Äq} = \frac{m}{\text{g-Äq-GW}} = \frac{m}{\dfrac{\text{g-Mol-GW}}{e^- \text{ aufgenommen oder abgegeben/Molekül}}}$$

$$= \frac{m}{\text{g-Mol-GW}} (e^- \text{ aufgenommen oder abgegeben/Molekül})$$

Da m/g-Mol-GW der Molzahl entspricht, erhalten wir die Beziehung

3—4 $$\text{Äq} = (\text{Mol})\,(e^- \text{ aufgenommen oder abgegeben/Molekül})$$

Beispiel 3—8

Ein Beispiel einer Oxidation-Reduktionreaktion war schon früher angegeben worden

$$KOCl + H_2 \longrightarrow KCl + H_2O$$

Wenn wir 75 g KOCl nehmen, wieviel Gramm-Äquivalent KOCl würde dies darstellen? Das Molekulargewicht von KOCl ist 90,55. Das Gramm-Äquivalentgewicht von KOCl wird dann aus Gleichung 3—2 gefunden.

$$\text{g-Äq-GW} = \frac{90{,}55\ \text{g}}{2} = 45{,}275\ \text{g}$$

Benutzt man Gleichung 3—3, so können wir die 75 g in Äquivalente umrechnen

$$\text{Äq} = \frac{m}{\text{g-Mol-GW}} = \frac{75\ \text{g}}{45{,}275\ \text{g}} = 1{,}65\ \text{g}$$

Aufgabe 3—8

Betrachte die folgende Reaktion.

$$2\,Au + 3\,F_2 + 3\,HCl = 2\,AuCl_3 + 6\,HF$$

a) Berechne das Äquivalentgewicht von F_2.
b) Berechne die Molzahl und die Zahl der Äquivalente von F_2 in einer 50 g Probe. Benutze Gleichung 3—3, um die Äquivalente zu berechnen.
c) Zeige, daß Gleichung 3—4 mit dem Ergebnis in b übereinstimmt.
d) Wieviel g-Atome Au würden mit diesen 50 g F_2 reagieren?
e) Wieviel g Au würden mit 50 g F_2 reagieren?
f) Wieviel Äquivalente Au würden mit diesen 50 g F_2 reagieren?
g) Vergleiche die Äquivalente Au (in Teil f) mit den Äquivalenten F_2 in 50 g (Teil b). Erkläre, warum sie gleich sein sollten.

3—E. Säure-Basen-Reaktionen

Es gibt verschiedene Wege, um Säuren und Basen zu definieren. Zu Beginn werden wir unsere Definition der Säuren und Basen in bezug auf Wasser, das meist gebrauchte Lösungsmittelsystem, beschränken. Weitere mehr allgemeine Säure-Basen-Begriffe werden am Ende dieses Abschnitts diskutiert.

Wasser (H_2O) dissoziert zu einem geringen Anteil in Hydronium- und Hydroxid-Ionen und befindet sich immer im Gleichgewicht mit diesen Ionen. Da Wasser selbst ionisiert, wird dieser Vorgang *Autoionisation* genannt.

$$H_2O \rightleftharpoons \overset{+}{H}_{(aq)} + \overset{-}{OH}_{(aq)}$$

Der längere Pfeil, der die Rückreaktion darstellt, betont, daß das Gleichgewicht zu Gunsten des Wassers liegt, d. h., die Konzentration der Endprodukte ist klein verglichen mit der Wasserkonzentration. (Die $H^+_{(aq)}$ Konzentration in reinem Wasser beträgt nur 10^{-7} M); die Konzentration des Wassers ist 55,5 M). Im allgemeinen werden Pfeile, die eine reversible Reaktion darstellen, gleich lang gezeichnet, ganz abgesehen von der Verschiebung des Gleichgewichts.

Die H^+ und OH^- liegen nicht als isolierte Ionen im Wasser vor. Die Ionen haben sehr hohe Assoziation mit H_2O Molekülen, die ihre Eigenschaften sehr stark beeinflussen. Wie schon in Kapitel 2 angedeutet, wird diese Dissoziation mit Wassermolekülen in Lösung durch ein nach rechts unten geschriebenes Symbol *aq* (für wäßrig) gekennzeichnet. $H^+_{(aq)}$ wird auch oft als H_3O^+ geschrieben.

Dieses Gleichgewicht, welches eine Basis für die Klassifikation der Säuren und Basen liefert, wollen wir besonders hervorheben. Wir werden jetzt Säuren und Basen definieren und einige Beispiele für Säure-Basen-Reaktionen geben. Das Gleichgewicht in Säure-Basen-Dissoziationen ist sehr bedeutend für das Verständnis der Säurestärken und wird in Kapitel 13 diskutiert (II, S. 143). Diese Möglichkeit, Säuren und Basen entsprechend ihrer Stärken einzuordnen, erlaubt es, die Säure-Basen-Reaktionen getrennt zu behandeln.

Säuren

Eine *Säure* ist eine Substanz, die nach Lösen in Wasser, die $H^+_{(aq)}$-Konzentration erhöht. Die saure Verbindung enthält gewöhnlich ein Wasserstoffatom, das in Wasser als $H^+_{(aq)}$ dissoziieren wird. HCl z. B. dissoziiert in Wasser und ergibt

$$HCl \xrightarrow{aq} H^+_{(aq)} + Cl^-_{(aq)}$$

Die Dissoziation erhöht die $H^+_{(aq)}$ Konzentration. Auf ähnliche Weise verhält sich HNO_3 als Säure und die Dissoziation hier ist

$$HNO_3 \xrightarrow{aq} H^+_{(aq)} + NO^-_{3(aq)}$$

Säuren wie HCl und HNO_3 werden als *starke Säuren* betrachtet, da sie in wäßriger Lösung vollständig in Ionen dissoziieren. Andere starke Säuren sind HBr, HJ, H_2SO_4 und $HClO_4$.

Zusätzlich gibt es schwache Säuren, die nicht vollständig in Ionen dissoziieren. Häufig ist die Dissoziation schwacher Säuren recht gering (0,001–5 %). Einige Säuren sind mäßig stark; die Dissoziation ist mittelgroß (5—50 %). Ein Beispiel für eine schwache Säure ist HCN, welche bei einer Konzentration von 0.2 M nur zu 0.001 % dissoziiert ist. Die Gleichgewichtskonzentrationen werden unter die Formel in die Gleichung geschrieben.

$$\begin{array}{ccccc} HCN_{(aq)} & \rightleftharpoons & H^+_{(aq)} & + & CN^-_{(aq)} \\ 0{,}2\,M & & 0{,}00001\,M & & 0{,}00001\,M \end{array}$$

Ein weiteres Beispiel für eine schwache Säure ist Essigsäure (CH_3COOH), die vier Wasserstoffatome enthält. Jedoch ist in jedem Essigsäuremolekül nur das Wasserstoffatom, welches am Sauerstoffatom gebunden ist, fähig, in Wasser zu dissoziieren, um ein H^+ zu bilden. Dementsprechend erhält man

$$CH_3COOH_{(aq)} \rightleftharpoons CH_3COO^-_{(aq)} + H^+_{(aq)}$$

Einige Verbindungen sind sauer, obwohl sie keine Wasserstoffatome enthalten. Diese Substanzen erhöhen die $H^+_{(aq)}$ Konzentration durch eine Reaktion mit dem Lösungsmittel. Aluminiumchlorid z. B. löst sich in Wasser und ergibt Al^{3+} und Cl^-. Die Al^{3+} können mit Wasser zu H^+-Ionen reagieren.

$$AlCl_3 \xrightarrow{aq} Al^{3+}_{(aq)} + 3\,Cl^-_{(aq)}$$

$$Al^{3+}_{(aq)} + H_2O \rightleftharpoons Al(OH)^{2+}_{(aq)} + H^+_{(aq)}$$

Die Nomenklatur der Säuren ist nicht systematisch im Verhältnis zum Anion der Säure aufgebaut. Wenn das Anion auf *-id* endet, so heißen die zugehörigen Säuren die Halogenwasserstoffsäuren; z. B. ist die zu NaCl (Natriumchlorid) gehörige Säure Chlorwasserstoff. Endet das Anion auf *-at*, so erhält die Säure den Namen des säurebildenden Elements, z. B. beim Schwefel ist H_2SO_4 Schwefelsäure. Hat das Anion die Endung *-it*, so wird die Säure die Endung „*-ige* Säure" haben; z. B. H_2SO_3, Schweflige Säure. Bei binären Säuren (Säuren von einatomigen Ionen) wird die Vorsilbe *hypo-* dem Namen der Verbindung, die auf *-ige* endet, vorausgesetzt; z. B. Hypochlorige Säure HClO; das dazugehörige Salz lautet Natriumhypochlorit (NaClO). Bei Säuren, die vielatomige Ionen enthalten, wird der Wasserstoff aus dem Namen weggelassen und das Anion wird zuerst entsprechend den Regeln, die wir gerade spezifiziert haben, genannt und das Wort Säure wird hinzugefügt. Die Beispiele (siehe Tabelle) sollten behilflich sein, den Vorgang der Benennung der Säuren klar zu machen.

Aufgabe 3—9

Benenne die folgenden Verbindungen: $KClO_3$, $HClO_3$, HCN, HF, NaH, KJO_4, HJO_4, $Ca(ClO)_2$, HNO_2.

Es gibt einige vielatomige Anionen, die Wasserstoffatome enthalten, die in Lösung abdissoziieren können. Diese Anionen sind ebenfalls Säuren. Beispiele hierfür sind HCO_3^- und $H_2PO_4^-$

$$HCO_{3(aq)}^- \rightleftharpoons H_{(aq)}^+ + CO_{3(aq)}^{2-}$$

$$H_2PO_{4(aq)}^- \rightleftharpoons H_{(aq)}^+ + HPO_{4(aq)}^{2-}$$

Die Anionen werden trotz der Tatsache, daß sie sauren Charakter haben, nicht als Säuren benannt. Sie werden auf die Namen des Anions [in Abschnitt 2–C (I, S. 27)] bezogen.

Formel der Säure	**Name des Ions**	**Name der Säure**
HCl	Chlor*id*	Chlorwasserstoff
H_2SO_4	Sulf*at*	Schwefelsäure
H_2SO_3	Sulf*it*	Schweflige Säure
HNO_3	Nitr*at*	Salpetersäure
HBr	Brom*id*	Bromwasserstoff
HBrO	Hypobrom*it*	Hypobromige Säure
$HBrO_2$	Brom*it*	Bromige Säure
$HBrO_3$	Brom*at*	Bromsäure
$HBrO_4$	Perbrom*at*	Perbromsäure
$H_3C{-}COOH$	Acet*at*	Essigsäure
HCN	Cyan*id*	Cyanwasserstoff (Blausäure)

Basen

Eine Base ist eine Substanz, die nach Lösen in Wasser die OH^- Konzentration in Lösung erhöht. Die Base kann, (sie muß aber nicht) ein Hydroxid-Ion enthalten, welches in Lösung freigesetzt wird. Die Base kann jedoch mit H^+ reagieren, um die OH^- Konzentration zu erhöhen. Ein Beispiel für eine Substanz, die OH^- enthält, ist jedes Metallhydroxid, wie z. B. Natriumhydroxid, NaOH, oder Bariumhydroxid, $Ba(OH)_2$.

$$NaOH_{(f)} \xrightarrow{aq} Na_{(aq)}^+ + 2\,OH_{(aq)}^-$$

$$Ba(OH)_{2(f)} \xrightarrow{aq} Ba_{(aq)}^{2+} + 2\,OH_{(aq)}^-$$

Die meisten in Wasser löslichen Metallhydroxide sind *starke Basen*, ihre Dissoziation in Ionen ist fast vollständig. Andere Beispiele für starke Basen sind LiOH, KOH und $Sr(OH)_2$.

Ein Beispiel für eine Substanz, die *keine* OH^- enthält, aber eine Erhöhung der $(OH^-)_{aq}$ bewirkt, wenn sie in Wasser gelöst wird, ist Ammoniak NH_3. Die Reaktion lautet

$$\underset{0{,}1\,M}{NH_{3(aq)}} + H_2O \rightleftharpoons \underset{0{,}0013\,M}{NH^+_{4(aq)}} + \underset{0{,}0013\,M}{OH^-_{(aq)}}$$

Häufig ist die Reaktion mit Wasser nicht vollständig und daher wird NH_3 als eine *schwache Base* angesehen. Wenn die $NH_{3(aq)}$ Konzentration 0,1 M beträgt, verläuft die Reaktion mit Wasser nur zu 1,3 %.

Die Nomenklatur der Basen, die Hydroxid-Ionen enthalten, ist identisch mit der Nomenklatur der anorganischen Verbindungen, die auf den ionischen Bestandteilen basiert. Beispiele sind

$NaOH$	Natriumhydroxid
$Ca(OH)_2$	Calciumhydroxid
$Al(OH)_3$	Aluminiumhydroxid
$CuOH$	Kupfer(I)-hydroxid
$Cu(OH)_2$	Kupfer(II)-hydroxid

Neutralisation durch Säure-Basen-Reaktionen

Die Reaktion einer Base mit einer Säure wird *Neutralisation* genannt. Die Reaktion verläuft unter Vereinigung von H^+ und OH^- unter H_2O Bildung, und das verbleibende Anion der Säure und das Kation der Base bilden ein Salz, welches im allgemeinen in Wasser (Lösungsmittel) löslich ist.

$$\text{Säure} + \text{Base} \longrightarrow \text{Salz} + \text{Wasser}$$

Enthält die Säure mehr als ein ionisierbares H^+, so kann die Neutralisation unter Reaktion von nur einem H^+ oder von zwei H^+ oder auch von mehreren H^+ ablaufen. Dies hängt von den Bedingungen ab. Beispiele für Neutralisationen sind

$$NaOH + HCl \longrightarrow NaCl + H_2O$$

oder

$$Na^+_{(aq)} + OH^-_{(aq)} + H^+_{(aq)} + Cl^-_{(aq)} \longrightarrow Na^+_{(aq)} + Cl^-_{(aq)} + H_2O$$

$$Ca(OH)_2 + H_2SO_4 \longrightarrow CaSO_4 + 2\,H_2O$$

$$NaOH + H_3PO_4 \longrightarrow NaH_2PO_4 + H_2O$$

$$NaOH + NaH_2PO_4 \longrightarrow Na_2HPO_4 + H_2O$$

$$NaOH + Na_2HPO_4 \longrightarrow Na_3PO_4 + H_2O$$

Aufgabe 3—10

Vervollständige und bringe die folgenden Reaktionen ins Gleichgewicht: (Nimm an, alle H^+ und OH^- reagieren, außer wenn anderweitig gekennzeichnet)

a) $NaOH + HOOC\text{—}CH_3 \longrightarrow NaOOC\text{—}CH_3$
b) $Ca(OH)_2 + HCOOH \longrightarrow Ca(HCOO)_2$
c) $HCl + NH_4OH \longrightarrow$
d) $H_2SO_4 + Al(OH)_3 \longrightarrow$
e) $H_2S + NaOH \longrightarrow NaHS +$
f) $NaOH + H_3PO_4 \longrightarrow$

Äquivalentgewichte für Säuren und Basen

Die Äquivalentgewichte für Säuren und Basen werden auf ähnliche Art definiert wie für Oxidations-Reduktionsmittel (Gleichung 3–2 bis 3–4, I, S. 74). In diesem Fall ist jedoch die Zahl der Protonen oder Hydroxid-Ionen, die von der Säure oder der Base in der Reaktion abgegeben werden, ein wichtiger Gesichtspunkt. Die Definition des Gramm-Äquivalentgewichts für eine Säure oder Base ist

3–5 $$\text{g-Äq-GW} = \frac{\text{g-Mol-GW}}{\text{Zahl der } H^+ \text{ oder } OH^-\text{, die pro Molekül reagieren}}$$

Die Beziehung zwischen der Zahl der Äquivalente und der Molzahl lautet

3–6 $$\text{Äq} = (\text{Mol})\,(H^+ \text{ oder } OH^-\text{, die pro Molekül reagieren})$$

Um die Zahl der Äquivalente einer Säure oder Base, die an einer Reaktion teilnehmen, zu bestimmen, müssen wir die Zahl der Protonen der Säure oder die Zahl der Hydroxid-Ionen der Base, die reagieren werden, kennen.

Ein und dieselbe Substanz kann verschiedene Äquivalentgewichte haben, wenn sie unterschiedlich in zwei Reaktionen reagiert. Zum Beispiel, H_3PO_4 hat bis zu drei Wasserstoffatome, die ionisieren oder mit OH^- reagieren können. In den meisten Reaktionen mit Base werden jedoch nur ein oder zwei dieser Protonen benutzt, wie in der chemischen Gleichung gezeigt wird.

a) $NaOH + H_3PO_4 \longrightarrow NaH_2PO_4 + H_2O$
b) $2\,NaOH + H_3PO_4 \longrightarrow Na_2HPO_4 + 2\,H_2O$

In diesen Reaktionen reagiert H_3PO_4, als würde es die folgenden Äquivalentgewichte haben

für a) $$\text{Äq-GW } H_3PO_4 = \frac{\text{MG } H_3PO_4}{1}$$

für b) $$\text{Äq-GW } H_3PO_4 = \frac{\text{MG } H_3PO_4}{2}$$

Aufgabe 3—11

a) Berechne das Äquivalentgewicht von H_2SO_4 und NaOH für die folgende Neutralisationsreaktion

$$H_2SO_4 + 2\,NaOH \longrightarrow Na_2SO_4 + 2\,H_2O$$

b) Wieviele Äquivalente H_2SO_4 würden in einer 100 g Probe sein, die 25 % H_2SO_4, bezogen auf die Masse, enthält?

c) Wieviele Äquivalente H_2SO_4 würden in einer 100 g Probe sein, die 25 % H_2SO_4, bezogen auf die Masse, enthält, wenn die Neutralisationsreaktion wie folgt verlief.

$$H_2SO_4 + NaOH \longrightarrow NaHSO_4 + H_2O$$

Lösungsmittelkonzept der Säuren und Basen

Die vorausgehende Definition der Säuren und Basen war auf Wasser als Lösungsmittel beschränkt. Chemische Reaktionen können auch in nicht-wäßrigen Lösungsmitteln ausgeführt werden. Ein System der Säuren und Basen in nicht-wäßrigen Lösungsmitteln kann auf der Basis der Ionisation des Lösungsmittels definiert werden. Aus diesem Grunde wird diese Definition der Säuren und Basen das *Lösungsmittelkonzept* genannt. *Flüssiger* Ammoniak dissoziiert beispielsweise zum geringen Ausmaß in NH_4^+- und NH_2^--Ionen. Wie im Falle des Wassers, sind diese Ionen vollständig von Lösungsmittel (NH_3 Molekülen) umgeben und es besteht eine beträchtliche Wechselwirkung zwischen Ionen und Lösungsmittelmolekülen. Das Ausmaß der Dissoziation in Ionen ist wiederum sehr gering. Vergleicht man die Ammoniakdissoziation (Autoionisation) mit der des Wassers, so ergibt sich

$$\underset{\text{(reine Flüssigkeit)}}{2\,NH_{3\,(fl)}} \rightleftharpoons \underset{10^{-15}\,M}{\overset{+}{NH}_{4\,(Ammoniak)}} + \underset{10^{-15}\,M}{\overset{-}{NH}_{2\,(Ammoniak)}}$$

$$\underset{\text{(reine Flüssigkeit)}}{H_2O_{(fl)}} \rightleftharpoons \underset{10^{-7}\,M}{H^+_{(aq)}} + \underset{10^{-7}\,M}{OH^-_{(aq)}}$$

Eine Säure in flüssigem Ammoniak ist jede Substanz, die die NH_4^+ Konzentration erhöht und eine Base ist jede Substanz, die die NH_2^- Konzentration erhöht. Das Salz Ammoniumchlorid, NH_4Cl, ist eine starke Säure in flüssigem Ammoniak analog zu HCl in wäßrigen Lösungen

$$\underset{\text{(Säure)}}{NH_4Cl} \xrightarrow{NH_3} NH_{4\,(Ammoniak)}^{+} + Cl^{-}_{(Ammoniak)}$$

$$\underset{\text{(Säure)}}{HCl} \xrightarrow{aq} H^{+}_{(aq)} + Cl^{-}_{(aq)}$$

Stoffe, die Säuren in wäßrigen Lösungsmitteln darstellen, verhalten sich auch als Säuren in flüssigem Ammoniak. NH_4^+ wird entsprechend folgender Gleichung gebildet

$$HCl + NH_3 \longrightarrow NH^{+}_{(Ammoniak)} + Cl^{-}_{(Ammoniak)}$$

Natriumamid $NaNH_2$ ist – analog zu NaOH in Wasser – eine starke Base in flüssigem Ammoniak.

$$\underset{\text{Base}}{NaNH_{2(f)}} \xrightarrow{NH_3} Na^{+}_{(Ammoniak)} + NH^{-}_{2\,(Ammoniak)}$$

$$\underset{\text{Base}}{NaOH_{(f)}} \xrightarrow{aq} Na^{+}_{(aq)} + OH^{-}_{(aq)}$$

Neutralisationen zwischen Säuren und Basen in flüssigem Ammoniak ereignen sich analog zur Neutralisation in Wasser

$$\underset{\text{Säure}}{NH_4Cl} + \underset{\text{Base}}{NaNH_2} \longrightarrow 2\,NH_{3(fl)} + Na^{+}_{(Ammoniak)} + Cl^{-}_{(Ammoniak)}$$

$$\underset{\text{Säure}}{HCl} + \underset{\text{Base}}{NaOH} \longrightarrow H_2O_{(fl)} + Na^{-}_{(aq)} + Cl^{+}_{(aq)}$$

Andere nicht-wäßrige Lösungsmittel, die das Lösungsmittelkonzept der Säuren und Basen illustrieren, sind in Tabelle **3–1** (I, S. 83) gegeben. Der Autoionisationsschritt ist in jedem dieser Fälle angegeben, und die charakteristischen Ionen der Säuren und Basen sind angezeigt. Für jedes Lösungsmittel ist ein Beispiel einer Säure und einer Base gegeben. Wasser ist wiederum zum Vergleich angegeben. Die nach unten rechts gestellte Abkürzung in Klammern *(sol)* kennzeichnet, daß das Ion in dem Lösungsmittel *solvatisiert* ist (vollständig von Lösungsmittelmolekülen umgeben).

Es ist interessant festzustellen, daß dem Chemiker zahlreiche Lösungsmittel zur Verfügung stehen, die ganz unterschiedlich vom Wasser sind und sich doch in bezug auf die Ionisation und Säure-Base-Eigenschaften ganz analog wie Wasser verhalten. Wasser ist jedoch das allgemein verbreitetste Lösungsmittel auf der Erde und ist das fundamentale Lösungsmittel aller lebenden Materie auf der Erde. Die einzigartigen Eigenschaften des Wassers werden in vielen Diskussionen in diesem Buch einen herausragenden Bestandteil bilden. Es mag angebracht sein, einen Kursus in Chemie mit der Frage zu beginnen: Was macht das Wasser so einzigartig? Es bedarf verschiedener Aspekte in vielen Abschnitten dieses Buches, diese Sonderstellung vollständig zu definieren.

Tabelle 3–1 Säure-Basen-Systeme in nicht-wäßrigen Lösungsmitteln

Lösungsmittel	Ionisation	Säure	Base
Wasser	$H_2O \rightleftharpoons \underset{\text{Säure}}{H^+_{(aq)}} + \underset{\text{Base}}{OH^-_{(aq)}}$	HCl	NaOH
Fluorwasserstoff	$HF \rightleftharpoons \underset{\text{Säure}}{H^+_{(sol)}} + \underset{\text{Base}}{F^-_{(sol)}}$	$HClO_4$	KF
Schwefeldioxid	$2SO_2 \rightleftharpoons \underset{\text{Säure}}{SO^{2+}_{(sol)}} + \underset{\text{Base}}{SO^{2-}_{3(sol)}}$	$SOCl_2$	Na_2SO_3
Blausäure	$HCN \rightleftharpoons \underset{\text{Säure}}{H^+_{(sol)}} + \underset{\text{Base}}{CN^-_{(sol)}}$	HCl	KCN

Aufgabe 3—12

Essigsäure HAc ionisiert entsprechend der Gleichung

$$HAc \rightleftharpoons H^+_{(sol)} + Ac^-_{(sol)}$$

a) Ordne die folgenden Verbindungen als Säuren, Basen oder Salze in dem Lösungsmittelsystem HAc: NaAc, NH_3, HCl, NaCl, H_2SO_4, $Mg(Ac)_2$, BaJ_2, H_2O. Betrachte die Möglichkeit, daß die Verbindungen mit dem Lösungsmittel HAc reagieren können und, daß diese Reaktionen saure oder basische Eigenschaften mit sich bringen können.

b) Schreibe die Reaktion zwischen $HClO_4$ und NH_4Ac.

Aufgabe 3—13

Distickstofftetroxid ionisiert entsprechend der Gleichung

$$N_2O_4 \rightleftharpoons NO^+ + NO_3^-$$

Klassifiziere die folgenden Stoffe als Säure, Base oder Salz in diesem Lösungsmittel: NOCl, $NaNO_3$, KBr, $AgNO_3$, NOBr.

Brönsted-Lowry'sche Theorie der Säuren und Basen

Ein weiteres Konzept der Säuren und Basen, welches recht gut angewendet werden kann, ist die Brönsted-Lowry'sche Theorie, die auf der relativen Fähigkeit einer Substanz basiert, ein Proton abzugeben oder aufzunehmen. Entsprechend diesem häufig benutzten Konzept ist eine *Säure* als eine Substanz definiert, die *ein Proton (H^+) abgeben kann* und eine *Base* ist eine Substanz, die *ein Proton aufnehmen kann.* Die Säure- oder Basestärke einer Substanz beruht auf der relativen Fähigkeit ein Proton abzugeben oder aufzunehmen. Auf dieser Basis kann die Säurestärke einer Substanz recht einfach verglichen und ausgewertet werden, sogar wenn die Substanzen sowohl als Säuren oder Basen in verschiedenen Lösungsmitteln auftreten.

In dieser Theorie wird eine Säure nach Abgabe eines Protons immer zu einer Base; eine Base wird nach Aufnahme eines Protons eine Säure. HCN z. B. ist eine Säure, die nach Abgabe des Protons die Base CN^- bildet

$$\underset{\text{Säure}}{HCN_{(aq)}} \overset{aq}{\rightleftharpoons} H^+_{(aq)} + \underset{\text{Base}}{CN^-_{(aq)}}$$

Die gebildete Base wird die *korrespondierende Base* der Säure genannt und das Paar wird als *korrespondierendes Säure-Base-Paar* bezeichnet.

In diesem System besteht eine Säure-Base-Reaktion aus einem einfachen Protonenübergang von einer Säure zur Base. Zum Beispiel lautet die Reaktion zwischen HCl und NH_3

$$\underset{\text{Säure}}{HCl} + \underset{\text{Base}}{NH_3} \longrightarrow \underset{\text{Säure}}{NH_4^+} + \underset{\text{Base}}{Cl^-}$$

Auf ähnliche Weise kann HCl und CN^- als Säure bzw. Base reagieren

$$\underset{\text{Säure}}{HCl} + \underset{\text{Base}}{CN^-} \longrightarrow \underset{\text{Säure}}{HCN} + \underset{\text{Base}}{Cl^-}$$

Jede Spezies einer mehrbasigen Säure (eine Säure, die mehr als ein Wasserstoffatom enthält), die ein Proton abgeben kann, ist ebenfalls mit einer korrespondierenden Base verbunden, z. B. dissoziert H_2SO_4 zu

$$\underset{\text{Säure}}{H_2SO_4} \overset{aq}{\rightleftharpoons} H^+_{(aq)} + \underset{\text{Base}}{HSO_4^-{}_{(aq)}}$$

und auch zu

$$\underset{\text{Säure}}{HSO_4^-{}_{(aq)}} \rightleftharpoons H^+_{(aq)} + \underset{\text{Base}}{SO_4^-{}_{(aq)}}$$

HSO_4^- kann entsprechend der Brönsted-Lowry'schen Theorie sowohl als Säure als auch als Base reagieren.

Die relative Säurestärke hängt von der Fähigkeit ab, ein Proton an eine andere Base abzugeben. Wenn die Säure stark ist, so muß ihre korrespondierende Base notwendigerweise ein schwacher Protonakzeptor sein, d. h. eine schwache Base. Die Reaktion wird dazu führen, daß die starke Säure ein Proton abgibt. Umgekehrt: Hat eine starke Base eine große Protonenaffinität, so muß sie notwendigerweise mit einer schwachen korrespondierenden Säure assoziiert sein. Zum Beispiel ist HCl eine starke Säure (guter Protonendonator) und Cl^- eine sehr schwache Base (schlechter Protonenakzeptor). In anderen Worten HCN ist eine schwache Säure (schlechter Protonendonator) und CN^- ist eine sehr starke Base (guter Protonenakzeptor).

Führt man Reaktionen zwischen verschiedenen Säuren und Basen aus, so kann die relative Stärke eines Säure-Base-Paares bestimmt werden. Eine Liste mit einigen Säure-Basen-Paaren wird in Tabelle 18 im Anhang (III, S. 182) gegeben. Die Tabelle kann dazu benutzt werden, um den Verlauf von Säure-Basen-Reaktionen vorauszusagen. Jede Säure, die höher in der Tabelle (starke Säure) steht, wird ein Proton auf die Base übertragen, die niedriger in der Tabelle steht (starke Base). Die Reaktion wird notwendigerweise eine schwächere Säure und eine schwächere Base darstellen. Die Reaktionen von HSO_4^- mit CH_3COO^-, NH_3 und CN^- stellen dieses dar

$$HSO_4^- + CH_3COO^- \longrightarrow CH_3COOH + SO_4^{2-}$$

$$HSO_4^- + NH_3 \longrightarrow NH_4^+ + SO_4^{2-}$$

$$HSO_4^- + CN^- \longrightarrow HCN + SO_4^{2-}$$

In den meisten dieser Säure-Basen-Reaktionen wird es ein Gleichgewicht zwischen Ausgangs- und Endprodukten und allen vorhandenen Spezies geben. Wenn jedoch eine starke Säure mit einer starken Base reagiert, wird ein Gleichgewicht mit hoher Ausbeute an Endprodukten erreicht. Wenn wir aus diesem Grund sagen, daß sich eine Säure-Base-Reaktion ereignet, meinen wir, daß sie eine hohe Ausbeute an Endprodukten liefern wird. Je größer der Unterschied zwischen der Säurestärke der reagierenden Säure und der Säurestärke der korrespondierenden Säure der reagierenden Base ist, um so höher ist die Ausbeute in der Reaktion.

Aufgabe 3—14

Mache Voraussagen darüber, ob die folgenden Säure-Basen-Reaktionen eintreten können. Wenn die Reaktion stattfinden wird, vervollständige die Gleichung unter Angabe der entsprechenden Produkte. Wenn keine Reaktion stattfindet, schreibe k. R. für keine Reaktion. Alle Reaktionen werden in Wasser ausgeführt.

a) $HNO_3 + NH_3 \longrightarrow$

b) $HCN + Cl^- \longrightarrow$

c) $NH_4^+ + OH^- \longrightarrow$

d) $C_2H_5OH + C_6H_5O^- \longrightarrow$

e) $HClO_4 + SO_4^{2-} \longrightarrow$

3—F. Beziehung zwischen Mol, Molekül, Masse, Gramm-Molvolumen und Äquivalentgewicht

Wir haben gesehen, daß der Ausdruck Mol verschiedene Male (innerhalb dieses Kapitels und Kapitels 2) aufgetreten ist. Wir haben bereits das Mol mit verschiedenen anderen Mengenbegriffen in Verbindung gebracht.

① Gleichung **2—2** verbindet die Molzahl mit der Zahl der Moleküle durch die Loschmidt'sche Zahl.

② Gleichung **2—1** verbindet die Molzahl mit der Masse.

③ Gleichung **3—4** verbindet die Molzahl mit den Äquivalenten eines Oxidations-Reduktionsmittels.

④ Gleichung **3—6** verbindet die Molzahl mit den Äquivalenten einer Säure oder Base.

⑤ Gleichung **2—12** verbindet die Molzahl mit dem Liter durch das g-Mol-Volumen.

Um diese gegenseitigen Beziehungen zwischen diesen Mengenbegriffen hervorzuheben, wird ein Rad mit dem Mol als Nabe in Abbildung **3—7** dargestellt. Der Ausdruck Äquivalente wird nur einmal dargestellt, um entweder Äquivalente des Oxidations-Reduktionsmittels oder eines Säure-Base-Systems darzustellen. Die Anordnung des Rades kann zusätzlich zur Illustration der Bedeutung des Molbegriffs, als Gedächtnishilfe zur Einprägung dieser Beziehungen benutzt werden. Einige Beispiele werden gegeben, um den Gebrauch dieser Beziehungen klar zu machen.

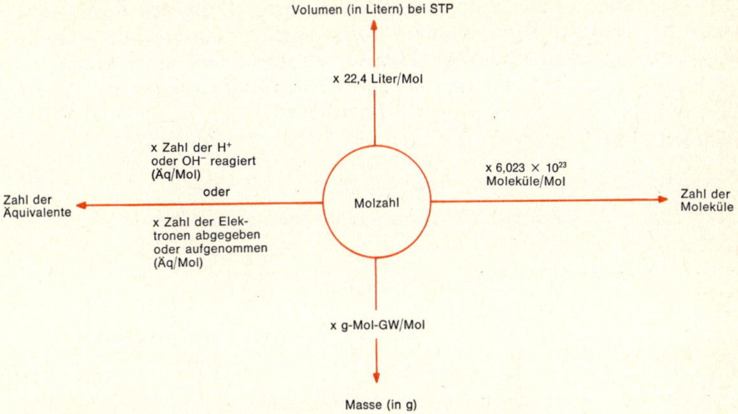

Abbildung 3—7 Die zentrale Rolle des Molbegriffs

Beispiel 3—9

Nimm an, wir möchten die Zahl der Moleküle in drei Äquivalenten $H_2C_2O_4$ folgender Säure-Basen-Reaktion wissen.

$$H_2C_2O_4 + NaOH \longrightarrow NaHC_2O_4 + H_2O$$

Das es ein H^+ gibt, welches pro Molekül $H_2C_2O_4$ reagiert, gilt

$$\text{Mol } H_2C_2O_4 = (3 \text{ Äq})\left(\frac{1 \text{ Mol}}{1 \text{ Äq}}\right) = 3 \text{ Mol } H_2C_2O_4$$

$$\text{Moleküle } H_2C_2O_4 = (3 \text{ Mol})\left(\frac{6{,}023 \times 10^{23} \text{ Moleküle}}{\text{Mol}}\right) = \\ = 18{,}069 \times 10^{23} \text{ Moleküle}$$

Beispiel 3—10

Berechne die Molzahl von $H_2C_2O_4$ in 3 Äq $H_2C_2O_4$, die folgende Oxidations-Reduktionsreaktion eingehen

$$5\,\overset{(+3)}{H_2C_2O_4} + 2\,MnO_4^- + 6\,H^+ = 10\,\overset{(+4)}{CO_2} + 2\,Mn^{2+} + 8\,H_2O$$

Die Oxidationszahl von C in $H_2C_2O_4$ ist +3 und in CO_2 +4. Jedes Kohlenstoffatom gibt ein e^- ab und für 2 C in $H_2C_2O_4$ entsteht ein Verlust von 2 e^-. Daher gilt 1 Mol = 2 Äquivalente. Und ferner folgt

$$\text{Mol } H_2C_2O_4 = (3 \text{ Äq}) \frac{(1 \text{ Mol})}{(2 \text{ Äq})} = 3/2 \text{ Mol } H_2C_2O_4$$

Es ist bemerkenswert, daß die Beziehung zwischen Mol und Äquivalenten für $H_2C_2O_4$ in den Beispielen 3—9 und 3—10 unterschiedlich ist. Wie schon früher betont, hängt die Bestimmung des Äquivalentgewichts und der Äquivalente von der spezifischen Reaktion ab, die die Verbindungen eingehen. $H_2C_2O_4$ kann sowohl als Reduktionsmittel mit Permanganat und als Säure mit NaOH reagieren.

Beispiel 3—11

Berechne die Zahl der Moleküle in 50 Litern O_2 bei STP.

Da 1 Mol = 22,414 Litern (STP) entspricht, beträgt die Molzahl in

$$\text{50 Litern} = (\text{50 Liter})\left(\frac{\text{1 Mol}}{\text{22,414 Liter}}\right) = \frac{\text{50 Mol}}{22{,}414}$$

$$\text{Moleküle in 50 Litern} = \left(\frac{50}{22{,}414}\,\text{Mol}\right)\left(\frac{6{,}023 \times 10^{23}\ \text{Moleküle}}{\text{1 Mol}}\right)$$
$$= 13{,}4 \times 10^{23}\ \text{Moleküle}$$

Alternativ können wir die Zahl der Moleküle mit Hilfe der idealen Gasgleichung berechnen

$$PV = n\,RT$$

$$n = \frac{P \cdot V}{R \cdot T} = \frac{(\text{1 Atm})\ (\text{50 Liter})}{\left(0{,}08205\,\frac{\text{Liter-Atm}}{\text{Grad-Mol}}\right)(\text{273 Grad})}$$

$$n = \frac{\text{50 Mol}}{(0{,}08205)\ (273)}$$

und wie zuvor erhält man

$$\text{Moleküle in 50 Litern} = \frac{\text{50 Mol}}{(0{,}08205)\ (273)}\left(\frac{6{,}023 \times 10^{23}\ \text{Moleküle}}{\text{Mol}}\right)$$
$$= 13{,}4 \times 10^{23}\ \text{Moleküle}$$

Aufgabe 3—15

Berechne das Volumen von 5 g N_2 bei STP.

Aufgabe 3—16

Berechne die Zahl der Moleküle in 4 Äq $KMnO_4$, die entsprechend der Gleichung in Beispiel 3—10 reagieren.

Aufgabe 3—17

Berechne das Volumen, das von 1×10^{20} Molekülen eines idealen Gases bei STP Bedingungen eingenommen wird. Gib das Volumen in *ml* an.

3—G. Stöchiometrie

Stöchiometrie beschäftigt sich mit der Menge an Ausgangs- und Endprodukten, die an einer gegebenen chemischen Reaktion beteiligt sind. In anderen Worten, wieviel Endprodukt wird aus einer bestimmten Menge Ausgangsprodukt gebildet oder wieviel Ausgangsprodukt ist erforderlich, um eine bestimmte Menge Endprodukt zu bilden. Die Menge der Endprodukte oder Ausgangsprodukte kann in Form von Gewicht, Volumen eines Gases oder in der Molzahl ausgedrückt werden. Berechnungen in denen irgendeiner dieser Ausdrücke beteiligt ist, gleichen sich sehr.

Wir haben dieses Kapitel mit einer Diskussion der chemischen Gleichung und ihrer Bedeutung begonnen. Kurz wiederholt, die Koeffizienten in einer chemischen Gleichung können die Molzahl, die g-Atome oder die g-Formel-Gewichte einer Substanz bedeuten, die eine Reaktion eingehen. Betrachten wir die folgende Reaktion

3—7 $$2\,ZnS + 3\,O_2 \longrightarrow 2\,ZnO + 2\,SO_2$$

Gleichung 3—7 sagt uns, daß 2 Mol ZnS mit 3 Mol O_2 reagieren, um 2 Mol ZnO und 2 Mol SO_2 zu bilden. Hieraus können wir folgende Gleichgewichtsbeziehung ableiten

2 Mol ZnS reagiert mit 3 Mol O_2.

2 Mol ZnS ergibt 2 Mol ZnO

2 Mol ZnS ergibt 2 Mol SO_2

3 Mol O_2 ergibt 2 Mol ZnO

3 Mol O_2 ergibt 2 Mol SO_2

2 Mol ZnO werden zusammen mit 2 Mol SO_2 hergestellt

Jeder dieser Ausdrücke kann dazu benutzt werden, einen Faktor für die Umwandlung von Einheiten zu schreiben. Um z. B. die Molzahl ZnS, die für eine komplette Reaktion mit 9 Mol O_2 erforderlich ist, zu berechnen, erhält man

$$(9\text{ Mol }O_2)\,\frac{2\text{ Mol ZnS}}{3\text{ Mol }O_2} = 6\text{ Mol ZnS}$$

Da wir außerdem die Beziehung zwischen Mol und (1) Gewicht, (2) Volumen und (3) Molekülen kennen, sind wir in der Lage, die Mengen der Ausgangs- und Endprodukte in Form irgendeiner dieser drei Mengenbezeichnungen zu berechnen. In den folgenden Beispielen werden wir typische Probleme illustrieren, die sich häufig ereignen. Diese sollen als Richtlinien dienen, so daß der Student jeden neuen Typ eines stöchiometrischen Problems, das auch immer auftreten mag, lösen kann.

Beispiel 3—12

Wir wollen die Reaktion in Gleichung **3—7** zur Illustration benutzen, wie man die Gewichtsmengen der erforderlichen Ausgangsprodukte berechnet, um eine bestimmte Menge Endprodukt zu erhalten. Angenommen, wir möchten 100 g ZnO darstellen. Wieviel g ZnS muß mit Sauerstoff reagieren? Da die Gleichung eine Beziehung zwischen Mol ausdrückt, müssen wir jeweils von einer Gewichtsmenge oder von einem Volumen auf Mol umrechnen. Wir benutzen die folgenden Faktoren der Gleichgewichtsbeziehung, um diese Umrechnung vorzunehmen. Das Molekulargewicht von ZnO ist 81,4 und das von ZnS ist 97,4.

$$(100\text{ g ZnO})\left(\frac{1\text{ Mol ZnO}}{81{,}4\text{ g ZnO}}\right)\left(\frac{2\text{ Mol ZnS}}{2\text{ Mol ZnO}}\right)\left(\frac{97{,}4\text{ g ZnS}}{1\text{ Mol ZnS}}\right) = 120\text{ g ZnS}$$

Beispiel 3—13

Wenn in einer Aufgabe, ähnlich wie in Beispiel 3—12, nach dem Volumen der gasförmigen Ausgangs- oder Endprodukte gefragt wird, müssen wir zuerst die Molzahl in Volumen umrechnen. Um dieses zu illustrieren, betrachten wir wieder Gleichung **3—7** und beantworten die Frage: „Wieviel g ZnS sind erforderlich, um 50 Liter SO_2 bei einem Druck von drei Atmosphären und 500 °K herzustellen?“ Zuerst berechnen wir die Molzahl an SO_2 in 50 Litern bei P = 3 Atm und T = 500 °K aus der idealen Gasgleichung (Gleichung **2—13**).

$$PV = n\,RT$$

$$(3\text{ Atm})\,(50\text{ Liter}) = n\left(0{,}08205\,\frac{\text{Liter-Atm}}{\text{Grad-Mol}}\right)(500\text{ Grad})$$

$$n = \frac{(3)\,(50)}{(0{,}08205)\,(500)}\text{ Mol }SO_2$$

$$n = 3{,}67\text{ Mol }SO_2$$

$$(3{,}67\text{ Mol }SO_2)\left(\frac{2\text{ Mol ZnS}}{2\text{ Mol }SO_2}\right)\left(\frac{97{,}4\text{ g ZnS}}{1\text{ Mol ZnS}}\right) = 358\text{ g ZnS}$$

Aufgabe 3—18

Berechne die Gewichtsmenge SO_2, die entsteht, wenn 5 g O_2 mit einem Überschuß an ZnS reagieren (die Reaktion läuft entsprechend Gleichung **3—7** ab).

Aufgabe 3—19

Berechne die Molzahl an O_2, die mit einem Überschuß ZnS umgesetzt werden muß, um 10 Mol SO_2 zu ergeben (die Reaktion ist in Gleichung **3—7** gegeben).

Aufgabe 3—20

Äthan verbrennt in der Luft nach folgender Gleichung

$$C_2H_6 + {}^7/_2\,O_2 \longrightarrow 2\,CO_2 + 3\,H_2O$$

Wieviel Liter O_2 bei 1 Atm und 700 °K sind erforderlich, um 1 g C_2H_6 vollständig zu verbrennen?

Ein etwas unterschiedlicherer Typ eines stöchiometrischen Problems tritt auf, wenn die Massen zweier oder dreier Ausgangsprodukte gegeben sind, und die Berechnung erfordert die Suche nach der Menge eines Endproduktes, das während einer Reaktion entsteht. Sehr oft ist ein Ausgangsprodukt im Überschuß vorhanden und ein anderes Ausgangsprodukt schränkt die Menge des gebildeten Endprodukts ein. Daher berechnen wir zuerst die Menge des gebildeten Produkts auf der Basis der getrennten Ausgangsprodukte. Das Ausgangsprodukt, welches die geringste Menge an Produkt liefert ist dasjenige, welches die Reaktion einschränkt und die Ausbeute bestimmt, die wirklich erzielt wird. Ein Beispiel zeigt die notwendige Kalkulation.

Beispiel 3—14

Wir betrachten wieder die Reaktion in Gleichung 3—7. Angenommen, wir haben 10 g ZnS und 15 g O_2. Wieviel ZnO wird in einer vollständigen Reaktion dieser beiden Materialien gebildet?

Die aus 10 g ZnS entstehende Menge ZnO kann wie vorher beschrieben, berechnet werden.

$$(10 \text{ g ZnS})\left(\frac{1 \text{ Mol ZnS}}{97{,}4 \text{ g ZnS}}\right)\left(\frac{2 \text{ Mol ZnO}}{2 \text{ Mol ZnS}}\right)\left(\frac{81{,}4 \text{ g ZnO}}{1 \text{ Mol ZnO}}\right) = 8{,}35 \text{ g ZnO}$$

Die aus 15 g O_2 dargestellte Menge ZnO wird ähnlich berechnet.

$$(15 \text{ g } O_2)\left(\frac{1 \text{ Mol } O_2}{32 \text{ g } O_2}\right)\left(\frac{2 \text{ Mol ZnO}}{3 \text{ Mol } O_2}\right)\left(\frac{81{,}4 \text{ g ZnO}}{1 \text{ Mol ZnO}}\right) = 25.5 \text{ g ZnO}$$

Da 8,35 g weniger ist als 25,5 g, beträgt die dargestellte Menge ZnO wirklich 8,35 g. Nicht alles O_2 hat reagiert und O_2 verbleibt im Überschuß.

Aufgabe 3—21

Eine 20 g Probe Äthan wird mit 5 g O_2 verbrannt

$$C_2H_6 + {}^7/_2\, O_2 = 2\, CO_2 + 2\, H_2O$$

Wieviel g CO_2 werden dargestellt?

In dem folgenden Beispiel sind die Mengen der beiden Ausgangsprodukte gegeben, und man muß bestimmen, welches Ausgangsprodukt im Überschuß vorliegt.

Beispiel 3—15

Angenommen, 1,0 g ZnS reagiert mit 0,5 g O_2 entsprechend Gleichung 3—7. Welches Ausgangsprodukt ist in welchen Mengen im Überschuß vorhanden? Wir können damit beginnen, die notwendige Menge ZnS zu berechnen, die mit 0,5 g O_2 reagiert.

$$(0{,}5 \text{ g } O_2)\left(\frac{1 \text{ Mol } O_2}{32 \text{ g } O_2}\right)\left(\frac{2 \text{ Mol ZnS}}{3 \text{ Mol } O_2}\right)\left(\frac{97{,}4 \text{ g ZnS}}{1 \text{ Mol ZnS}}\right) = 1{,}015 \text{ g ZnS}$$

Da 1,015 g ZnS mehr als die vorhandene Menge ZnS (1,0 g) ist, muß O_2 im Überschuß vorhanden sein. Wir können jetzt die erforderliche Sauerstoffmenge berechnen, die mit 1,0 g ZnS reagiert.

$$(1{,}0 \text{ g ZnS}) \left(\frac{1 \text{ Mol ZnS}}{97{,}4 \text{ g ZnS}}\right) \left(\frac{3 \text{ Mol } O_2}{2 \text{ Mol ZnS}}\right) \left(\frac{32 \text{ g } O_2}{1 \text{ Mol } O_2}\right) = 0{,}483 \text{ g } O_2$$

Die Sauerstoffmenge nach Reaktionsende beträgt daher

$$(0{,}5 \text{ g} - 0{,}483 \text{ g}) = 0{,}017 \text{ g } O_2 \text{ Überschuß}$$

Aufgabe 3—22

Angenommen, wir zünden eine Mischung, die 5 g C_2H_6 und 3 g O_2 enthält. Wird C_2H_6 oder O_2 nach Reaktionsende übrig bleiben? Berechne den Überschuß.

Ein weiterer Typ stöchiometrischer Kalkulationen beschäftigt sich mit Reaktionen, die in Lösung ausgeführt werden. Bei diesen Berechnungen können die Mengen der Ausgangsprodukte in Form von Volumen oder Konzentration in Lösung ausgedrückt werden. Die Konzentration eines Ausgangsprodukts in Lösung mag bekannt oder unbekannt sein. Dieser Typ stöchiometrischer Berechnungen beschäftigt sich im allgemeinen entweder mit Säure-Basen- oder Oxidations-Reduktionsreaktionen.

Bevor wir jedoch diese stöchiometrischen Berechnungen ausführen, müssen wir eine neue Konzentrationseinheit, die Normalität, definieren. Die Normalität *N* ist die Zahl der Äquivalente pro Liter Lösung.

3—8
$$N = \frac{\text{Äq}}{\text{V (in Liter)}}$$

Die Berechnung der Äquivalente aus der Masse der Säure oder Base oder aus dem Oxidations- oder Reduktionsmittel wurde schon früher erklärt.

Beispiel 3—16

Berechne die Normalität einer Lösung, die 2,000 g Oxalsäure $H_2C_2O_4$ in 250 *ml* enthält. Die Lösung reagiert mit Permanganat-Ionen entsprechend der Gleichung

$$2\,MnO_4^- + 5\,H_2C_2O_4 + 6\,H^+ \longrightarrow 2\,Mn^{2+} + 10\,CO_2 + 8\,H_2O$$

Es ist eigentlich nicht notwendig, eine abgeglichene Gleichung zu haben, um die Normalität der $H_2C_2O_4$ Lösung zu berechnen. Um das Äquivalentgewicht zu berechnen und daraus die Zahl der Äquivalente, müssen wir die Zahl der Elektronen kennen, die pro Molekül $H_2C_2O_4$ übertragen werden. Die Oxidationszahl für Kohlenstoff wird wie in Abschnitt **3—D** bestimmt. Da zwei Kohlenstoffatome in $H_2C_2O_4$ vorhanden sind, können wir den Elektronenübergang berechnen, um 2 CO_2 zu erhalten.

$$\overset{(+1)\,(+3)\,(-2)}{H_2C_2O_4} \qquad \overset{(+4)\,(-2)}{2\,CO_2}$$
$$\underbrace{\qquad\qquad -2e^- \qquad\qquad}$$

Die Oxidationszahl von Kohlenstoff erhöht sich von +3 auf +4; es sind zwei Kohlenstoffatome beteiligt. Daher muß ein Verlust von 2 e^- pro Molekül $H_2C_2O_4$ vorliegen.

$$\text{Äq-GW } H_2C_2O_4 = \frac{\text{MG } H_2C_2O_4}{2} = \frac{90{,}0}{2} = 45{,}0$$

Benutzt man Gleichung **3—3**, so erhält man

$$\text{Äq } H_2C_2O_4 = \frac{m}{\text{g-Äq-GW}} = \frac{2{,}000\text{ g}}{45{,}0\text{ g/Äq}} = 0{,}0444\text{ Äq}$$

Aus Gleichung **3—8** ergibt sich

$$\text{Normalität von } H_2C_2O_4 = \frac{0{,}0444\text{ Äq}}{0{,}250\text{ l}} = 0{,}1776\text{ Äq/l}$$

Aufgabe 3—23

Berechne die Normalität einer Lösung, die 0,100 g $H_2C_2O_4$ in 25 *ml* enthält, in der $H_2C_2O_4$ mit NaOH entsprechend der folgenden Gleichung reagiert

$$H_2C_2O_4 + 2\,NaOH \longrightarrow Na_2C_2O_4 + 2\,H_2O$$

Stöchiometrische Berechnungen in bezug auf Säure-Basen- und Oxidations-Reduktions-Reaktionen werden ohne Schwierigkeiten mit Hilfe des Äquivalentbegriffs ausgeführt. In einer Oxidations-Reduktionsgleichung müssen die abgegebenen Elektronen den aufgenommenen Elektronen entsprechen.

3—9 $$e^-\text{ abgegeben} = e^-\text{ aufgenommen}$$

Da ein Äquivalent einer Spezies, die oxidiert wird, $6{,}023 \times 10^{23}$ e^- verliert, beträgt die Zahl der abgegebenen Elektronen in einer Oxidations-Reduktionsreaktion $6{,}023 \times 10^{23}$ mal der Zahl der Äquivalente der oxidierten Spezies. Daraus folgt, daß die Zahl der aufgenommenen Elektronen $6{,}023 \times 10^{23}$ mal der Zahl der Äquivalente der reduzierten Spezies ist.

Setzt man dies in Gleichung 3—9 ein, so ergibt sich

$$(6{,}023 \times 10^{23}) \times (\text{Äq. oxidierte Spezies}) = (6{,}023 \times 10^{23}) \times (\text{Äq. reduzierte Spezies})$$

Nach Kürzen von $6{,}023 \times 10^{23}$, erhält man

3—10 $$\text{Äq. oxidierte Spezies} = \text{Äq. reduzierte Spezies}$$

Auf ähnliche Weise müssen in einer Säure-Base-Reaktion die Äquivalente der reagierten H^+ den Äquivalenten der reagierten OH^- entsprechen

3—11 Äq. reagierte Säure = Äq. reagierte Base

Die Zahl der Äquivalente auf einer der beiden Seiten der Gleichung kann aus Gleichung **3—3** oder aus Gleichung **3—12** (umgestellte Gleichung **3—8)** gefunden werden.

3—3 $$\text{Äq} = \frac{m}{\text{g-Äq-GW}}$$

3—12 $$\text{Äq} = \text{Volumen x Normalität}$$

Beispiel 3—17

Wieviel g $KMnO_4$ reagieren mit 25 *ml* 0,1775 *N* $H_2C_2O_4$ Lösung entsprechend folgender Gleichung:

$$2\,MnO_4^- + 5\,H_2C_2O_4 + 6\,H^+ \longrightarrow 2\,Mn^{2+} + 10\,CO_2 + 8\,H_2O$$

x sei die Menge $KMnO_4$ in g. Die MnO_4^- wechseln von Oxidationsstufe +7 nach +2 und müssen daher 5 e^- aufnehmen.

$$\underset{MnO_4^-}{(+7)} \xrightarrow{+5e} \underset{Mn^{2+}}{(+2)}$$

$$\text{Äq-GW } KMnO_4 = \frac{\text{MG } KMnO_4}{5} = \frac{158}{5} = 31{,}6$$

Die $KMnO_4$ Äquivalente in g sind dann

$$\text{Äq } KMnO_4 = \frac{x}{\text{g-Äq GW } KMnO_4}$$

Die $H_2C_2O_4$ Äquivalente werden aus Gleichung 3—12 erhalten

$$\text{Äq } H_2C_2O_4 = V_{H_2C_2O_4} N_{H_2C_2O_4}$$

$$\frac{x}{\text{g-Äq-GW } KMnO_4} = V_{H_2C_2O_4} N_{H_2C_2O_4}$$

$$\frac{x}{31{,}6 \text{ g/Äq}} = (0{,}025 \text{ Liter})\ (0{,}1775 \text{ Äq/Liter})$$

$$x = (31{,}6)\ (0{,}025)\ (0{,}1775)\ \text{g}$$

$$x = 0{,}140 \text{ g } KMnO_4$$

Beispiel 3—18

Welches Volumen einer 0,250 *N* $H_2C_2O_4$ Lösung ist erforderlich, um mit 30 *ml* 0,100 *N* $KMnO_4$ zu reagieren?

Da die Mengen beider Ausgangsprodukte in Volumeneinheiten ausgedrückt sind, kann Gleichung 3—12 sowohl für $H_2C_2O_4$ als auch für $KMnO_4$ benutzt werden.

$$\text{Äq } H_2C_2O_4 = V_{H_2C_2O_4} N_{H_2C_2O_4}$$

$$\text{Äq } KMnO_4 = V_{KMnO_4} N_{KMnO_4}$$

Ferner gilt

$$\text{Äq } H_2C_2O_4 = \text{Äq } KMnO_4$$

$$V_{H_2C_2O_4}N_{H_2C_2O_4} = V_{KMnO_4}N_{KMnO_4}$$

$$V_{H_2C_2O_4}\ (0{,}250\ \text{Äq/Liter}) = (0{,}030)\ \text{Liter})\ (0{,}100\ \text{Äq/Liter})$$

$$V_{H_2C_2O_4} = \frac{(0{,}030)\ (0{,}100)}{(0{,}250)} = 0{,}012\ \text{Liter} = 12\ \text{ml}$$

Aufgabe 3—24

Welches Volumen einer 0,200 *N* $KMnO_4$ Lösung ist erforderlich, um mit 0,175 g $H_2C_2O_4$ entsprechend der Reaktion in Gleichung 3—17 zu reagieren?

Aufgabe 3—25

Wieviel g $K_2Cr_2O_7$ ist erforderlich, um mit 25 *ml* 0,05 *N* H_2S Lösung zu reagieren? Die Gleichung für diese Reaktion lautet

$$3\,H_2S + Cr_2O_7^{2-} + 8\,H^+ \longrightarrow 3\,S + 2\,Cr^{3+} + 7\,H_2O$$

Aufgabe 3—26

Wieviel *ml* 0,100 *N* NaOH wird benötigt, um 0,250 g $H_2C_2O_4$ Lösung entsprechend folgender Gleichung zu neutralisieren?

$$2\,NaOH + H_2C_2O_4 \longrightarrow Na_2C_2O_4 + 2\,H_2O$$

Übungen

1. Stelle die folgenden Gleichungen richtig. Bei Reaktionen, die zur Gruppe der Oxidations-Reduktionsgleichungen gehören, kennzeichne das Oxidations- und das Reduktionsmittel.

   a) $H_3PO_4 + Mg(OH)_2 \longrightarrow Mg_3(PO_4)_2 + H_2O$
   b) $SO_3^{2-} + MnO_4^- + H^+ \longrightarrow SO_4^{2-} + Mn^{2+} + H_2O$
   c) $N_2O_5 + H_2O \longrightarrow HNO_3$
   d) $P_4O_{10} + H_2O \longrightarrow H_3PO_4$
   e) $PbCl_2 + CH_3COOH \longrightarrow Pb(CH_3COO)_2 + HCl$
   f) $Zn + H_2SO_4 \longrightarrow ZnSO_4 + H_2$
   g) $N_2O \longrightarrow N_2 + O_2$
   h) $PBr_3 + H_2O \longrightarrow H_3PO_3 + HBr$
   i) $PbCO_3 + HCl \longrightarrow PbCl_2 + CO_2 + H_2O$
   j) $Fe + HNO_3 \longrightarrow Fe(NO_3)_3 + NO + H_2O$
   k) $HNO_3 + HCl \longrightarrow NO + Cl_2 + H_2O$
   l) $Al + NaOH + H_2O \longrightarrow NaAlO_2 + H_2$

2. Welches Volumen Cl_2 Gas bei 26 °C und 741 mm Druck entsteht bei der vollständigen Reaktion von 52,68 $KMnO_4$ entsprechend der folgenden Gleichung:

$$KMnO_4 + HCl \longrightarrow KCl + MnCl_2 + H_2O \quad \text{(nicht abgeglichen)}$$

3. In einem tragbaren Wasserstoffgenerator wird die folgende Reaktion benutzt:

$$CaH_2 + H_2O \longrightarrow Ca(OH)_2 + H_2 \qquad \text{(nicht abgeglichen)}$$

Berechne a) die Anzahl der Mole H_2 und

b) das Volumen H_2 bei 25 °C und 1,5 Atm, welches aus 50,0 g Calciumhydrid entsteht.

4. Acetylen C_2H_2 zum Schweißen kann aus Calciumcarbid mit Wasser entsprechend folgender Gleichung dargestellt werden:

$$CaC_{2(f)} + H_2O_{(fl)} \longrightarrow C_2H_{2(g)} + Ca(OH)_{2(aq)} \qquad \text{(nicht abgeglichen)}$$

a) Wieviel Mol Acetylen können aus 50 kg CaC_2 hergestellt werden?

b) Wenn das dargestellte Acetylen in einem Schweißbrenner mit Geschwindigkeit von 200 *ml*/Minute (gemessen bei 1 Atm und 25 °C) verbrannt würde, wielange könnte der Schweißbrenner mit 50 kg CaC_2 betrieben werden?

5. Gegeben sind 20 *ml* 15 *M* H_2SO_4. Hierzu fügt man 100 *ml* 3 *M* H_2SO_4.

a) Wie groß ist die Konzentration der Lösung unter der Annahme, daß das Endvolumen 120 *ml* beträgt?

b) Wieviel Mol H_2SO_4 befinden sich in 120 *ml* Lösung?

c) Wieviel *ml* 6 *M* $Ca(OH)_2$ müssen zugefügt werden, um die Säure in (b) zu $CaSO_4$ zu neutralisieren?

6. Welche Menge $SnCl_2$ (in g) würde erforderlich sein, um 100 *ml* 0,1 *M* $K_2Cr_2O_7$ Lösung zu reduzieren? ($Cr_2O_7^{2-}$ wird zu Cr^{3+} reduziert; Sn^{2+} wird zu Sn^{4+} oxidiert).

7. 90,0 *ml* einer 0,43 *M* H_2O_2 Lösung oxidiert 64 *ml* einer NaJ Lösung zu J_2. Wie groß ist die molare Konzentration der NaJ Lösung? (H_2O_2 wird zu H_2O reduziert).

8. Kennzeichne in den folgenden Gleichungen die korrespondierenden Säure-Basen-Paare.

a) $HSO_3^- + H_2O \rightleftharpoons H_3O^+ + SO_3^{2-}$
b) $NH_4^+ + H_2O \rightleftharpoons NH_3 + H_3O^+$ (langsam)
c) $H_2O + H_2O \rightleftharpoons H_3O^+ + OH^-$ (langsam)
d) $H_2O + CO_3^{2-} \rightleftharpoons HCO_3^- + OH^-$

9. Die folgenden Reaktionen finden in wäßrigen Lösungen statt

a) $A + BH^+ \rightleftharpoons AH^+ + B$
b) $C + AH^+ \rightleftharpoons CH^+ + A$
c) $BH^+ + H_2O \rightleftharpoons H_3O^+ + B$
d) $AH^+ + H_2O \longrightarrow$ keine Reaktion

Gib die Säure-Basen-Paare AH^+—A, BH^+—B, CH^+—C, H_3O^+—H_2O in der Reihenfolge der Säurestärke an, wie in Tabelle 18 Anhang S dargestellt.

10. Salzsäure kann mit Hilfe des Wasserstoffisotops der Masse 2 hergestellt werden. Dieses Wasserstoffisotop wird Deuterium D genannt und die Formel für Salzsäure, die Deuterium enthält, ist DCl. In wäßrigen Lösungen hat DCl im wesentlichen dieselben Eigenschaften wie HCl. Mischt man DCl mit Wasser, so würde man auf Grund von Analysen DHO und D_2O finden. Erkläre, warum dieses stattfinden kann, bezogen auf unsere Diskussion der Abschnitte 3—C und 3—E (I, S. 64, 75).

11. Natriumbicarbonat zersetzt sich beim Erhitzen und gibt CO_2 ab.

$$NaHCO_3 \xrightarrow{\text{Hitze}} Na_2CO_3 + H_2O + CO_2 \quad \text{(nicht abgeglichen)}$$

a) Stelle die obige Gleichung richtig.

b) Berechne das Volumen an CO_2, das entsteht, wenn eine Handvoll Natriumbicarbonat (ungefähr 50 g) bei $T = 200\ °C$ und $P = 1$ Atm zersetzt wird.

c) Erkläre, warum Natriumbicarbonat ein gutes Feuerlöschmittel ist, besonders für Ölfeuer, wie sie in der Küche vorkommen können.

[Hinweis: Die Dichte von CO_2 ist größer als die Dichte von Luft.]

12. Ammoniak wird aus N_2 und H_2 Gasen mit Hilfe des Haber-Bosch Verfahrens hergestellt.

$$N_2 + 3\,H_2 \longrightarrow 2\,NH_3$$

Die Reaktion wird bei hohem Druck ausgeführt. [Die Gründe dafür werden in Kapitel 13 (II, S. 143 ff.) diskutiert.] Ein Reaktionsgefäß von 100 Litern enthält zu Beginn 25 Molprozente N_2 und 75 Molprozente H_2 bei 475 °C und 1000 Atm. Wenn die Ausbeute 40 % beträgt, wieviel Mol NH_3 werden entstehen, wenn sich das Gleichgewicht eingestellt hat? Nimm an, daß alle Gase dem idealen Gasgesetz gehorchen, der Enddruck 800 Atm beträgt und die Temperatur 475 °C bleibt. Berechne die Partialdrucke an N_2 und H_2 in der Endmischung.

13. In flüssigem Ammoniak ereignet sich die folgende doppelte Umsetzungsreaktion. Vervollständige die Reaktion und stelle die Gleichungen richtig.

a) $AgNO_3 + KNH_2 \longrightarrow$

[Hinweis: KNO_3 ist unlöslich in flüssigem Ammoniak]

b) $Pb(NO_3)_2 + KNH_2 \longrightarrow PbNH_{(f)} + NH_3$

Schreibe die abgeglichenen Gleichungen für ähnliche Reaktionen in Wasser als Lösungsmittel, wobei KNH_2 durch KOH ersetzt ist.

14. Die Korrosion (Oxidation) von Eisen tritt ein, wenn Eisen in Kontakt mit Luft und Wasser kommt. [Eine Diskussion der Korrosion in

Einzelheiten wird in Kapitel 14 (II, S. 205) gegeben]. Die Gesamtreaktion lautet

$$Fe_{(f)} + O_{2(ag)} + H_2O_{(fl)} \longrightarrow Fe_2O_3 \cdot H_2O_{(f)}$$

Der Ausdruck H_2O im Endprodukt zeigt an, daß ein Molekül H_2O mit jeder F_2O_3 Einheit assoziiert ist. Nimm an, man hat ein verschlossenes Metallgefäß (Radius 30 cm; 1 m Höhe), das Luft bei 1 Atm und 25 °C und genug Feuchtigkeit enthält, um Korrosion zu bewirken.

a) Berechne den Korrosionsgrad in g-Atom Eisen, die zu $Fe_2O_3 \cdot H_2O$ entsprechend der obigen Gleichung umgesetzt wurden, wenn aller Sauerstoff im Metallgefäß verbraucht wurde. Nimm an, daß Luft 20 % O_2 (bezogen auf das Volumen) enthält.

b) Falls die Korrosion einheitlich an den Innenwänden des Gefäßes stattfindet, wie groß wird die Korrosionsschicht sein? Die Dichte von Fe ist 7,86 g/cm³.

15. In Tabelle **18**, Anhang S (III, S. 182), sind die relativen Säure-Basen-Stärken entsprechend der Brönstedt-Lowry'schen Theorie gegeben. Die Stärke einer sauren Spezies in einem gegebenen Lösungsmittel hängt davon ab, wie weit diese über der Ionisation des Lösungsmittels steht. So steht z. B. HCl weit oberhalb von

$$H_2O \rightleftharpoons H^+ + OH^-$$

in Tabelle 18 und ist deshalb eine starke Säure in Wasser. HCN jedoch steht nur geringfügig über H_2O und ist somit eine schwache Säure. Ähnliche Betrachtungen in bezug auf die Ionisation von CH_3COOH und NH_3 können benutzt werden, um relative Säure-Basen-Stärken in den Lösungsmitteln CH_3COOH und NH_3 zu klassifizieren.

a) In welchem Lösungsmittel (CH_3COOH, NH_3 oder H_2O) würde HCN die stärkste Säure sein?

b) Schreibe die Säure-Base-Reaktion zwischen HCN und einer Base in jedem dieser Lösungsmittel.

c) In welchem Lösungsmittel würde KCN die stärkste Base sein?

16. Acrylnitril ($C_2H{=}CH{-}CN$) wird für die Fabrikation von Polymeren benutzt, die dann zu synthetischen Fasern für Kleidung umgesetzt werden. Vor kurzem wurde Acrylnitril aus Propen ($CH_2{=}CH{-}CH_3$), Ammoniak (NH_3) und Luftsauerstoff hergestellt. Die Reaktion läuft wie folgt ab

$$CH_2{=}CH{-}CH_3 + NH_3 + O_2 \xrightarrow[\text{Erhitzen}]{\text{Katalysator}} CH_2{=}CH{-}CN + H_2 \quad \text{(nicht abgeglichen)}$$

a) Stelle die Gleichung richtig.

b) Wenn Propen bei t = 25 °C und 5 Atm Druck in einen Reaktor mit einer Geschwindigkeit von 10 m³/Stunde eingeleitet wird, so berechne die höchstmögliche Ausbeute an Acrylnitril in kg, die in einem Tag produziert werden kann.

17. Sauerstoff kann im Laboratorium durch Zersetzung von Kaliumchlorat in der Wärme dargestellt werden.

$$KClO_{3(f)} \xrightarrow[\text{Erhitzen}]{\text{Katalysator}} KCl_{(f)} + O_{2(g)} \quad \text{(nicht abgeglichen)}$$

Wieviel *ml* Sauerstoff können bei 25 °C und 745 mm Druck dargestellt werden, wenn 25,0 g Kaliumchlorat zersetzt werden?

18. Benzin besteht hauptsächlich aus Oktan C_8H_{18}, welches entsprechend der folgenden Gleichung verbrennt

$$C_8H_{18} + O_2 \longrightarrow CO_2 + H_2O \quad \text{(nicht abgeglichen)}$$

Die Verbrennung im Automobil ist jedoch nicht immer vollständig, und es entsteht dabei auch eine geringe Menge CO. CO komplexiert sich mit dem Häm-Anteil des Hämoglobins im Blut und verhindert die Adsorption von Sauerstoff, die für die Atmung notwendig ist. Einatmen von CO bei einer Konzentration von 0,30 Molprozent für 30 Minuten ist tödlich.

Nimm an, ein Wagen befindet sich in einer geschlossenen Garage (7,10 m × 7,10 m × 2,44 m) und läuft im Leerlauf, wobei Benzin mit einer Geschwindigkeit von 1,89 *l*/Stdn. verbraucht wird. Die Auspuffgase des Wagens, den wir betrachten, enthalten 4 Molprozent CO. Wielange würde es dauern, die Luft in der Garage mit genug CO zu versetzen, um die tödliche Konzentration zu erreichen? Nimm an, daß sich die Abgase mit der Luft in der Garage total vermischen und daß die Lufttemperatur 0 °C und der Druck 1 Atm beträgt.

19. Eine Methode metallisches Zink aus Zinkoxid herzustellen besteht darin, daß man das Oxid mit gepulvertem Koks mischt und in Lehmöfen erhitzt. Das metallische Zink wird verdampft und sammelt sich in einem luftgekühlten Lehmkondensator. Die Reaktion lautet

$$ZnO_{(f)} + C_{(f)} = CO_{(g)} + Zn_{(f)}$$

Der Schmelzpunkt von Zink beträgt 693 °K und der Siedepunkt 1180 °K.

a) Berechne die Menge ZnO und C, die erforderlich ist, um 100 kg Zn herzustellen.

b) Welche Temperaturen sind im Reaktor und Kondensator erforderlich, um Zn aus dem Reaktor zu entfernen?

c) Berechne das Volumen an CO, welches bei 120 °K und 1 Atm Druck entsteht, wenn 100 kg Zn produziert werden.

d) Wenn CO in die Atmosphäre bei 25 °C ausgeblasen würde, so berechne das Volumen an CO, das aus 100 kg bei dieser Temperatur entsteht (Angenommen P = 1 Atm).

e) Was für Probleme würden auftreten, wenn man das CO in die Atmosphäre entweichen läßt?

20. Schwefelsäure ist kommerziell gesehen eine sehr bedeutende Chemikalie, da sie in verschiedenen Prozessen benutzt wird. Schwefelsäure

wird mit Hilfe des sogenannten „Kontaktprozesses" hergestellt, bei welchen SO_3 aus SO_2 und O_2 durch den Kontakt mit fein verteiltem Platin entsteht.

$$SO_2 + O_2 \longrightarrow SO_3 \qquad \text{(nicht abgeglichen)}$$

Die Ausbeute beträgt 96 % bei 445 °C. Das Schwefeltrioxid wird dann mit Wasser zu Schwefelsäure umgesetzt.

$$SO_3 + H_2O \longrightarrow H_2SO_4$$

a) Wenn SO_2 durch Verbrennung von elementarem Schwefel hergestellt wird, wieviel H_2SO_4 (Mol) können dann aus 100 kg Schwefel hergestellt werden?

b) Welches Volumen H_2SO_4 wird in Teil (a) hergestellt, wenn die Dichte reiner H_2SO_4 1,84 g/*ml* beträgt?

c) Wenn SO_3 in 100 Liter Wasser eingeleitet wird, um Schwefelsäure zu bilden, welche molare Konzentration an H_2SO_4 würde erreicht, wenn man mit 100 kg Schwefel, wie unter a beschrieben, beginnt?

21. Fermentation von Glucose zu Äthanol verläuft entsprechend der folgenden Gleichung:

$$C_2H_{12}O_6 \longrightarrow C_2H_5OH + CO_2 \qquad \text{(nicht abgeglichen)}$$

Welches Volumen an CO_2 entsteht bei 25 °C und P = 1,5 Atm aus 2,265 kg Glucose? Nimm an, daß die Ausbeute 25 % beträgt.

KAPITEL 4

Atomstruktur

Bisher haben wir die Struktur des Atoms nur grob betrachtet – ein sehr dichter Kern, dessen Masse hauptsächlich aus Protonen und Neutronen besteht und extranukleare Elektronen, die den Kern in einem größeren Abstand umgeben. In diesem Kapitel werden wir Einzelheiten der atomaren Struktur betrachten. Die Elektronen werden in Bereichen gefunden, die den Kern umgeben. Diese werden *Orbitale* genannt; sie besitzen verschiedene Energien und Formen. Die Orbitale, die die Elektronen in einem gegebenen Atom besetzen, beeinflussen die Eigenschaften des Atoms. Wir sind besonders an dem Einfluß der Orbitale auf die Bindung zwischen den Atomen interessiert.

4—A. Gegenüberstellung der klassischen Mechanik und Quantenmechanik

Die Bewegung makroskopischer Körper (Automobile, Raketen, Planeten), die wir täglich beobachten, wird von den Gesetzen der klassischen Mechanik beherrscht. Es war Newton, der diese Gesetze zuerst aufgestellt hat; sie sind sowohl heute gültig als auch zur Zeit, zu der sie zuerst vorgeschlagen wurden. Eine ausführliche Diskussion dieser Gesetze wird besser von einem Physiker unternommen; aber in der Chemie ist es wichtig darauf hinzuweisen, daß die klassische Mechanik keine Einschränkung auf die Energie oder Geschwindigkeit bedeutet, die ein makroskopischer Körper erreichen kann. Man kann z. B. ein Automobil mit einer Geschwindigkeit von 30 km/Std., 40 km/Std., 50 km/Std. fahren oder mit jeder anderen Geschwindigkeit, die dazwischen liegt. Ähnlich kann ein Planet oder Satellit sich mit 762500 cm/Sek., 762561 cm/Sek., 762533,5 cm/Sek. oder mit jeder anderen Geschwindigkeit bewegen. Die einzige Einschränkung ist, daß die Flugbahn des Satelliten elliptisch sein muß.

Soweit bekannt, gibt es *keine Einschränkungen* für die Geschwindigkeiten und auch nicht für die Energien, die diese makroskopischen Körper erreichen können.

Die Erklärung für das Verhalten makroskopischer Objekte in Übereinstimmung mit der klassischen Mechanik erscheint ganz vernünftig. Jedoch gehorcht die Bewegung in Systemen, die kleine Partikel (Elektronen, Neutronen, usw.) enthalten, nicht der klassischen Mechanik. Nehmen wir z. B. das Wasserstoffatom (^1_1H), das aus einem einzigen

Proton als Kern besteht und ein Elektron e^- enthält. Die Energie des Elektrons in diesem einfachen Atom ergibt sich aus seiner Lage und Bewegung um den positiven Kern; sie kann *nicht* jeden beliebigen Wert annehmen. Die Energiewerte des Elektrons im ^1_1H-Atom sind *eingeschränkt.* Diese Einschränkung *resultiert niemals* aus der klassischen Mechanik und ein neues Modell muß entworfen werden, atomare Systeme zu beschreiben.

4—B. Dualismus des Lichts

Bevor wir Elektronen als kleine Partikel betrachten können, müssen wir zuerst die Eigenschaften des Lichts diskutieren. Licht ist eine *elektromagnetische Strahlung,* die aus Energiebündeln besteht, die *Photonen* genannt werden. Um alle experimentellen Tatsachen in bezug auf das Licht hinreichend zu erklären, ist es notwendig, einen Dualismus des Lichts — einen Partikelcharakter und einen Wellencharakter — zu postulieren. Die Energie eines Photons steht in Beziehung zur Frequenz der Strahlung durch die Gleichung

4—1 $$\varepsilon = h \cdot \nu$$

Hierbei bedeuten: ν = Frequenz in Sek^{-1}, h = Planck'sches Wirkungsquantum = $6{,}626 \times 10^{-27}$ erg-Sek und ε = Energie des Photons in erg. *Die Frequenz* (Gleichung 4—1) *definiert ebenfalls die Energie.* Die Frequenz steht auch in Beziehung mit der Wellenlänge und der Wellenzahl $\bar{\nu}$

4—2 $$\lambda = \frac{c}{\nu} = \frac{1}{\bar{\nu}}$$

wobei c = Lichtgeschwindigkeit in cm/Sek ist (λ wird dann auch in cm ausgedrückt). Die Wellenzahl entspricht der Zahl der Schwingungen pro cm. Die Beziehung zwischen Wellenlänge und Frequenz wird in Abbildung 4—1 illustriert.

Wie die Welle in Abbildung 4—1 zeigt, ist die Wellenlänge die Entfernung, die in einer Schwingung zurückgelegt wird. Die Frequenz (ν) ist die Zahl der Schwingungen in einer Sekunde (in Abbildung 4—1 beträgt sie 3 Hertz). Die Wellenzahl $\bar{\nu}$ für die Welle in Abbildung 4—1 kann dann berechnet werden.

$$\bar{\nu} = \frac{1}{\lambda} - \frac{}{1 \times 10^{10}\ \mathrm{cm}} = 1 \times 10^{-10}\ \mathrm{cm}^{-1}$$

Die Wellenlänge des Lichts ist so klein, daß es bequem ist, eine kleinere Längeneinheit, die sogenannte Angström-Einheit (Å), zu definieren.

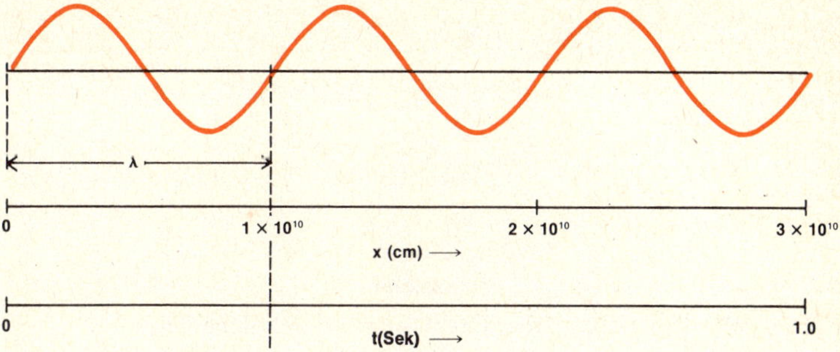

Abb. 4—1 Eine Welle mit $\lambda = 1 \times 10^{10}$ cm $= 1 \times 10^{18}$ Å, $\nu = 3$ Hertz.

$$1 \text{ Å} = 10^{-8} \text{ cm}$$

Die Größe eines Atoms oder eines Moleküls liegt ebenfalls in der Ordnung von 10^{-8} cm. Daher ist es einfach, atomare oder molekulare Dimensionen in Angström-Einheiten auszudrücken.

Die Beziehung zwischen Energie und Wellenlänge wird aus den Gleichungen 4—1 und 4—2 erhalten.

4—3
$$\varepsilon = \frac{hc}{\lambda}$$

Aus Gleichung 4—3 geht hervor, daß sich die Energie des Photons erniedrigt, wenn sich die Wellenlänge erhöht.

M. Planck hat das Konzept des Lichts, welches aus Photonen besteht, schon 1901 eingeführt. Zu dieser Zeit versuchte Planck die einzigartige Energieverteilung der Schwarzstrahler zu erklären. In dieser Ableitung war es notwendig zu postulieren, daß das Licht aus einer fundamentalen Einheit — dem Lichtquant — besteht. Heutzutage wird der Ausdruck Photon häufiger gebraucht als Lichtquant.

Die Bedeutung der Begriffe — Photon oder Lichtquant — wurde besonders sichtbar, als sie von Einstein (1905) benutzt wurden, den Austritt von Elektronen aus einer Metalloberfläche unter Lichteinfluß zu erklären. Dieses Phänomen wird als der photoelektrische Effekt bezeichnet. Die Elektronen, die aus der Metalloberfläche austreten, können gesammelt und als Strom gemessen werden (Abbildung 4—2A). Die Energie des auf die Oberfläche auftreffenden Photons muß größer sein als die kritische Energie, die ein Elektron zum Austritt veranlaßt. In Abbildung 4—2B ist der Strom (der durch die austretenden Elektronen entsteht) gegen die Energie des einfallenden Photons $h\nu$ ausgetragen. Man sieht, daß kein Strom I beobachtet wird, solange die Energie des Photons die kritische Energie $h\nu_K$ nicht überschreitet. Je-

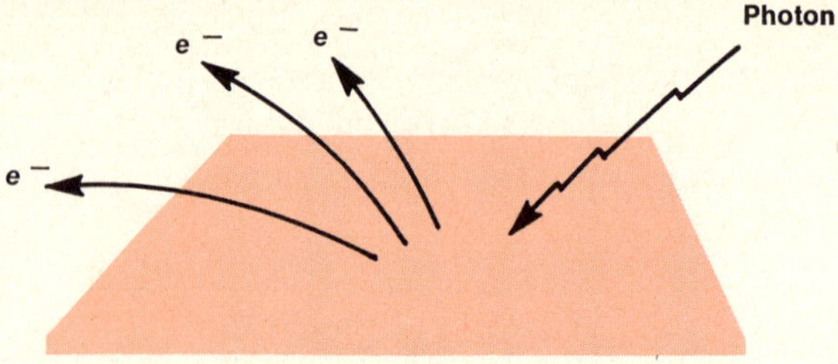

Abb. 4—2A Photoelektrischer Effekt an einer Metalloberfläche.

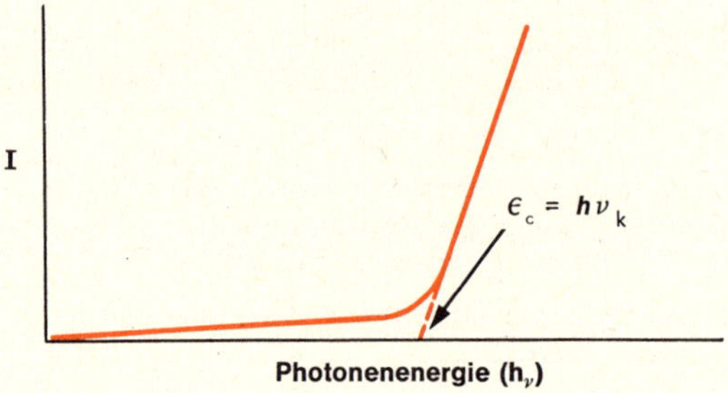

Abb. 4—2B Photoelektrischer Effekt — Abhängigkeit der Photonenenergie.

des Metall hat seine eigene kritische Energie. Entsprechend Gleichung 4—1 muß die Frequenz des Lichts ν_K größer sein als die kritische Frequenz, falls ein Photon ein Elektron losschlagen soll. Bestände die Lichtenergie nicht aus einzelnen Partikeln, dann würde der Austritt eines Elektrons von der Intensität der Lichtquelle (ein Maß wird mit der Energie an die Metalloberfläche abgegeben) und nicht von der Frequenz abhängen. Da wir aber experimentell beobachten, daß der photoelektrische Effekt von der Frequenz und nicht von der Intensität abhängt, folgern wir, daß die Energie des Lichts in den Photonen enthalten ist. Diese Schlußfolgerung untersteht dem Partikelbegriff des Lichts. Neben dem Photon- oder Partikelmodell des Lichts ist das Wellenmodell erforderlich, um andere Eigenschaften des Lichts, z. B. Brechung, zu erklären.

Beispiel 4—1

Berechne die Energie eines Photons für Licht mit der Wellenlänge 6000 Å.

$$\varepsilon = \frac{h \cdot c}{\lambda} = \frac{(6{,}62 \times 10^{-27}\ \text{erg-Sek})\ (3 \times 10^{10}\ \text{cm/Sek})}{(6000\ \text{Å})\left(\dfrac{1\ \text{cm}}{10^8\ \text{Å}}\right)}$$

$$\varepsilon = 3{,}31 \times 10^{-12}\text{erg/Photon}$$

Wenn wir diese Energie in Kcal/Mol ausdrücken wollen, müssen wir zuerst mit der Loschmidt'schen Zahl multiplizieren und dann den Umrechnungsfaktor (Anhang A; III, S. 132) benutzen.

$$1 \text{ erg} = 2{,}390 \times 10^{-11} \text{ Kcal}$$

In diesem Fall stellt die Loschmidt'sche Zahl die Zahl der Photonen in einem Mol Photonen dar.

$$\varepsilon = \left(3{,}31 \times 10^{-12} \frac{\text{erg}}{\text{Photon}}\right)\left(6{,}023 \times 10^{23} \frac{\text{Photonen}}{\text{Mol}}\right)\left(\frac{2{,}390 \times 10^{-11} \text{ Kcal}}{\text{erg}}\right)$$

$$= 47{,}6 \text{ Kcal/Mol}$$

Aufgabe 4—1

$6{,}73 \times 10^{-12}$ erg sind erforderlich, um ein Elektron aus der Oberfläche von metallischem Cr zu entfernen. Hat Licht der Wellenlänge (2500 Å) ausreichend Energie, Elektronen aus der Metalloberfläche loszuschlagen?

Aufgabe 4—2

Würde ein photoelektrischer Effekt an metallischem Cr stattfinden, wenn man Licht von 3500 Å benutzen würde?

4—C. Atomspektren

Wenn ein Atom Energie absorbiert, so bewegt es sich von einem Energieniveau auf ein anderes; dieser Vorgang wird als *Anregung* bezeichnet. Wenn ein Atom angeregt ist, kann es Energie einer spezifischen Frequenz durch einen Rücksprung auf ein niedrigeres Energieniveau emittieren. Jedes angeregte Element gibt ein spezifisches *Atomspektrum,* das aus einem Satz von Frequenzen besteht. Das Spektrum kann dann dazu benutzt werden, die Elemente in einer unbekannten Probe zu identifizieren. Es gibt verschiedene Wege, auf denen das Atom zu höherer Energie angeregt werden kann; das Spektrum hängt zu einem gewissen Maß von der Art der Anregung ab. Die üblichen Methoden der Anregung sind Absorption von sehr energiereichem (kurzwelligem) Licht, Flamme, Funkenentladungen und elektrischer Lichtbogen.

Das Wasserstoffatom, das aus einem Proton und einem Elektron besteht, ist das einfachste aller Atome und hat dementsprechend das einfachste Spektrum (Abbildung 4—3A). Nur das Spektrum im sichtbaren Bereich (Balmer Serie) wird angezeigt. Der Abstand der Linien (Spektrallinien) wird nach kürzeren Wellenlängen kleiner. Die Herkunft dieser Spektrallinien wird im Abschnitt 4—D (I, S. 108 ff.) diskutiert. Das Wasserstoffatom hat auch eine Spektrallinienserie im vakuumultravioletten (Lymen Serie) und drei ähnliche Serien im infraroten Bereich. Das Spektrum des Natriumatoms in Abbildung 4—3B ist auch verhältnismäßig einfach; es unterscheidet sich aber vollständig von dem des Wasserstoffs. Die Linien, mit Ausnahme der als D_1 und D_2 gekennzeichneten, erscheinen schmal. Die intensiven Linien (D_1 und D_2) geben die gelbe Farbe, die charakteristisch für Natrium ist.

Das Spektrum des Eisenatoms ist im Gegensatz zum Wasserstoff und Natrium recht komplex. Es besteht aus ungefähr 40 000 Linien vom ultravioletten bis zum infraroten Bereich. Nur das Spektrum im kleinen Bereich 3700—4000 Å wird in Abbildung 4—3C gezeigt; aber auch dieser kleine Ausschnitt enthält eine große Zahl von Linien.

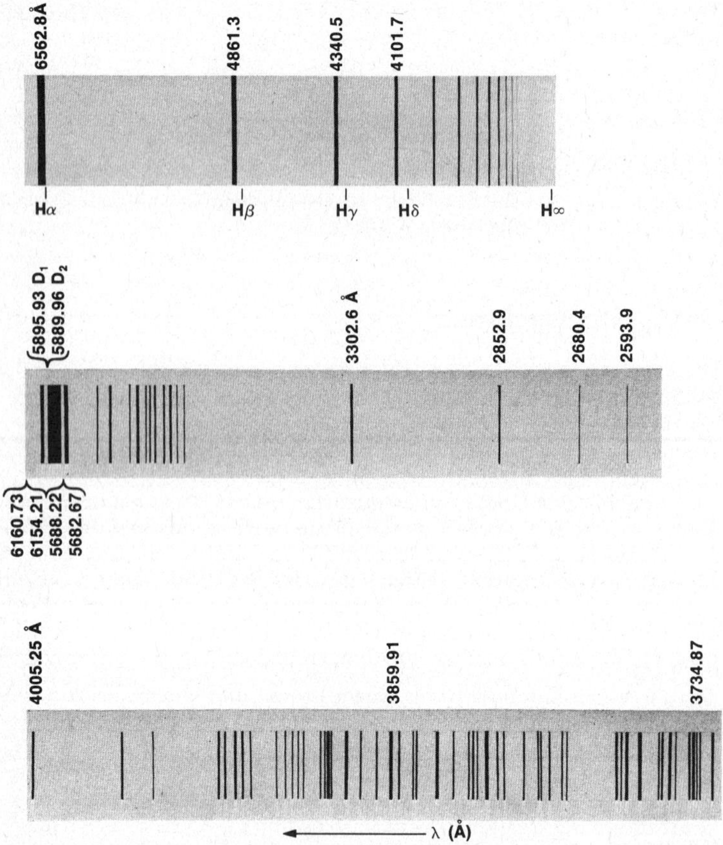

Abb. 4—3 Emissionsspektren von A. Wasserstoffatom im sichtbaren Bereich (Balmer Serie — die Spektrallinien H_α, H_β, usw.). B. Natriumatom im sichtbaren und ultravioletten Bereich und C. Eisenatom im Bereich von 3700—4000 Å.

Man sieht in Abbildung 4—3, daß alle Spektren aus sehr scharfen Linien bestehen, die diskreten Frequenzen des Lichts entsprechen. Eine Spektrallinie entsteht dadurch, daß sich das Atom von einem diskreten höheren Energieniveau auf ein diskretes Niveau niedriger Energie begeben hat. Die Energiedifferenz ist in Form von Licht einer spezifischen Frequenz abgegeben worden. Da zahlreiche diskrete Linien in den Spektren beobachtet werden, gibt es zahlreiche höhere und niedrigere Energieniveaus in einem Atom, von denen Übergänge stattfinden können. Die verschiedenen Energieniveaus, auf die ein Atom angeregt werden kann, sind durch horizontale Linien in Abbildung **4—4** (Energieniveaudiagramm) gekennzeichnet. Die vertikalen Pfeile zeigen die Übergänge eines angeregten Atoms von einem höheren Energieniveau zu einem Niveau niedrigerer Energie an, wobei ein Photon mit einer spezifischen Energie $h\nu_i$ abgegeben wird.

Aus den Beobachtungen der Atomspektren schließen wir, daß ein Atom nur bestimmte Energien besitzen kann und bestimmte Frequenzen in den Spektren aus den Unterschieden dieser spezifischen Energien entstehen. Dies ist ein deutlich verschiedenes Phänomen im Verhältnis zu dem, was wir bei makroskopischen Körpern beobachtet haben. In Systemen mit submikroskopischen Körpern, wie beispielsweise Atomen, gibt es Einschränkungen in bezug auf die Energien; nicht alle Energiewerte sind erlaubt. Wenn alle Energien eines Atoms erlaubt wären, würde ein Atomspektrum kontinuierlich und verschwommen sein, im Gegensatz zu den scharfen Linien, die man in Abbildung 4—3 beobachtet. Daraus folgt, daß die klassische Mechanik

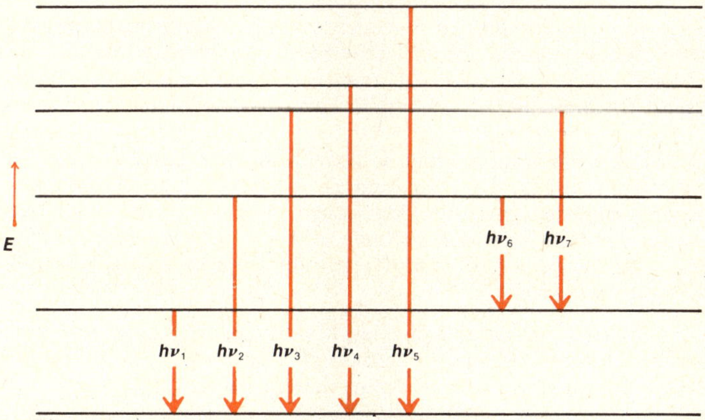

Abb. 4—4 Typisches Energieniveaudiagramm.

die scharfen, linienartigen Atomspektren nicht erklären kann und ein neuer Typ der Mechanik gefunden werden muß, um die Bewegung atomarer oder subatomarer Teilchen zu beschreiben.

4—D. Bohr'sche Theorie

Im Jahre 1913 versuchte Niels Bohr als Erster das Phänomen der Atomspektren zu deuten. Er leitete erfolgreich eine Gleichung ab, mit der die Energien des Wasserstoffatoms sehr genau berechnet werden konnten. Benutzt man diese Energieformel, so kann das Spektrum für Wasserstoff berechnet werden und es stimmt allgemein mit dem experimentellen Spektrum mit einer Genauigkeit von sechs oder sieben signifikanten Stellen überein. Dies war ein überraschendes Ergebnis, da die Theorie sonst selten mit dem Experiment mit einer so hohen Präzision übereinstimmt.

Um eine Gleichung für die Elektronenenergie des Wasserstoffatoms abzuleiten, benutzte Bohr Begriffe, die sich von der klassischen Mechanik unterscheiden. Bohr erreichte die Einschränkung auf bestimmte Elektronenenergien durch Einführen eines Konzepts, das *Quantelung* genannt wird. In seiner Ableitung nahm er an, daß der Drehimpuls eines Elektrons in seiner Bewegung um den positiven Kern gequantelt ist und nur Vielfache von $h/2\pi$ erlaubt waren. Mathematisch wird dies wie folgt ausgedrückt:

4—4 $$mvr = n\,(h/2\pi) \qquad n = 1, 2, 3, 4,$$

wobei mvr = *Drehimpuls*, h = Planck'sches Wirkungsquantum, und n eine beliebige ganze Zahl ist; sie wird als *Quantenzahl* bezeichnet. Die Theorie wurde daher die Quantentheorie genannt. Da es seitdem eine neue theoretische Entwicklung in Form der Wellenmechanik gegeben hat, bezeichnen wir die Arbeiten von Bohr als die alte Quantentheorie. Die neue Quantentheorie bezieht sich auf Entwicklungen in der Wellenmechanik. Die Quantelung ist es, die das Hauptunterscheidungsmerkmal zwischen klassischer Mechanik und Quantenmechanik darstellt. In jedem Problem, das von der Quantenmechanik gelöst wird, werden die Energiewerte beschränkt auf sogenannte gequantelte Niveaus.

Um ein besseres Verständnis des Begriffs der Quantelung zu erhalten, werden wir (ohne Beweis) die Gleichung für die Elektronenenergie des Wasserstoffatoms, wie sie von Bohr erhalten wurden, angeben.

4—5 $$E_n = -C\frac{1}{n^2} \qquad n = 1, 2, 3, 4 \ldots$$

wobei E die Energie eines einzelnen Wasserstoffatoms ist; C ist eine Konstante für ein gegebenes Element, und n = Quantenzahl, wie in Gleichung 4—4 definiert. C wird durch folgende Gleichung gegeben

$$\left(\frac{2\pi^2 Z^2 e^4 m}{h^2}\right)\frac{M+m}{M}$$

wobei Z = Kernladung, e = Elementarladung = 4,80 x 10^{-10} elektrostatische Einheiten, m = Masse des Elektrons, M = Masse des Kerns ist. Man sieht, daß es für jeden Wert n einen bestimmten E Wert gibt, der als E_n bezeichnet wird; es gibt keine anderen Werte für E. Das Atom hat also direkte Elektronenenergien.

Die Anregung des Wasserstoffatoms vollzieht sich unter Anhebung des einzelnen Elektrons von einem Niveau niedriger Elektronenenergie zu einem Niveau höherer Elektronenenergie (Gleichung **4—5**). Um das Elektron weiter vom positiven Kern zu entfernen, ist Energie erforderlich. Wird n größer, so entfernt sich das Elektron weiter vom Kern. Wird n unendlich (vollständige Entfernung des Elektrons) dann wird E_n entsprechend Gleichung **4—5** gleich Null. Befindet sich das Elektron in einem Niveau $n < \infty$, so ist E_n negativ. Dies entspricht einem stabilen Zustand für das Elektron. Die Werte für die Elektronenenergie im Wasserstoffatom sind in Abbildung **4—5** (I, S. 110) für verschiedene n aufgetragen.

Das Atomspektrum für das Wasserstoffatom in Abbildung **4—3A** (I, S. 106) besteht aus Übergängen zwischen den Energieniveaus. Wenn sich die Energie des Elektrons von einem Niveau höherer Elektronenenergie auf ein Niveau niedriger Elektronenenergie ändert, wird ein Photon in Form von Licht emittiert (Abbildung **4—4**, I, S. 107). Die Spektrallinien der Emission, gekennzeichnet als H_α, H_β, H_γ, H_δ in Abbildung **4—3A**, entsprechen den Übergängen von den Energieniveaus n = 3, 4, 5, 6 zum Energieniveau n = 2, wie in Abbildung **4—5** gezeigt wird.

Die Energie eines Photons (gegeben durch Gleichung **4—3**) entspricht der Differenz der Energieniveaus, die am Übergang beteiligt sind. Bezeichnen wir den oberen Wert mit n_o und den niedrigeren Wert mit n_u, so beträgt die Energie eines Photons

4—6 $$\frac{hc}{\lambda} = E_o - E_u$$

Setzt man diesen Ausdruck aus Gleichung **4—5** für E_n in Gleichung **4—6** ein, so erhält man

4—7 $$\frac{hc}{\lambda} = -C\left(\frac{1}{n_o^2} - \frac{1}{n_u^2}\right)$$

---

* Zur mathematischen Ableitung der Gleichung 4—5 wird auf Übung 11 am Ende dieses Kapitels verwiesen (I, S. 145).

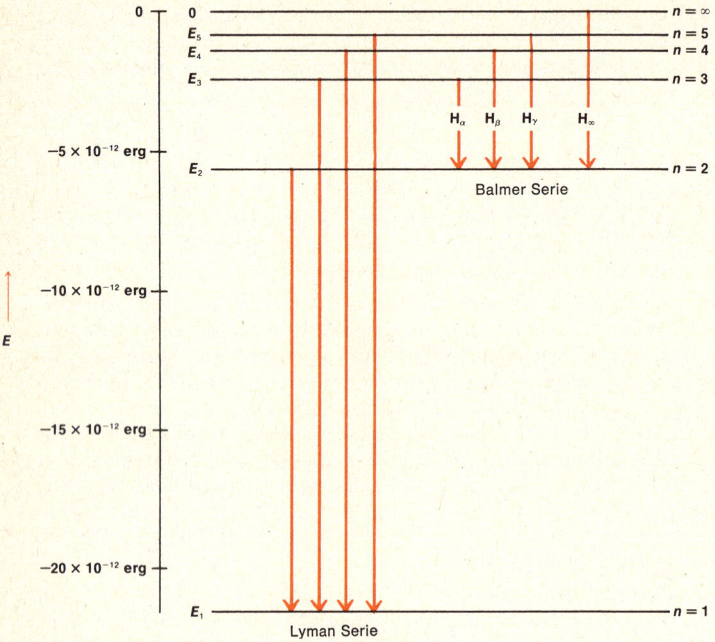

Abb. 4—5 Energieniveaus im Wasserstoffatom.

Da Spektrallinien häufig in Form von Wellenlängen (λ) ausgedrückt werden, lösen wir Gleichung **4—7** nach $\bar{\nu} = (1/\lambda)$ auf und entfernen das Minuszeichen

4—8
$$\bar{\nu} = \frac{1}{\lambda} = \frac{C}{hc}\left(\frac{1}{(n_u)^2} - \frac{1}{(n_o)^2}\right)$$

Wir können Gleichung **4—8** durch Einführung einer Konstanten $R = \frac{C}{hc}$ vereinfachen.

4—9
$$\bar{\nu} = \frac{1}{\lambda} = R\left(\frac{1}{(n_u)^2} - \frac{1}{(n_o)^2}\right)$$

R beträgt für Wasserstoff 109 677 cm^{-1}. Gleichung **4—9** kann benutzt werden, um die Wellenlänge oder Wellenzahl für Übergänge von Elektronen zwischen jeweils zwei Energieniveaus zu berechnen.

Gleichungen **4—5** bis **4—9** sind für das Wasserstoffatom mit $Z = 1$ diskutiert worden. Eigentlich sind diese auch für andere einatomige

Ionen gültig, die aus einem einzelnen Elektron und einem Kern bestehen, z. B. He^{+}, Li^{2+}, Be^{3+}. Benutzt man diese Gleichungen für einatomige Ionen, so müssen die entsprechenden Z und M Werte eingeführt werden.

Wir werden die Bohr'sche Theorie nicht weiter ausführlich diskutieren, da alle Ergebnisse dieser Theorie auch mit dem neuen Konzept der Wellenmechanik (ohne die vielen Mängel der Bohr'schen Theorie) erreicht werden können. Zwei der bemerkenswerten Unzulänglichkeiten der Bohr'schen Theorie sind,

① daß der Begriff der Quantelung willkürlich ohne eine bessere Basis eingeführt wurde (besser wäre es gewesen, gequantelte Energien zugrunde zu legen), um die linienähnlichen Spektren zu deuten,

② daß die Lage des Elektrons im Atom in einer bestimmten Umlaufbahn angenommen wurde und es den Kern mit einer bestimmten Geschwindigkeit umkreist. Der letztere Punkt steht im Widerspruch mit dem Prinzip, der sogenannten Heisenberg'schen Unschärferelation, das die gleichzeitige Kenntnis der genauen Position und Geschwindigkeit eines Elektrons nicht erlaubt. Näheres wird in Abschnitt 4—G (I, S. 115) diskutiert.

Beispiel 4—2

Die Konstante R (Gleichung 4—9) für He^{+} beträgt 438 889,08 cm^{-1}. Berechne die Frequenz des absorbierten Lichts, wenn das Elektron einen Sprung von $n = 1$ auf das Energieniveau $n = 4$ macht. Benutze Gleichung **4—9**, um die Wellenlänge zu berechnen.

$$\bar{\nu} = \frac{1}{\lambda} = (438\,889{,}08\ \text{cm}^{-1})\left(\frac{1}{1^2} - \frac{1}{4^2}\right)$$

$$\bar{\nu} = \frac{1}{\lambda} = 411\,458{,}52\ \text{cm}^{-1}$$

Die Frequenz (ν) kann mit Hilfe der Gleichung **4—1** ermittelt werden:

$$\bar{\nu} = \frac{c}{\lambda}$$

$$\nu = (411\,458{,}52\ \text{cm}^{-1})\,(2\,997925 \times 10^{10}\ \text{cm/Sek}) = 12\,3351 \times 10^{15}\ \text{Sek}^{-1}$$

Aufgabe 4—3

Berechne die Frequenz und Wellenlänge in Angström-Einheiten für den Übergang von $n = 5$ nach $n = 1$ im Wasserstoffatom. Zu welcher Serie würde diese Spektrallinie gehören? (Siehe Abbildung **4—5**).

Aufgabe 4—4

Die Balmer Serie für das Wasserstoffatom (Abbildung **4—3** und **4—5**) entsteht durch Übergänge von höheren Energieniveaus auf das Niveau $n = 2$. Benutze Abbildung **4—5** und erkläre, warum die Linien in der Serie näher und näher zusammenrücken, wenn sie die sogenannte Seriengrenze H_∞ erreichen (Linie mit der niedrigsten Wellenlänge in der Serie). Berechne die Wellenlänge für H_∞.

Aufgabe 4—5

Berechne die erforderliche Energie, um das Elektron aus einem Wasserstoffatom zu entfernen, wenn sich das Elektron in seinem niedrigsten Energieniveau ($n = 1$) befindet.

$$H \longrightarrow H^+ + e^-$$

Diese Energie wird als Ionisationspotential des Wasserstoffs bezeichnet.

Aufgabe 4—6

Gib einen Kommentar zur folgenden Aussage: „Während des Experiments konnte das Licht der Wolframlampe (kontinuierliche Quelle) nicht gesehen werden, da die Wasserstoffatome im Gefäß alles Licht absorbierten".

4—E. De Broglie'sche Hypothese

Der nächste große Durchbruch in der Entwicklung der Quanten- und Wellenmechanik zu unserem gegenwärtigen Konzept der Atomstruktur war die Hypothese, die 1924 von DeBroglie vorgestellt wurde. In Abschnitt B haben wir das Konzept diskutiert, daß man Licht von zwei Aspekten, als Partikel (Photon) und als Welle betrachten muß, um alle Eigenschaften (Dualismus des Lichts) zu beschreiben. De Broglie, ein junger Wissenschaftler, der an seiner Doktorarbeit arbeitete, machte den kühnen Vorschlag, daß alle sich bewegenden Objekte, die eine Masse haben, ebenso wie das Licht Wellencharakter besitzen sollten. In anderen Worten, alle Spezies sollten diesen Dualismus – Partikel und Welle – besitzen.

Für ein Photon können wir eine Beziehung zwischen Masse und Wellenlänge durch die Einstein'sche Gleichung zwischen Masse und Energie erhalten.

4—10 $$E = mc^2$$

Die Planck'sche Beziehung für die Frequenz lautet

4—11 $$E = h\nu$$

Setzt man die Gleichungen **4—10** und **4—1** gleich, so erhält man

$$mc^2 = \frac{hc}{\lambda}$$

$$mc = \frac{h}{\lambda}$$

De Broglie schlug eine Gleichung analog zu dieser für Partikel mit der Masse m und der Geschwindigkeit v vor.

4—11a $$mv = \frac{h}{\lambda}$$

Die Wellenlänge dieses Partikels beträgt dann

4—11b $$\lambda = \frac{h}{mv}$$

Die De Broglie'sche Hypothese wurde seinerzeit nicht ohne weiteres von Wissenschaftlern akzeptiert. Ein wenig später jedoch, im Jahre 1927, zeigten Davison und Germer auf experimentellem Wege, daß Elektronen genau wie Licht gebeugt werden konnten; daher zeigen diese Partikel ebenfalls Wellencharakter. *Beugung* ist das Phänomen, bei dem Licht vieler Wellenlängen in die einzelnen Wellenlängen aufgetrennt wird, wenn es an einem Gitter reflektiert wird. Dieses Beugungsphänomen kann nur auf Grund des Wellencharakters des Lichts verstanden werden. Die Ergebnisse des Experiments von Davison und Germer bestätigen weiterhin die genaue Beziehung zwischen m, v und λ, wie sie in der De Broglie'schen Gleichung angegeben waren (**4—11**). Die De Broglie'sche Hypothese ist auch durch Experimente überprüft worden, in denen ebenfalls Protonen und Neutronen gebeugt wurden.

Beispiel 4—3

Berechne die Wellenlänge eines Schlagballs, der mit einer Geschwindigkeit von 160,9 km/Std fliegt. Nimm an, die Masse des Schlagballs beträgt 113,4 g. Benutzt man Gleichung **4—11b**, so ergibt sich (unter Berücksichtigung von 1 erg = 1 g - cm²/Sek²)

$$\lambda = \frac{h}{mv} = \frac{6{,}62 \times 10^{-27}\ \text{erg-Sek}}{(113{,}4\ \text{g})\ (160{,}9\ \text{km/Std})} = \frac{6{,}62 \times 10^{-27}\ (\text{g-cm}^2/\text{Sek}^2)\ (\text{Sek})}{(113{,}4\ \text{g})\ (4{,}47 \times 10^3)\ (\text{cm/Sek})} =$$

$$\lambda = 1{,}3 \times 10^{-32}\ \text{cm}$$

Dieser Wert ist außerordentlich klein; offenbar können Berechnungen für makroskopische Partikel mit der Wellenmechanik gemacht werden, aber die Resultate haben auf unser Modell der klassischen Mechanik keinen Einfluß.

Aufgabe 4—7

Berechne die Wellenlänge eines Elektrons von 10 *EV* (1 *EV* = 1,062 $\times 10^{-12}$ erg, Masse des Elektrons = 9,11 $\times 10^{-28}$ *g*). (Hinweis: Berechne die Geschwindigkeit v aus dem Ausdruck für die kinetische Energie $1/2\ mv^2$.)

Aufgabe 4—8

Berechne die Wellenlänge eines 4530 *g* schweren Satelliten, der mit einer Geschwindigkeit von 7625 m/Sek fliegt. Welchen Einfluß würde diese

Wellenlänge entsprechend der klassischen Mechanik auf die Bewegung haben? In anderen Worten, würde diese Wellenlänge die Bewegung des Satelliten zu einem bedeutenden Grad beeinflussen?

4—F. Dualismus des Elektrons — Wellenmechanik

Wie wir zwei verschiedene Modelle für Photonen betrachten mußten, um die Natur des Lichts zu beschreiben, so müssen wir auch entsprechend der De Broglie'schen Hypothese beide Konzepte — Partikel- und Wellennatur — betrachten, wenn wir Elektronen beschreiben. Elektronen als Partikel zu betrachten, ist eine natürliche Gegebenheit, da Elektronen Masse besitzen. Wir können z. B. die Bewegung der Masse entsprechend der klassischen Mechanik betrachten. Die Ladung eines Elektrons wird auch berücksichtigt, wenn immer ein Feld vorhanden ist, das seine Beschleunigung beeinflussen kann. Für sehr viele Probleme ist diese Annäherung ganz befriedigend.

Es gibt jedoch andere Probleme, bei denen es notwendig ist, die Wellennatur des Elektrons zu betrachten. Beispielsweise treten Elektronen, die an einem Kristall reflektiert werden, in dem gerade erwähnten Experiment von Davison und Germer in bevorzugten Winkeln aus, ebenso wie Photonen, die an einem Gitter gebeugt werden. Das Durchdringen der Elektronen durch dünne Metallfilme resultiert auch in Beugung der Elektronen (Thomson 1927). In beiden Experimenten können die Ergebnisse nur durch Elektronen mit Welleneigenschaften erklärt werden. Die Metalle in beiden Experimenten verhalten sich als Beugungsgitter.

Von größter Bedeutung für die Chemie ist die Natur der Elektronen in Atomen. In diesem Fall ist wiederum die Wellennatur der Elektronen wichtig. Ein neuer Typ der Mechanik, auf Elektronen im Atom zugeschnitten, genannt **Wellenmechanik** oder Quantenmechanik, wurde von E. Schrödinger 1926 entwickelt und basiert auf der Wellennatur des Elektrons. Da Elektronen Wellencharakter zeigten, nahm er an, daß sie Gleichungen gehorchen sollten, die für die Wellenphänomena verwendet werden. Die berühmte Schrödinger Wellengleichung wurde entwickelt; sie beschreibt das Verhalten der Elektronen in einem Atom oder Molekül. Die Schrödinger Wellengleichung ist tatsächlich nicht nur auf dieses Problem beschränkt, sondern sie ist eine allgemeine Gleichung, die auf jedes subatomare Problem angewendet werden kann. Quantenmechanik beschäftigt sich mit der Bewegung von Partikeln mit kleinen Massen, während die Newton'sche klassische Mechanik sich mit makroskopischen Objekten beschäftigt.

Ein großer Unterschied zwischen dem quantenmechanischen und klassischen Problem liegt in der Natur der Lösung. Wenn wir in der klassischen Mechanik eine Bewegungsgleichung lösen, so beschreibt das Ergebnis die exakte Position und Geschwindigkeit des Objekts. In der Quantenmechanik stellt die Lösung einer Wellengleichung die Form einer Wellenfunktion dar. Die Wellenfunktion beschreibt nicht die genaue Position oder Geschwindigkeit des Partikels, sondern das Quadrat der Wellenfunktion gibt die Wahrscheinlichkeit an, ein Partikel an einem bestimmten Ort zu finden. Für Elektronen in Atomen und Molekülen stellt daher das *Quadrat der Wellenfunktion die Wahrscheinlichkeit* dar, ein Elektron an verschiedenen Stellen in dem Atom oder Molekül zu finden.

Die quantenmechanische Lösung unterscheidet sich auch von der klassischen Mechanik dadurch, daß einzigartige Lösungen (Wellenfunktionen) existieren. Für ein gegebenes quantenmechanisches Problem ist jede Wellenfunktion durch einen Satz von Quantenzahlen charakterisiert und nur die Wellenfunktion mit diesen Quantenzahlen ist erlaubt. Dies ist analog zu den Einschränkungen, die Bohr willkürlich eingeführt hat. Jedoch in diesem Fall ergeben sich Einschränkungen aus der Wellengleichung von Schrödinger und aus anderen Einschränkungen, die man der Wellenfunktion auferlegen muß, um sie physikalisch bedeutungsvoll zu machen. Jede Wellenfunktion diktiert eine *bestimmte Energie* und nur diese Energien sind für dieses System erlaubt. Daher entstehen die gequantelten oder eingeschränkten Werte der Elektronenenergien, die erforderlich sind, um die Atomspektren zu deuten, auch auf natürliche Weise aus der Lösung der Schrödinger Gleichung. Wir werden die Eigenschaften, die mit den Wellenfunktionen für das Wasserstoffatom (Ausschnitte 4—H und 4—I, I, S. 116 u. 120) verbunden sind, benutzen, um die Natur der quantenmechanischen Lösung zu verstehen.

4—G. Heisenberg'sche Unschärferelation

Auf Grund des Ergebnisses der Wellennatur des Elektrons (und allgemein der kleineren Partikel) ist es unmöglich, die Position und den Impuls eines kleinen Partikels genau festzulegen. Diese Beziehung zwischen der Unschärfe in der Lage und dem Impuls wurde von Heisenberg entwickelt und ist als die Heisenberg'sche Unschärferelation bekannt. Wenn $p = mv$ der Impuls und x die Position ist, macht die Heisenberg'sche Unschärferelation folgende Aussage*:

4—12 $$\Delta p \, \Delta x \geq h/2\pi$$

* Die Berechnung einiger Probleme ergibt $h/2\pi$ und andere ergeben $h/4\pi$ oder h. Allgemein gesehen, ist der Ausdruck auf der rechten Seite in der Größenordnung von h und die genaue Zahl ist unbedeutend. Der Einfachheit halber werden wir $h/2\pi$ benutzen.

Δp und Δx sind die Unschärfen in p und x. Aus Gleichung **4–12** geht hervor, daß das Produkt der Unschärfen größer oder bestenfalls gleich $h/2\pi$ sein muß. Wenn eine Komponente, angenommen Δx, sehr klein durch genaue Bestimmung der Position gemacht wird, dann muß sich die Unschärfe für den Impuls Δp notwendigerweise erhöhen. Eine analoge Unschärfebeziehung kann in Form der Energie E und der Zeit t angegeben werden.

$$\Delta E \, \Delta t \geq h/2\pi$$

Andere Gleichungen können aus diesen abgeleitet werden, wenn man die Beziehung für ΔE oder Δp benutzt. Man erhält z. B. aus Gleichung **4–1** $E = h\Delta\nu$. Verschiedene Beispiele physikalischer Probleme, in denen die Veränderlichen p und x gleichzeitig gemessen werden, sind in einem Buch von Heisenberg** diskutiert worden.

4–H. Quantenmechanische Ergebnisse für das Wasserstoffatom

Erlaubte Quantenzahlen

Die quanten- oder wellenmechanische Berechnung für das Wasserstoffatom bringt die Lösung einer verhältnismäßig komplizierten mathematischen Gleichung mit sich, die die Schrödinger Wellengleichung genannt wird. Diese Wellengleichung ist eine partielle Differentialgleichung zweiter Ordnung. Die Lösung dieser Gleichung geht über das Ziel dieses Buches hinaus, aber aktuelle Lösungen können verstanden werden und auf die Atomstruktur, ohne Kenntnis von Differentialgleichungen oder höherer Mathematik, angewandt werden.

Bei der quantenmechanischen Lösung für das Wasserstoffatom ist es notwendig, die Position des sich bewegenden Elektrons in bezug auf die Lage des Kerns zu beschreiben. Dies kann durch Benutzung kartesischer Koordinaten x, y, z erfolgen; jedoch ist es bei diesem Problem bequemer, die Position des Elektrons in Polarkoordinaten r, Θ, Φ darzustellen. Abbbildung **4–6** zeigt, wie diese Koordinaten die Position des Elektrons, in bezug auf den Kern als Bezugspunkt, darstellen.

Die Lösungen der Wellengleichung werden Wellenfunktionen ψ genannt. ψ ist eine Funktion der Koordinaten r, Θ und Φ. Das Lösen der

---

** W. Heisenberg, *The Physical Principles of the Quantum Theory*, Dover Publications Inc., 1950.

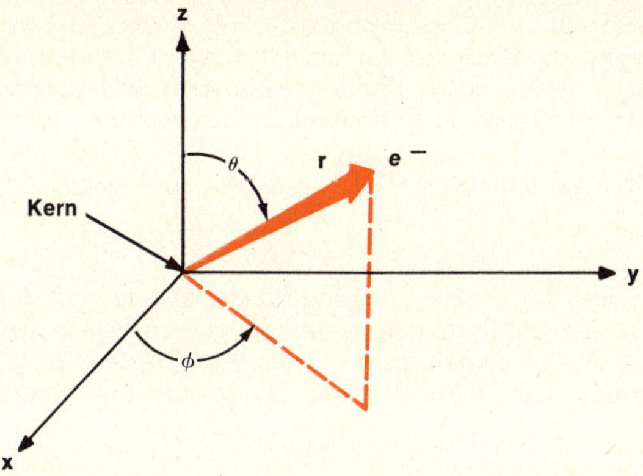

Abb. 4—6 Darstellung der Position des Elektrons in Polarkoordination.

Wellengleichung für das Wasserstoffatom ist dadurch erleichtert, daß die Wellenfunktionen in ein Produkt von Funktionen, das jeweils eine der drei Variablen enthält, zerlegt werden kann. Mathematisch kann dies wie folgt ausgedrückt werden:

$$\psi\,(r, \Theta, \Phi) = \mathrm{R}(r)\,\Theta(\Theta)\,\Phi(\Phi)$$

R(r) ist eine Funktion der Variablen r. $\Theta(\Theta)$ ist nur eine Funktion von Θ und $\Phi(\Phi)$ ist ebenfalls nur eine Funktion von Φ. Benutzt man diese Form der Wellenfunktion, so ergibt die Lösung der Wellengleichung Wellenfunktionen, die durch die drei Quantenzahlen n, l und m beschrieben sind. Diese Quantenzahlen müssen ganze Zahlen sein. Die Wellenfunktionen für das Wasserstoffproblem werden auch Orbitale genannt und das Elektron kann sich in jedem dieser Orbitale befinden. Die Funktion $R(r)$ beschreibt die Abhängigkeit der Wellenfunktion Ψ vom radialen Abstand r in bezug auf den Kern und gibt daher die Größe des Orbitals an. Die Funktionen $\Theta(\Theta)$ und $\Phi(\Phi)$ beschreiben die Abhängigkeit der Wellenfunktionen von den Winkeln Θ und Φ und daher die Orientierung des Orbitals. Die Quantenzahl n wird die *Hauptquantenzahl* genannt, sie ist nur von der Funktion $R(r)$ abhängig. Die Funktion $R(r)$ hängt sowohl von n als auch von l ab, aber die Quantenzahl n ist der vorherrschende Ausdruck und der dominierende Faktor bei der Festlegung der Orbitalgröße. Auf der anderen Seite sind die Quantenzahlen l und m an den Funktionen $\Theta(\Theta)$ und $\Phi(\Phi)$ beteiligt und ihre Werte bestimmen *die Form und Orientierung des Orbitals im Raum*. Der Einfluß von n, l und m auf die Größe und Form der Orbitale wird in Einzelheiten im folgenden Abschnitt diskutiert.

Ein Beispiel einer Wellenfunktion für das Wasserstoffatom ist folgende Lösung, die einen einzigartigen Satz von Quantenzahlen liefert. $a_0 = 0.529$ Å = Bohr'scher Radius = konstant. Die getrennten Funktionen $R(r)$, $\Theta(\Theta)$ und $\Phi(\Phi)$ können einfach bestimmt werden.

$$\psi = \underbrace{\frac{1}{4\sqrt{2\pi}}\left(\frac{1}{a_0}\right)^{3/2}}_{\text{konstant}} \underbrace{\frac{r}{a_0} e^{-r2/a_0}}_{R(r)} \underbrace{\sin\Theta}_{\Theta(\Theta)} \underbrace{\cos\Phi}_{\Phi(\Phi)}$$

Bei der Lösung der Wellengleichung für das Wasserstoffatom ergeben sich gewisse Einschränkungen, die die möglichen Werte der Quantenzahlen n, l und m begrenzen. Die erlaubten Werte für die Quantenzahlen erhält man auf natürliche Weise aus der mathematischen Lösung.

$$n = 1,2,3,\ldots$$
$$l = 0, 1, 2, \ldots n-1$$
$$m = -l \rightarrow 0 \rightarrow +l$$

Die Quantenzahl m kann jeden ganzzahligen Wert von –1 bis +1, einschließlich Null, annehmen. Jede erlaubte Kombination dieser drei Quantenzahlen (n, l und m) stellt eine Wellenfunktion für ein e^- in einem Atomorbital des Wasserstoffs dar. Die Orbitale mit denselben n Werten befinden sich in derselben Schale. Orbitale, die dieselben n und l Werte haben, liegen in derselben Unterschale. Die Orbitale in einer Unterschale werden gewöhnlich wie folgt gekennzeichnet: der Wert für n wird zuerst angegeben, gefolgt von einem Buchstaben, der den Wert von l kennzeichnet. Die Buchstaben, die zur Bezeichnung von l benutzt werden, sind folgende:

l	
0	s
1	p
2	d
3	f
4	g
5	h

Tabelle **4–1** zeigt die häufig vorkommenden Orbitale. Man sieht, daß für $n = 1$ nur $l = (n - 1) = 0$ erlaubt ist; daher muß auch m gleich Null sein. Die Bezeichnung der Unterschale 1s enthält eine „1" für die Hauptquantenzahl und ein „s" für $l = 0$. Man sieht, daß für $n = 2$ zwei l Werte (0,1) erlaubt sind. Für $l = 0$ kann m nur Null sein. Jedoch für $l = 1$ kann m drei mögliche Werte (–1, 0, +1) annehmen.

Tabelle 4–1 Atomorbitale

n	l	m	Zahl der Orbitale pro Unterschale (21+1)	Bezeichnung der Unterschale	Zahl der Orbitale pro Schale (n^2)
1	0	0	1	1*s*	1
2	0	0	1	2*s*	4
2	1	–1	3	2*p*	
2	1	0			
2	1	1			
3	0	0	1	3*s*	9
3	1	–1	3	3*p*	
3	1	0			
3	1	1			
3	2	–2	5	3*d*	
3	2	–1			
3	2	0			
3	2	1			
3	2	2			

Die Bezeichnung 2*s* entsteht aus $n = 2$ und $l = 0$. Die Bezeichnung 2*p* erhält man aus $n = 2$ und $l = 1$. Man sieht, daß es drei Orbitale in der 2*p* Unterschale gibt. Die Zahl der Orbitale in jeder Unterschale beträgt $2l + 1$ und auch diese sind in der vorausgehenden Tabelle angegeben. Allgemein beträgt die Zahl der Orbitale in einer gegebenen Schaler n^2. Wie in Tabelle **4–1** gezeigt, beträgt für die Schale $n = 1$ die Zahl der Orbitale $n^2 = 1$; und für die Schale $n = 2$ beträgt die Zahl der Orbitale $n^2 = 4$ usw.

Aufgabe 4—9

Zeige alle erlaubten Kombinationen für n, l und m und gib die Bezeichnungen der Unterschalen für alle Orbitale mit $n = 4$ an. Wieviele Orbitale gibt es in dieser Schale?

Aufgabe 4—10

Ist das Orbital, das durch die Quantenzahlen $n = 5$, $l = 2$, $m = -3$ gekennzeichnet ist, erlaubt? Erklärung.

Orbitalenergien

Für jede Wellenfunktion oder jedes Orbital, das aus der Lösung der Wellengleichung hervorgeht, gibt es eine einzige Energie. Im Beispiel des Wasserstoffs ist jedes Orbital mit einer Energie verbunden, die nur von der Quantenzahl n abhängt. Die Energie des Orbitals ist identisch mit der Energie, die man aus der Bohr'schen Theorie in Gleichung **4–5** ableiten kann.

4—5
$$E_n = -C\left(\frac{1}{n^2}\right)$$

Da die Energie des Orbitals nur von der Hauptquantenzahl n abhängt, haben die Orbitale im Wasserstoffatom mit demselben n Wert dieselbe Energie.

Orbitale, die z. B. durch die Quantenzahlen (2, 0, 0), (2, 1, —1) (2, 1, 0) und (2, 1, 1) charakterisiert sind, haben alle dieselbe Energie. Orbitale mit derselben Energie werden als entartet (degeneriert) bezeichnet. In diesem Beispiel gibt es vier Orbitale mit derselben Energie; man sagt, die Orbitale sind vierfach entartet. Da die Energie eines Orbitals im Wasserstoffatom nur von n abhängt, entspricht die Entartung (Degenerierung) einer Schale gleich der Zahl der Orbitale in der Schale (n^2). (Dieselbe Entartung ist in anderen Atomen vorhanden).

Die verschiedenen Orbitalenergien für das Wasserstoffatom sind in Abbildung **4—7** angegeben. Die Orbitale werden durch die Kennzeichnung der Unterschalen und durch die Quantenzahlen (n, l und m) unterhalb des Strichs identifiziert.

Das Energieniveaudiagramm in Abbildung **4—7** entspricht dem in Abbildung **4—5** mit der Ausnahme, daß jedes Energieniveau jetzt aus verschiedenen entarteten Orbitalen (n^2) besteht. Das Linienspektrum des Wasserstoffatoms, das mit Hilfe der Abbildung **4—5** und der Bohr'schen Theorie erklärt wurde, kann sowohl aus der wellenmechanischen Lösung als auch mit Hilfe der Orbitale in Abbildung **4—7** erklärt werden. Tatsächlich ist die wellenmechanische Lösung der Bohr'schen Lösung dadurch überlegen, daß die Intensitäten der Spektrallinien mit Hilfe des Ergebnisses der Wellenmechanik erklärt werden können. Die Bohr'sche Theorie kann keine Erklärung dafür geben. Der niedrigste Energiezustand (Grundzustand) des Wasserstoffatoms hat ein einzelnes Elektron im 1s Orbital; d. h. die Elektronenkonfiguration für den Grundzustand des H-Atoms beträgt $1s^1$. Das Wasserstoffatom kann sich auch in einem Zustand höherer Energie (angeregter Zustand) befinden, z. B. durch Anregung des Elektrons auf die Energie des 2p Orbitals. Die Elektronenkonfiguration für diesen Zustand würde $2p^1$ lauten. Viele andere angeregte Zustände existieren für H z. B. $3p^1$, $3d^1$, $4f^1$. Das Spektrum, das zuvor in Abbildung **4—3** beschrieben wurde, entsteht aus Übergängen zwischen diesen Zuständen verschiedener Elektronenenergien des H-Atoms.

4—I. Beschreibung der Atomorbitale für Wasserstoff

Im vorausgehenden Abschnitt haben wir die Wellenfunktionen, die mit den Orbitalen des Wasserstoffs in Form der drei Quantenzahlen assoziiert sind, identifiziert und die Formel für die Energie (Gleichung

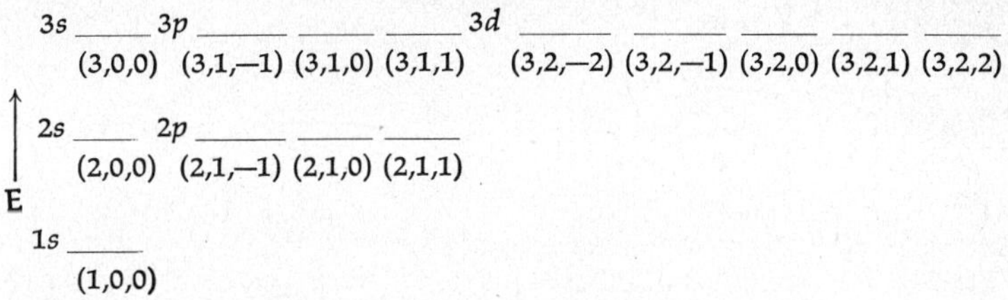

Abb. 4—7 Energiediagramm der Wasserstofforbitale.

4—5) angegeben, mit der die Energie des Atomorbitals berechnet werden kann.

In diesem Abschnitt wollen wir die Form der Wasserstoffatomorbitale beschreiben. Unter der Form eines Atomorbitals verstehen wir die verschiedenen Positionen, die das Elektron in jedem Atomorbital des Wasserstoffs einnehmen kann.

Die Information über die Form der Orbitale ist ein Ergebnis der Wellenfunktion dieses Orbitals. Obwohl die Wellenfunktion für ein Atomorbital nicht die exakte Position im Raum definiert, so beschreibt das Quadrat der Wellenfunktion die Wahrscheinlichkeit, ein Elektron in einem Raumelement zu finden. Da die Beschreibung der Orbitalformen eine Wahrscheinlichkeitsfunktion ist, müssen wir zuerst verstehen, wie man Wahrscheinlichkeitsfunktionen interpretiert. Wir werden sowohl Konturen als auch Verteilungen benutzen, um Orbitalformen darzustellen. Diese Begriffe sind wichtig, da sie des öfteren in Chemie, Biologie, Physik und Geologie vorkommen.

Konturzeichnungen

Das beste Beispiel für eine Konturzeichnung ist eine Landkarte mit Höhenlinien, die das Gelände an einem gegebenen Ort beschreibt. Eine Karte mit Höhenlinien besteht aus einer Serie von Konturen oder Kurven, wobei jede Linie einer gegebenen Höhe entspricht (Abbildung **4—8**). Intervalle von 500 m werden in Abbildung **4—8** gezeigt; aber das Intervall ist willkürlich gewählt worden. Die Konturkarte zeigt die Natur des Geländes. Die Karte in Abbildung **4—8** zeigt zwei Berge mit Höhen zwischen 3000—3500 m und 4500—5000 m. Recht enge Abstände der Konturen zeigen einen schnellen Anstieg oder Änderung in der Erhebung an; demzufolge ist der Anstieg zum Gipfel B steiler als zum Gipfel A. Das Tal zwischen den Bergen liegt zwischen 1500—2000 m.

Konturkarten werden dazu benutzt, dreidimensionale Oberflächen auf zweidimensionalem Papier zu beschreiben. Neben der Geländebe-

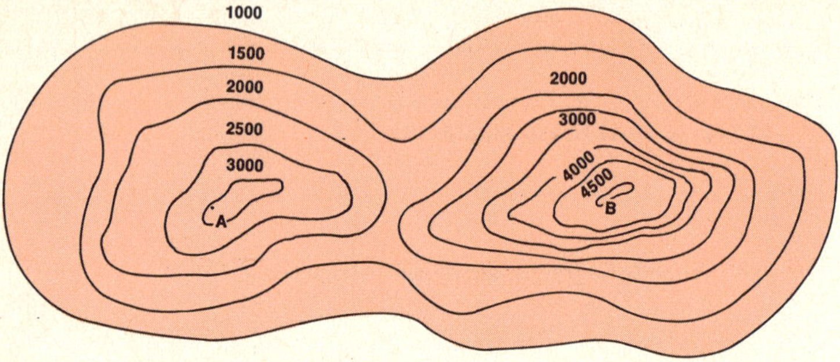

Abb. 4—8 Konturkarte mit Erhebungen.

schreibung können Konturdiagramme die Wahrscheinlichkeit angeben, mit der man ein Elektron an bestimmten Orten in einem Atom oder Molekül finden kann. Die Konturen in diesem Diagramm stellen verschiedene Niveaus der Wahrscheinlichkeitsdichte dar.

Obwohl die Konturen eines Atoms oder Moleküls dreidimensionale Flächen sind, ist es üblich den Querschnitt der Konturen in einer Ebene, die durch das Atom oder Molekül gelegt wird, graphisch darzustellen. Allgemein werden Querschnitte durch eine oder zwei Ebenen ausreichen, die Form einer dreidimensionalen Kontur zu illustrieren.

Zweidimensionale Verteilung

Normalerweise ist man mit eindimensionalen Verteilungen vertraut, die bequem in einer konventionellen, zweidimensionalen Zeichnung dargestellt werden können. Die Darstellung einer zweidimensionalen Verteilung in einer Zeichnung ist weniger einfach. Zur Darstellung einer zweidimensionalen Verteilung werden wir die Verteilung von Einschüssen in einer Zielscheibe betrachten. Da das Objekt im Zentrum (im Schwarzen) getroffen werden soll, erwartet man eine Anreicherung der Einschüsse um das Zentrum der Zielscheibe (Abbildung **4—9**).

Angenommen, daß das Visier der Schußwaffe richtig justiert ist, so sollten die Einschüsse gleichmäßig in allen Richtungen vom Zentrum verteilt sein — d. h. symmetrisch um das Zielscheibenzentrum. Die Wahrscheinlichkeit, ein Loch in einem bestimmten Gebiet auf der Zielscheibe zu finden, wird durch die Konzentration der Einschüsse in diesem Gebiet dargestellt. Wir definieren die Wahrscheinlichkeit pro Flächeneinheit als die *Wahrscheinlichkeitsdichte*. (Die Dichte eines

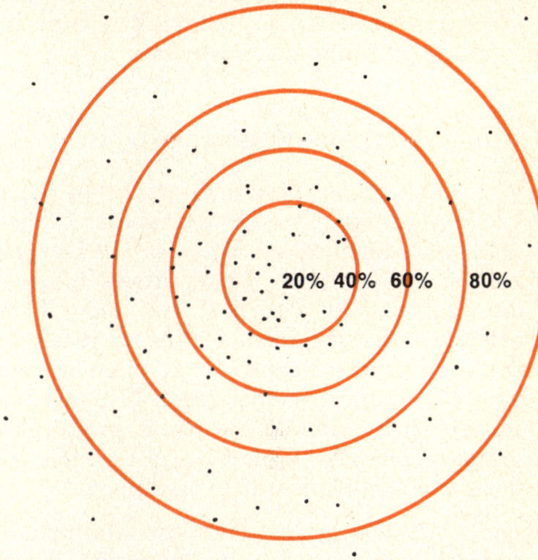

Abb. 4—9 Verteilung von 100 Einschüssen in einer Zielscheibe. Konturen des Wahrscheinlichkeitsniveaus sind bei 20 %, 40 %, 60 % und 80 % eingezeichnet.

dreidimensionalen Objekts ist Masse *pro Volumeneinheit*). Abbildung **4—9**, die die Wahrscheinlichkeitsdichte als Dichte der Einschüsse darstellt, wird als Punktdiagramm bezeichnet. Wir stellen einfach die Fläche auf der Zielscheibe, in der es die höchste Wahrscheinlichkeit gibt, 20 % der Einschüsse zu finden, durch den Kreis dar, der gerade 20 der 100 Einschüsse einkreist. Dieser Kreis ist als 20 % in Abbildung **4—9** gekennzeichnet. Ein Kreis in einem bestimmten Abstand vom Zentrum stellt eine Kontur konstanter Wahrscheinlichkeitsdichte oder einfach eine Kontur der Wahrscheinlichkeitsniveaus dar. Da die Fläche durch eine Kontur festgelegt ist und sie eine 20 %ige Wahrscheinlichkeit eingrenzt, einen Einschuß zu finden, nennen wir diese bestimmte Kontur die 20 % Kontur der Wahrscheinlichkeitsniveaus. Wir haben die 40 %, 60 % und 80 % Konturen definiert, aber wir hätten auch jede andere Kontur der Wahrscheinlichkeitsniveaus einzeichnen können.

Es ist natürlich unangenehm, jede Kontur im Diagramm zu identifizieren. Um die Konturen der Wahrscheinlichkeitsniveaus besser erkenntlich zu machen, können wir den verschiedenen Gebieten unterschiedliche Schattierungen zuteilen (Abbildung **4—10**). Das schwarze Gebiet stellt die 20 % Kontur der Wahrscheinlichkeitsniveaus dar; die 40 %, 60 % und 80 % Niveaus sind durch aufeinanderfolgende leichtere Schattierungen gekennzeichnet. Die Schattierungen sind eindeutig und können jeder Kontur der Wahrscheinlichkeitsniveaus zugeordnet werden. Diese Darstellung der Wahrscheinlichkeitsverteilung in zwei Dimensionen gibt (1) die Form der Konturen, (2) ein quantitatives Maß für die Wahrscheinlichkeit und ist (3) leicht zu interpretieren und zu verstehen.

Atomorbitale des Wasserstoffs

Wie schon früher erwähnt, gehört zu jedem Wasserstofforbital eine Wellenfunktion. Das Quadrat dieser Wellenfunktion ist ein Maß für die Wahrscheinlichkeit, daß sich ein Elektron an einem Ort im Raum aufhält. Wir müssen die Wahrscheinlichkeitsfunktion benutzen, um die geometrische Größe, Form und Orientierung der Wasserstofforbitale zu beschreiben. Da die zu jedem Orbital gehörende Wellenfunktion unterschiedlich ist, können wir erwarten, daß die geometrische Konfiguration eines jeden Orbitals verschieden ist. Wir werden unsere Diskussion in diesem Kapitel auf die *s* und *p* Orbitale begrenzen. Die Diskussion der *d* Orbitale wird auf Kapitel 16 (Übergangsmetalle, III, S. 1 ff.) verschoben.

Die Darstellung der Wahrscheinlichkeitsfunktionen für Elektronen in drei Dimensionen ist allgemein eine recht schwierige Aufgabe. Jedoch vereinfacht der Gebrauch der Konturen der Wahrscheinlichkeitsniveaus die Darstellung erheblich. In diesem Falle sind die Konturen der Wahrscheinlichkeitsniveaus dreidimensionale Flächen, da ψ^2 eine dreidimensionale Wahrscheinlichkeitsverteilung ist. ψ^2 ist ein Maß für die *Aufenthaltswahrscheinlichkeit eines Elektrons pro Volumeneinheit* oder die Wahrscheinlichkeitsdichte (analog zu unserem

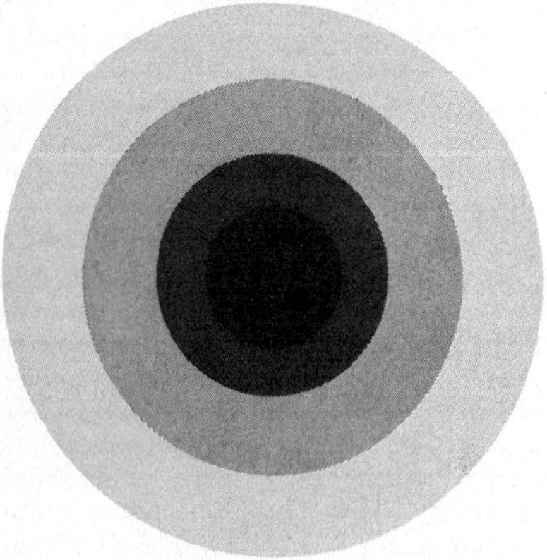

Abb. 4—10 Konturen der Wahrscheinlichkeitsniveaus für die Verteilung von Einschüssen in einer Zielscheibe.

vorherigen Gebrauch der Wahrscheinlichkeitsdichte in zwei Dimensionen, um Einschüsse in einer Zielscheibe darzustellen).

Die drei Quantenzahlen n, l, m, die zu einer Wellenfunktion ψ gehören, bestimmen die Größe, Form und Richtung des Atomorbitals. Die Haupteigenschaft eines Atomorbitals, die von jeder Quantenzahl bestimmt wird, ist

n = Größe
l = Form
m = Richtung im Raum

Dies wird offensichtlich, wenn wir die verschiedenen Orbitale darstellen.

Um zu zeigen, wie wir von einer Wellenfunktion ψ zu einer Wahrscheinlichkeitsdichteverteilung kommen können, werden wir das 1s Orbital in Einzelheiten betrachten. Die Wellenfunktion für das 1s Orbital des Wasserstoffs ist durch die folgende Gleichung gegeben.

$$\psi_{1s} = \frac{1}{\sqrt{\pi}}\left(\frac{1}{a_0}\right)^{3/2} e^{-r/a_0}$$

Man sieht, daß ψ_{1s} nur eine Funktion der Veränderlichen r und von den Winkeln Θ und Φ unabhängig ist. Demzufolge hat ψ_{1s} in allen Richtungen vom Kern denselben Wert; wir sagen, daß ψ_{1s} *kugelsymmetrisch* ist. Da das Quadrat der Wellenfunktion für die Wahrscheinlichkeitsdichte benötigt wird, müssen wir die Funktion berechnen:

$$\text{für } \psi_{1s}^2 = \frac{1}{\pi}\frac{1}{a_0^3} e^{-2r/a_0}$$

Eine graphische Darstellung dieser Funktion ist in Abbildung **4–11A** abgebildet. Man sieht in Abbildung **4–11A,** daß ψ_{1s}^2 den größten Wert im Kern ($r = 0$) hat und dieser Wert exponentiell mit zunehmendem r abnimmt. Dementsprechend ergibt sich in Abbildung **4–11B** die größte Wahrscheinlichkeitsdichte (Dichte der Punkte) am Kern und nimmt ab, wenn r zunimmt. Man sieht, daß die Verteilung in B in allen Richtungen vom Kern dieselbe ist. Die Konturen (ψ_{1s}^2 konstant) sind in Abbildung 4–11 für 20 %, 40 %, 60 % und 80 % Wahrscheinlichkeitsniveaus dargestellt. Diese sind auch dreidimensional in Abbildung **4–11C** dargestellt. Diese dreidimensionalen Konturen der Wahrscheinlichkeitsniveaus stellen das Volumen (in diesem Fall eine Kugel) dar, in dem das Elektron einen gewissen zeitlichen Prozentsatz besitzt. Man sieht, daß die zweidimensionalen Querschnitte der Konturen der Wahrscheinlichkeitsniveaus für das 1s Orbital in B denen im Zielscheibendiagramm (Abbildung **4–9**) sehr ähneln. Jedoch sollte man daran denken, daß Abbildung **4–11B** nur

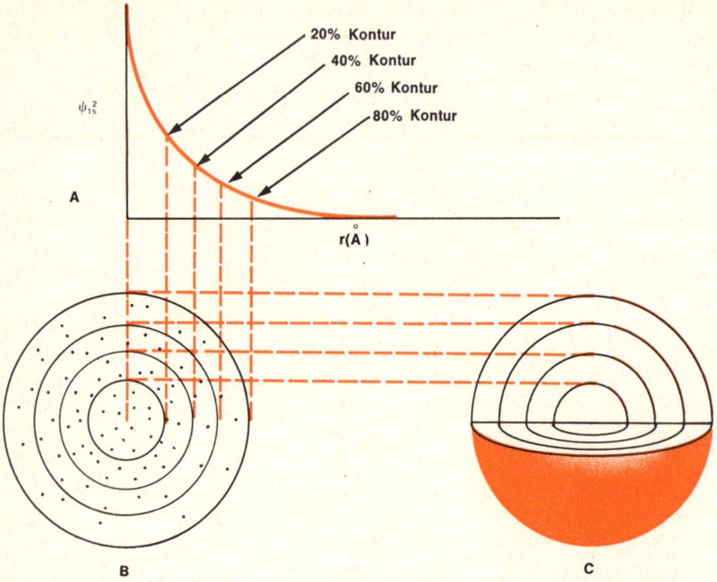

Abb. 4—11 Darstellung der Wahrscheinlichkeitsdichte für ein 1s Orbital. A. $\psi_{1s}{}^2$ als Funktion von r. B. Querschnitt durch ein Diagramm der 1s Wahrscheinlichkeitsdichte. C. Dreidimensionales Diagramm der Kontur der Wahrscheinlichkeitsniveaus.

ein Querschnitt ist und keine wahre dreidimensionale Verteilung darstellt.

Für alle *s* Orbitale beträgt $l = 0$; sie haben alle eine Wahrscheinlichkeitsdichteverteilung, die kugelsymmetrisch um den Kern aufgebaut ist. Eine kugelsymmetrische Verteilung bedeutet, daß die Wahrscheinlichkeit gleich groß ist, das Elektron in jeder Richtung bei einer gegebenen Entfernung vom Kern zu finden. Da die *s* Orbitale kugelsymmetrisch aufgebaut sind, kann das Wahrscheinlichkeitsdichte-Diagramm für jede Ebene, die den Kern enthält, benutzt werden. In Abbildung **4—12** sind Wahrscheinlichkeitsdichteverteilungen für 1*s*, 2*s* und 3*s* Orbitale in zweidimensionalen Punktdiagrammen in einer Ebene, die den Kern einschließt, dargestellt.

Drei Dinge sind aus Abbildung **4—12** ersichtlich. Erstens die zunehmende Größe, wenn die Hauptquantenzahl von $n = 1$ nach $n = 3$ zunimmt. Zweitens die Ähnlichkeit in der Form. Alle *s* Orbitale sind kugelsymmetrisch. Es sei daran erinnert, daß die Form für *s*

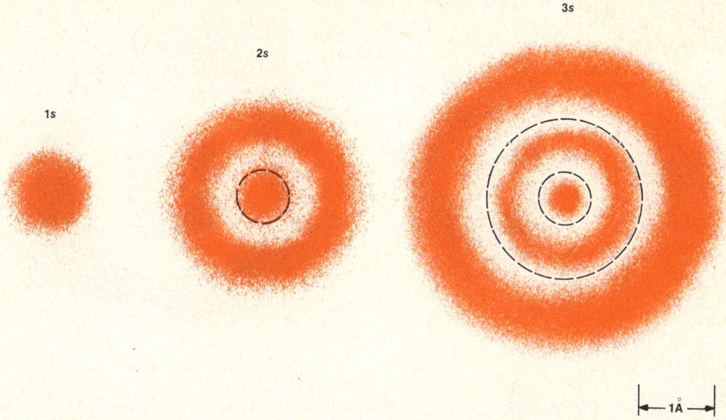

Abb. 4—12 Punktdiagramme der Elektronenwahrscheinlichkeitsdichte für *s* Orbitale — 1*s*, 2*s*, 3*s* — in zunehmender Größe. Knotenflächen sind durch gestrichelte Linien dargestellt.

Orbitale hauptsächlich durch die l Werte bestimmt wird, und daß die l Werte alle gleich Null sind. Drittens gibt es Flächen, auf denen die Wahrscheinlichkeit, ein Elektron zu finden, gleich Null ist. Dies sind die sogenannten Knotenflächen. Die gestrichelten Linien im Punktdiagramm in Abbildung **4—12** stellen die Knotenflächen dar; diese sind kugelförmig für *s* Orbitale. Die Zahl der kugelförmigen Knoten ist durch die folgende Formel gegeben:

$$\text{kugelförmige Knoten} = n - l - 1$$

Für die *s* Orbitale beträgt $l = 0$ und die Zahl der kugelförmigen Knoten beträgt 0, 1 und 2; für die Atomorbitale 1*s*, 2*s*, 3*s*.

Aufgabe 4—11

Berechne die Anzahl der kugelförmigen Knoten des 4 *s* Orbitals und zeige, wie das 4 *s* Orbital aussehen sollte. Benutze ein Punktdiagramm, aber schattiere einfach die Flächen, um die relative Wahrscheinlichkeitsdichte anzuzeigen.

Die Wahrscheinlichkeitsdichteverteilung des Elektrons im *s* Orbital kann auch durch Konturen der Wahrscheinlichkeitsniveaus dargestellt werden (Abbildung **4—13**). Dieselben 20, 40, 60 und 80 % Niveaus sind für die 1*s*, 2*s* und 3*s* Orbitale eingezeichnet. Für die 2*s* und 3*s* Orbitale liegen die 20 % Konturen der Wahrscheinlichkeitsniveaus in mehr als einem Bereich. Der Grund hierfür liegt darin, daß die Wahrscheinlichkeitsdichte ψ^2 in mehr als einem Gebiet einen hohen

Abb. 4—13 Kontur der Wahrscheinlichkeitsniveaus für *s* Orbitale: 1*s* Orbital, 2*s* Orbital, 3*s* Orbital. Die 20 %, 40 %, 60 % und 80 % Niveaus erscheinen als leichtere Schattierungen.

Wert hat und eine Kontur konstanter Wahrscheinlichkeitsdichte mehr als ein Gebiet eingrenzt. Eine solche Kontur ist auch für das 2*p* Orbital in Abbildung **4—16** gezeigt (analog zu den Höhenlinien oberhalb 2000 m, die in beiden Gebieten in Abbildung **4—8** vorkommen). Die Konturen der Wahrscheinlichkeitsniveaus für die 1*s*, 2*s* und 3*s* Orbitale sind auch als dreidimensionale Viertelausschnitte in Abbildung **4—14** dargestellt. Die Kugelform aller *s* Orbitale ist aus diesen Modellen ersichtlich.

Abb. 4—14 Dreidimensionale Konturen der Wahrscheinlichkeitsniveaus für *s* Orbitale (Viertelausschnitt). Die 20 %, 40 %, 60 % und 80 % Konturen der Wahrscheinlichkeitsniveaus werden gezeigt.

Wie schon in Abschnitt 4—H erwähnt, gibt es drei 2*p* Orbitale und drei 3*p* Orbitale. Für jedes dieser *p* Orbitale können drei Orbitale mit derselben Elektronenwahrscheinlichkeitsverteilung, aber mit unterschiedlicher Orientierung im Raum, dargestellt werden. Die drei 2*p* Orbitale werden mit $2p_x$, $2p_y$ und $2p_z$ bezeichnet und ihre Hauptachsen liegen in den Richtungen der x, y und z Achsen, wie später gezeigt wird. Im Moment werden wir nur die Formen der *p* Orbitale betrachten. Für ein *p* Orbital ($l = 1$) ist die Elektronenwahrscheinlichkeitsdichteverteilung symmetrisch in bezug auf die Achse. Das Punktdiagramm in Abbildung **4—15** stellt die Elektronenwahrscheinlichkeitsdichte für die 2*p* und 3*p* Orbitale in einer Ebene mit dieser Achse dar. Wiederum sei die zunehmende Größe erwähnt, wenn man

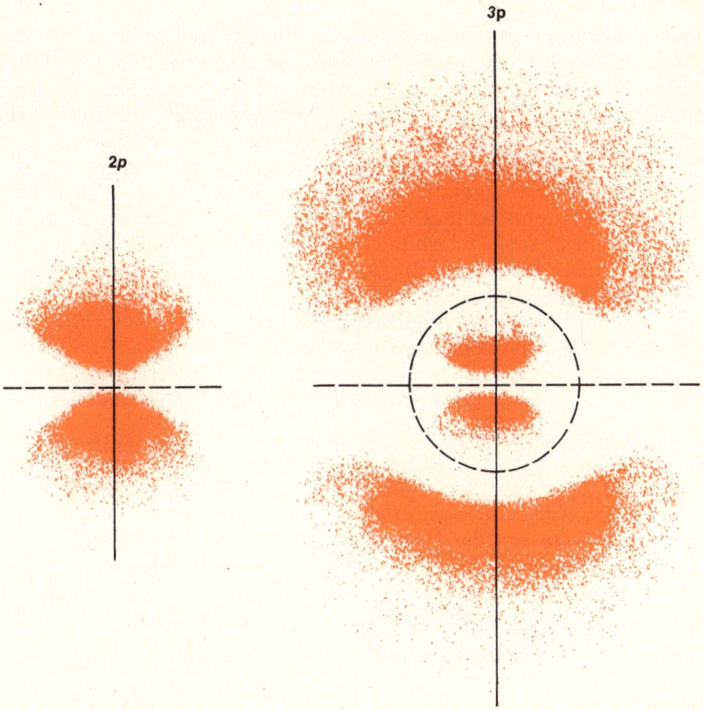

Abb. 4—15 Punktdiagramm der Elektronenwahrscheinlichkeitsdichte für die *p* Orbitale (2p und 3p) in zunehmender Größe. Die Verteilung ist symmetrisch in bezug auf die Achsen (als ausgezogene gerade Linie dargestellt). Die gestrichelte Linie stellt eine Knotenfläche senkrecht zur Hauptachse dar.

von der Quantenzahl $n = 2$ in $2p$ nach $n = 3$ in $3p$ geht. Die gestrichelten Linien stellen ebenfalls Knotenflächen in diesem Diagramm dar. Die gestrichelte Linie senkrecht zur Hauptachse bedeutet eine Knotenebene durch den Kern – eine Ebene in der die Wahrscheinlichkeit, ein Elektron zu finden, gleich Null ist. Es gibt eine Knotenfläche senkrecht zur Hauptachse sowohl für die $2p$ als auch für die $3p$ Orbitale. Die Zahl der Knotenflächen, die für jedes Orbital durch den Kern laufen, ist durch die Quantenzahl l gegeben. Für die p Orbitale mit $l = 1$ gibt es für alle p Orbitale nur eine Knotenfläche. Man sieht aus Abbildung **4–15**, daß der kugelförmige Knoten im $3p$ Diagramm durch einen gestrichelten Kreis dargestellt ist. Für das $3p$ Orbital mit $n = 3, l = 1$ beträgt die Zahl der kugelförmigen Knoten $n - l - 1 = 3 - 1 - 1 = 1$.

Konturdiagramme der Elektronenwahrscheinlichkeitsniveaus für die $2p$ und $3p$ Orbitale sind in Abbildung **4–16** dargestellt. Die relativen Größen der Orbitale sind besser zu erkennen, wenn man Konturdiagramme der Wahrscheinlichkeitsniveaus benutzt als mit jedem anderen Typ der Darstellung. Vergleicht man die p Orbitale mit den s Orbitalen in Abbildung **4–13**, so sieht man ganz deutlich, daß die $2s$ und $2p$ Orbitale ungefähr gleiche Größe haben. Dies ist zu erwarten, da die Hauptquantenzahl n im Prinzip die Größe der Orbitale bestimmt. Die $3s$ und $3p$ Orbitale sind ebenfalls ungefähr gleich groß. Vergleicht man das $2s$ und $2p$ Orbital genau, so sieht man, daß das $2s$ Orbital im Vergleich zum $2p$ Orbital eine größere Wahrscheinlichkeitsdichte in Kernnähe besitzt. Ähnliches gilt für das $3s$ Orbital, das eine größere Wahrscheinlichkeit in Kernnähe hat als das $3p$ Orbital. Dies ist von äußerster Bedeutung, wenn man Atomorbitale der Elemente mit mehreren Elektronen auf Grund ihrer Energie einordnet.

Da die p Orbitale symmetrisch in bezug auf die Hauptachse (durchgezogene Gerade in Abbildung **4–16**) verteilt sind, können dreidimensionale Konturen der Wahrscheinlichkeitsniveaus durch Drehen der zweidimensionalen Konturen der Wahrscheinlichkeitsniveaus in Abbildung **4–16** um die Hauptachse gebildet werden. Dieses führt zu einer dreidimensionalen Fläche, die die eigentliche Kontur der Wahrscheinlichkeitsniveaus für die $2p$ und $3p$ Orbitale darstellt. Ein dreidimensionaler Viertelausschnitt ist in Abbildung **4–17** gezeigt.

Wie wir schon früher besprochen haben, gibt es drei $2p$ Orbitale, die alle dieselbe Form aber verschiedene Orientierung im Raum haben. Die Hauptachsen (durchgezogene Gerade) des $2p$ Orbitals liegen entlang der x, y und z Achsen in Abbildung **4–18** für die p_x, p_y und p_z Orbitale. Um eine solche Orientierung auf Papier darzustellen, werden wir eine einzelne dreidimensionale Kontur der Wahrscheinlichkeitsniveaus für die $2p_x$, $2p_y$ und $2p_z$ Orbitale benutzen. Wir haben willkürlich die 80% Kontur der Wahrscheinlichkeitsniveaus für die

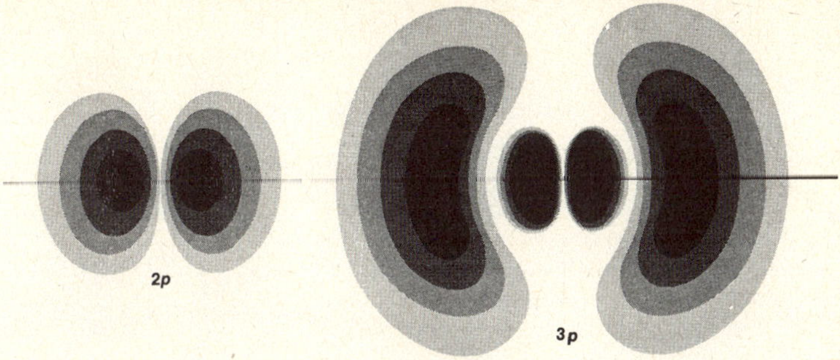

Abb. 4—16 Kontur der Wahrscheinlichkeitsniveaus für p Orbitale. Die 20 %, 40 %, 60 % und 80 % Niveaus erscheinen in der Reihenfolge leichterer Schattierungen.

p_x, p_y und p_z Orbitale in Abbildung **4—18** benutzt. Ähnliche Konturen können für die $3p_x$, $3p_y$ und $3p_z$ Orbitale konstruiert werden. Tatsächlich bestehen die *p* Orbitale für irgendeinen *n* Wert aus drei Orbitalen, die entlang der *x*, *y* und *z* Richtungen orientiert werden können.

Die Darstellungen, mit denen wir die Atomorbitale des Wasserstoffs beschrieben haben, ergaben sehr genaue Informationen in bezug auf die Elektronenwahrscheinlichkeitsdichte. Ein gutes Verständnis einer genauen Beschreibung der Atomorbitale ist für das Verstehen der Molekülbindung äußerst wichtig (Kapitel 6 und 7, I, S. 184 ff. u. 224 ff.). Obwohl die Darstellungen der Atomorbitale den Zweck dieses Kapitels sehr gut erfüllen, sind sie für den weiteren Gebrauch zu unbe-

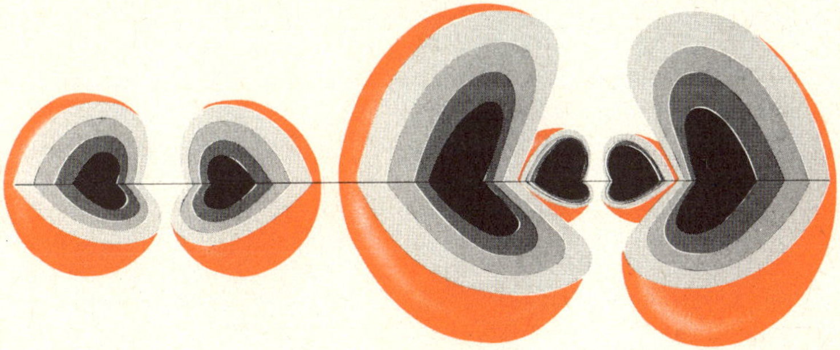

Abb. 4—17 Dreidimensionale Konturen der Wahrscheinlichkeitsniveaus für *p* Orbitale (gezeigt werden die 20 %, 40 %, 60 % und 80 % Konturen).

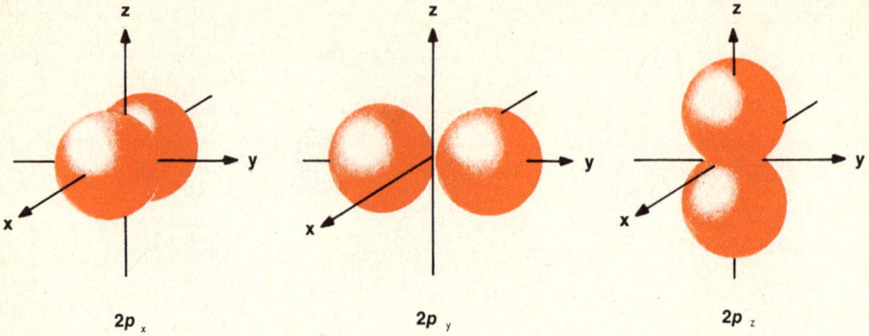

Abb. 4—18 Die 80 % Konturoberflächen der Wahrscheinlichkeitsniveaus für p_x, p_y und p_z Orbitale.

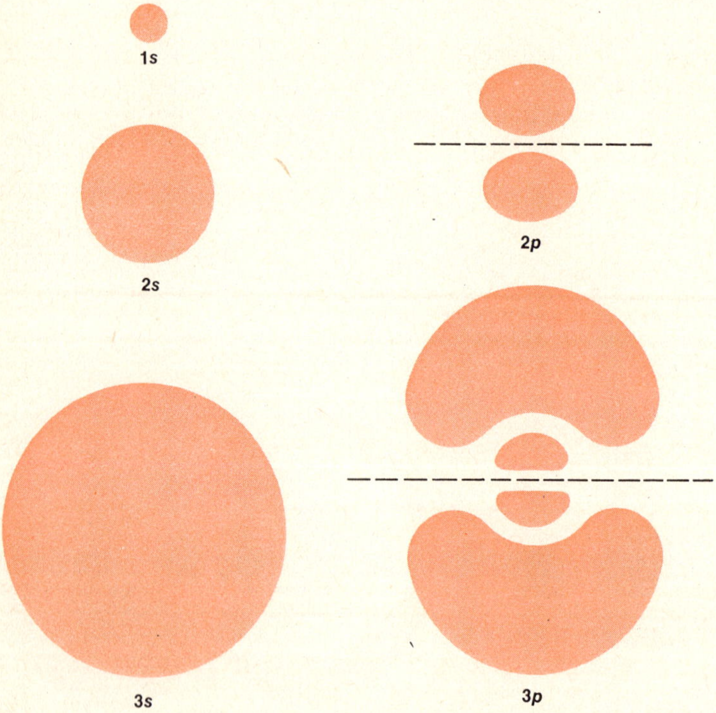

Abb. 4—19 Zweidimensionale 80 % Konturen der Wahrscheinlichkeitsniveaus für *s* und *p* Orbitale.

quem. Der Einfachheit halber werden wir daher ein Atomorbital mit Hilfe eines Querschnitts durch die 80 % Kontur der Wahrscheinlichkeitsniveaus in einer Ebene beschreiben, die den Kern umgibt. Für *p* Orbitale wird diese Ebene auch die Hauptachse einschließen. Die zweidimensionalen Konturen der Wahrscheinlichkeitsniveaus für die *s* und *p* Orbitale sind zum Vergleich in Abbildung **4—19** nebeneinander dargestellt.

Aufgabe 4—12

Berechne die Zahl der Knotenflächen und der kugelförmigen Knoten für die 3*d* und 4*d* Orbitale. Skizziere die Form eines 4*p* Orbitals durch Schattierungen der entsprechenden Flächen in einem zweidimensionalen Querschnitt.

4—J. Spinquantenzahl

Die drei Quantenzahlen *n*, *l* und *m* ergeben sich auf natürliche Weise aus dem Problem des Wasserstoffatoms und sie sind durch Experimente (hauptsächlich Atomspektroskopie) bestätigt worden. Zusätzlich gibt es eine vierte Quantenzahl, die sich experimentell ergibt. Das Experiment wurde von Stern und Gerlach (1921) durchgeführt und es zeigte, daß ein Strahl, bestehend aus Silberatomen, in zwei Bestandteile gespalten wird, wenn er durch ein magnetisches Feld geleitet wird. Das vereinfachte Diagramm in Abbildung **4—20** zeigt das Aufspalten des Silberstrahls in einem äußeren magnetischen Feld. Dieses Ergebnis wurde der Tatsache zugeordnet, daß das Elektron einen Spin besitzt und somit die Wechselwirkung eines rotierenden geladenen Partikels mit dem magnetischen Feld den Atomstrahl auftrennt. Da der Strahl nur in zwei Bestandteile gespalten wird, muß der Elektronenspin auf nur eine der beiden Orientierungen im Raum beschränkt sein. Wir stellen diese beiden möglichen Orientierungen mit einem Pfeil dar, der in die eine oder andere Richtung deuten kann.

$$\uparrow \text{ oder } \downarrow$$

Der nach oben deutende Pfeil (↑) zeigt die Achse an, um die sich das Elektron dreht, welches sich parallel zum magnetischen Feld befindet; Wir ordnen diesem einen Wert von $+{}^1/_2$ für die Spinquantenzahl mit dieser Orientierung zu. Umgekehrt wird einem Elektron mit seiner Drehachse entgegengesetzt zum magnetischen Feld (↓) eine Quantenzahl von $-{}^1/_2$ zugeordnet. Daher hat ein Elektron in einem Atom eine vierte Quantenzahl m_s mit den Werten von entweder $+{}^1/_2$ oder $-{}^1/_2$. Der Begriff des Spins ist auch theoretisch von Dirac mit Hilfe der Quantenmechanik abgeleitet worden. Jedoch ist die Abhandlung viel komplexer als die, die wir für die Lösung des Wasserstoffatoms

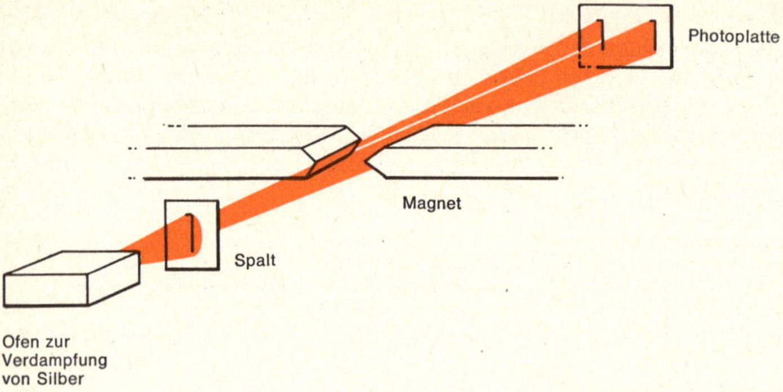

Abb. 4—20 Das Stern-Gerlach Experiment: Ein Strahl Silberatome in einem magnetischen Feld.

in Form der *n*, *l* und *m* Werte benutzt haben und daher werden wir sie nicht besprechen.

Wir haben jetzt vier Quantenzahlen – n, l, m, m_s – die ein Elektron in einem Atom beschreiben. Alle vier Quantenzahlen werden von Bedeutung sein, wenn man die Elektronenkonfiguration eines Atoms mit vielen Elektronen kennzeichnen will.

4—K. Begriffe, die die Elektronenkonfigurationen bestimmen

Wenn ein Atom oder ein Ion aus zwei oder mehreren Elektronen besteht, wird die quantenmechanische oder wellenmechanische Lösung außerordentlich schwierig. Aus diesem Grunde müssen wir ein Näherungsverfahren für das Problem benutzen und annehmen, daß die Orbitale für das Wasserstoffatom grundsätzlich die richtige Form für Atome mit mehreren Elektronen haben.

Jedoch müssen wegen der Anwesenheit der anderen Elektronen die Wasserstofforbitale modifiziert werden und insbesondere die relativen Orbitalenergien geändert werden. Demzufolge wird die Entartung der Wasserstofforbitale (wie in Abbildung **4—7**, I, S. 121) aufgehoben. Jedes Elektron in dem betreffenden Atom hat eine spezifische Energie. Dieses Konzept wird durch die Tatsache gerechtfertigt, daß die Atomspektren wie in Abbildung **4—3** (I, S. 106) diskrete Linien entsprechend den Übergängen zwischen einzigartigen Energiezuständen enthalten. Dies wird auch durch Experimente unterstützt, die das Ionisationspotential (die erforderliche Energie, um jedes der Elektronen in dem Atom zu entfernen) bestimmen können. Jedes der gemessenen Ionisationspotentiale zeigt direkte Energien für die Elektronen in einem Atom. Weitere Einzelheiten bezüglich des Ionisationspotentials werden in Kapitel 5 (S. 147 ff.) gegeben.

Als erste Annäherung für die Orbitale von Atomen mit mehreren Elektronen wird angenommen, daß jedes Elektron eines der Wasserstoffatomorbitale besetzt. Wir müssen nun betrachten, welches Atomorbital die Elektronen in einem Atom einnehmen werden. Der Ausdruck Elektronenkonfiguration wird benutzt, um das Schema der Besetzung zu kennzeichnen.

Das Pauli-Prinzip

Das Pauli-Prinzip sagt aus, daß keine zwei Elektronen in einem Atom in allen vier Quantenzahlen übereinstimmen dürfen. Diese Einschränkung auf die möglichen Werte der Quantenzahlen begrenzt die Zahl der Elektronen pro Atomorbital auf zwei. Wenn für ein Elektron in einem Atomorbital die Quantenzahlen n, l und m festgesetzt sind, ist nur die vierte Quantenzahl m_s innerhalb des Orbitals unterschiedlich. Die m_s Werte sind auf $+1/2$ und $-1/2$ beschränkt und daher die Einschränkung von zwei Elektronen pro Atomorbital.

Hund'sche Regel

Man sagt, daß zwei Elektronen mit derselben Spinquantenzahl parallelen Spin besitzen, da ihre Drehachsen gleichgerichtet sind. Wenn zwei Elektronen verschiedene Spinquantenzahlen haben, so deuten ihre Drehachsen in verschiedene Richtungen und man sagt, daß ihre Spins antiparallel oder gepaart sind. Die Hund'sche Regel beschäftigt sich mit Elektronen, die dieselben degenerierten Orbitale besetzen wie z. B. die drei $2p$ Orbitale. Die Regel sagt aus: Wenn Elektronen degenerierte Atomorbitale besetzen, füllen sie die individuellen Orbitale mit parallelen Spins, bis alle Orbitale einfach besetzt sind. Wenn die Zahl der Elektronen größer ist als die Zahl der degenerierten Orbitale, dann werden zwei Elektronen ein Orbital mit entgegengesetztem Spin besetzen. Wir können die Hund'sche Regel in folgendem Diagramm darstellen (der Spin des Elektons wird durch die Pfeile ↑ oder ↓ gekennzeichnet). Die Gesamtzahl der Elektronen, die diese p Orbitale besetzen, ist in der linken Spalte aufgeführt.

Man sieht, daß die Elektronen getrennte Orbitale mit parallelen Spins besetzen, bis die Zahl der Elektronen über drei hinausgeht. Die Folgen dieser Orbitalbesetzung werden sowohl in den physikalischen als auch chemischen Eigenschaften der Elemente bemerkbar sein (Kapitel 5 bis 7).

Zahl der Elektronen	p_x	p_y	p_z
1	↑		
2	↑	↑	
3	↑	↑	↑
4	↑↓	↑	↑
5	↑↓	↑↓	↑
6	↑↓	↑↓	↑↓

Wir beenden diesen Abschnitt mit einigen Beziehungen, die die maximale Zahl der Elektronen angeben, mit denen die Orbitale in einer Unterschale (durch l gegeben) und einer Schale (durch n gegeben) besetzt werden können. In Abschnitt I haben wir gesehen, daß die Zahl der Orbitale in einer Unterschale $2l + 1$ und die Zahl der Orbitale in einer Schale n^2 beträgt. Daher erhält man unter Berücksichtigung des Pauli Prinzips die folgenden Beziehungen:

Zahl der Elektronen/Orbital $= 2$
Zahl der Elektronen/Unterschale $= 2(2l + 1)$
Zahl der Elektronen/Schale $= 2n^2$

Aufgabe 4—13

Zeige, daß die maximale Zahl der Elektronen in der Schale ($n = 2$) 8 beträgt. Schreibe alle vier Quantenzahlen für jedes Elektron in dieser Schale mit $n = 2$. (Nimm an, daß die Schale die maximale Anzahl von Elektronen enthält).

Aufgabe 4—14

Wieviel Elektronen können maximal in der 5*f* Unterschale eingebaut sein?

4—L. Reihenfolge der Orbitalenergien

Im allgemeinen möchte sich ein Atom im stabilsten Zustand befinden, der dem Grundzustand entspricht. Um die Energie eines Atoms auf ein Minimum zu bringen, müssen alle Elektronen in die Orbitale niedrigster Energie gebracht werden, damit die Gesamtenergie der Elektronen ein Minimum annehmen wird. Falls wir eine Reihenfolge der Orbitalenergien aufstellen wollen, können die Elektronen in die stabilste Anordnung innerhalb der Atomorbitale entsprechend der aufgestellten Regeln gebracht werden, und damit wird die Elektronenkonfiguration für den Grundzustand bestimmt sein.

Die Reihenfolge der Orbitalenergien folgt in erster Annäherung der Anordnung der Wasserstoffatomorbitale, die in Abbildung **4–7** (I, S. 121) angegeben sind. Es sei daran erinnert, daß die Energie eines Elektrons in einem Wasserstoffatomorbital nur von der Hauptquantenzahl n abhängt. Das 1*s* Orbital hat die niedrigste Energie; als nächstes folgt $2s = 2p$; dann $3s = 3p = 3d$ usw. Den stabilsten Zustand für Wasserstoff (niedrigste Energie) erhält man, wenn man das Elektron in das energieärmste 1*s* Orbital einbaut.

Helium He besitzt zwei Elektronen, die das 1*s* Orbital besetzen können, um die energieärmste Konfiguration zu bilden.

Die gleichen Betrachtungen können herangezogen werden, wenn man die Anordnung der Elektronen in Lithium Li mit drei Elektronen bestimmen will. Zwei Elektronen werden in das 1*s* Orbital eingebaut und das verbleibende Elektron wird in die Schale $n = 2$ gehen. Jedoch gibt es sowohl 2*s* als auch 2*p* Unterschalen in der $n = 2$ Schale; es ergibt sich also die Frage, welches Orbital das verbleibende Elektron besetzen soll. Im Falle des Wasserstoffs hatten diese Orbitale dieselbe Energie und es wäre gegenstandslos, das Elektron in verschiedene Orbitale einzubauen. Jedoch in Atomen, die mehr als ein Elektron enthalten, sind die Energien der 2*s* und 2*p* Orbitale nicht mehr gleich.

Im Falle von Li haben wir zwei Elektronen im 1*s* Orbital; diese werden sich mehr in Kernnähe befinden verglichen mit einem Elektron in 2*s* oder 2*p* Orbitalen (siehe Abbildungen **4–13** und **4–16**). Die Energie eines Elektrons im 2*s* oder 2*p* Orbital hängt von der Anziehung des positiven Kerns auf dieses Elektron ab; im Falle von Li wird diese Anziehungskraft teilweise durch die Abstoßung des dritten Elektrons durch die beiden Elektronen im 1*s* Orbital ausgeglichen. Die durchschnittliche Position der Elektronen in einem 1*s* Orbital kann schematisch als eine Wolke angesehen werden. Man kann deshalb annehmen, daß die Abstoßung ihren Ursprung in der Wechselwirkung zwischen dem 2*s* oder 2*p* Elektron und der 1*s* Ladungswolke hat (Abbildung **4–21**). Die Energie des Elektrons in einem 2*s* oder 2*p* Orbital hängt daher vom Nettowert der Anziehung und Abstoßung für dieses Elektron ab. Die resultierende Nettoanziehung in Richtung auf den Kern (Anziehung auf einem +3 Kern gegenüber der Abstoßung durch beide negativen Elektronen) kann als eine Anziehung des Elektrons auf einen Kern angesehen werden, dessen effektive Kernladung $+Z_{eff}$ verschieden von der wirklichen Kernladung ist. Die Reihenfolge der Energien eines 2*s* Elektrons oder eines 2*p* Elektrons kann daher durch die Frage gelöst werden: „In welchem Orbital erfährt das Elektron die größte $+Z_{eff}$?"

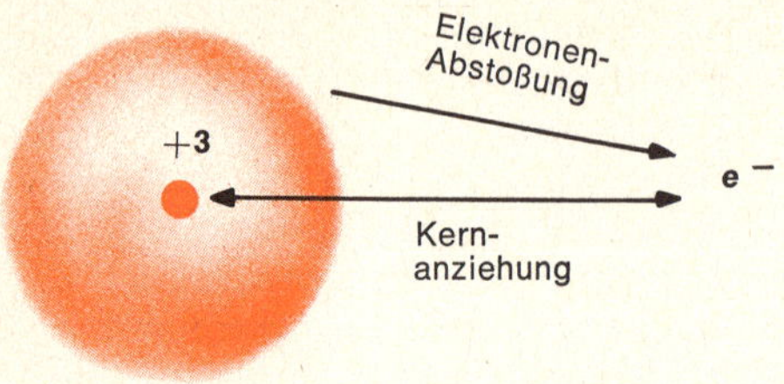

Abb. 4—21
Anziehungs- und Abstoßungskräfte einer 1*s* Ladungswolke auf ein äußeres Elektron.

Wie wir aus den Zeichnungen der Elektronenverteilung in den Abbildungen **4—12** bis **4—17** gesehen haben, verbringt das Elektron in einem 2*s* oder 2*p* Orbital nicht die gesamte Zeit außerhalb des Bereichs des 1*s* Orbitals, sondern es gibt eine gewisse Wahrscheinlichkeit, daß es sich in der Nähe der Elektronen des 1*s* Orbitals und sogar eine gewisse Wahrscheinlichkeit, daß es sich in der Nähe des Kerns aufhält. Mit anderen Worten können wir sagen, daß ein 2*s* oder 2*p* Elektron die 1*s* Ladungswolke durchdringen kann. Dies ist in Abbildung **4—22** gezeigt, in der das 2*p* Orbital mit einem 2*s* Orbital überlagert ist. Die gestrichelte Linie stellt die 80 % Konturen der Wahrscheinlichkeitsniveaus für das 1*s* Orbital dar. Man sieht, daß das 2*s* Orbital eine größere Wahrscheinlichkeitsdichte hat, innerhalb der 1*s* Kontur zu fallen als das 2*p* Orbital. Man sagt, daß ein Elektron in einem 2*s* Orbital eine höhere Durchdringungskraft hat als ein 2*p* Elektron. Aus diesem Grunde erfährt ein Elektron in einem 2*s* Orbital eine größere Z_{eff} als ein Elektron in einem 2*p* Orbital. Daher ist ein Elektron in einem 2*s* Orbital energieärmer als ein Elektron in einem 2*p* Orbital. Demzufolge bevorzugt das dritte Elektron in Lithium das 2*s* Atomorbital. Das Spektrum des Lithiums und seine chemischen Eigenschaften stimmen hiermit überein.

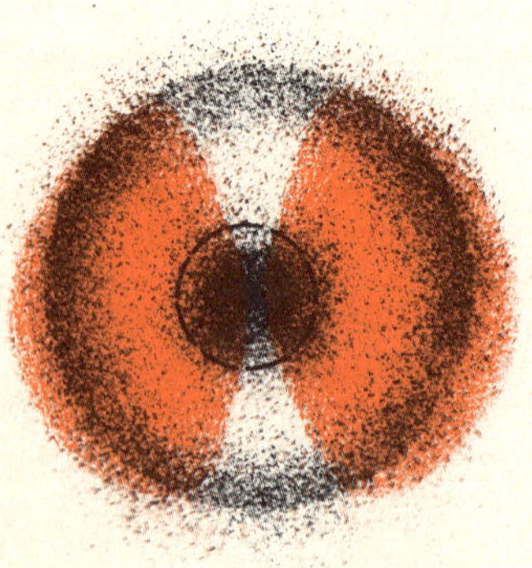

Abb. 4—22 Vergleich der Durchdringung von 2*s* und 2*p* Orbitalen. Das 2*s* Orbital ist durch schwarze Punkte dargestellt; das 2*p* Orbital durch farbige Punkte; das 1*s* Orbital (80 % Wahrscheinlichkeitskontur) durch den gestrichelten Kreis.

Auf Grund einer ähnlichen Analyse für *d* und *f* Orbitale und einer Untersuchung der Spektren und chemischen Eigenschaften anderer Atome kann man auf die folgende Reihenfolge der Durchdringung der Orbitale schließen

$$s > p > d > f$$

Diese Durchdringungsfähigkeit nimmt ihren Einfluß auf die Energie eines Elektrons, das eines dieser Orbitale besetzt, und die Reihenfolge unterscheidet sich von den Wasserstoffatomorbitalen, bei denen alle Orbitalenergien innerhalb einer gegebenen Schale gleich sind. Falls wir in Betracht ziehen, mehr Elektronen in die Atomorbitale einzubauen, um Elemente mit höheren Kernladungszahlen zu bilden, ergibt sich folgende Reihenfolge der Orbitalenergien:

$$1s < 2s < 2p < 3s < 3p < 4s < 3d < 4p < 5s < 4d < 5p < 6s$$
$$< 4f < 5d < 6p < 7s < 5f < 6d$$

Die Reihenfolge der Orbitalenergien (mit zunehmender Energie) wird auch als das „Aufbauprinzip" bezeichnet, da dieses die Reihenfolge darstellt, in der man Elektronen „einfüllt", um die Elektronenkonfigurationen für die Elemente aufzubauen. Eine bequeme Methode zur Einreihung der Elemente, die sich auf die Struktur des Periodischen Systems bezieht, wird im folgenden Abschnitt gezeigt.

4—M. Elektronenkonfigurationen der Atome

Nachdem wir die notwendigen Regeln zum Auffüllen und Anordnen der Orbitale aufgestellt haben, können wir jetzt die Elektronenkonfigurationen für die Elemente des Periodischen Systems schreiben. Die Elektronenkonfiguration eines Atoms wird durch die Unterschale mit einer hochgestellten Zahl gekennzeichnet. Diese gibt die Zahl der Elektronen in der Unterschale an. Zum Beispiel:

H $1s^1$
He $2s^2$
Li $1s^2\ 2s^1$
Be $1s^2\ 2s^2$
B $1s^2\ 2s^2\ 2p^1$
C $1s^2\ 2s^2\ 2p^2$
N $1s^2\ 2s^2\ 2p^3$

Die Elektronenkonfigurationen anderer Elemente können auf ähnliche Art geschrieben werden, wenn man die Reihenfolge der Atomorbitale aus dem vorherigen Abschnitt benutzt. Es gibt jedoch einen einfacheren Weg; nämlich, wenn man sich auf die Struktur des Periodischen Systems bezieht, das die mit Elektronen aufzufüllenden Unterschalen in verschiedenen Gruppen vereinigt. In Abbildung **4—23** ist die schematische Darstellung des Periodischen Systems in Bereiche eingeteilt, in denen bestimmte Unterschalen gefüllt werden. Eine Reihe im Periodischen System wird eine Periode genannt, wie in Kapitel 5 (S. 147) näher erläutert. Wir werden die Nummer der Reihe oder Periode mit *r* kennzeichnen. Die Hauptquantenzahl *n* einer zu füllenden Unterschale wird durch die Zahl *r* der Periode angegeben. In dem Bereich, der durch *rs* gekennzeichnet ist, werden Elektronen in die *s* Orbitale mit einer Hauptquantenzahl, die *r* entspricht, aufgefüllt. In dem (*r* — 1) *d* Bereich werden die Elektronen in den Orbitalen der *d* Unterschale mit der Hauptquantenzahl (*r* — 1) zugefügt. Im *rp* Bereich werden Elektronen in Orbitale in der *p* Unterschale mit einer Hauptquantenzahl entsprechend der Zahl *r* der Periode eingebaut. An den mit Sternchen (* oder **) gekennzeichneten Punkten werden Orbitale in die (*r* — 2)*f* Unterschale gefüllt.

Die Elektronenkonfiguration eines Elements erhält man, indem man links mit der ersten Periode beginnt und dann schrittweise durch die Periode von links nach rechts unter Hinzufügen der maximalen Elektronen in die entsprechenden Unterschalen geht, bis das gewünschte

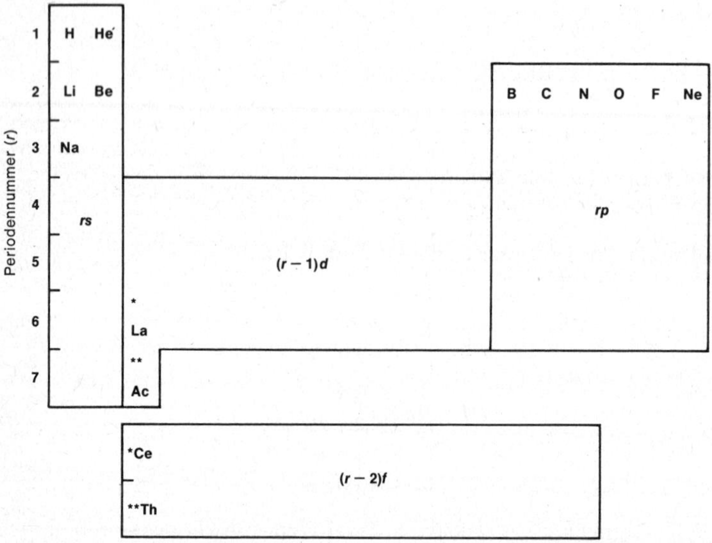

Abb. 4—23 Hauptquantenzahl *n* einer zu füllenden Unterschale als Funktion der Periodennummer *r* im Periodischen System.

Element im Periodischen System erreicht ist. Wir wollen als erstes Beispiel Natrium Na mit der Kernladungszahl 11 betrachten. Wir begeben uns quer durch die erste Periode und füllen das 1*s* Orbital auf und dann quer durch die zweite Periode und füllen die 2*s* und 2*p* Orbitale. Wir haben jetzt 10 Elektronen in die Orbitale eingebaut, da aber Natrium 11 Elektronen besitzt, müssen wir in die dritte Periode gehen und ein Elektron in das 3*s* Orbital einbauen. Die Elektronenkonfiguration für Na lautet dann

$$1s^2\ 2s^2\ 2p^6\ 3s^1$$

Ein komplizierteres Beispiel ist Europium Eu mit der Kernladungszahl 63. Die Teilkonfiguration und die Zahl der Elektronen in jeder Periode ist in der folgenden Tabelle angegeben:

		Zahl der Elektronen
erste Periode	$1s^2$	2
zweite Periode	$2s^2\ 2p^6$	8
dritte Periode	$3s^2\ 3p^6$	8
vierte Periode	$4s^2\ 3d^{10}\ 4p^6$	18
fünfte Periode	$5s^2\ 4d^{10}\ 5p^6$	18
sechste Periode	$6s^2\ 4f^7$	9
		63

Die vollständige Elektronenkonfiguration des Europiums ist dann

$$1s^2\ 2s^2\ 2p^6\ 3s^2\ 3p^6\ 4s^2\ 3d^{10}\ 4p^6\ 5s^2\ 4d^{10}\ 5p^6\ 6s^2\ 4f^7$$

Aufgabe 4—15

Schreibe die Elektronenkonfigurationen für Chlor und Eisen.

Der Gebrauch des Aufbauprinzips der Orbitale, um die Elektronenkonfigurationen der Elemente zu finden, ist sehr bequem und allgemein verläßlich. Jedoch haben einige Atomorbitale sehr geringe Energieunterschiede und manchmal wird eine stabilere Konfiguration erreicht, wenn man ein Elektron in ein Orbital einbaut, welches eine Stufe höher in der Anordnung liegt. Die Elektronenkonfigurationen aller Elemente sind im Anhang F (III, S. 143) gegeben und man kann einige Ausnahmen erkennen. Als Beispiel hierfür wollen wir auf die Elektronenkonfiguration des Kupfers hinweisen:

$$1s^2\ 2s^2\ 2p^6\ 3s^2\ 3p^6\ 4s^1\ 3d^{10}$$

Man sieht, daß das 4*s* Orbital nur ein Elektron besitzt, während die fünf 3*d* Orbitale mit 10 Elektronen gefüllt sind. Mit der gerade diskutierten Methode würden wir eine Konfiguration . . . $3p^6\ 4s^2\ 3d^9$ finden; jedoch ist diese Konfiguration für Kupfer nicht richtig. Es gibt nur 9 Ausnahmen im angegebenen Aufbauprinzip, und nur wenige haben deutliche Folgen in bezug auf die chemischen Eigenschaften der Elemente.

Es soll nochmals betont werden, daß die Anordnung der Orbitale, die wir gerade benutzt haben, die einzige Reihenfolge ist, in der aufeinanderfolgende Unterschalen gefüllt werden, um die Elektronenkonfigurationen der Elemente zu erhalten. Dieser Vorgang ist im allgemeinen ausreichend, die richtige Besetzung der Atomorbitale mit Elektronen anzugeben; jedoch ist diese Aufbausequenz nicht notwendigerweise die Reihenfolge der Orbitalenergien, nachdem die Elektronen diese Orbitale besetzt haben. Das Aufbauprinzip basiert auf dem Orbital, welches die niedrigste Energie zu dem Zeitpunkt hat, in dem das nächste Elektron eingebaut wird. In einem Element mit einer höheren Kernladungszahl sind jedoch viele Elektronen hinzugefügt worden und die Kernladung hat ungeheuer zugenommen. Demzufolge ändern sich die Energien der Elektronen in den schon besetzten Orbitalen und auf ähnliche Weise auch die Reihenfolgen der Orbitalenergien. In Eu z. B. (63 Elektronen) befindet sich ein Elektron in den $2s$ oder $2p$ Orbitalen in einer völlig anderen Ladungsumgebung als ein $2s$ oder $2p$ Elektron in Li (3 Elektronen).

Bei den Übergangselementen der Gruppe IIIB und IIB des Periodischen Systems (siehe Innenseite des hinteren Buchdeckels) unterscheidet sich die wirkliche Reihenfolge der Orbitalenergien vom Aufbauprinzip. Diese hat eine deutliche Auswirkung auf die Ionisation dieser Elemente. Zum Beispiel ergibt das *Aufbauprinzip* für Ni (Kernladungszahl 28):

$$1s^2\ 2s^2\ 2p^6\ 3s^2\ 3p^6\ 4s^2\ 3d^6$$

Die wirkliche Anordnung der Orbitalenergie innerhalb des Nickelatoms beträgt jedoch:

$$1s^2\ 2s^2\ 2p^6\ 3s^2\ 3p^6\ 3d^8\ 4s^2$$

Ionisation des Nickelatoms sollte die $4s$ Elektronen vor den $3d$ Elektronen entfernen. Es gibt jedoch gute Hinweise darauf, daß es die $4s^2$ Elektronen sind, die bei der Bildung von Ni^{2+} entfernt werden. Die Elektronenkonfiguration für Ni^{2+} lautet:

$$1s^2\ 2s^2\ 2p^6\ 3s^2\ 3p^6\ 3d^8$$

Die Elektronenkonfiguration eines Ions ist für das Verständnis der chemischen Eigenschaften des Elements wichtig.

Aufgabe 4—16

Schreibe die Elektronenkonfigurationen für Mn, Mn^{2+}, Mn^{3+}.

Übungen

1. a) Gib die Elektronenkonfiguration für Rubidium (Kernladungszahl 37).

   b) Gib die vier möglichen Quantenzahlen für die Elektronen in jedem Orbital, z. B. $2s^2$, $n = 2$, $l = 0$, $m = 0$ und $m_s = \pm 1/2$.

2. Welcher Unterschied besteht zwischen der klassischen- und wellen- oder quantenmechanischen Beschreibung eines Elektrons?

3. Ein neutrales Atom eines Elements besitzt 2 Elektronen in $n = 1$, 8 Elektronen in $n = 2$, 8 Elektronen in $n = 3$ und 1 Elektron in $n = 4$. Gib mit dieser Information so viele Größen an, wie eben möglich:
   a) Kernladungszahl
   b) Gesamtzahl der s Elektronen
   c) Gesamtzahl der p Elektronen
   d) Gesamtzahl der d Elektronen
   e) Zahl der Protonen im Kern
   g) Zahl der Neutronen im Kern

4. Silber hat die Elektronenkonfiguration

$$1s^2\, 2s^2\, 2p^6\, 3p^6\, 3d^{10}\, 4s^2\, 4p^6\, 4d^{10}\, 5s^1$$

   Man sieht, daß das $5s$ Orbital mit einem einzelnen Elektron und das $4d$ Orbital mit 10 Elektronen besetzt ist. Dies stellt eine Ausnahme im „Aufbauprinzip" dar, da wir normalerweise das $5s$ Orbital vollständig füllen, bevor wir mit dem $4d$ beginnen.
   a) Warum hat Ag die obige Elektronenkonfiguration und nicht . . . $5s^2\, 4d^9$?
   b) Welches sollte das stabilste Silber-Ion sein? Schreibe die Elektronenkonfiguration für dieses Ion.

5. Würde mehr oder weniger Energie erforderlich sein, um ein $3d$ Elektron von Fe^{2+} oder von Co^{3+} zu entfernen?

6. a) Berechne die Zahl der kugelförmigen und planaren Knoten für die $4p$ und $5d$ Orbitale.
   b) Skizziere Konturdiagramme für die $4p$ und $5p$ Orbitale, wie für $2p$ und $3p$ Orbitale in Abbildung **4—16** ausgeführt wurde. Wie verhalten sich die Größen der p Orbitale?
   c) Vergleiche, unter Berücksichtigung der relativen Größen der $2p$, $3p$, $4p$ und $5p$ Orbitale, die Ladungsdichten in der äußeren Region für diese p Orbitale. Wie wir in den Kapiteln 6 und 7 sehen werden, spielen die Größen und Ladungsdichten der Orbitale eine bedeutende Rolle bei der Bestimmung der Bindungsstärken in Molekülen.

7. Skizziere Konturdiagramme (80 %) für die $4s$ und $5s$ Orbitale. Wie verhalten sich die Formen der s und p Orbitale im Gegensatz zu den $2s$ und $2p$ Orbitalen, wenn sich die Hauptquantenzahl auf 4 und 5 erhöht?

8. Würde man auf Grund der Kenntnis der Größe und Form der Atomorbitale und der Elektronenkonfigurationen erwarten, daß Li, Na, K, Rb und Cs eine übereinstimmende Tendenz in bezug auf Zu- oder Abnahme der Größe zeigen?

9. Quecksilber-Flutlichter zeigen eine leichte blaue und grüne Farbe. Diese entstehen durch die Ausstrahlung folgender Wellenlängen

$$\lambda = 4348 \text{ Å (blau)}$$
$$\lambda = 5461 \text{ Å (grün)}$$

Berechne die Energie in erg/Photon und Kcal/Mol für die Strahlung dieser beiden Wellenlängen. (Ein Mol Photonen = 6,023 × 10^{23} Photonen).

10. Die Temperatur von Sternen kann geschätzt werden, wenn man Spektren von Atomen und Ionen beobachtet, deren Elektronen bei hoher Temperatur in den Sternen angeregt sind. Betrachte zwei leere Atomorbitale, deren Energien ε_1 und ε_2 oberhalb eines gefüllten Niveaus liegen. Durch Energiezufuhr zum Atom oder Ion kann ein Elektron in eines dieser beiden Niveaus gehoben werden. Kehrt das Elektron zum Ausgangsorbital zurück, so wird die Energie in Form von elektromagnetischer Strahlung abgegeben. Die Energie des höheren Atomorbitals (ε_1 oder ε_2) wird durch die beobachtete Wellenlänge λ_1 oder λ_2 der elektromagnetischen Strahlung charakterisiert. Die Intensitäten dieser Linien λ_1 und λ_2 sind proportional zur Zahl der angeregten Atome, die Elektronen in dem bestimmten Atomorbital haben.

$$I_1 = C_1N_1$$
$$I_2 = C_2N_2$$

Hierbei bedeuten: I = Intensität, N = Zahl der angeregten Atome und C = konstant. Die relativen Werte für C_1 und C_2 können aus Experimenten im Laboratorium bestimmt werden.

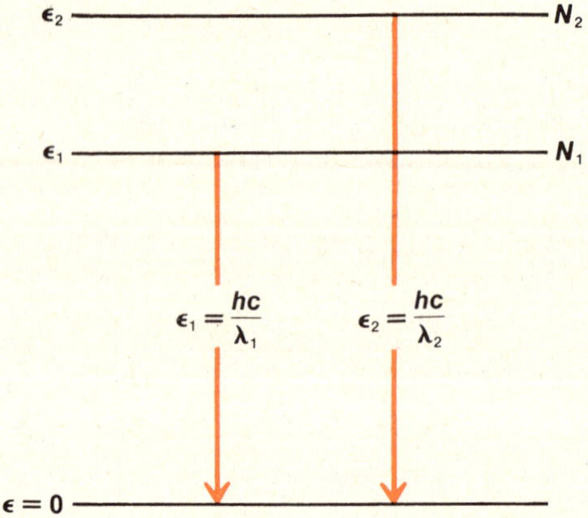

Die Temperatur des Sterns bestimmt die Zahl der Atome, die auf ein bestimmtes Niveau angeregt werden. Die Beziehung ist durch folgende Gleichung gegeben

$$N_1 = C \cdot e^{-} E_1/kT$$

wobei C eine Konstante ist, die für alle Energieniveaus etwa gleich ist; k = Boltzmann Konstante = 1,38 × 10^{-16} erg/Molekül. Für N_2 gibt es einen ähnlichen Ausdruck.

a) Setzt man N_1 und N_2 in die Gleichungen für I_1 und I_2 ein, so erhält man

$$\frac{I_1}{I_2} = \frac{C_1}{C_2} e^{-(\varepsilon_1 - \varepsilon_2)/kT}$$

und

$$\ln \frac{I_1}{I_2} = \ln \frac{C_1}{C_2} - \frac{(\varepsilon_1 - \varepsilon_2)}{kT}$$

oder

$$\log \frac{I_1}{I_2} = \log \frac{C_1}{C_2} - \frac{(\varepsilon_1 - \varepsilon_2)}{2{,}303\, kT}$$

b) Wenn die Intensitäten der beiden Linien experimentell die folgenden Ergebnisse ergeben,

$$\frac{I_1}{I_2} = 202$$

$$\frac{C_1}{C_2} = 5{,}63$$

$$\lambda_1 = 5000\ \text{Å}$$

$$\lambda_2 = 4000\ \text{Å}$$

wie hoch würde die Temperatur des Sterns sein?

c) Wenn das angeregte Atom Wasserstoff ist, welches Verhältnis I_1/I_2 würde man für die Atomorbitale $n_1 = 2$ und $n_2 = 3$ bei 3000 °K und 4000 °K finden? Nimm an, daß $C_1/C_2 = 1$ beträgt.

11. Leite die folgende Gleichung ab,

$$E_n = -C \frac{1}{n^2} = \frac{-2\pi^2 Z^2 e^4 m}{h^2} \frac{1}{n^2}$$

wobei Z = Kernladung, e = Elementarladung, und m = Masse des Elektrons bedeuten. Diese Gleichung ähnelt Gleichung **4—5** mit der Ausnahme, daß der Ausdruck M/(M + m) weggelassen wurde. M/(M + m) ist ein kleiner Korrekturfaktor, der die leichte Bewegung des Kerns berücksichtigt. Zur Ableitung benötigt man Gleichung **4—4**, die die erlaubten Werte für den Drehimpuls einschränkt. Zusätzlich wird eine Gleichung für die Gesamtenergie erforderlich sein.

$$E = \text{kinetische Energie} + \text{potentielle Energie}$$

$$E = \frac{1}{2} mv^2 - \frac{Ze^2}{r}$$

Man wird auch noch die Beziehung für die Anziehungskraft zwischen Elektron und positiven Kern (Ze^2/r^2) und die Zentrifugalkraft (mv^2/r) auf das Elektron benötigen.

$$\frac{Ze^2}{r^2} = \frac{mv^2}{r}$$

[Hinweis: Löse diese letzte Gleichung und Gleichung **4—4**, um Ausdrücke für r und v^2 zu erhalten. Einsetzen in die Gleichung für E sollte das gewünschte Ergebnis liefern.]

12. Führe eine Dimensionsanalyse für R in Gleichung **4—9** aus.

$$R = \frac{2\pi^2 Z^2 e^4 m}{h^3 c} \frac{M}{M + m}$$

Zeige, daß R die Einheit cm^{-1} hat.

[Hinweis: Die Elementarladung ESE kann in cgs Einheiten ausgedrückt werden. 1 = ESE = (1 erg $cm^{1/2}$).]

13. Trage die Wahrscheinlichkeitsdichten (ψ^2) für das 2*s* Orbital als Funktion von r auf. Die Wellenfunktion für das 2*s* Orbital des Wasserstoffatoms lautet

$$\psi_{2s} = \frac{1}{4\sqrt{2\pi}} \left(\frac{1}{a_0}\right)^{3/2} \left(2 - \frac{r}{a_0}\right) e^{-r/2a_0}$$

a_0 = 0,529 Å. Zeige durch Berechnung, warum das 2*s* Orbital nur einen kreisförmigen Knoten hat.

[Hinweis: Betrachte r Werte zwischen 0 und 5 Å.]

KAPITEL 5

Periodisches System – Beziehungen zwischen atomaren Parametern

In diesem Kapitel werden wir uns mit gewissen allgemeinen Eigenschaften der Elemente beschäftigen, die mit dem periodischen System in Beziehung gesetzt werden können — metallische Eigenschaften, Atom- und Ionengröße, Ionisationspotential, Elektronenaffinität und elektrische Leitfähigkeit. Diese Eigenschaften zeigen Tendenzen, wenn man von oben nach unten und von links nach rechts im periodischen System geht. Diese Eigenschaften und die periodischen Tendenzen haben eine direkte Beziehung zu dem physikalischen und chemischen Verhalten der Elemente. Kapitel 9 (I, S. 295 ff.) beschäftigt sich mit den Reaktionen und Verbindungen der Elemente und wie diese mit dem periodischen System in Beziehung stehen.

5—A. Das periodische System

Das periodische System wurde chronologisch vor jeder Kenntnis der Atomstruktur und der Elektronenkonfiguration und sogar der Kernladungszahl formuliert. In der Tat war die Quantenmechanik zu der Zeit noch nicht bekannt, als Dimitri Mendelejeff und Lothar Meyer (1869) unabhängig voneinander die Periodizität der Elemente beobachteten und sie als Basis benutzten, das Periodische System aufzubauen. Das System, das wir heute benutzen, unterscheidet sich ein wenig vom ersten System von Mendelejeff und Meyer und zwar dadurch, daß es erweitert wurde und die Übergangselemente in Form von Gruppen zeigt. Jedoch gab die Form des Periodischen Systems von Mendelejeff und Meyer die Periodizität der physikalischen und chemischen Eigenschaften der Elemente und ihrer Verbindungen an.

Es sei an Kapitel 4 erinnert, daß viele Elemente ähnliche Elektronenkonfigurationen in der äußeren Schale haben. Beispielsweise haben alle Elemente der Gruppe IIA eine Elektronenkonfiguration in der äußeren Schale von ns^2:

Be $1s^2\ 2s^2$

Mg $1s^2\ 2s^2\ 2p^6\ 3s^2$

Ca $1s^2\ 2s^2\ 2p^6\ 3s^2\ 3p^6\ 4s^2$

Sr $1s^2\ 2s^2\ 2p^6\ 3s^2\ 3p^6\ 4s^2\ 3d^{10}\ 4p^6\ 5s^2$

Ba $1s^2\ 2s^2\ 2p^6\ 3s^2\ 3p^6\ 4s^2\ 3d^{10}\ 4p^6\ 4d^{10}\ 5s^2\ 5p^6\ 6s^2$

Die Anordnung des Periodischen Systems basiert auf diesen periodischen Wiederholungen der Elektronenkonfiguration in der äußeren Schale.

Wie wir in Kürze sehen, hängen chemische und physikalische Eigenschaften der Elemente von der Konfiguration der äußeren Schale ab. Da die Elemente in einer gegebenen Gruppe dieselben Elektronenkonfigurationen haben, zeigen die physikalischen und chemischen Eigenschaften auch eine *periodische Natur*. Die *Periodizität* in den physikalischen und chemischen Eigenschaften der Elemente und ihrer Verbindungen ist die Basis für das Periodische Gesetz.

Alle Elemente, die denselben Elektronenkonfigurationstyp in der äußeren Schale haben (aber verschiedene n Werte), gehören zu einer *Gruppe*. Gruppen werden als vertikale Spalten im Periodischen System dargestellt. Die horizontalen Reihen der Elemente werden *Perioden* genannt. Elemente in einer gegebenen Periode haben gewöhnlich denselben n Wert, aber eine unterschiedliche Konfiguration in der äußeren Schale. In der zweiten Periode beispielsweise — Elemente Lithium bis Neon — werden Elektronen zur zweiten ($n = 2$) Schale hinzugefügt. Da die Schale für $n = 2$ maximal 8 Elektronen ($2n^2 = 8$) aufnehmen kann, können sich 8 Elemente, jedes mit einer unterschiedlichen Elektronenzahl, in dieser Schale befinden. Da die Elemente der dritten Periode Elektronen in die dritte Schale ($n = 3$) eingebaut haben, erwarten wir, daß die dritte Schale 18 Elemente enthält. Jedoch liegt, wie wir in Kapitel 4 gesehen haben, die Energie eines höheren n Orbitals, nämlich $4s$, niedriger als die des $3d$ Orbitals, welches einen niedrigeren Wert hat. Demzufolge ist die dritte Periode vollständig, nachdem das $3p$ Orbital aufgefüllt ist, und enthält nur 8 Elemente — Natrium bis Argon. Die vierte Periode beginnt mit dem Auffüllen des $4s$ Orbitals in Kalium $4s^1$. Da das $3d$ Niveau vor dem $4p$ Niveau gefüllt wird, ist die vierte Periode nach dem Auffüllen der $4s$, $3d$ und $4p$ Orbitale vollständig, die insgesamt 18 Elemente ergeben. Die Reihenfolge des Auffüllens von Energieniveaus ist in Abschnitt **4—M** (I, S. 139) (Abbildung **4—23**) diskutiert worden; das Ergebnis ist das Periodische System in seiner allgemeinen Form. Es ist wichtig, daran zu denken, daß das Periodische System heutzutage einfach das brauchbarste System einer Klassifizierung ist. Sollte eine bequemere Klassifizierung vorgeschlagen werden, so ist es möglich, daß sie das Periodische System ersetzen kann.

Das Periodische System kann in vier Elementsklassen eingeteilt werden:

1. *Repräsentative Elemente* sind Elemente der A Gruppen IA—VIIA. Diese Elemente haben eine Elektronenkonfiguration in der äußeren Schale von ns oder eine ns und np Kombination, wie z. B.

Gruppe	Element
IA	Li $2s^1$
IIA	Be $2s^2$
IIIA	B $2s^2\ 2p^1$
IVA	C $2s^2\ 2p^2$
VA	N $2s^2\ 2p^3$
VIA	O $2s^2\ 2p^4$
VIIA	F $2s^2\ 2p^5$

Die äußere Schale wird auch die *Valenzschale* genannt. Die äußeren Elektronen oder Valenzelektronen sind die Elektronen, die im allgemeinen an chemischen Reaktionen beteiligt sind. Eine große Zahl dieser Reaktionen wird in Kapitel 9 (I, S. 295 ff.) diskutiert.

2. Die Elemente der Gruppe VIIIA sind *Edelgase*. Auf Grund der begrenzten Reaktivität dieser Elemente werden sie in eine getrennte Gruppe gesetzt. Wir werden sie aber noch als Elemente der A Gruppe betrachten, da sie *ns* oder *ns* und *np* Konfiguration im äußeren Orbital haben. Jedoch haben Edelgase *immer* eine gefüllte äußere Orbitalkonfiguration $1s^2$ oder ns^2p^6 wie z. B.

$$\text{Ne}\ 1s^2\ 2s^2\ 2p^6$$

Eine gefüllte Valenzschale mit 8 Elektronen stellt eine besonders stabile Elektronenkonfiguration dar; dies ist der Grund für die begrenzte chemische Reaktion der Edelgase.

3. *Übergangselemente* bilden die B Gruppen IB—VIIIB. In diesen B Gruppen wird die *d* Unterschale teilweise aufgefüllt, wie z. B. in Eisen,

$$1s^2\ 2s^2\ 2p^0\ 3s^2\ 3p^0\ 3d^0\ 4s^2$$

4. Die *Lanthaniden* und *Actiniden* erscheinen aus Bequemlichkeit unterhalb der Tabelle, obwohl sie der Gruppe IIIB entsprechend ihrer Kernladungszahlen folgen. Diese Elemente enthalten teilweise gefüllte *f* Orbitale. Die Lanthaniden, Elemente 57—71, enthalten nicht gefüllte 4*f* Orbitale, während die Actiniden, Elemente 89—103, nicht gefüllte 5*f* Orbitale enthalten.

Aufgabe 5—1

Gib das erste Element jeder Periode und seine Valenzschalen-Konfiguration (Elektronen im äußeren Orbital) an.

Aufgabe 5—2

Welcher Faktor ist periodisch in der Antwort zur Aufgabe 5—1?

5—B. Allgemeine Merkmale und Grundzüge der Eigenschaften

In Kapitel 2 (I, S. 8 ff.) gab es eine kurze Diskussion der Ionenladung, der ionischen und kovalenten Bindungen, der Elektronegativität und in Kapitel 3 (I, S. 57 ff.) wurde die Oxidationszahl kurz diskutiert. Wir kennen daher folgende Tatsachen:

1. Die Ionenladung ist die positive oder negative *Netto*-Ladung eines Ions.
2. Eine ionische Bindung ist eine Bindung, die aus Wechselwirkungen zwischen Ionen resultiert.
3. Eine kovalente Verbindung ist eine Verbindung, in der die Bindung aus dem Halbieren (das Elektronenpaar gehört beiden Atomen an) der Elektronenpaare zwischen Atomen resultiert.
4. Die Oxidationszahl (oder der Oxidationszustand) ist die *scheinbare* positive oder negative Ladung eines Atoms innerhalb einer kovalent gebundenen Verbindung oder eines Komplex-Ions, wie z. B. in SO_4^{2-}. Im Falle einatomiger Ionen entspricht die Ionenladung des einatomigen Ions auch der Oxidationszahl oder dem Oxidationszustand.
5. Elektronegativität ist ein Maß der relativen Kraft eines Atoms, Elektronen aus einer Bindung anzuziehen.

Weiterhin müssen wir hier verschiedene andere Ausdrücke — das Ionisationspotential, die Elektronenaffinität, die Atomgröße und die Ionengröße — definieren, obwohl diese Ausdrücke in Einzelheiten in den Abschnitten 5—D, 5—E, 5—G und 5—H diskutiert werden.

Das *Ionisationspotential IP* ist die Energie, die erforderlich ist, um ein Elektron von einem gasförmigen Atom *zu entfernen*. Im Moment beschäftigen wir uns nur mit der niedrigsten Energie, die für die Reaktion erforderlich ist.

$$A_{(g)} \longrightarrow \overset{+}{A}_{(g)} + \overset{-}{e}_{(g)} \qquad \Delta E \text{ (erforderliche Energie)} = IP$$

Die *Elektronenaffinität EA* ist ein Maß für die Energie, die *allgemein frei wird*, wenn ein Elektron an ein Atom in der Gasphase *angelagert* wird.

$$B_{(g)} + e^- \longrightarrow B_{(g)} \qquad \Delta E \text{ (freigesetzte Energie)} = EA$$

Die *Atomgröße* wird als der kovalente Radius betrachtet. Dieser Radius ist so definiert, daß die Summe der beiden Radien für zwei Atome, die durch ein einzelnes Elektronenpaar gebunden sind, gleich dem internuklearen Abstand (Kernabstand) zwischen den Atomen ist (Abbildung **5–1**). Der *Ionenradius* ist ein Maß für die Größe des äußeren Elektronenorbitals eines Ions. Die Summe zweier Ionenradien entspricht dem internuklearen Abstand in einem Kristall, der die beiden Ionen enthält (Abbildung **5–1**).

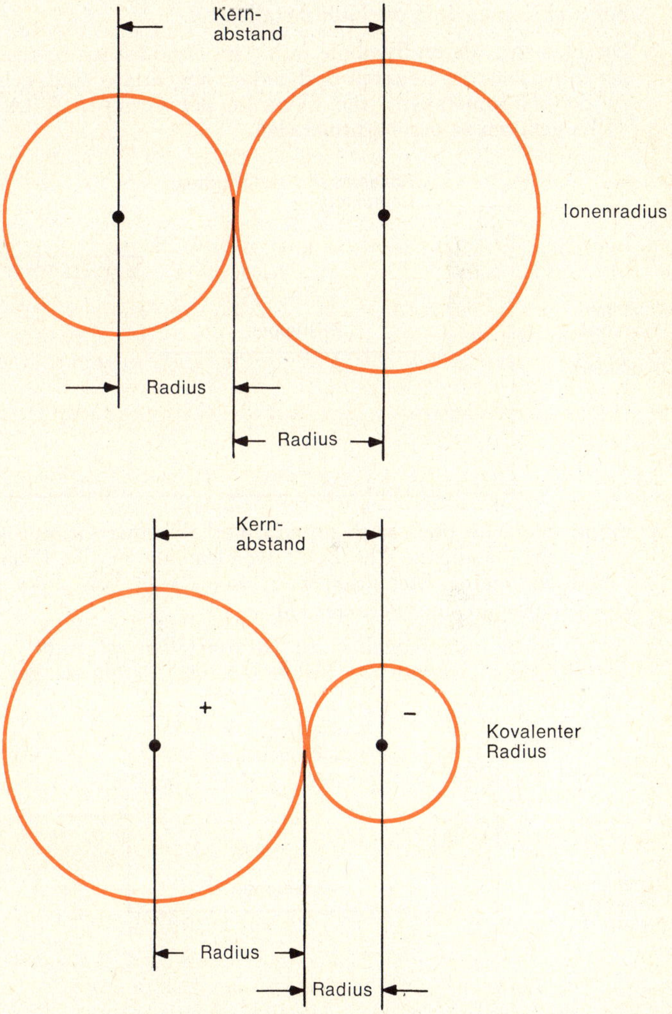

Abb. 5–1 Schematische Darstellung der kovalenten und ionischen Radien.

Tendenzen im periodischen System

1. Die meisten Elemente links von Gruppe VA im Periodischen System sind Metalle. Lanthaniden und Actiniden sind hierin eingeschlossen. Bemerkenswerte Ausnahmen sind Wasserstoff, Bor und Kohlenstoff, die Nichtmetalle sind.
2. Die Elemente, deren Symbole farbig im Periodischen System auf der Innenseite des hinteren Buchdeckels abgedruckt sind, gehören zu den Nichtmetallen; alle Elemente der Gruppen VIIA und VIIIA gehören zu den Nichtmetallen.

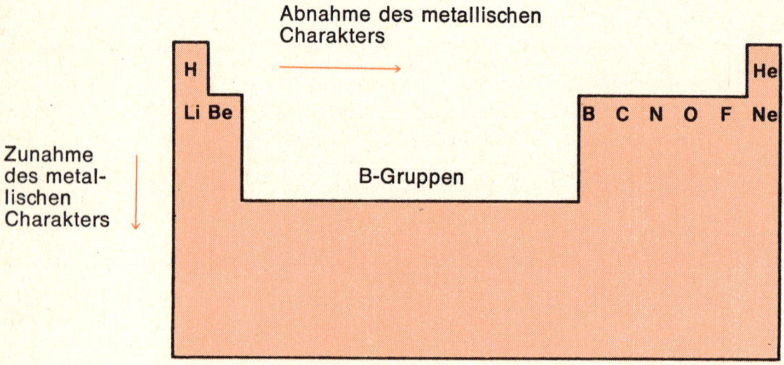

3. Wenn man von oben nach unten innerhalb einer Gruppe geht, nimmt der metallische Charakter der Elemente zu. Die Elemente haben geringeren Metallcharakter, wenn man von links nach rechts innerhalb einer Periode geht.
4. Der Wechsel von Metallen zu Nichtmetallen ist nicht scharf definiert. Die Gruppe von Elementen, die *Metalloide* genannt

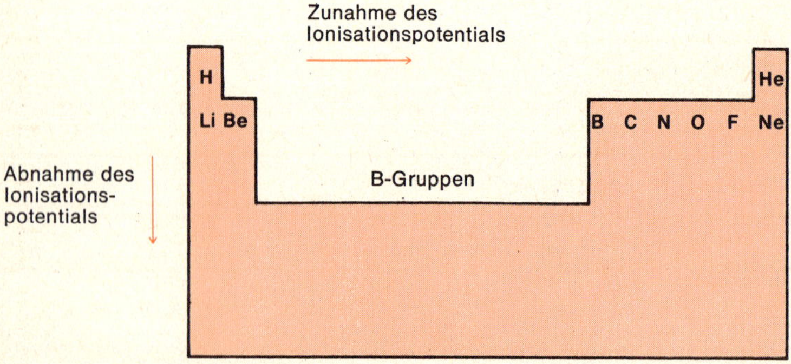

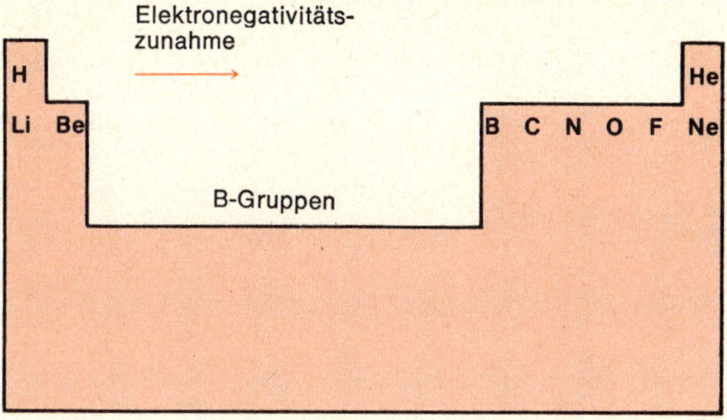

werden, haben charakteristische Eigenschaften der Metalle und Nichtmetalle. Die Metalloide besetzen die Plätze, die an eine diagonale Region der Tabelle angrenzen, die sich von B zum Sb (in dem schattierten Gebiet des Periodischen Systems auf den inneren Seiten des hinteren Buchdeckels) erstreckt.

5. Das Ionisationspotential *IP* nimmt ab, wenn man von oben nach unten innerhalb einer Gruppe geht und es nimmt zu, wenn man von links nach rechts innerhalb einer Periode geht.

6. Die Elektronenaffinität *EA* erhöht sich im allgemeinen, wenn man sich von links nach rechts innerhalb einer Periode (ausgenommen Gruppe VIIIA) bewegt. Innerhalb der meisten Gruppen gibt es jedoch im allgemeinen keine klaren Tendenzen.

7. Die Elektronegativität erhöht sich, wenn man von links nach rechts innerhalb einer Periode geht und nimmt von oben nach unten innerhalb einer Gruppe ab.

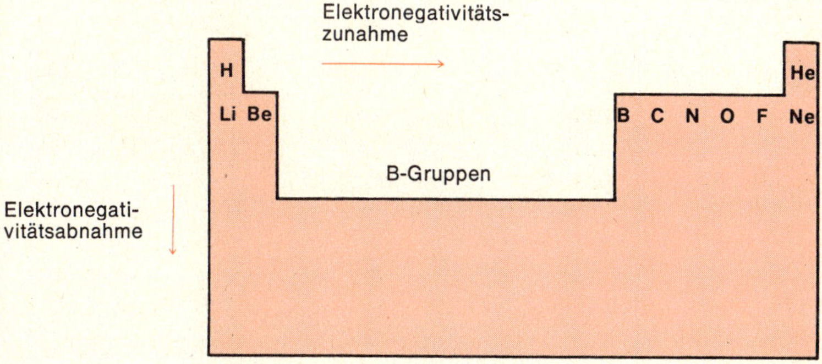

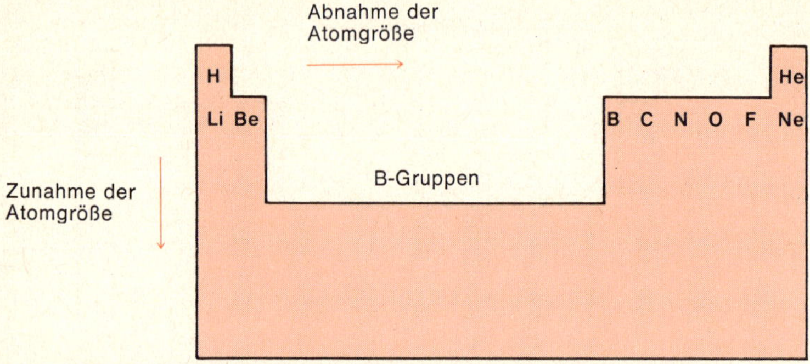

8. Die Atomgröße nimmt von links nach rechts innerhalb einer Periode ab; sie nimmt aber zu, wenn man von oben nach unten innerhalb einer Gruppe geht.

9. Die Ionengröße nimmt von oben nach unten innerhalb einer Gruppe zu. Es gibt keine Tendenz innerhalb einer Periode, da sich die Ladung des Ions von positiv nach negativ auf halbem Wege in der Periode ändert.

10. Die Elemente der Gruppen IA, IIA und IIIA haben 1, 2 bzw. 3 Elektronen in ihrer Valenzschale. Die Elemente verlieren (geben ab) ihre Elektronen recht einfach; sie nehmen eine positive Ionenladung (außer Be und B) und eine Oxidationszahl an, die der Nummer der Gruppe entspricht.

11. Die Elemente der Gruppen VA, VIA und VIIA haben 5, 6 bzw. 7 Elektronen in ihrer Valenzschale. Die Elemente sind bestrebt, eine bestimmte Zahl von Elektronen (8 minus Nummer der Gruppe) aufzunehmen. Daher werden die Elemente gewöhnlich

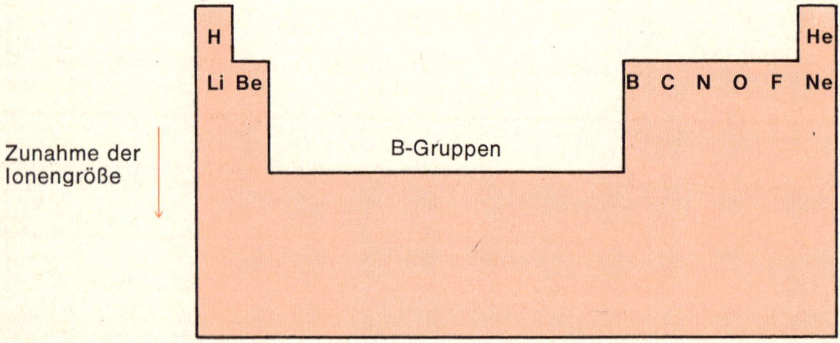

eine negative Oxidationszahl haben (8 minus der Nummer der Gruppe), ausgenommen, wenn sie mit einem Element höherer Elektronegativität reagieren. Wird eine Reaktion mit einem Element höherer Elektronegativität ausgeführt, so entspricht die *maximal* mögliche, positive Oxidationszahl der Nummer der Gruppe.

12. Die Elemente der Gruppe IVA haben 4 Elektronen in ihrer Valenzschale und sind bestrebt, Elektronen mit anderen Elementen zu teilen. Die Oxidationszahl kann entwender positiv oder negativ sein.
13. Die B Gruppen (Übergangsmetalle) haben von Natur aus Metallcharakter. Sie sind bestrebt Elektronen abzugeben oder Elektronen zu teilen. Die Nummer der Gruppe zeigt gewöhnlich *nicht* die Zahl der Valenzelektronen an. Die am häufigsten vorkommende Ionenladung ist +2. Die Oxidationszahl ist positiv und variabel, mit einem *maximalen Wert,* der der Nummer der Gruppe entspricht (siehe Abschnitt 5—I; I, S. 175 und Kapitel 16; III, S. 1 ff.).
14. Die Elemente der Gruppe VIIIA sind im allgemeinen wenig reaktiv. (Abschnitt 5—I; I, S. 175; siehe auch Kapitel 9; I, S. 295 ff.).
15. Die Lanthaniden und Actiniden sind Metalle und geben Elektronen entsprechend ihrer Gruppennummer IIIB ab. Daher ist die übliche Ionenladung +- (Abschnitt 5—I; I, S. 175 ff.).

5—C. Tendenz im metallischen Charakter

Der metallische Charakter der Elemente nimmt zu, wenn man von oben nach unten innerhalb einer Gruppe geht. Kriterien für *erhöhten metallischen* Charakter sind:

1. Abnahme des Ionisationspotentials des Atoms
2. Abnahme der Elektronenaffinität des Atoms
3. Abnahme der Elektronegativität des Atoms
4. Zunahme der Tendenz, nur positive Oxidationszustände des Atoms zu bilden.
5. Zunahme der elektrischen Leitfähigkeit des Festkörpers

Auf einige Gruppen sind nicht alle Kriterien gleichzeitig anwendbar. Zum Beispiel in Gruppe IA werden alle Elemente außer Wasserstoff als Metalle betrachtet, die positive Ionenladung oder positive Oxidationszustände haben und ausgezeichnete elektrische Leiter sind. Alle Elemente in Gruppe VIIA werden als Nichtmetalle betrachtet. Trotzdem sind das Ionisationspotential, die Elektronenaffinität und die

Elektronegativität niedriger, wenn man von oben nach unten in den Gruppen IA und VIIA geht. Auf andere Gruppen sind die meisten Kriterien anwendbar. Beispielsweise in Gruppe VA steht Stickstoff oben in der Gruppe; es ist ein Gas, mit einem hohen Ionisationspotential (14,5 EV) und hat die Elektronegativität 3,0. Es ist ein Nicht-Leiter und bildet Verbindungen, in denen die Oxidationsstufe des Stickstoffs positiv oder negativ sein kann. Jedoch ist Wismut, am Ende der Gruppe, ein metallischer Festkörper mit einem verhältnismäßig niedrigem Ionisationspotential (8,0 EV) und einer Elektronegativität von 1,9; es bildet nur positive Oxidationsstufen und Ionen. Die Tendenzen sind allgemein, und wie es mit jeder Verallgemeinerung ist, gibt es Ausnahmen. In solchen Fällen, in denen ein Nichtmetall oben in der Gruppe und ein Metall unten in der Gruppe steht, gibt es einen Übergang zwischen diesen Elementen, der über die Metalloide führt.

Aufgabe 5—3

Benutze das Periodische System auf den Innenseiten des hinteren Buchdeckels. Welches Element in jeder der folgenden Reihen wird den höchsten metallischen Charakter haben?

a) Cl, Ca, As
b) S, Te, Se
c) Al, Si, B
d) Ga, Tl, B

Aufgabe 5—4

Benutze die Reihenfolgen in Aufgabe 5—3 und beantworte die folgenden Fragen:

a) Welches Element in Aufgabe 5—3a wird höchstwahrscheinlich eine negative Oxidationsstufe in seinen Verbindungen haben?
b) Welches Element in Aufgabe 5—3c wird höchstwahrscheinlich das niedrigste Ionisationspotential haben?
c) Man sieht in Aufgabe 5—3b, daß die Elemente zur Gruppe VIA gehören. Welches Element hat die größte Elektronenaffinität und Elektrogativität?
d) Welches Element in Aufgabe 5—3d hat den größten Atomradius?
e) Welches Element in Aufgabe 5—3c ist *kein* Metalloid?

5—D. Ionisationspotential

Wie schon früher beschrieben, ist das Ionisationspotential die erforderliche Energie, ein Elektron vollständig aus einem gasförmigen Atom (oder Molekül) zu entfernen, ohne dem abgestoßenen Elektron oder dem Ion zusätzliche (kinetische) Energie zuzuführen. Dies entspricht einer Erhöhung der Hauptquantenzahl auf unendlich. Bezeichnet man das Atom mit A, so ist das Ionisationspotential *IP* die Energieänderung ΔE für den folgenden Vorgang

5–1 $$A_{(g)} \longrightarrow A^+_{(g)} + e^-_{(g)} \quad \text{erforderliche Energie } (\Delta E) = IP$$

A^+ ist die geladene Spezies (Ion), die durch den Elektronenverlust entsteht. Für jedes Element gibt es verschiedene Ionisationspotentiale, die dem aufeinanderfolgenden Entfernen von Elektronen entsprechen: Das erste Ionisationspotential entspricht dem Entfernen eines Elektrons (**5–1**), das zweite Ionisationspotential entspricht dem Entfernen des zweiten Elektrons und so weiter. Die Energie, um ein Elektron zu entfernen (erstes Ionisationspotential) ist immer geringer als diejenige, die für jedes folgende Elektron (höheres Ionisationspotential) erforderlich ist:

$$Na \longrightarrow Na^+ + e^- \qquad IP = 5.1\ \text{EV}$$
$$Na^+ \longrightarrow Na^{2+} + e^- \qquad IP = 47.3\ \text{EV}$$

Die Energie wird gewöhnlich in Kcal oder Elektronenvolt gemessen, wobei 1 EV/Molekül = 23,06 Kcal/Mol entspricht.

Tendenzen des Ionisationspotentials

Es gibt eine periodische Beziehung in bezug auf das Ionisationspotential der Elemente. Abbildung **5–2** zeigt das erste Ionisationspotential als Funktion der Kernladungszahl. Man sieht ein zyklisches oder periodisches Muster im Ionisationspotential. Für jede Periode ist das Ionisationspotential am niedrigsten für die Elemente der Gruppe IA und am höchsten für die Gruppen VIIA und VIIIA der dargestellten Elemente. Zum Beispiel hat Na einen Wert von 5,1 EV, während der Wert für Cl 13,0 EV beträgt. Dies ist darauf zurückzuführen, daß sich die effektive Kernladung Z_{eff} erhöht, wenn man von links nach rechts innerhalb einer Periode geht. Z_{eff} erhöht sich, da die Kernladungszahl gleichmäßig innerhalb einer Periode zunimmt, während die Elektronen dieselbe Valenzschale auffüllen. Dieser Vorgang resultiert in einer geringeren Abschirmung der Kernladung durch die Elektronen, und dadurch erhält man eine Erhöhung von Z_{eff}.

In Abbildung **5–3** ist das Ionisationspotential gegen die Nummer der Gruppe aufgetragen. Man sieht einen Abfall von oben nach unten innerhalb einer Gruppe. Zum Beispiel beträgt in Gruppe IA das Ionisationspotential für Li 5,4 EV, während Cäsium einen Wert von 3,9 EV hat. Diese Erniedrigung entsteht dadurch, daß die Energie

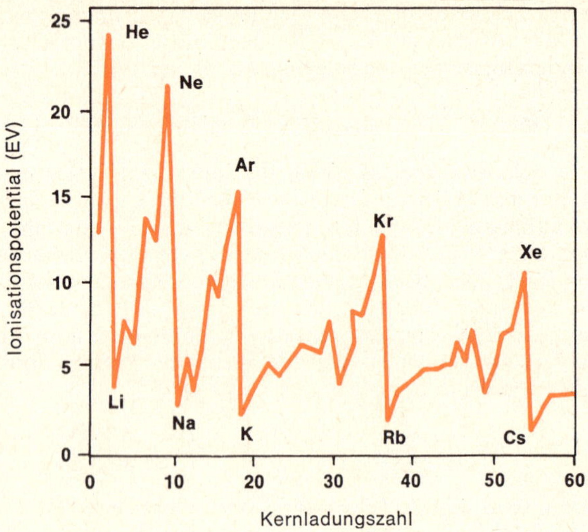

Abb. 5—2 Erstes Ionisationspotential, aufgetragen gegen die Kernladungszahl.

des äußersten Elektrons mit einer Erhöhung von n zunimmt, und daher nimmt die Energie, ein Elektron nach $n = \infty$ zu bringen, ab. In Kapitel 4 (I, S. 101) war schon angedeutet, daß ein Elektron in einem Atomorbital eine negative Energie hat. Dies zeigt einen stabilen Zustand für das Elektron an. Wenn die Größenordnung von n wächst, erhöht sich E auf einen weniger negativen Wert und in der Tat für $n = \infty$ ist $E = 0$. Abbildung **5—4** zeigt ein schematisches Energieniveaudiagramm für die ns und np Orbitale. Die erforderliche Energie (Ionisationspotential), um ein Elektron zu entfernen, nimmt einen geringeren Wert mit größer werdendem n an.

Man beachte die Ausnahme zur Regel der Erhöhung des Ionisationspotentials, wenn man von links nach rechts geht; nämlich wenn man von Gruppe VA nach VIA in Abbildung **5—3** geht. Die Elemente der Gruppe VA haben die Konfiguration . . . np^3, während die Elemente der Gruppe VIA eine Konfiguration . . . np^4 haben. Im Falle der Gruppe VIA ist ein Elektron in einem p Orbital vorhanden, welches bereits ein anderes Elektron enthält. Dieses resultiert in erhöhter Elektronenabstoßungsenergie, die die Gesamtenergie des p Elektrons erhöht und die für die Ionisation erforderliche Energie erniedrigt. Abbildung **5—5** gibt die Ionisationspotentiale für alle A Gruppen Elemente (in Form des Periodischen Systems) an.

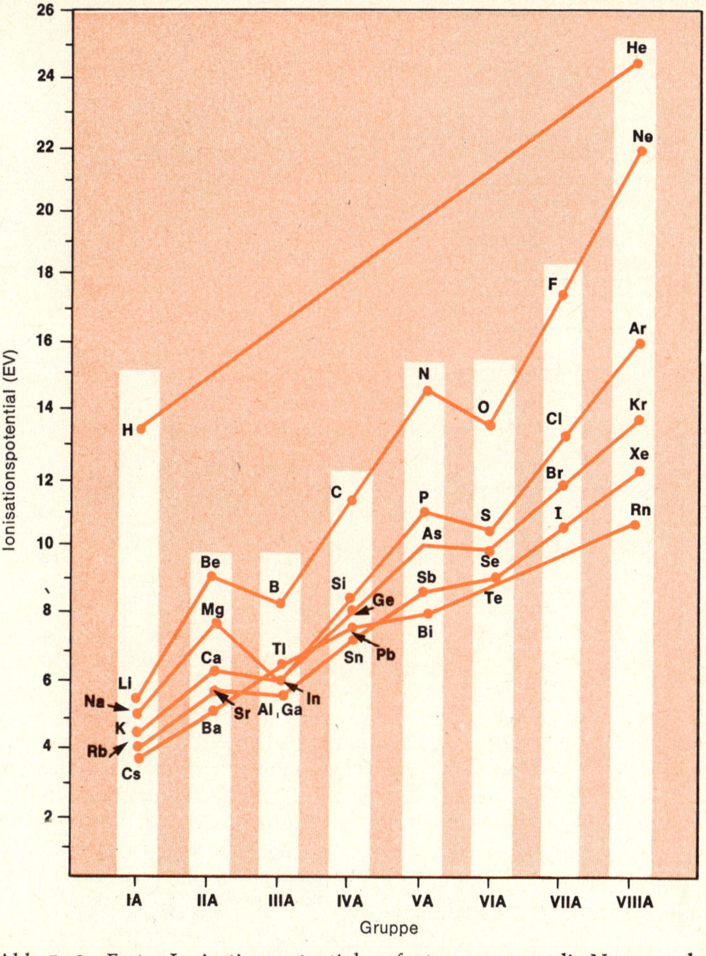

Abb. 5—3 Erstes Ionisationspotential, aufgetragen gegen die Nummer der Gruppe. Die Linien verbinden die Elemente derselben Periode.

Ionenladung und Ionisationspotential

Abbildung **5—6** zeigt die erforderliche Energie, ein Atom zu ionisieren, so daß es eine positive Ladung trägt, die der Nummer seiner Gruppe entspricht, aufgetragen gegen die Ladung des Ions, welche der Nummer der Gruppe entspricht. Man sieht z. B., daß die er-

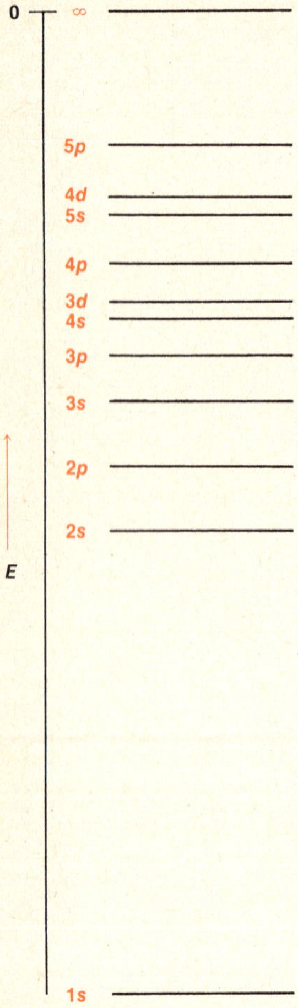

Abb. 5—4 Energieniveaudiagramm für *ns*, *np* und *nd* Orbitale. Man sieht, daß bei $n = \infty$ die Energie $E = 0$ sein wird.

forderliche Energie, um +3 Ionen der Elemente der Gruppe IIIA herzustellen, gleich der Summe der ersten, zweiten und dritten Ionisationspotentiale entspricht. Man kann aus Abbildung **5—6** auch ablesen, daß die erforderliche Energie, um Ionen höherer und höherer positiver Werte innerhalb einer Periode (von Gruppe IA wie z. B. Na^+ zur Gruppe VIIA wie z. B. Cl^{7+}) herzustellen, sehr schnell ansteigt. Dieses hat verschiedene bedeutende Konsequenzen. Nur die Elemente der ersten drei Gruppen, (IA, IIA und IIIA) existieren üblicherweise als positive Ionen (wie Li^+, K^+, Ca^{2+}, Al^{2+}). Dies ist

Zunahme des Ionisationspotentials →

Abnahme des Ionisationspotentials ↓

IA	IIA		IIIA	IVA	VA	VIA	VIIA	VIIIA
Li 5.4	Be 9.3		B 8.3	C 11.3	N 14.5	O 13.6	F 17.4	Ne 21.6
Na 5.1	Mg 7.6		Al 6.0	Si 8.2	P 11.0	S 10.4	Cl 13.0	Ar 15.8
K 4.3	Ca 6.1		Ga 6.0	Ge 8.1	As 9.8	Se 9.8	Br 11.8	Kr 14.0
Rb 4.2	Sr 5.7	Übergangselemente	In 5.8	Sn 7.3	Sb 8.6	Te 9.0	I 10.5	Xe 12.1
Cs 3.9	Ba 5.2		Tl 6.1	Pb 7.4	Bi 7.3	Po 8.4	At 9.5	Rn 10.7

Abb. 5—5 Erstes Ionisationspotential der A Gruppen Elemente (in Elektronenvolt).

darauf zurückzuführen, daß die erforderliche Energie zu groß ist, um hoch geladene positive Ionen wie z. B. Cl^{7+} zu bilden. Zusätzlich ist das Ionisationspotential der bedeutendste Faktor, der die *reduzierende Kraft* eines Atoms bestimmt. Es sei daran erinnert, daß dies die Fähigkeit eines Atoms ist, ein Elektron abzugeben oder ein Elektron einem Akzeptor zu übergeben. Da das Ionisationspotential der ersten drei Gruppen verhältnismäßig niedrig ist (mit der Ausnahme von Bor und Beryllium) wirken diese Elemente reduzierend.

Stabile Elektronenkonfigurationen

Man sollte Voraussagen darüber machen können, welche der verschiedenen Elektronenkonfigurationen die stabilste ist, um die Reaktivitäten der Elemente zu verstehen. Die Elektronenkonfiguration für positive Ionen resultiert aus dem Entfernen eines Elektrons vom höchst gefüllten Orbital und weiterer Elektronen aus demselben oder dem nächsthöchsten gefüllten Orbital, wie in den Gleichungen **5—2** bis **5—5** gezeigt wird:

5—2 $${}_{19}K(\ldots 3s^2 3p^6 4s^1) + \text{Energie } (4{,}3 \text{ EV}) \longrightarrow {}_{19}K^+(\ldots 3s^2 3p^6) + e^-$$

5—3 $${}_{19}K^+(\ldots 3s^2 3p^6) + \text{Energie } (31{,}8 \text{ EV}) \longrightarrow {}_{19}K^{2+}(\ldots 3s^2 3p^5) + e^-$$

5—4 $${}_{20}Ca(\ldots 3s^2 3p^6 4s^2) + \text{Energie } (6{,}1 \text{ EV}) \longrightarrow {}_{20}Ca^+(\ldots 3s^2 3p^6 4s^1) + e^-$$

5—5 $${}_{20}Ca^+(\ldots 3s^2 3p^6 4s^1) + \text{Energie } (11{,}9 \text{ EV}) \longrightarrow {}_{20}Ca^{2+}(\ldots 3s^2 3p^6) + e^-$$

Es ist bemerkenswert, daß, obwohl das erste Ionisationspotential von einem Elektron resultiert, welches aus einem 4*s* Niveau für

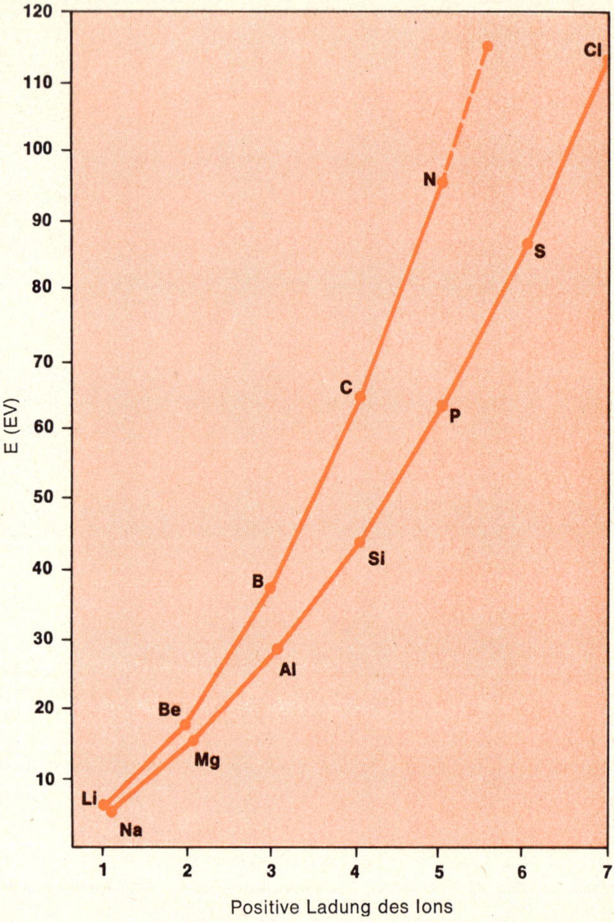

Abb. 5—6 Erforderliche Ionisierungsenergie, aufgetragen gegen die Ladung des Ions (die Ladung entspricht der Nummer der Gruppe). Die Linien verbinden Elemente derselben Periode.

Kalium (Gleichung **5—2**) und auch Calcium (Gleichung **5—4**) entfernt wird, die erforderliche Energie für Kalium um 1,8 EV geringer ist als die für Calcium. Dies ist darauf zurückzuführen, daß die Zahl der Protonen oder die Ladung des Kaliumkerns um eins geringer ist als für Calcium; aber die Elektronen sind in beiden Fällen in derselben Valenzschale. Dies ist gleichwertig mit der Aussage, daß die effektive Kernladung des Kaliums geringer ist als diejenige für Ca. Bei der zweiten Ionisation wird ein Elektron aus dem *3p* Niveau des Kaliums und eins aus dem *4s* Niveau des Calciums (Gleichung **5—3** und **5—5**) entfernt. Trotz der Tatsache, daß die Zahl der Protonen oder die Kernladung K^+, 19, um nur eine Einheit geringer ist gegenüber der von Ca^+, 20, ist die erforderliche Energie, um das zweite Elektron von Kalium zu entfernen, *ungefähr* 20 EV *größer* als für Ca^{2+}. Es ist notwendig, die sehr stabile p^6 oder $s^2p^6 = 8e^-$ Konfiguration von K^+ aufzubrechen (Gleichung **5—3**), während das für Ca^+ nicht erforderlich ist.

Die Stabilität der ns^2np^6 Elektronenkonfigurationen, die wir gerade erwähnt haben, ist wichtig, um die Chemie dieser Elemente zu verstehen. Stabile Elektronenkonfigurationen haben 2, 10, 18, 36 und 54 Elektronen; dies entspricht der Gesamtelektronenzahl in den Elektronenkonfigurationen der Edelgase. Die Zahl 8 wiederholt sich als äußere Schalenkonfiguration bei allen Edelgasen mit der Ausnahme von He (hier beträgt die Kernladungszahl nur 2). Von allen stabilen Elektronenkonfigurationen ist diejenige mit 8 die bedeutendste.

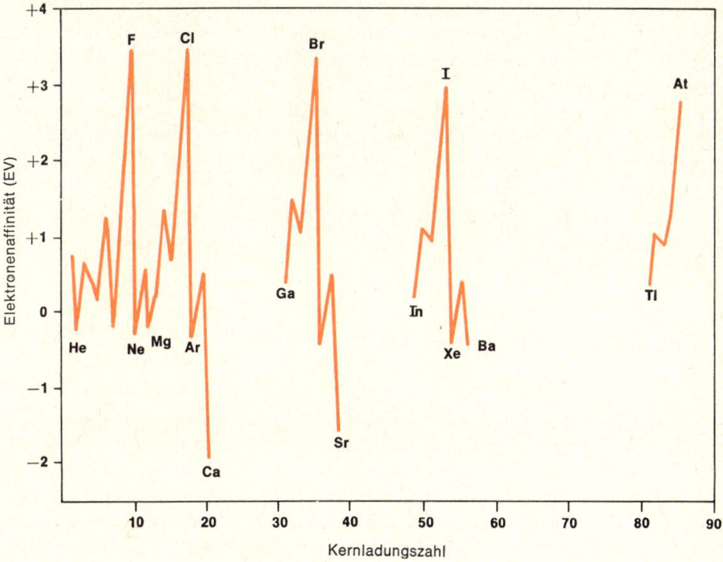

Abb. 5—7 Elektronenaffinität der Elemente, aufgetragen gegen die Kernladungszahl.

Aufgabe 5—5

Warum ist die erforderliche Energie für das zweite Ionisationspotential bedeutend höher als die für das erste Ionisationspotential für ein gegebenes Atom?

Aufgabe 5—6

Ordne die folgenden Atome in der Reihenfolge zunehmender Ionisationspotentiale (niedrigstes zuerst): F, Cs, S und Ca.

5—E. Elektronenaffinität

Die Elektronenaffinität ist ein Maß für die *abgegebene Energie,* wenn ein Elektron in ein leeres Orbital eines gasförmigen Atoms (oder Moleküls) *gebracht* wird, z. B.

5—6 $$Cl_{(g)} + e^- \longrightarrow Cl^-_{(g)} \quad \text{abgegebene Energie } (\Delta E) = EA$$

Die nichtmetallischen Elemente wie Fluor, Chlor und Sauerstoff haben verhältnismäßig hohe Elektronenaffinitäten. Auf der anderen Seite haben Edelgase und einige metallische Elemente Elektronenaffinitäten von Null oder sogar negative Elektronenaffinitäten (*E* erforderlich). Da acht Elektronen (oder zwei in einigen Fällen) eine sehr stabile Elektronenkonfiguration darstellen, werden auch die nichtmetallischen Elemente der Gruppen VIA und VIIA als negative Ionen stabiler. Da weiterhin die Kernladungszahl innerhalb einer Periode zunimmt, während die Elektronen in die Schale mit derselben Hauptquantenzahl aufgefüllt werden, wird der Abschirmeffekt der positiven Kernladung geringer und geringer; d. h. Z_{eff} nimmt innerhalb einer Periode zu. Demzufolge erhöht sich die nukleare Anziehung für negativ geladene Elektronen, und die Elektronenaffinität ist daher im allgemeinen erhöht.

Tendenzen der Elektronenaffinität

Die periodische Beziehung der Elektronenaffinitäten wird in Abbildung **5—7** als Funktion der Kernladungszahl gezeigt, während Abbildung **5—8** die Affinität mit der Nummer der Gruppe korreliert. Da ein allgemeiner Mangel an experimentellen Werten herrscht, stellen die Daten in diesen Abbildungen eine Mischung experimenteller und theoretischer Werte dar. In Abbildung **5—7** sieht man die periodische Wiederholung eines hohen Wertes für die Elektronenaffinität der Elemente in Gruppe VIIA. Aus Abbildung **5—8** geht hervor, daß sich die Elektronenaffinitäten im allgemeinen erhöhen, wenn man von links nach rechts innerhalb einer Periode geht. Dies ist die Folge einer

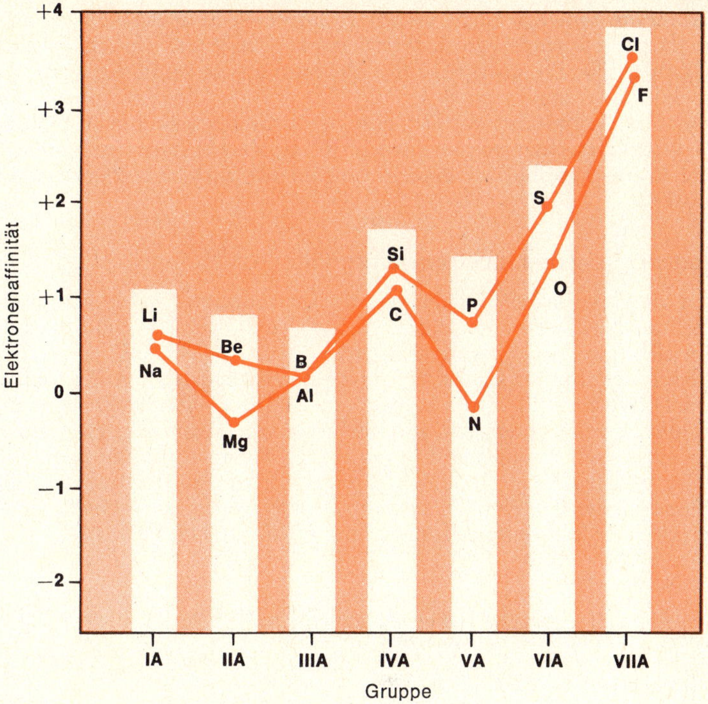

Abb. 5—8 Elektronenaffinität, aufgetragen gegen die Nummer der Gruppe. Die Linien verbinden Elemente derselben Periode.

Zunahme der Elektronenaffinität

IA	IIA		IIIA	IVA	VA	VIA	VIIA	VIIIA
Li 0.62	Be 0.38		B 0.18	C 1.29	N −0.21	O 1.46	F 3.50	Ne −0.22
Na 0.54	Mg −0.22		Al 0.20	Si 1.36	P 0.71	S 2.04	Cl 3.62	A −0.37
K 0.47	Ca −1.93	Übergangsmetalle	Ga 0.37	Ge 1.44	As 1.07	Se 2.12	Br 3.36	Kr −0.42
Rb 0.42	Sr −1.51		In 0.20	Sn 1.03	Sb 0.94	Te 1.96	I 3.06	Xe −0.45
Cs 0.39	Ba −0.48		Tl 0.32	Pb 1.03	Bi 0.95	Po 1.32	At 2.80	Rn

Abb. 5—9 Elektronenaffinitäten der A Gruppen Elemente (in Elektronenvolt).

Erhöhung von Z_{eff} in derselben Richtung, so daß die Anziehungskraft für das eingefügte Elektron steigt. Tendenzen innerhalb einer Gruppe sind oft unregelmäßig. Dennoch ist gewöhnlicherweise die Elektronenaffinität unten in der Gruppe geringer als oben. Die Elektronenaffinitäten der Elemente der A Gruppen sind in Abbildung **5—9** in Form einer periodischen Tafel gegeben. Wiederum stammen die Werte sowohl von experimentellen als auch von theoretischen Daten.

Ionenladung und Elektronenaffinität

Da die Elektronenaffinitäten und die Ionisationspotentiale von nichtmetallischen Elementen allgemein hoch sind, existieren Nichtmetalle im allgemeinen als negative Ionen — F^-, Cl^-, Br^-, J^-, O^{2-}, S^{2-} —. Die Elektronenaffinität ist die bedeutendste Eigenschaft, um die Oxidationskraft eines Elements zu bestimmen. Die Oxidationskraft ist die Fähigkeit eines Elements, ein Elektron von einem Donator anzunehmen. Daher reagieren nichtmetallische Elemente der Gruppen VA, VIA und VIIA als Oxidationselemente oder -mittel, während die Elemente der Gruppen IA, IIA und IIIA allgemein keine Oxidations-, sondern Reduktionsmittel sind (siehe Abschnitt 5—I; I, S. 175).

Aufgabe 5—7

Welches der folgenden Elemente sollte die höchste Elektronenaffinität haben? Warum? He, Cl, Ca, K und B?

Aufgabe 5—8

Die Elektronenaffinität von Stickstoff ist ungewöhnlich niedrig für ein Nichtmetall (ungefähr Null). Jedoch beträgt der Wert für Kohlenstoff ungefähr 1,3 EV. Erkläre auf Grund der Kenntnis der Konfiguration, warum die Elektronenaffinität von Stickstoff ungewöhnlich niedrig sein sollte.

5—F. Elektronegativität

Verhältnismäßig wenige atomare Elektronenaffinitäten sind genau bekannt, aber es existiert noch ein anderes Maß für die Anziehungskraft der Atome in einer Verbindung gegenüber Elektronen. Die Elektronegativität eines Elements ist die relative Fähigkeit des betreffenden Elements Elektronen anzuziehen, wenn es gebunden ist. Ein niedriges Ionisationspotential zeigt eine größere relative Tendenz an, Elektronen abzugeben, während eine geringe Elektronenaffinität eine geringe relative Tendenz für die Attraktion der Elektronen kennzeichnet. Bei Metallen resultieren beide Faktoren in einer verhältnismäßig geringen Elektronenanziehung und daher in einer verhältnismäßig geringen Elektronegativität. Nichtmetallische Atome streben hohe Ionisationspotentiale und Elektronenaffinitäten an. Diese ergeben eine relativ hohe Elektronenanziehung und daher eine relativ hohe Elektronegativität für Nichtmetalle in Verbindungen.

Tendenzen der Elektronegativität

Es gibt Tendenzen in den Elektronegativitäten der Elemente sowohl in den Gruppen als auch in den Perioden. Die Elektronegativität nimmt zu, wenn man von links nach rechts innerhalb einer Periode geht, da ein Übergang von metallischem zu nichtmetallischem Charakter vorliegt. Diese Tendenz wird in den Abbildungen **5–10** und **5–11** gezeigt. Beispielsweise gibt es eine bemerkenswerte Erhöhung in der Elektronegativität, wenn man von Lithium nach Fluor innerhalb der ersten Periode geht. Innerhalb einer Gruppe nimmt die Elektronegativität von oben nach unten ab. Zum Beispiel nimmt die Elektronegativität stetig zwischen F und J in Gruppe VIIA ab (Abbildung **5–10**

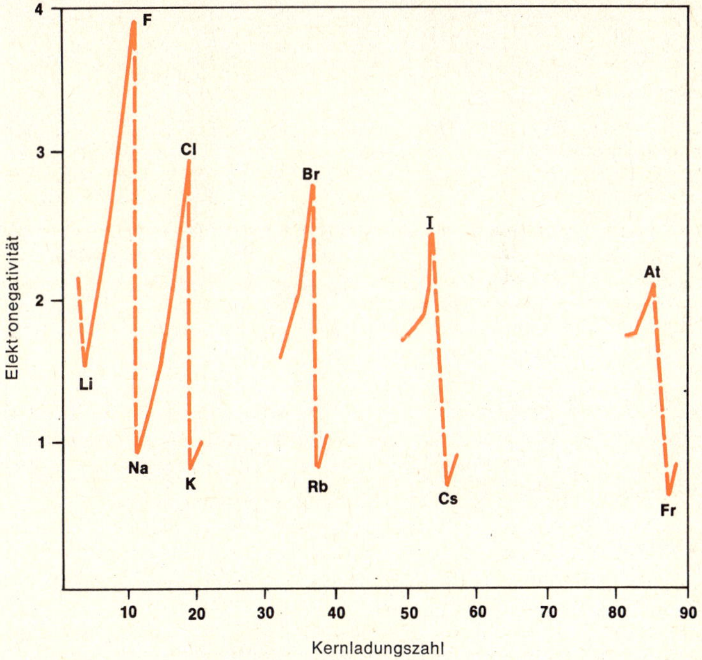

Abb. 5–10 Elektronegativität, aufgetragen gegen die Kernladungszahl.

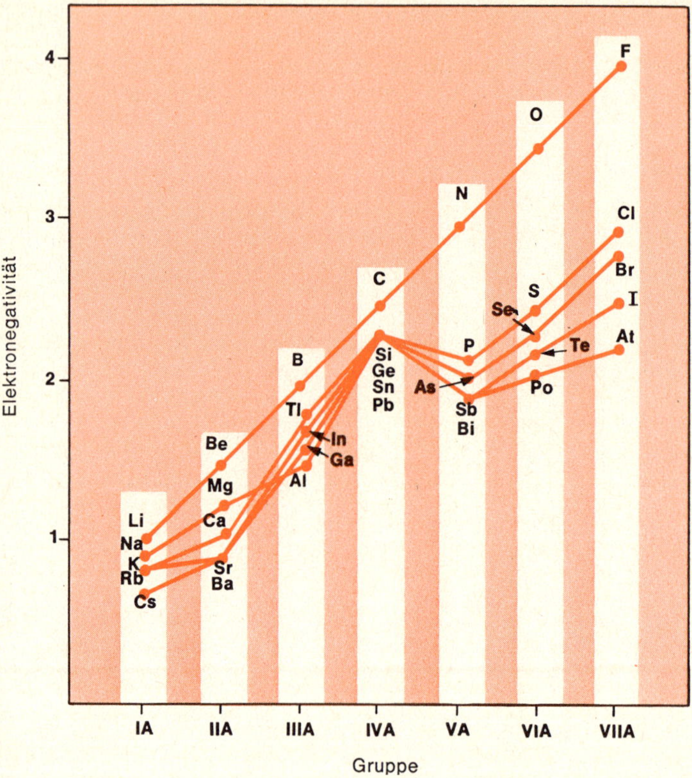

Abb. 5—11 Elektronegativität, aufgetragen gegen die Nummer der Gruppe. Die Linien verbinden Elemente derselben Periode.

und **5—11**), da die Elemente metallischer werden und die Ionisationspotentiale von oben nach unten abnehmen. Auch die Elektronenaffinität nimmt ab oder bleibt ungefähr konstant, wenn man von oben nach unten innerhalb einer Gruppe geht.

Aufgabe 5—9

Welches Element der folgenden Paare würde erwartungsgemäß die höhere Elektronegativität haben?

a) C, Cl c) Mg, Se

b) S, O d) Sb, F

5—G. Atomgröße

Die diffuse Natur der elektronischen Ladungsverteilung in einem Atom macht es unmöglich, das von einem Atom eingenommene Volumen zu definieren, d. h. keine Sphäre umgibt die gesamte Elektronenladungswolke mit einem sinnvollen Radius.

1. Der *kovalente Radius der Einfachbindung* ist so definiert, daß die Summe der beiden Radien, die der internuklearen Entfernung zwischen den beiden Atomen entspricht, die durch ein einzelnes Elektronenpaar (Abbildung **5—1**) gebunden sind. Siehe Kapitel 6 (I, S. 184 ff.) und 7 (I, S. 224 ff.) für eine Diskussion der Einfachbindung in Einzelheiten.
2. Der *metallische Radius* entspricht der Hälfte der internuklearen Entfernung zwischen den nächsten Nachbaratomen in einem Metallkristall.
3. Der *van der Waals'sche Radius* entspricht der Hälfte der internuklearen Entfernung zwischen nicht gebundenen Atomen im festen Zustand.

Obwohl es geringe Unterschiede zwischen metallischen und kovalenten Radien für Metalle gibt, sind diese klein genug, daß wir die beiden Maße als ein und dasselbe betrachten können. Dies vorausge-

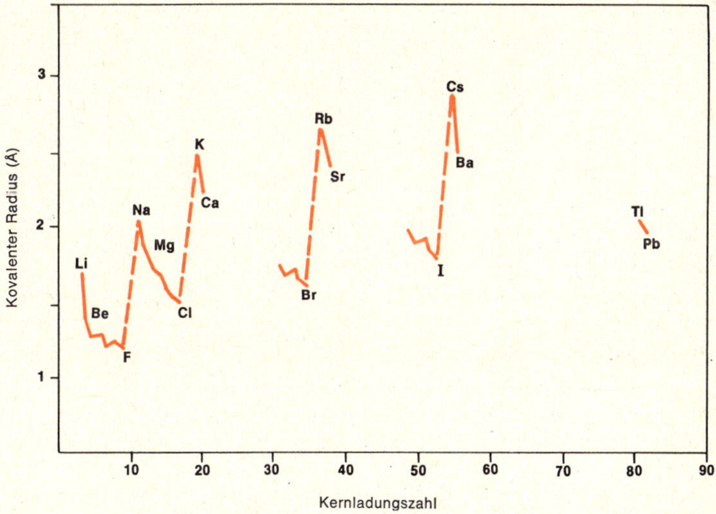

Abb. 5—12 Kovalente Radien, aufgetragen gegen die Kernladungszahl.

setzt, stellt Abbildung **5–12** die Atomgröße in Form des kovalenten Radius einer Einfachbindung als Funktion der Kernladungszahl dar. Man sieht wiederum die periodische Wiederholung. Beispielsweise

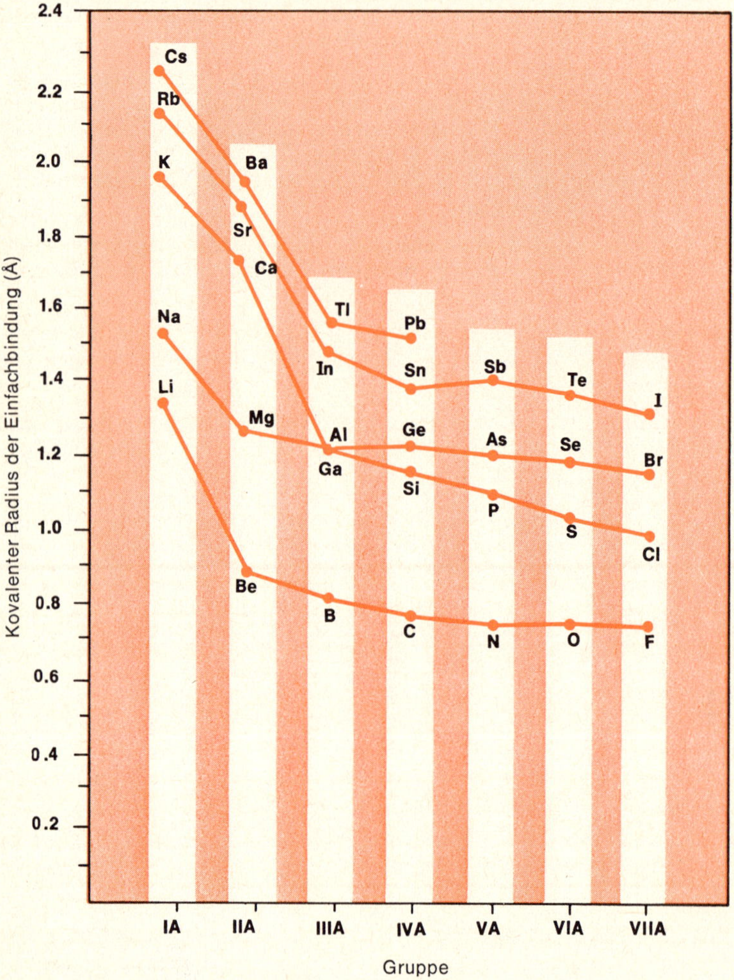

Abb. 5–13 Kovalenter Radius einer Einfachbindung, aufgetragen gegen die Nummer der Gruppe. Die Linien verbinden die Elemente derselben Periode.

ergibt sich der maximale Radius für eine Periode für die Mitglieder der Gruppe IA. Abbildung **5—13** stellt den kovalenten Radius einer Einfachbindung als Funktion der Nummer der Gruppe dar.

Tendenzen in der Atomgröße

Eine Darstellunng der van der Waals'schen Radien, aufgetragen gegen die Kernladungszahl, ist in Abbildung **5—14** gegeben. Man sieht daß für solche Atome, für die kovalente Radien der Einfachbindung

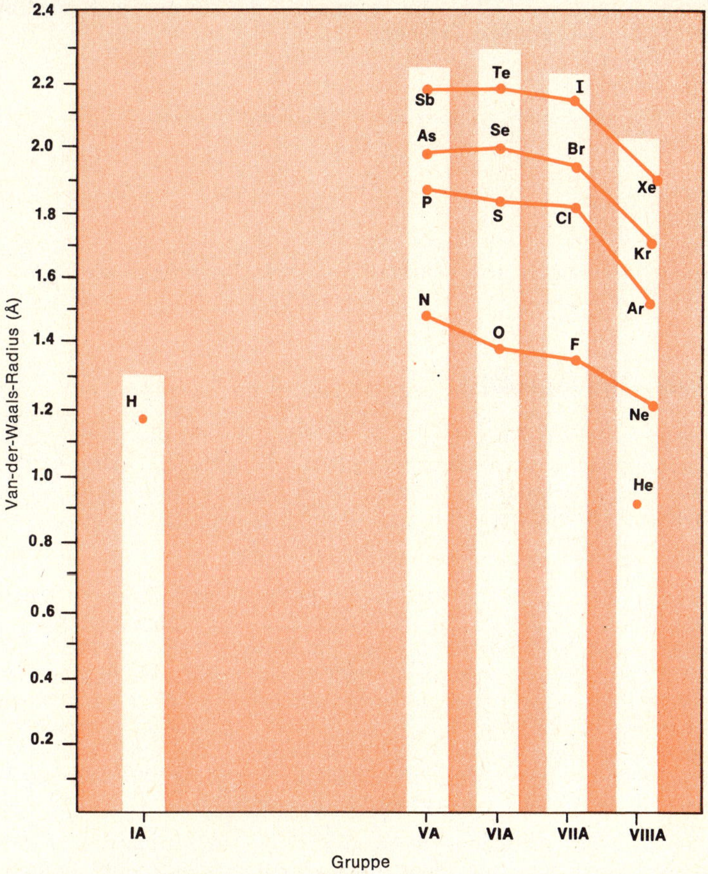

Abb. 5—14 Van der Waals'sche Radien, aufgetragen gegen die Nummer der Gruppe. Die Linien verbinden die Elemente derselben Periode.

und van der Waals'sche Radien existieren, die letzteren immer größer sind. Es gibt allgemeine Tendenzen sowohl für kovalente als auch für van der Waals'sche Radien. Die Atomgröße erhöht sich immer, wenn man in einer Gruppe von oben nach unten geht (Abbildung **5—13** und **5—14**), da die äußersten Elektronen (Valenzschale) in Schalen mit wachsenden *n* eingebaut werden, die dementsprechend größere Werte für die Radien haben. Innerhalb einer Periode nimmt die Größe ab, wenn man von links nach rechts geht (besonders stark in Abbildung **5—13**), da die effektive Kernladung (Z_{eff}) sich progressiv erhöht. Abbildung **5—15** stellt schematisch die kovalenten Radien in Form einer periodischen Tafel dar.

Aufgabe 5—10

Die Elektronenkonfigurationen für verschiedene Elemente sind wie folgt:

$1s^2$

$1s^2\,2s^1$

$1s^2\,2s^2\,2p^1$

$1s^2\,2s^2$.

Ordne die Elemente nach zunehmender Größe. Rechtfertige die Reihenfolge.

5—H. Ionengröße

Das angemessene Maß für die Größe von Ionen ist der Ionenradius. Der Ionenradius ist so definiert, daß die Summe der beiden Ionenradien der internuklearen Entfernung in einem Kristall dieser Ionen entspricht (Abbildung **5—1**)

$$r_{(\text{interionisch})} = r_+ + r_-$$

wobei r_+ und r_- die Ionenradien der positiven und negativen Ionen sind. Abbildung **5—16** zeigt eine Darstellung der Ionenradien aufgetragen gegen die Nummer der Gruppe. Es sollte betont werden, daß sich die Ionenladung von positiv nach negativ ändert, wenn man von links nach rechts innerhalb einer Periode geht. In der ersten Periode haben wir Li^+, Be^{2+}, B^{3+} und N^{3-}, O^{2-} und F^-. Die negativen Ionenradien sind immer größer als die positiven Ionenradien. Es gibt auch eine Tendenz innerhalb einer Periode, die besagt: je höher die negative Ladung des Ions, desto größer wird es sein.

Man sieht aus Abbildung **5—16**, daß die Ionen fortlaufend größer werden, wenn man von oben nach unten innerhalb einer Gruppe geht. Wenn die positive Ladung des Ions zunimmt, wird es immer kleiner. Die fortlaufend erhöhte positive Ladung resultiert in einer

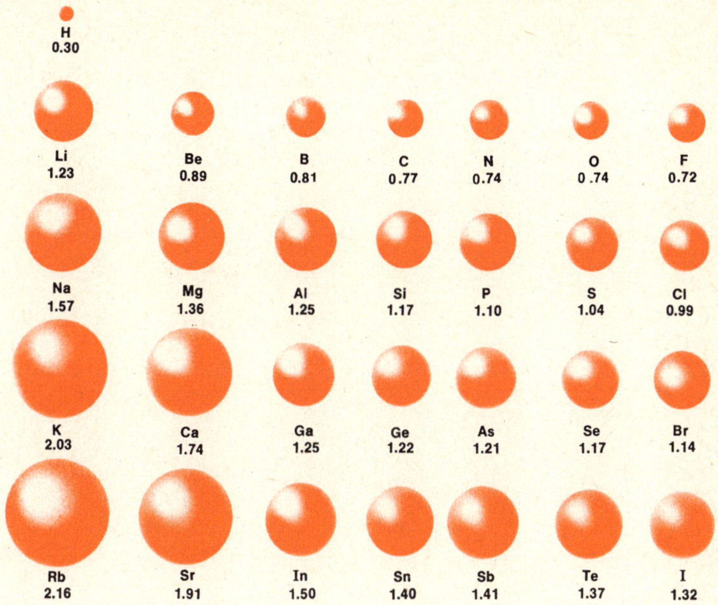

Abb. 5—15 Relative Atomgröße in A. (Kovalente Radien der Einfachbindungen.)

höheren Z_{eff} und in größerer Anziehung der verbleibenden Elektronen zum Kern. Es sei daran erinnert, daß die „Kern"-Elektronenkonfiguration aller positiven Ionen innerhalb derselben Periode identisch ist — z. B. Abb. **5—15.**

Abbildung **5—17** gibt ein gutes Bild der relativen Größen einiger üblicher Ionen, angelegt in Form einer Periodischen Tafel. Die Abbildung zeigt, daß die Ionen an Größe zunehmen, wenn man von oben nach unten innerhalb einer Gruppe geht.

Isoelektrische Spezies sind solche, die dieselbe Elektronenzahl enthalten. Zum Beispiel enthalten

$$_{16}S^{2-},\ _{17}Cl^{-},\ _{18}Ar,\ _{19}K^{+},\ _{20}Ca^{2+}$$

alle 18 Elektronen und stellen daher eine isoelektrische Serie dar, die sowohl Atome als auch Ionen mit einschließt.

Aufgabe 5—11

Warum sollten Ionen größer werden, wenn man von oben nach unten in einer Gruppe geht?

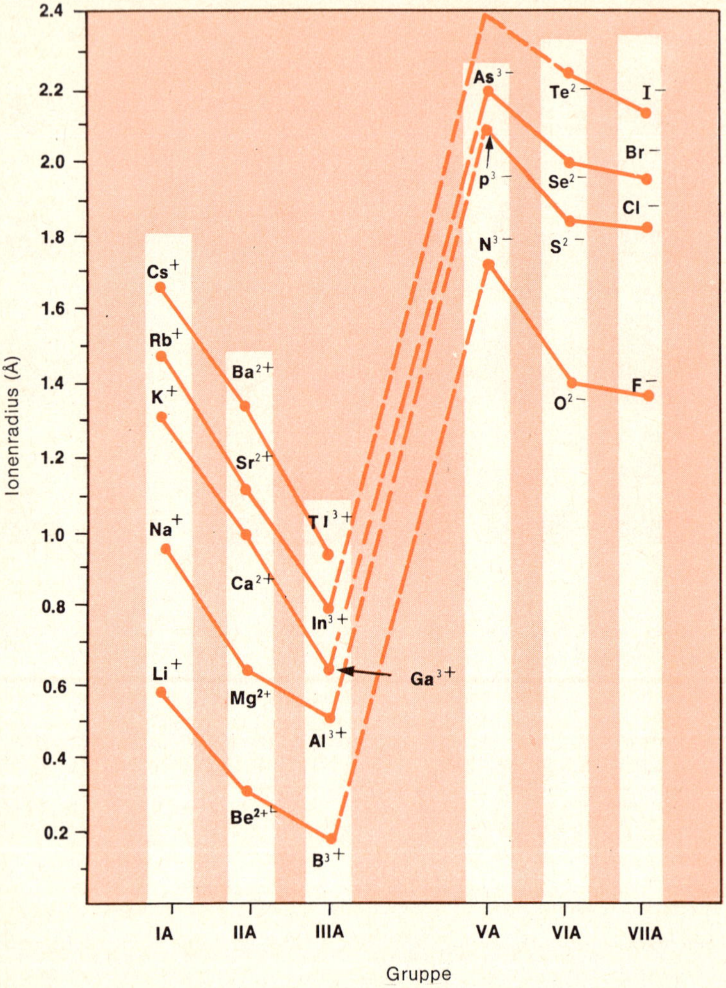

Abb. 5—16 Ionenradius, aufgetragen gegen die Nummer der Gruppe. Die Linien verbinden Elemente derselben Periode.

Aufgabe 5—12

Warum sollten die negativen Ionen einer gegebenen Periode größer sein als die positiven Ionen derselben Periode?

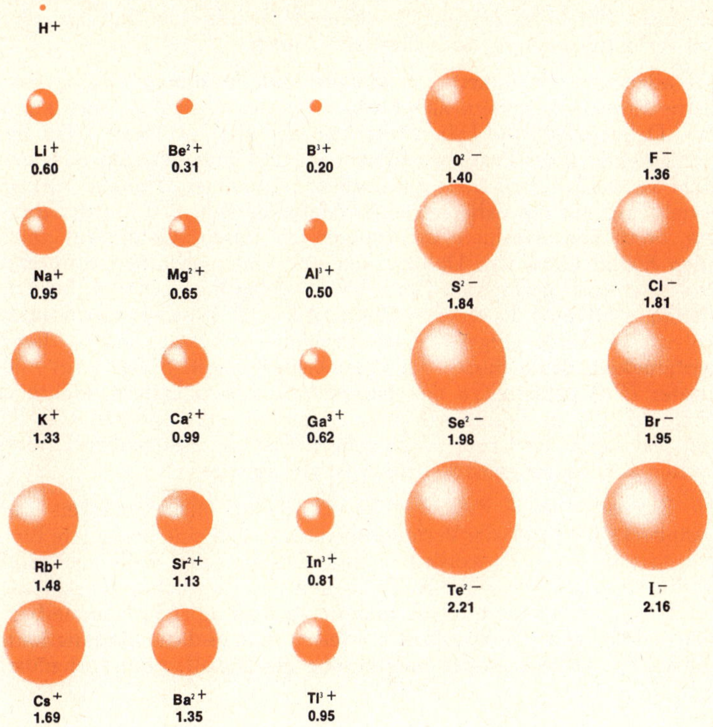

Abb. 5—17 Die relative Größe einiger Ionen. Der Ionenradius ist in Å angegeben. Die Größe von H^+ ist nur symbolisch gezeichnet.

5—I. Metalle, Metalloide und Nichtmetalle

Metalle

Mehr als dreiviertel der bekannten Elemente sind Metalle. Zwei Eigenschaften der Metalle sind Reißfestigkeit und Elastizität. Die *Reißfestigkeit* ist ein Maß für die Kraft, die erforderlich ist, eine Metallprobe eines gegebenen Querschnitts zu brechen. Die Metalle der Übergangsserie haben die höchste Reißfestigkeit, während Metalle wie Zinn (Sn) und Blei (Pb) niedrige Reißfestigkeiten haben. *Elastizität* ist ein Maß für die Fähigkeit eines Objekts zur Ursprungsform nach Deformation (z. B. nach Biegen) zurückzukehren. Ein Metall wie Eisen hat hohe Elastizität, während Metalle wie Natrium oder Blei verhältnismäßig geringe Elastizität haben.

Die allgemeine Fähigkeit der Metalle, sich in dünne Drähte und Bleche formen zu lassen, hängt von zwei zusätzlichen Eigenschaften ab — Dehnbarkeit und Hämmerbarkeit. *Dehnbarkeit* ist ein Maß für die Fähigkeit einer Probe permanent in die Länge gezogen oder gedreht zu werden, und doch noch Stärke zu besitzen. *Hämmerbarkeit* bezieht sich auf die Fähigkeit eines Materials sich, z. B. durch Schlagen, ohne Stärkeverluste deformieren zu lassen. Gold (Au) zeigt einen hohen Grad von Dehnbarkeit und Hämmerbarkeit, während Wolfram einen geringeren Grad dieser beiden Eigenschaften besitzt. Metalle sind gute Leiter für Elektrizität und Wärme. Gewöhnlich laufen diese beiden Eigenschaften parallel — je besser die elektrische Leitfähigkeit, desto besser die Wärmeleitfähigkeit. Silber (Ag) und Kupfer (Cu) gehören zu den besten elektrischen Leitern, während Wismuth (Bi) zu den schlechtesten (genau wie die anderen Metalle und Metalloide der Gruppe VA) gehört. Fast alle elektrischen Drähte werden aus Kupfer gemacht; Silber ist viel zu teuer.

Die Eigenschaften — Reißfähigkeit, Elastizität, Hämmerbarkeit und Dehnbarkeit — legen die Vermutungen nahe, daß eine besondere Bindungsart in Metallen vorliegen muß. Die Bindung muß genügend stark sein, die relativ hohe Reißfähigkeit und Elastizität zu erklären; auf der anderen Seite muß sie auch flexibel genug sein, Hämmerbarkeit und Dehnbarkeit zuzulassen. Weiterhin muß diese Bindung nach vollzogener Dehnung oder Hämmerung des Metalls noch vorhanden sein.

Metallische Bindung

Der metallische Festkörper ist, im Gegensatz zu Ionen und Molekülen in ionischen und kovalenten Festkörpern, aus Atomen aufgebaut. Zusätzlich sind die Atome eng gepackt. Wegen dieser dichten Packung sind die Valenzschalenelektronen der individuellen Atome nicht an einem Atomzentrum lokalisiert, sondern sie bewegen sich frei durch den Metallfestkörper. Wir können zu einem Modell gelangen, bei dem sich die positiv geladenen Ionen in fixierten Positionen befinden, umgeben von einem See beweglicher Elektronen. Die Elektronen sind für die Bindung der positiven Ionen miteinander im Festkörper verantwortlich. Da alle Atomzentren an den Bindungen beteiligt sind, existiert „übriggebliebene“ Bindung sogar nach der Deformation, d. h. es gibt keine spezifische Bindung, die nur für das Zusammenhalten der Atome im Metall verantwortlich ist.

Da die Elektronen in metallischen Strukturen mobil sind, bewegen sie sich durch den ganzen Festkörper. Dies erklärt die elektrische

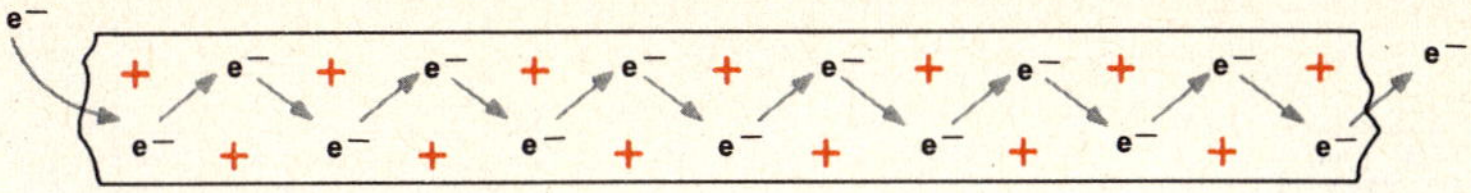

Abb. 5—18 Schematisches Diagramm der elektrischen Leitfähigkeit in einem Festkörper. Man sieht, daß die Leitfähigkeit unter einer fortschreitenden Ersetzung der Elektronen stattfindet.

Leitfähigkeit (Abbildung **5—18**). Eine Temperaturerhöhung in Metallen hat eine Abnahme der Leitfähigkeit zur Folge. Die Abnahme der Leitfähigkeit kann als ein Ergebnis erhöhter Kollision der Elektronen mit den positiven Kernzentren gesehen werden, die stärker schwingen, wenn man die Temperatur erhöht.

Atomare Eigenschaften und metallischer Charakter

Es ist möglich, gewisse Eigenschaften eines Atoms mit dem metallischen Charakter des Elements zu assoziieren. Atome von Metallen haben allgemein niedrige Ionisationspotentiale und niedrige Elektronenaffinitäten; ihre Elektronegativitäten sind ebenfalls niedrig. Metallionen sind daher positiv geladen und haben eine positive Oxidationszahl. Weiterhin sind viele metallische Verbindungen aus demselben Grund ionisch aufgebaut. Das niedrige Ionisationspotential der Metalle ist einer der Hauptgründe, daß Metalle als gute Reduktionsmittel betrachtet werden.

Die Metalle der repräsentativen Elemente der Gruppen IA—IIIA existieren als positive Ionen oder haben positive Oxidationsstufen, die ihrer Gruppennummer entsprechen. Dies kann man auch erwarten, da eine stabile ns^2np^6 Elektronenkonfiguration entsteht, wenn die Ladung der Nummer der Gruppe entspricht.

Die B Gruppen Elemente sind alle Metalle, die verschiedene positive Oxidationsstufen zeigen. Es sei daran erinnert, daß bei diesen Elementen die $3d$, $4d$ und $5d$ Niveaus aufgefüllt werden. Die Elektronenkonfiguration im Grundzustand ist so, daß ein ns Niveau gewöhnlich die Valenzschale bildet. (Kapitel 4; I, S. 101 und 16; III, S. 1, Abschnitt 5—A; I, S. 145). Daher sind die Oxidationszahlen und Ionenladungen positiv. Gewöhnlich haben die Ionen der B Gruppe eine +2 Ladung. Die Oxidationszahl kann so hoch wie die Nummer der Gruppe sein. Osmium in der Gruppe VIIIB bildet beispielsweise ein Oxid OsO_4, in dem die Oxidationszahl +8 ist.

Die Lanthaniden und Actiniden sind silberweiße, reaktive Metalle. In diesen Elementen werden die $4f$ und $5f$ Unterschalen aufgefüllt. Die Valenzschale für die Lanthaniden ist $6s$. Es ist wahrscheinlich, daß die Valenzschale für die Actiniden $7s$ ist. Es ist jedoch auch

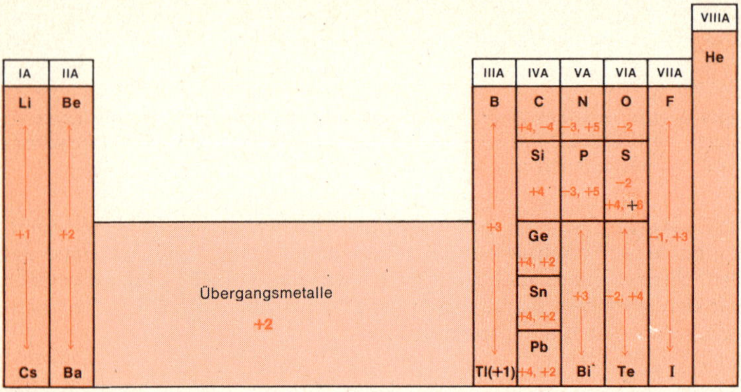

Abb. 5—19 Übliche Oxidationszustände für repräsentative Elemente.

üblich, daß Elektronen von inneren *f* und *d* Unterschalen abgegeben werden können. Demzufolge ist die übliche ionische Ladung dieser Ionen +3; aber +2 Ladungen kommen auch vor. Eine Oxidationsstufe von +4 existiert ebenfalls für verschiedene dieser Elemente.

Die üblichen Oxidationsstufen werden in Abbildung **5—19** in Form einer periodischen Tafel gezeigt. In vielen Fällen sind zusätzliche Oxidationsstufen möglich.

Vieles der vorausgehenden Diskussion handelte von den physikalischen Eigenschaften der Festkörper — der Makrostruktur. Wenn wir jedoch die chemischen Eigenschaften diskutieren, beschäftigen wir uns mit einzelnen Atomen, Molekülen oder Ionen — der Mikrostruktur. Dieser Unterschied kann Schwierigkeiten machen, wenn man ein Element als Metall oder Metalloid einordnen will. Obwohl beispielsweise festes Zinn (Sn) üblicherweise als Metall betrachtet wird, haben einige Zinnverbindungen chemische Eigenschaften, die typisch für ein Metalloid sind. Die chemischen Eigenschaften der Elemente und Verbindungen werden in Kapitel 9 (I, S. 295) diskutiert.

Metalloide

Zu diesen Elementen zählt man gewöhnlich Silicium, Germanium, Arsen, Antimon und Tellur. Bor wird auch oft als Metalloid betrachtet. Gewisse Verbindungen von Zinn, Aluminium und Blei haben Eigenschaften, die es manchmal begründen, diese Elemente in diese Gruppe einzubeziehen. Metalloide haben physikalische Eigenschaften, die zwischen denen der Metalle und Nichtmetalle liegen. Sie sind gewöhnlich spröde. Die Ionisationspotentiale der Metalloide liegen im allgemeinen zwischen denen der Metalle und Nichtmetalle. Alle Metalloide können positive Oxidationsstufen bilden und einige, so wie Sb und As, können als positiv geladene Ionen in Lösung auftreten. Ein Element, Tellur, kann auch in einer negativen Oxidationsstufe, wie in H_2Te, auftreten.

Elektrische Leitung und Halbleiter

Allgemein gesehen, ist die elektrische Leitfähigkeit der Metalloide niedrig, aber sie ist trotzdem vorhanden. Einige Metalloide sind *Halbleiter*. In Halbleitern sind die Elektronen nicht so beweglich wie in Metallen; die erforderliche Energie, um die Elektronen zu bewegen, liegt zwischen der eines Leiters und eines Isolators. Demzufolge wird jede zusätzliche Energie (z. B. in Form von Wärme) die Beweglichkeit der Elektronen und dadurch die Leitfähigkeit erhöhen; d. h. Temperaturerhöhung erhöht somit die Leitfähigkeit der Metalloide; dies verhält sich umgekehrt zum Temperaturverhalten der Metalle.

Elemente wie Silicium und Germanium können in bessere Leiter, durch Zusatz von anderen Elementen wie Phosphor, welcher ein Elektron mehr in seiner Valenzschale enthält als Silicium, oder durch Zusatz von Germanium, umgewandelt werden. Demzufolge gibt es ein Elektron mehr in den *„gedopten"* Halbleitern als für die Bindung erforderlich ist. Dieses zusätzliche Elektron kann sich durch den Festkörper bewegen. Das zugesetzte Element wird in sehr geringen Konzentrationen (ppm) zugefügt; es kann aber die Leitfähigkeit um einen Faktor von Tausend oder größer erhöhen.

Nichtmetalle

Nichtmetalle haben viele Eigenschaften, die denen der Metalle entgegengesetzt sind. Die meisten Nichtmetalle kommen in der Natur als zweiatomige Moleküle vor. Beispiele für gasförmige Nichtmetalle sind N_2, O_2 und die Halogene. Feste Nichtmetalle, wie Schwefel und Phosphor, kommen als vielatomige Moleküle vor (S_8 und P_4). Die Edelgase sind einatomig und die Wechselwirkungen in flüssigen oder festen Phasen sind schwach. Die festen Nichtmetalle haben geringe Reißfestigkeit, Elastizität, Dehnbarkeit und Hämmerbarkeit. Es ist klar, daß die letzteren Eigenschaften nicht auf gasförmige Nichtmetalle angewandt werden können. Weiterhin werden Nichtmetalle – z. B. Stickstoff, Sauerstoff und Schwefel – als Nichtleiter der Elektrizität und schlechte Wärmeleiter betrachtet. Die erforderliche Energie, um die Elektronen zu bewegen, ist so groß, daß solche Nichtmetalle als Isolatoren verwendet werden können.

Atomare Eigenschaften der Nichtmetalle

Im allgemeinen ist das Ionisationspotential und die Elektronenaffinität der Nichtmetalle relativ hoch. Die Elektronegativitäten sind ebenfalls verhältnismäßig hoch; die einatomigen Ionen der Nichtmetalle sind negativ geladen. Die Ladung des einatomigen Ions wird gleich 8 minus der Nummer der Gruppe sein. Chlor befindet sich in Gruppe VII; es wird daher eine Ladung von 8 minus 7 = 1 haben. Das Atom fügt Elektronen zu, bis es eine stabile ns^2np^6 Elektronenkonfiguration oder 8 Außenelektronen hat. Wenn Nichtmetalle mit Metallen reagieren, ist das entsprechende Produkt oft ionisch (z. B. KF) aufgebaut. Dies entsteht durch die großen Unterschiede in den Elektronegativitäten der Metalle und Nichtmetalle. Wenn Nichtmetalle mit Elementen ähnlicher Elektronegativitäten reagieren, wird die resultierende Verbindung kovalent sein — JCl, HJ und CCl_4.

Die nichtmetallischen Elemente der Gruppen VA—VIIA haben im allgemeinen eine negative Oxidationsstufe, die 8 minus der Nummer der Gruppe entspricht. Der Hauptgrund hierfür ist der Gleiche, den wir schon für die Ladung der einatomigen Ionen gegeben hatten. Jedoch hängt die genaue Oxidationsstufe davon ab, ob das Element mit einem Element größerer oder kleinerer Elektronegativität eine Verbindung eingeht. Betrachtet man z. B. Schwefel in H_2S und SO_4^{2-}. In H_2S hat Schwefel die Oxidationszahl −2 und in SO_4^{2-} ist sie +6. Schwefel ist elektronegativer als Wasserstoff, aber weniger elektronegativ als Sauerstoff. Fluor ist das elektronegativste Element und es wird immer die Oxidationszahl −1 haben. Sauerstoff hat gewöhnlich eine Oxidationszahl von −2, außer in OF_2 (O^{2+}), Peroxiden (O^-) und Superoxiden (O_2^-).

Die verhältnismäßig hohe Elektronenaffinität der Nichtmetalle ist der Grund dafür, daß diese Oxidationsmittel sind. Dementsprechend ändert sich die Oxidationszahl eines Nichtmetalls zu einem negativeren Wert während der Oxidations-Reduktionsreaktion.

Die Elemente unten in der Gruppe VA sind metallischer als diejenigen oben. Daher existieren diese gewöhnlich in positiven Oxidationsstufen und bilden in einigen Fällen positive Ionen, wie z. B. Bi^{3+}.

Die Elemente der Gruppe IV haben gewöhnlicherweise variable Oxidationsstufen. Dies trifft besonders auf Kohlenstoff zu, bei dem die Oxidationszahlen −4 bis +4 betragen können. Die Elemente unten in der Gruppe haben üblicherweise Oxidationszustände von +2 und +4. Verbindungen, die aus Elementen der Gruppe IVA mit einer Oxidationsstufe +4 geformt werden, sind kovalent, wie z. B. CCl_4 und $SnCl_4$. Da die erforderliche Energie, vier Elektronen abzugeben (siehe Abbildung **5—5**; I, S. 161) sehr hoch ist, ist es energetisch begünstigt, Elektronen mit anderen Atomen zu teilen. Vorherrschende Oxidationszustände sind in Form einer periodischen Tafel (Abbildung **5–19**; I, S. 178) gegeben; aber es existieren auch andere Werte.

Die Elektronenkonfigurationen der Gruppe VIIIA (Edelgase) ist so, daß die *s* oder *sp* Unterschalen gefüllt sind. Demzufolge werden diese Elemente allgemein als nicht reaktiv betrachtet. Jedoch ist kürzlich gefunden worden, daß die Edelgase mit verhältnismäßig geringen Ionisationspotentialen, wie Xenon und Krypton, Verbindungen mit Fluor und Sauerstoff (die hohe Elektronenaffinitäten haben) eingehen können. Alle Verbindungen und die komplexen Ionen der Edelgase sind kovalent.

Übungen

1. Vervollständige die Tabelle durch Ankreuzen der entsprechenden Stellen

	Physikalischer Charakter		Elektrische Leitfähigkeit		Ionisationspotential		Elektronegativität		Ionenladung	
	Metall	Nichtmetall	gut	schlecht	hoch	niedrig	hoch	niedrig	+	–
Calcium (Ca)										
Sauerstoff (O)										
Rubidium (Rb)										
Brom (Br)										

2. Warum werden die negativen Ionen innerhalb einer Periode größer, wenn sich die negative Ladung erhöht?
3. Trage die ersten Ionisationspotentiale gegen die Periodennummer der A Gruppen Elemente 2, 3 und 4 Periode auf. Welche Tendenzen können beobachtet werden?
4. Trage die Elektronenaffinitäten gegen die Periodennummer der A Gruppen Elemente der 2, 3 und 4 Periode auf. Welche Tendenzen können beobachtet werden?
5. Erwartet man, daß die Edelgase der Gruppe VIIIA hohe oder niedrige Ionisationspotentiale und Elektronenaffinitäten besitzen? Warum?
6. Die Ionisationspotentiale für Kohlenstoff, Stickstoff und Sauerstoff betragen 11,3; 14,5 und 13,6 EV. Man sieht, daß Stickstoff einen

ungewöhnlich hohen Wert hat und eine Abnahme zum Sauerstoff hin stattfindet. Erkläre dieses Ergebnis.

7. Darf man erwarten, daß das zweite Ionisationspotential von Natrium kleiner oder größer ist als das von Magnesium? Warum?

8. a) Haben Metalle oder Nichtmetalle höhere Ionisationspotentiale?
   b) Warum würden diese Elemente zu höheren Ionisationspotentialen tendieren? [Hinweis: Denke an Z_{eff}.]

9. Der kovalente Radius nimmt sehr stark zu, wenn man von einem Element der Gruppe VIIA einer Periode zu einem der Gruppe IA der nächsten Periode geht. Erkläre.

10. Sage die Reihenfolge der internuklearen Abstände für die folgenden Moleküle voraus:

    a) HF, HCl, HBr, HJ
    b) Li_2, K_2, Na_2
    c) F_2, Cl_2, Br_2, J_2

11. Sage die interionischen Abstände in den folgenden Kristallen voraus: CsJ, LiF, RbBr, CaO, MgS. [Hinweis: Betrachte die Daten in Abbildung **5—17** (I, S. 175).]

12. Ist das O^{2-}-Ion größer oder kleiner als Neon? Warum?

13. Ist das Na^+-Ion größer oder kleiner als Ne? Warum?

14. Welche der folgenden Ionen oder Atome sind die kleinsten und welche sind die größten? Warum?

    a) O^{2-}
    b) F^-
    c) Na^+
    d) Mg^{2+}
    e) Ne

15. Man sieht, daß der Unterschied in den Ionisationspotentialen zwischen sowohl $_{20}Ca$ und $_{31}Ga$ als auch zwischen $_{38}Sr$ und $_{49}In$ trotz der erhöhten Massenzahl sehr klein ist. Jedoch besteht eine erhebliche Zunahme im Ionisationspotential zwischen $_{12}Mg$ und $_{13}Al$. Mg, Ca und Sr befinden sich in derselben Gruppe (II A) und auch Al, Ga und In sind in derselben Gruppe (III A). Erkläre.

16. Diskutiere und erkläre die Beziehung zwischen Atomgröße der A Elemente und

    a) Ionisationspotential
    b) Elektronenaffinität.

17. Welche Gruppe von Elementen zeigt die höchste relative Anziehungskraft auf Bindungselektronen (Elektronegativität)? Warum?

18. Nimm an, daß die Elektronegativität (χ) eines Elements mit Hilfe der folgenden Formel berechnet werden kann

$$\chi = \frac{IP + EA}{2}$$

IP = Ionisationspotential; *EA* = Elektronenaffinität; die Vorzeichen sind in den Abbildungen **5—5** und **5—9** angegeben.

a) Welches charakteristische Merkmal würde bewirken, daß ein Element die größte Elektronegativität besitzt?

b) Welche Gruppe von Elementen würde, insgesamt gesehen, ohne genaue Berechnungen die niedrigsten χ Werte (außer Gruppe VIII A) haben? Warum?

c) Berechne die χ Werte für die Elemente der Gruppe VII A.

19. Rechtfertige die folgende Aussage: Die Elektronegativität nimmt von oben in einer Gruppe nach unten ab. Benutze die Formel in Übung 18.

20. Beantworte die folgenden Fragen in bezug auf die Elemente mit den folgenden Elektronenkonfigurationen

$$1. \ldots 3p^6\,4s^2 \qquad 2. \ldots 3p^6\,3d^{10}\,4s^2\,4p^5$$

a) Sind diese Metalle oder Nichtmetalle?

b) Haben diese Elemente hohe oder niedrige Ionisationspotentiale, Elektronenaffinitäten und Elektronegativitäten?

c) Welches Element besitzt das größte Atom?

d) Welches +2 Ion ist kleiner?

e) Sage die Oxidationszahl (oder Ionenladung) dieser Elemente voraus.

21. Die folgenden Atome und Ionen stellen eine isoelektronische Serie dar. Die relativen Größen sind in Abbildungen **5—11** und **5—17** dargestellt. Gib eine Erklärung für die Tendenz der Größe.

$${}_{16}S^{2-},\ {}_{17}Cl^{-},\ {}_{18}Ar,\ {}_{19}K^{+},\ {}_{20}Ca^{2+}.$$

22. Ordne die folgenden Elemente nach höheren Ionisationspotentialen. Gib eine Begründung.

F (Gruppe VII A), Na (Gruppe I A), Cs (Gruppe I A), Ne (Gruppe VIII A).

23. Ordne die folgenden Spezies nach Größe. Gib eine Begründung.

$Ar, S^{2-}, Na^{+}, Cl^{-}, Li^{+}$

24. Welche der folgenden Spezies ist am größten? Warum?

K^{+}, Ar, Cl, Cl^{-}

25. Es besteht die Möglichkeit, Elektronen aus Elementen auszustoßen; sie können dann z. B. in einer photoelektrischen Zelle verwendet werden. Nimm an, daß man Licht zum Elektronenausstoß benutzen würde. Die Durchschnittsenergie des Lichts soll ungefähr 5 EV betragen. Nimm ferner an, daß die zum Elektronenausstoß erforderliche Energie dem Ionisationspotential des Elements entspricht. Welche Gruppe von Elementen würde man benutzen?

KAPITEL 6

Struktur und Bindung zweiatomiger Moleküle

In Atomen stehen die Elektronen in Wechselbeziehung mit dem Kern und mit den anderen Elektronen im Atom. In Molekülen jedoch gibt es Wechselwirkungen zwischen Kern-Kern, Elektron-Elektron und Kern-Elektron. Die ersten beiden sind Abstoßungskräfte, während die letzte eine Anziehungskraft ist. Wenn zwei Atome zusammengebracht werden, so kann die Verbindung oder die Bindung, die geformt wird, im Idealfall ionisch oder kovalent sein. Der Unterschied zwischen ionischer und kovalenter Bindung ist schon früher erklärt worden: in einer ionischen Bindung werden Elektronen übertragen, in einer kovalenten Bindung werden Elektronen geteilt. In diesem Kapitel wollen wir dies und andere Aspekte der chemischen Bindung in Einzelheiten verfolgen. Weiterhin wollen wir zwei Theorien untersuchen, „Valence-bond-Theorie" und „Molecular-orbital-Theorie", die benutzt werden können, um kovalente Bindung in Molekülen zu beschreiben.

6—A. Ionenbindung

Eine Ionenbindung ist eine Bindung, in der im wesentlichen ein vollständiger Elektronenübergang zwischen Atomen vollzogen wird, und individuelle positive und negative Ionen gebildet werden. Diese Ionen werden hauptsächlich durch Coulomb-Kräfte zwischen ungleichen Ladungen zusammengehalten. Die Wörter „im wesentlichen" und „hauptsächlich" werden benutzt, um anzuzeigen, daß keine Verbindung rein ionisch von Natur aus ist.

Der Vorgang, eine ionische Verbindung oder ein Ionenpaar-Molekül in der Gasphase zu formen, kann als stufenweiser Vorgang, beginnend mit gasförmigen Atomen, gesehen werden. Im Falle von NaCl erhält man,

6—1

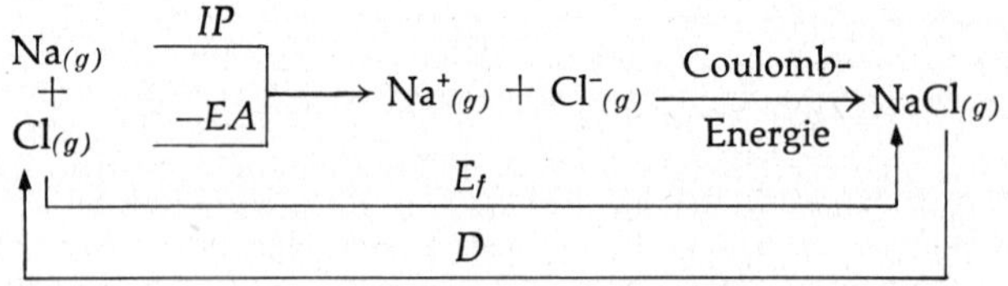

wobei *IP* das Ionisationspotential, *EA* die Elektronenaffinität, *D* die Dissoziationsenergie der Bindung und E_B die Bildungsenergie von $NaCl_{(g)}$ ist. Die Coulomb'sche potentielle Energie beträgt

6–2 $$\text{Coulomb-Energie (erg/Mol)} = -N_L \frac{(n_+e)\,(n_-e)}{r}$$

und ist die Energie zwischen den Ionen (Anhang I; III, S. 147), wobei N_L die Loschmidt'sche Zahl, *e* der absolute Wert für die Ladung des Elektrons ($4{,}80 \times 10^{-10}$ ESE), n_+ und n_- die Zahl der positiven oder negativen Ladungen der Ionen und *r* der interionische Abstand oder Bindungslänge in cm ($1\ \text{Å} = 10^{-8}$ cm) zwischen den Ionen in dem Ionenpaar-Molekül ist.

Es kann aus Gleichung **6–1** ersehen werden, daß jede Stufe bestimmt werden kann, falls alle restlichen Werte bekannt sind. Dies ist auf Grund des Gesetzes von der Erhaltung der Energie korrekt. Da der Ausgangszustand [$Na_{(g)} + Cl_{(g)}$] und der Endzustand [$Na_{(g)} + Cl_{(g)}$] gleich sind, muß die Summe der Energien der Ionisationspotentiale, Elektronenaffinitäten, Bildungsenergien oder Dissoziationsenergien der Bindung und die Coulomb-Energie mit ihren entsprechenden Vorzeichen gleich Null sein. Bezeichnet man daher erforderliche Energie mit einem Pluszeichen und abgegebene Energie mit einem Minuszeichen, so erhalten wir

6–3 $$+IP - EA - \frac{N\,(n_+e)\,(n_-e)}{r} - E_f = 0$$

6–4 $$+IP - EA - \frac{N\,(n_+e)\,(n_-e)}{r} + D = 0$$

Aus Gleichung **6–4** ergibt sich:

$$D = +EA - IP + \frac{N\,(n_+e)\,(n_-e)}{r}$$

Dieser zyklische Vorgang (Kreisprozeß) in Gleichung **6–1** ist als *Born-Haber'scher Kreisprozeß* bekannt.

Bevor wir die Kalkulation der Dissoziationsenergie einer Bindung fortsetzen, wollen wir nun den Coulomb-Ausdruck in Gleichung **6–2** für den speziellen Fall des NaCl betrachten. Die interionische Entfernung oder der Bindungsabstand in NaCl in der Gasphase beträgt 2,36 Å, während er im kristallinen Zustand $r = r_+ + r_-$ ist. Aus Kapitel 5, Abbildung **5–17** (I, S. 175), ersieht man, daß $r_{Na^+} = 0{,}95$ Å, $r_{Cl^-} = 1{,}81$ Å und $r = 2{,}76$ Å betragen. Es sei an Abschnitt 2–B (I, S. 15 ff.) erinnert, daß ionische Verbindungen, wie NaCl, im festen Kristall aus Ionen und nicht aus Molekülen bestehen. Der Abstand zwischen Ionen im Kristall ist größer als der internukleare Abstand zwischen den Atomen in den Molekülen in der Gasphase. Für NaCl in der Gasphase beträgt $r = 2{,}36$ Å ergibt sich:

$$\text{Coulomb-Energie} = -\frac{(6{,}02 \times 10^{23})\,(4{,}80 \times 10^{-10})\,(4{,}80 \times 10^{-10})}{2{,}36 \times 10^{-8}}$$

$$= -58{,}7 \times 10^{11}\ \text{erg/Mol}$$

Umrechnung in Kcal: 1erg = $2{,}39 \times 10^{-8}$ cal

$$\text{Coulomb-Energie} =$$

$$-58{,}7 \times 10^{11}\ \text{ergs} \times 2{,}39 \times 10^{-8}\ \text{cal/erg} \times \frac{1\ \text{Kcal}}{10^{3}\ \text{cal}}$$

$$= -140\ \text{Kcal/Mol}$$

Mit Hilfe dieser Daten können wir die Bildungsenergie und die Dissoziationsenergie für NaCl berechnen. In den folgenden Gleichungen haben wir die Einheiten für das Ionisationspotential und für die Elektronenaffinität aus EV in Kcal umgewandelt, da Bildungsenergien und Dissoziationsenergien üblicherweise in Kcal angegeben werden.

1. Stufe

$Na_{(g)} \longrightarrow Na^{+}_{(g)} + e^{-}$ (Ionisationspotential) $IP = +118$ Kcal

2. Stufe

$Cl_{(g)} + e^{-} \longrightarrow Cl^{-}_{(g)}$ (Elektronenaffinität) $EA = -83$ Kcal

3. Stufe

$Na^{+}_{(g)} + Cl^{-}_{(g)} \longrightarrow NaCl_{(g)}$ (Coulomb-Energie) $-\dfrac{N\,(n_{+}e)\,(n_{-}e)}{r} = -140$ Kcal

---

$Na_{(g)} + Cl_{(g)} \longrightarrow NaCl_{(g)}$ (Bildungsenergie) $E_B = -105$ Kcal

Wie aus den Gleichungen **6–1, 6–3** und **6–4** ersehen werden kann, entspricht die Dissoziationsenergie D (aber mit umgekehrtem Vorzeichen) der Bildungsenergie E_B; sie beträgt daher $D = +105$ Kcal. Die erforderliche Energie in Stufe 1 ist größer als die frei werdende Energie in Stufe 2. Daher bewirkt Stufe 3, daß die Coulomb Anziehungsenergie die ionische Bindung möglich macht, da die größte Energiemenge hier freigesetzt wird. Dieses Freisetzen von Energie ist mehr als genug, um den Energiemangel aus der Summe von Stufe 1 und 2 wettzumachen, wie in der Gesamtsumme gezeigt ist. Der experimentelle Wert für die Dissoziationsenergie von $NaCl_{(g)}$ in die Atome beträgt 97 Kcal/Mol. Der berechnete Wert von 105 Kcal/Mol basiert auf einem reinen ionischen Modell. Diese Annahme ist nicht vollständig richtig; nichtsdestotrotz zeigt die gute Übereinstimmung zwischen berechnetem und gemessenem Wert deut-

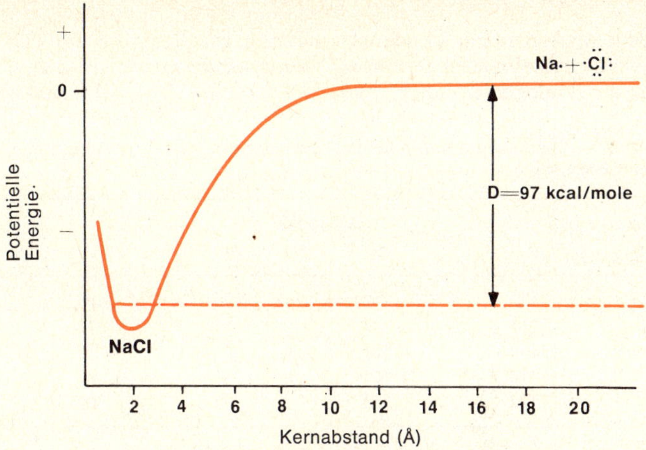

Abb. 6—1 Potentialkurve für die Bildung von $NaCl_{(g)}$ Molekülen.

lich an, daß das ionische Modell eine gute Annäherung für Moleküle wie NaCl ist.

Eine Darstellung der potentiellen Energie des Systems $Na_{(g)}$, $Cl_{(g)}$ und $NaCl_{(g)}$ ist in Abbildung **6—1** gezeigt. Bei großen Entfernungen ist die potentielle Energie zwischen $Na_{(g)}$ und $Cl_{(g)}$ gleich Null; d. h. es ist weder Anziehung noch Abstoßung vorhanden. Wenn die Entfernung abnimmt, nimmt auch die potentielle Energie ab, da Elektronenaustausch oder -übergang stattfindet; zusätzlich gibt es Anziehung zwischen den entgegengesetzt geladenen Na^+ und Cl^- Ionen. Die Abnahme geht weiter und erreicht ein Minimum bei 2 Å. Wenn die Entfernung weiter abnimmt, beginnt die potentielle Energie zu wachsen, da Kern-Kern- und Elektron-Elektron-Wechselwirkungen auftreten. Die Wechselwirkung zwischen Partikeln mit derselben Ladung wirkt abstoßend. Das Minimum bei ungefähr 2 Å entspricht dem Bindungsabstand zwischen Na und Cl in dem $NaCl_{(g)}$ Molekül. Die Energiedifferenz, markiert mit *D* in Abbildung **6—1**, ist die experimentelle Dissoziationsenergie der Bindung.

Tabelle **6—1** gibt einige Bindungsdissoziationsenergien für verschiedene Alkalimetallhalogenide. Man bemerkt, daß Energie für die Dissoziation ($+D$) erforderlich ist und die Dissoziation zu Atomen führt und nicht zu Ionen.

6—5 $$MX_{(g)} \longrightarrow M_{(g)} + X_{(g)} \qquad \Delta E = D_{MX}$$

Die Abweichung in den D_{MX} Werten in Tabelle **6—1** kann in Form der Parameter *EA*, *r* und *IP*, wie in Gleichung **6—4** gezeigt ist, erklärt werden. Verschiedene Tendenzen können gesehen werden. Für ein gegebenes Alkalimetall nimmt die Bindungsdissoziationsenergie ab, wenn das Halogenid von F^- nach J^- übergeht. Dies kann durch die

Tabelle 6–1 Experimentelle Bindungsdissoziationsenergien der Alkalimetallhalogenid-Moleküle

	Halogenid			
Metall	F	Cl	Br	I
Li	137	112	100	85
Na	114	97	87	73
K	118	101	91	77
Rb	116	101	90	77
Cs	120	106	96	82

Abnahme von *EA* (außer für Fluor nach Chlor) und durch die Zunahme in r_- erklärt werden; beides bewirkt eine Abnahme von *D*. Auf der anderen Seite nimmt die Bindungsdissoziation für ein gegebenes Halogenid zuerst ab, wenn man in der Gruppe der Alkalimetalle in Tabelle **6–1** heruntergeht und strebt dann einer Erhöhung, mit nur einigen wenigen Ausnahmen, zu. Diese scheinbar ungewöhnliche Tendenz kann durch die Zunahme in r_+ erklärt werden, die eine Abnahme von *D* bewirkt, während die gleichzeitige Abnahme von *IP* eine Zunahme in *D* bewirkt, die zum Zeitpunkt, wenn das Ende der Alkalimetall-Gruppe erreicht wird, der vorherrschende Faktor sein wird. Offensichtlich ist die Zunahme in r_+ der vorherrschende Effekt, wenn man vom kleinen Li^+ zum Na^+ geht, aber diese Erhöhung in r_+ ist weniger dramatisch, wenn man zu K^+, Rb^+ und Cs^+ geht.

Aufgabe 6—1

Gegeben sind die folgenden Daten für KF. Berechne einen Wert für das Ionisationspotential von Kalium und vergleiche ihn mit dem experimentellen Wert (Kapitel 5; I, S. 161).

Elektronenaffinität von Fluor = 81 Kcal/g-Atom

interionischer Abstand $KF_{(g)}$ = 2,55 Å

Bindungsdissoziationsenergie $KF_{(g)}$ = 118 Kcal/Mol

Aufgabe 6—2

Man sieht in Tabelle **6—1**, daß die Dissoziationsenergie für LiF ungefähr 23 Kcal/Mol größer ist als für NaF. Offenbar ist dasselbe F^--Anion beteiligt. Jedoch ist das Ionisationspotential für Na niedriger als das für Li. Gib eine qualitative Erklärung für die Reihenfolge der Bindungsdissoziationsenergien für diese beiden Moleküle.

6—B. Kovalente Bindung

Die meisten Moleküle haben keine ionischen Bindungen. Stattdessen werden Bindungselektronen zwischen den Atomen der Moleküle geteilt und die Bindung wird als *kovalente* Bindung bezeichnet. In kovalenten Bindungen sind gewisse meßbare Eigenschaften, die mit den Elektronen in dem Molekül verbunden sind, wie z. B. das Ionisationspotential, in der Größenordnung verschieden von den Eigenschaften, die mit den Elektronen eines einzelnen Atoms assoziiert sind.

Betrachten wir die Bildung eines Wasserstoffmoleküls aus Wasserstoffatomen. Abbildung **6—2** ist eine schematische Darstellung der potentiellen Energie als Funktion des Abstandes für das System der beiden Wasserstoffatome. Bei großen Entfernungen ist die potentielle Energie des Systems konstant (gleich Null) und unveränderlich. Wenn die Entfernung zwischen den beiden Atomen abnimmt, erniedrigt sich die potentielle Energie und erreicht schließlich ein Minimum bei einer Entfernung, die dem Gleichgewicht zwischen beiden Atomen im wirklichen Molekül entspricht. Diese Entfernung wird der *Bindungsabstand* (Länge) genannt und beträgt 0,74 Å im Wasserstoffmolekül. Wenn der Abstand weiter abnimmt, beginnt die potentielle Energie sehr schnell zu steigen. Der ursprüngliche Anstieg potentieller Energie resultiert hauptsächlich aus der gleichzeitigen Anziehung der Elektronen in H_2 durch zwei positive Kerne gegenüber dem einen Kern im Wasserstoffatom. Die nachfolgende Zunahme an potentieller Energie resultiert aus der Abstoßung der Kerne. Die Bindungsdissoziationsenergie D beträgt 103 Kcal und ist in Abbildung **6—2** dargestellt, in der die folgende Reaktion abläuft:

$$H_2 \longrightarrow 2H$$

Es ist möglich, quantenmechanische Berechnungen für die geladenen Spezies H_2^+ und auch für H_2 zu machen. Dies sind die einfachsten Moleküle, an denen solche Berechnungen ausgeführt werden können. Die Bindungsdissoziationsenergie, die Ladungsverteilung, die Bindungslänge und die Form der Potentialenergiekurve können verhältnismäßig genau bestimmt werden. Im Falle des individuellen Wasserstoffatoms ist die elektronische Ladung sphärisch symmetrisch (Kapitel 4; I, S. 124). Wenn ein Wasserstoffmolekül H_2 oder ein Wasserstoff-Molekülion H_2^+ geformt wird, ist die elektronische Ladung nicht länger sphärisch verteilt. Im Prozeß der Bindung wird durch die gleichzeitige Anziehung der einzelnen Elektronen von den beiden Kernen eine Verschiebung der elektronischen Ladung bewirkt (von den Atomzentren weg, in ein Gebiet zwischen den beiden Atomzentren). Dies kann, wie in Abbildung **6—3** gezeigt, auf mehreren Wegen dargestellt werden; die Ladungsverteilung im H_2 Molekül ist

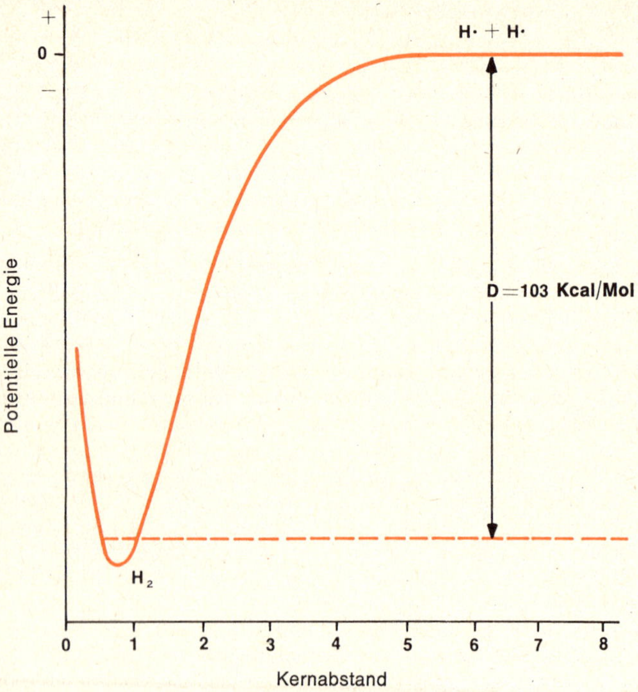

Abb. 6—2 Potentialkurve für die Bildung von H_2.

symmetrisch verteilt, und es existieren keine Knotenflächen. Man kann dies auch in einer vereinfachten Art ausdrücken,

$$\cdot H \;+\; H\cdot \longrightarrow H{:}H$$

wobei die Elektronen als Punkte dargestellt werden. Diese Methode, Bindungen in Molekülen in dieser Art zu zeigen, ist als die Lewis-Elektronenformel bekannt. Wenn *ein Elektronenpaar* beteiligt ist, handelt es sich um eine *kovalente Einfachbindung.* Wir werden später sehen, daß ein, zwei oder drei Elektronenpaare zwischen Atomen geteilt werden können, und so existieren Einfach-, Doppel- und Dreifachbindungen. Einfach-, Doppel- und Dreifachbindungen können auch durch einzelne, doppelte oder dreifache Linien zwischen den Atomen dargestellt werden: H—H, O=O, N≡N. In kovalenten Bindungen ist es für ein Atom möglich, beide Elektronen abzugeben, um eine kovalente Einfachbindung wie im Ammonium-Ion zu bilden. Dieser

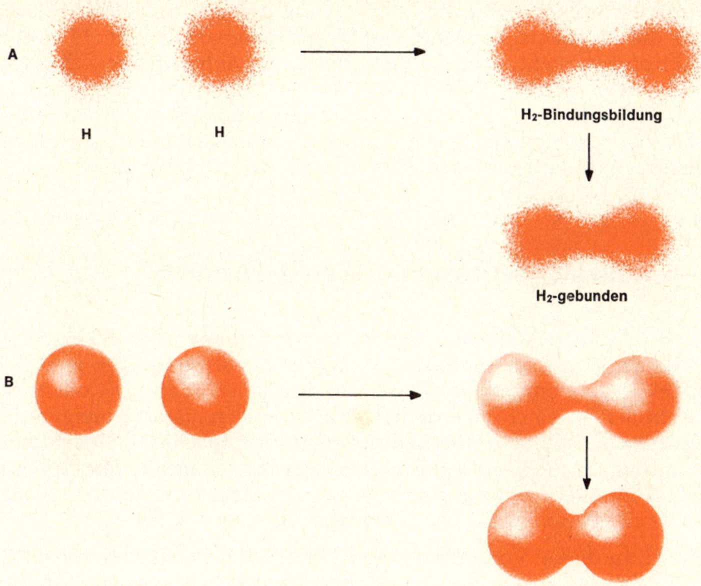

Abb. 6—3 Die Ladungsverteilung im H_2-Molekül.

letztere Bindungstyp wird oft als *koordinative-kovalente Bindung* bezeichnet.

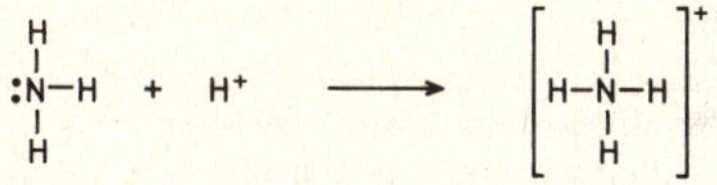

Diese Darstellung der beiden Elektronen zwischen den beiden Atomen ist mehr als eine Vereinfachung. In der Tat bewegt sich nur ein Äquivalent von etwa $^1/_{20}$ eines Elektrons von jedem Atomzentrum in das Gebiet zwischen den Atomen (etwa $^1/_{10}$ eines Elektrons ist für die Ladungsdichte zwischen den Atomen verantwortlich). Daher ist die Lewis-Elektronenformel oder die Darstellung einer kovalenten Bindung durch einen Strich bequemer als eine akkurate Beschreibung einer kovalenten Bindung, die das Teilen von Elektronen betont.

Die Elektronen können nicht voneinander unterschieden werden. Betrachten wir beispielsweise die Bildung von Fluorwasserstoff aus einem Wasserstoffatom und einem Fluoratom.

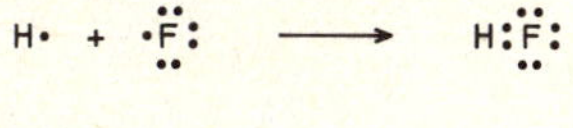

Diese Beschreibung der Bindungsbildung mag zur Annahme führen, daß die kovalente Bindung in HF aus unterscheidbaren H und F Elektronen besteht, aber die Elektronen sind nicht als rote, schwarze, grüne, Wasserstoff-, Fluor-, Natrium- usw. Elektronen zu identifizieren. In anderen Worten, alle Elektronen sind gleich und ununterscheidbar voneinander; genau wie eine kovalente Bindung von einer anderen nicht unterschieden werden kann (wie im NH_4^+-Ion).

6—C. Elektronenformeln (Lewis-Formeln)

Es ist sehr vorteilhaft, das elementare Symbol mit seiner Valenzschalenkonfiguration zu benutzen, um Kriterien für Bindungen in vielen Molekülen zu entwickeln. Es sei daran erinnert, daß zwei oder acht Elektronen in einer Valenzschale stabile elektronische Konfigurationen für ein Atom darstellen. Dieses trifft nicht nur für isolierte Atome, sondern auch für Atome in Molekülen zu. Es sei auch daran erinnert, daß es im allgemeinen die nicht gepaarten Elektronen in der Valenzschale eines Atoms sind, die sich an der Bindung beteiligen.

Mit Hilfe dieser Voraussetzungen können die Lewis-Elektronenformeln für die meisten Moleküle leicht entwickelt werden. Schreibt man die Lewis-Formeln, so sei daran erinnert, daß in allen Fällen, außer für Wasserstoff, acht Elektronen um ein Atom eine besonders stabile Elektronenkonfiguration darstellen.

Beispiel 6—1

Wie lautet die Lewis Formel für das Molekül HCl? Das Chloratom hat eine Valenzschalenkonfiguration mit 7 Elektronen (. . . $3s^2$ $3p^5$), während Wasserstoff 1 Elektron hat. Das eine ungepaarte *p* Elektron in Cl verbindet sich mit dem ungepaarten Elektron in Wasserstoff und ergibt HCl.

Zählen wir die Elektronen, die jedes Atom umgeben, so finden wir zwei für H und acht für Cl. Die Bindungselektronen werden jeweils für jedes an der Bindung beteiligte Atom gezählt.

Weitere Beispiele sind:

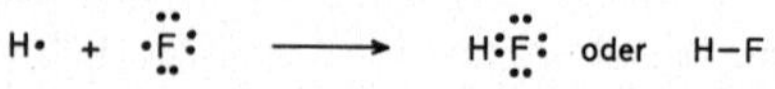

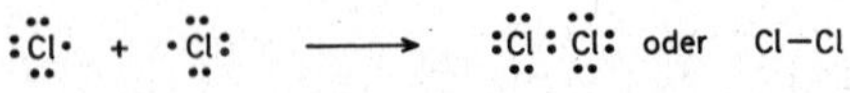

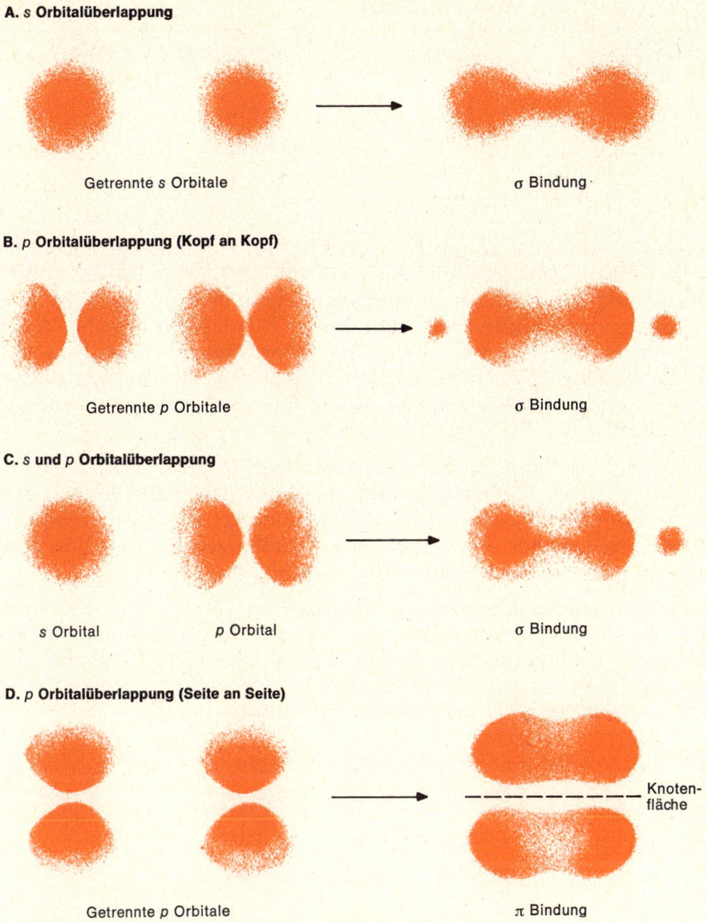

Abb. 6—6 Bildung von σ und π Bindungsorbitalen.

entlang der nuklearen Achse oder Bindung (Abbildung **6—6**). Es sollte erwähnt werden, daß in beiden Fällen, σ oder π, die Ladungsverteilung zwischen den Atomen konzentriert sein wird, um eine Bindung zu formen. In Tabelle **6—2** ist diese Information zusammengefaßt.

Ein weiterer Punkt in bezug auf die Frage, wie man p Orbitale zusammenbringt, sollte diskutiert werden. Warum wurden in F_2 (Ab-

Tabelle 6–2 Molekulare Bindungstypen

Bindungstyp	Typ der betroffenen Atomorbitale der Elektronen
σ	$s + s$
σ	$s + p$
σ	$p + p$ (Kopf an Kopf)
π	$p + p$ (Seite an Seite)

bildung **6–4**) die *p* Orbitale Kopf an Kopf (σ) zusammengebracht und nicht Seite an Seite (π)? Die Antwort auf diese Frage ist, das σ Bindungen stärker sind als π Bindungen und demzufolge wird eine σ Bindung ausgebildet, wenn immer eine Möglichkeit besteht. Wenn ein zweiter Satz von *p* Orbitalen überlappen kann, wie im Falle von O_2 (Abbildung **6–5**), dann müssen diese wegen der Symmetrie der verbleibenden Orbitale Seite an Seite überlagern, um eine π Bindung zu formen.

Wenn mehr als eine Bindung zwischen zwei Atomen gebildet wird, so wird dies als Mehrfachbindung bezeichnet. Im Falle von O_2 gibt es zwei Bindungen, eine σ und eine π Bindung; dies wird eine *Doppelbindung* genannt. In N_2 gibt es drei Bindungen – eine σ und zwei π Bindungen; daher existiert eine *Dreifachbindung* in N_2.

Es sollte wiederholt gesagt werden, daß ein Atom in einem zweiatomigen Molekül bestrebt ist, eine stabile Konfiguration der Valenzelektronen auszubilden. Das heißt, in allen Wasserstoff enthaltenden Molekülen gibt es zwei Elektronen um Wasserstoff und üblicherweise acht Elektronen um die anderen Atome herum, wie z. B.

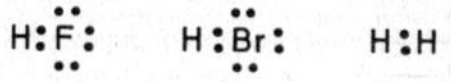

In zweiatomigen Molekülen, die keinen Wasserstoff enthalten, umgeben üblicherweise acht Valenzelektronen jedes Atom, wie z. B.

Wir erwarten, daß diese Tendenz auch für vielatomige Moleküle zutrifft.

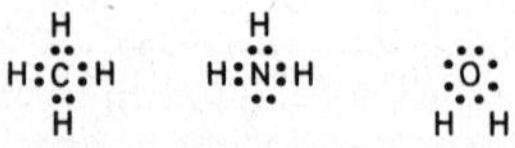

Mehrfachbindungen sind stärker als Einfachbindungen. Dies ist zu erwarten, da im Falle einer Dissoziation eines Moleküls, das eine Doppelbindung enthält, zwei Bindungen gebrochen werden müssen. Jedoch sind π Bindungen schwächer als σ Bindungen, da letztere aus *p* Orbitalen bestehen. Dennoch reflektieren die Bindungsdissoziationsenergien den Vielfachcharakter der Bindung, z. B.

Li_2 (Einfachbindung)	$D = 26$ Kcal/Mol
O_2 (Doppelbindung)	$D = 117$ Kcal/Mol
N_2 (Dreifachbindung)	$D = 170$ Kcal/Mol

Ein bedeutender Punkt in bezug auf die „Valence-bond-Theorie" ist, daß Moleküle durch Zusammenbringen *ganzer Atome* entstehen und Bindungen durch Überlappung der Atomorbitale gebildet werden.

Aufgabe 6—4

Kennzeichne die Bindung als Einfach-, Doppel- oder Dreifachbindung in jedem der Moleküle (außer LiF) in Aufgabe **6—3.**

Aufgabe 6—5

Welcher Bindungstyp, σ oder π, wird gebildet, wenn die folgenden Atompaare ein Molekül formen?

a) Na + Na b) H + Br c) J + Cl d) N + N e) J + J

Aufgabe 6—6

Warum werden in Cl_2 die *p* Orbitale eines jeden Cloratoms Kopf an Kopf zusammengebracht, um eine σ Bindung zu bilden, anstatt Seite an Seite, um eine π Bindung zu formen?

6—E. „Molecular-Orbital-Theorie" der Bindung

Die Valence-bond-Theorie der Bindung oder, anders ausgedrückt, die Bildung eines Moleküls, schließt ein, daß vollständige Atome zusammengebracht werden, die dann miteinander reagieren, d. h. eine Bindung formen. Die *„Molecular-orbital-Theorie"* der Bindung hat nicht den Vorteil der Analogie zum klassischen Bild einer Reaktion zwischen ganzen Atomen, um Moleküle zu bilden. Stattdessen werden die Kerne (oder Kerne und ihre tief im Innern liegenden Schalen) in eine Position gebracht, die sie im Endmolekül einnehmen werden, und die Elektronen werden den vielzentrigen Molekülorbitalen mit genau bestimmter Energie zugeführt. Beispielsweise werden in dem H_2 Molekül die beiden Kerne auf eine Entfernung zusammengebracht, die ungefähr der experimentellen Bindungslänge entspricht. Unter Benutzung der Quantenmechanik wird die Energie des einzelnen Elektrons in diesem Potentialfeld berechnet. Das Elektron befindet sich daher in einem Molekülorbital einer definierten Energie. Für andere Moleküle als H_2^+ nehmen wir gewöhnlich an, daß die Lösung ähnlich ist, wie die für H_2^+, besonders aber in bezug auf die Form der Molekülorbitale. Natürlich müssen sich die Energien in Wirklichkeit unterscheiden, da mit mehr als einem Elektron die

Elektronabstoßung zu einem bedeutenden Faktor wird, der die Energie des Molekülorbitals beeinflußt.

In dieser Theorie sind die Elektronen molekulare Elektronen, die dem Molekül als Ganzes angehören und sich in Orbitalen befinden, die alle Kerne des Moleküls umgeben. Man sieht, daß das bildliche Konzept der spezifischen Elektronenpaare, die eine Bindung wie in der „Valence-bond-Theorie" formen, verloren gegangen ist. Jedoch erklären beide Theorien, daß die beiden Elektronen in dem zweiatomigen Molekül H_2 zu beiden Kernen gehören. Eine ähnliche Betrachtung gilt für andere zweiatomige Moleküle insoweit, daß die Bindungselektronen zu beiden Kernen gehören. Im Falle vielatomiger Moleküle gehören die Bindungselektronen nicht zu individuellen Atomen, sondern befinden sich in mehrwertigen Orbitalen, die das gesamte Molekül umgeben.

Warum sollte man „die Molecular-orbital-Theorie" benutzen, wenn die „Valence-bond-Theorie" ein attraktiveres Anschauungsvermögen in bezug auf die klassischen Ideen einer chemischen Reaktion, um ein Molekül zu bilden, liefert? Der Hauptgrund besteht darin, daß wir in der „Molecular-orbital-Theorie" zwischen verschiedenen Elektronen durch spezifische, identifizierbare Molekülorbitale, die die Elektronen besetzen, unterscheiden können. Dies ist direkt analog zu den Atomen, bei denen wir die Elektronen in Form ihrer Atomorbitale, die sie besetzen, identifizieren. Atomorbitale und Molekülorbitale sind ähnliche Begriffsvorstellungen. In Atomen existieren Elektronen in Orbitalen definierter Energie um einen *einzelnen* Kern herum. In Molekülen existieren Elektronen in Orbitalen definierter Energie um *mehrere* Kerne herum, die zusammen mit dem Kern ein Feld potentieller Energie darstellen.

Einer der besten Wege, die Entstehung der Molekülorbitale bildlich darzustellen, ist die Vereinigung von Orbitalen. Wir werden das einfachste aller Molekülsysteme H_2^+ nehmen, das aus zwei Protonen und einem Elektron besteht. Die Kerne werden auf ihren internuklearen Abstand in H_2^+ gebracht und die Form und Energie der Molekülorbitale kann mit Hilfe der Quantenmechanik berechnet werden. Zwei Atomorbitale des Wasserstoffs werden vereinigt, um zwei Molekülorbitale zu bilden. Nach der Entstehung dieser Molekülorbitale können wir die molekulare Elektronenkonfiguration für H_2^+ entwickeln. Zusätzlich können die Molekülorbitalkonfigurationen für andere zweiatomige Moleküle durch Hinzufügen von maximal zwei Elektronen in jedes Molekülorbital entwickelt werden. Dies ist analog zu dem Vorgang, der bei der Elektronenkonfiguration für die Atome benutzt wurde, in dem zwei Elektronen in jedes Atomorbital eingebaut wurden. Wiederum wird die stärkste Bindung gebildet, wenn die Überlagerung zweier Atomorbitale ein Maximum zeigt.

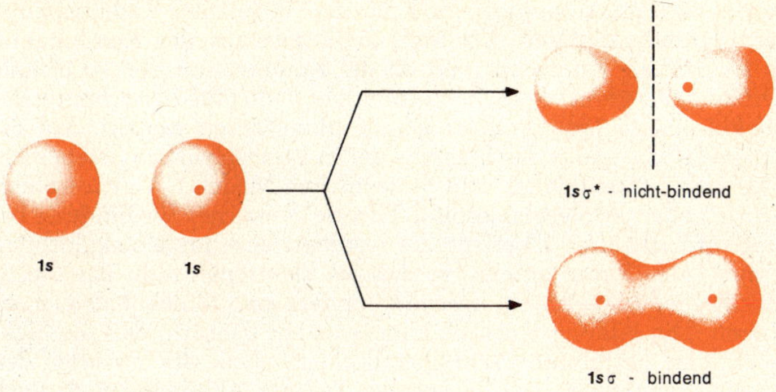

Abb. 6—7 Entstehung der Molekülorbitale aus 1*s* Atomorbitalen. Die gestrichelte Linie zeigt eine Knotenfläche (eine Fläche mit einer Ladungsdichte von Null) an.

Wir wollen weiterhin den Fall von H_2^+ betrachten. Wir wissen aus Kapitel 4 (I, S. 101), daß die Beschreibung eines Elektrons in einem bestimmten Atomorbital als Aufzeichnung einer Wahrscheinlichkeitskontur angegeben werden kann. Dieses bringt eine sphärische Form für *s* Orbitale, hantelförmige Gebilde für *p* Orbitale usw. Molekülorbitale können dann durch Näherung erhalten werden, indem man die Wahrscheinlichkeitskonturen der Atomorbitale bildlich vereinigt. Die Molekülorbitale, die aus der Kombination von 1*s* Atomorbitalen resultieren, sind in Abbildung **6—7** dargestellt. Man sieht, daß aus einer Kombination zweier 1*s* Orbitale zwei Molekülorbitale entstehen, 1*sσ* und 1*sσ**. Es trifft immer zu, daß die Kombination *zweier Atomorbitale zwei Molekülorbitale* ergeben wird. Wir müssen jetzt besprechen, wie die in Abbildung **6—7** gezeigten Formen entstehen; ferner müssen wir den Ursprung der Molekülorbitalbezifferung wie 1*sσ* und 1*sσ** und die Bedeutung der Ausdrücke bindend und nicht-bindend erklären.

Elektronen haben eine Wellennatur; individuelle Wahrscheinlichkeitskonturen gehören zu den Elektronen individueller Atomorbitale (z. B. ein 1*s* Orbital in Abbildung **6—7**). Das Molekülorbital mit niedrigerer Energie entsteht, wenn Überlappung zwischen 1*s* Atomorbitalen stattfindet. Dieses kann in der folgenden Sequenz gesehen werden:

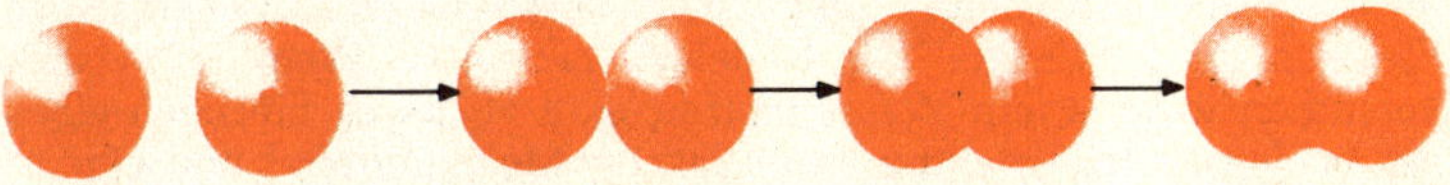

Ebenso wie für Atome gibt es Konturen konstanter Ladungsdichte oder Wahrscheinlichkeit. Da Molekülorbitale aus der Kombination der 1*s* Orbitale entstehen, und da die Kombination der *s* Orbitale σ Orbitale (Abschnitt 6—D; I, S. 196) ergibt, lautet die Bezeichnung des Molekülorbitals $1s\sigma$. Es sollte darauf hingewiesen werden, daß die Nomenklatur σ und π das Ergebnis der in Wechselwirkung stehenden Elektronen ist, und daher vom theoretischen Modell („Valence-bond-Theorie" oder „Molecular-orbital-Theorie"), welches für Bindung benutzt wird, abhängt. Überlappung resultiert auch im Molekülorbital, welches beide Kerne umgibt, so daß die Elektronen nicht das Eigentum eines individuellen Atoms sind, sondern zum Molekül als Ganzes gehören. Die Bildung einer Bindung entsteht dadurch, daß die Elektronen, eine bestimmte Wahrscheinlichkeit haben, sich zwischen den Atomen aufzuhalten, wie im unteren Teil der Abbildung **6—7** durch die Tatsache gezeigt wird, daß die Kontur beide Kerne mit einschließt.

Das obere Molekülorbital in Abbildung **6—7**, das $1s\sigma^*$, erhält eine $1s\sigma$ Bezeichnung aus denselben Gründen wie das $1s\sigma$ (bindende) Molekülorbital. Das Sternchen kennzeichnet die Tatsache, daß das Orbital nicht-bindend ist. Wenn zwei 1*s* Orbitale zu einem nicht-bindenden Molekülorbital zusammengebracht werden, findet keine Überlappung statt. Man erhält als Ergebnis eine Knotenfläche, d. h. eine Stelle mit einer Elektronendichte von Null zwischen den Atomen. Das resultierende $1s\sigma^*$ Orbital hat einen Bereich zwischen den Atomen, in dem die Konturen nicht kontinuierlich sind, d. h. keine Kontur schließt beide Kerne ein. Dieses Orbital hat eine Knotenfläche und tatsächlich werden die Elektronen in den nicht-bindenden Orbitalen, aus dem Bereich zwischen den Kernen, abgestoßen. Dies ist bildlich durch die Eiform dargestellt, die zeigt, daß sich das Elektron mit größerer Wahrscheinlichkeit auf der Rückseite der beiden Kerne (Abbildung **6—7**) befindet. Der Mangel an Überlappung resultiert in einer Situation, die gegen Bindung spricht und nicht-bindend genannt wird.

Ein schematisches Energieniveaudiagramm, welches die Energie der 1*s* Atomorbitale und der $1s\sigma$ und $1s\sigma^*$ Molekülorbitale miteinander in eine Beziehung setzt, ist in Abbildung **6—8** gezeigt. Es ist erwähnenswert, daß das $1s\sigma^*$ (nicht-bindende) Orbital um ΔE_a überhalb der 1*s* Atomorbitalenergien und das $1s\sigma$ (bindende) Orbital um ΔE_b unterhalb der 1*s* Atomorbitalenergien liegt. Der absolute Wert von ΔE_a ist größer als der von ΔE_b. Das heißt, daß ein einzelnes Elektron in einem $1s\sigma^*$ Orbital ein Molekül mehr destabilisiert als ein einzelnes Elektron im $1s\sigma$ Orbital das Molekül stabilisiert. Wenn wir daher versuchen würden, ein Wasserstoffmolekül H_2 durch Einfügen eines der beiden Molekülelektronen in das $1s\sigma$ Molekülorbital und eins in das $1s\sigma^*$ Molekülorbital aufzubauen, so würde die Gesamtenergie größer (weniger negativ) sein als die Energie der Atome, aus dem das Wasserstoffmolekül zusammengesetzt wurde. Daraus würde insgesamt gesehen eine Instabilität resultieren und H_2 würde sich sofort in Wasserstoffatome trennen. Das nicht-bindende Orbital ist mehr destabilisierend (abstoßend) für die Bindung als das bindende Orbital stabilisierend (anziehend) für die Bindung ist (siehe Abbildung **6—8**). Die relativen Stabilisierungs- und Destabilisierungseigenschaften der bindenden und nicht-bindenden Orbitale bestimmen, welche zweiatomigen Moleküle existieren.

Andere für uns interessante Molekülorbitale sind diejenigen, die durch Wechselwirkung von *p* Orbitalen, insbesondere 2*p* Orbitalen gebildet werden. Abbildung **6—9** zeigt die beiden verschiedenen Typen von Molekülorbitalen, die von 2*p* Orbitalen gebildet werden können. Die $2p\pi_z$ und $2p\pi^*_z$ sind identisch mit den $2p\pi_y$ und $2p\pi^*_y$ Orbitalen mit der Ausnahme, daß sie um 90 ° versetzt sind; daher liegen die Hanteln oberhalb und unterhalb der Papierebene. Die Nomenklatur entsteht wie folgt: Die $2p\pi$ und $2p\pi^*$ Molekülorbitale entstehen aus 2*p* Atomorbitalen, die π Orbitale ergeben, wenn sie Seite an Seite zusammengebracht werden. (Abschnitt 6—D; I, S. 161). Das Sternchen zeigt an, daß das Orbital nicht-bindend ist. Das bindende π Orbital schließt den Raum zwischen den Atomen ein, während die Knotenfläche oder der Bereich der Ladungsdichte Null zwischen den Atomen für nicht-bindende Orbitale liegt. In dem nicht-bindenden Orbital gibt es eine Ausbuchtung in den Ladungswolken

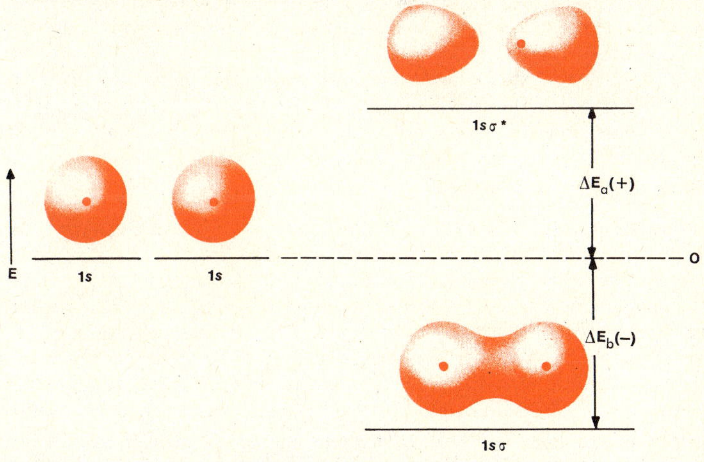

Abb. 6—8 Relative Energien der 1*s*, $1s\sigma$ und $1s\sigma^*$ Orbitale.

von den Atomzentren weg (und von der Bindungsachse), die eine Abstoßung vom potentiellen Bindungsbereich anzeigt. Dies ist eine parallele Situation, wie wir sie für das 1*sσ** Orbital gesehen haben.

Im Falle der *σ* Molekülorbitale, die von 2*p* Atomorbitalen gebildet werden, entsteht die 2*pσ* Nomenklatur, weil die 2*p* Atomorbitale in einer Kopf-an-Kopf-Lage zur Bildung von *σ* Orbitalen zusammen-

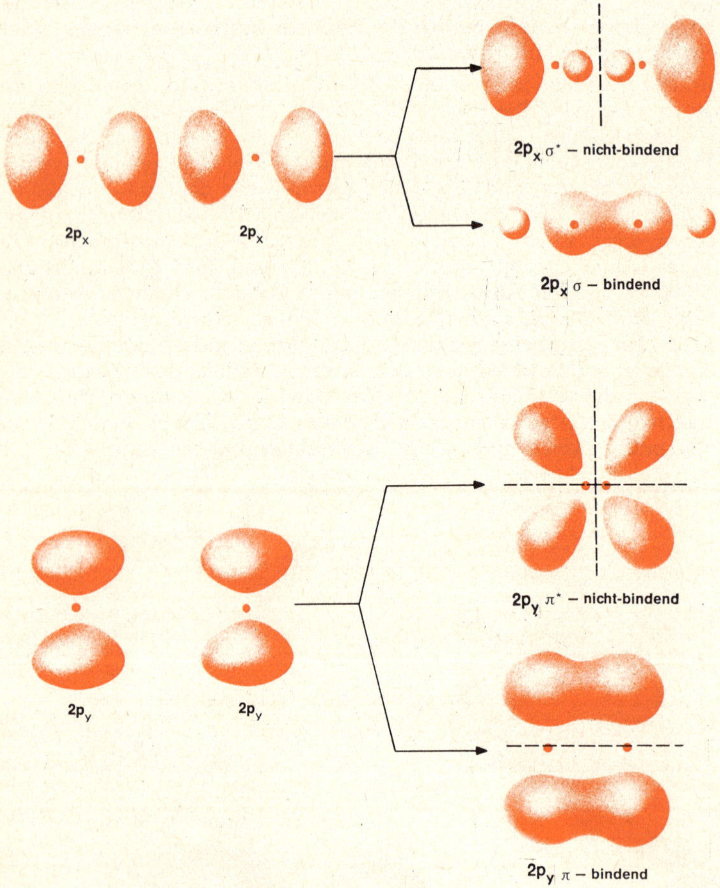

Abb. 6—9 Bildung der Molekülorbitale aus 2*p* Atomorbitalen. Die gestrichelten Linien stellen Knotenflächen (Flächen der Ladungsdichte Null) dar.

gebracht wurden. Das Sternchen bedeutet wiederum nicht-bindend. Man sieht aus Abbildung **6—9** ebenfalls, daß in dem $2p\sigma$ Molekülorbital eine Ladungsdichte zwischen den Zentren entsteht. Im Fall des $2p\sigma^*$ Molekülorbitals in Abbildung **6—9** gibt es eine Knotenfläche oder einen Bereich der Ladungsdichte Null zwischen den Zentren.

Abbildung **6—10** zeigt die relativen Energien der Molekülorbitale, die aus den drei $2p$ Atomorbitalen entstehen. Es gibt keine genaue Reihenfolge für die Energie der Atomorbitale, die für alle Atome zutrifft. Dieses gilt auch für die Reihenfolge der Energien der Molekülorbitale in zweiatomigen Molekülen. Insbesondere können das $2p\sigma$ und die beiden $2p\pi$ Orbitale in der Energieordnung ausgetauscht werden; dieses hängt jedoch von der internuklearen Entfernung ab. Man sieht auch, daß die $2p\pi_y$ und $2p\pi_z$ Orbitale entartet sind (ebenso wie die $2p\pi_y{}^*$ und $2p\pi_z{}^*$ Orbitale). Entartung haben wir in Kapitel 4 (I, S. 120) bei den $2p$ Atomorbitalen kennengelernt. Es gibt infolge der räumlichen Geometrie keinen Energieunterschied zwischen $2p_y$ und $2p_z$ Orbitalen; daher besteht keine Energiedifferenz zwischen den $2p\pi$ Molekülorbitalen, die aus diesen entstehen. (Die gleiche Aussage gilt für die $2p\pi^*$ Molekülorbitale.)

Es ist möglich, andere Molekülorbitale auf ähnliche Weise zu bilden, wenn man verschiedene Darstellungen der Atomorbitalkonturen, wie z. B. $2s$ verwendet. In diesem Fall würden wir $2s\sigma$ und $2s\sigma^*$ Molekülorbitale entwickeln. Wir können dann alle Molekülorbitale in dasselbe Energiediagramm einsetzen und die Reihenfolge der Molekülorbitalenergien darstellen, wie unten und auch in Abbildung **6—11** gezeigt ist.

$$1s\sigma < 1s\sigma^* < 2s\sigma < 2s\sigma^* < 2p\pi_y = 2p\pi_z < 2p\sigma < 2p\pi_y{}^* = 2p\pi_z{}^* < 2p\sigma^*$$

Diese Ordnung ist variabel und hängt von der Kernladung, den elektronischen Wechselwirkungen und den internuklearen Abständen ab. Die obige Reihenfolge gilt für die erste und zweite Periode mit der Ausnahme von O_2 und F_2. Es ist für die $2p\pi_y$ und $2p\pi_z$ Orbitale möglich, oberhalb des $2p\sigma$ Orbitals zu liegen. Basierend auf der obigen Reihenfolge der Molekülorbitale ist es möglich, die Elektronenkonfigurationen der Moleküle abzuleiten. Wir zählen einfach die Anzahl der Elektronen, die in einem Molekül existieren. Als nächstes fügen wir diese Elektronen ihrer Energie entsprechend in die individuellen Molekülorbitale ein, wobei das Molekülorbital mit der niedrigsten Energie zuerst aufgefüllt wird. Entsprechend dem Pauli-Prinzip können wir zwei Elektronen in jedes Molekülorbital einbauen und die Hund'sche Regel trifft hier genau wie für Atome zu. Beispielsweise hat H_2^+ ein Elektron und die Elektronenkonfiguration ist $(1s\sigma)^1$.

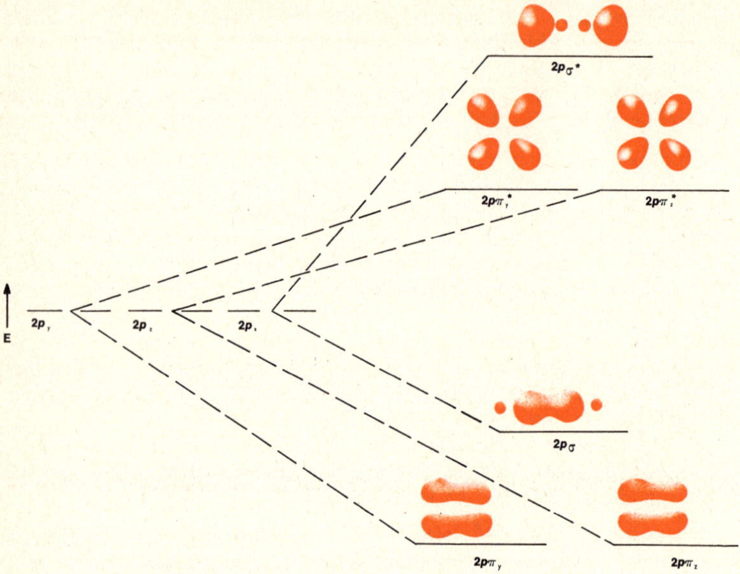

Abb. 6—10 Relative Energien der $2p$, $2p\sigma$ und $2p\pi$ Orbitale.

Für Wasserstoff	$(1s\sigma)^1\ (1s\sigma)^1$ oder $(1s\sigma)^2$
Für Beryllium	$(1s\sigma)^2\ (1s\sigma^*)^2\ \ (2s\sigma)^2\ (2s\sigma^*)^2$

Diese sind ebenfalls in Abbildung **6—11** dargestellt.

Aufgabe 6—7

Schreibe die Molekülorbitalkonfiguration für Li_2, He_2^+ und B_2.

Die Elektronenkonfigurationen der Moleküle können dazu benutzt werden, Voraussagen darüber zu machen, ob ein bestimmtes zweiatomiges Molekül stabil sein wird oder nicht. Man könnte beispielsweise fragen, ob die Moleküle H_2^+, H_2 und He_2 stabil sein könnten und daher in der Natur als solche vorkommen. Es sei daran erinnert, daß ein $1s\sigma$ Orbital ein bindendes Orbital ist; somit haben wir für H_2 zwei Elektronen in einem bindenden Molekülorbital oder wir haben den „Bindungswert" 1 oder eine Bindungsordnung von 1. Die Bindungsordnung (BO) ist daher

6—6 $$BO = \frac{(\text{Zahl der bindenden } e^-) - (\text{Zahl der nicht-bindenden } e^-)}{2}$$

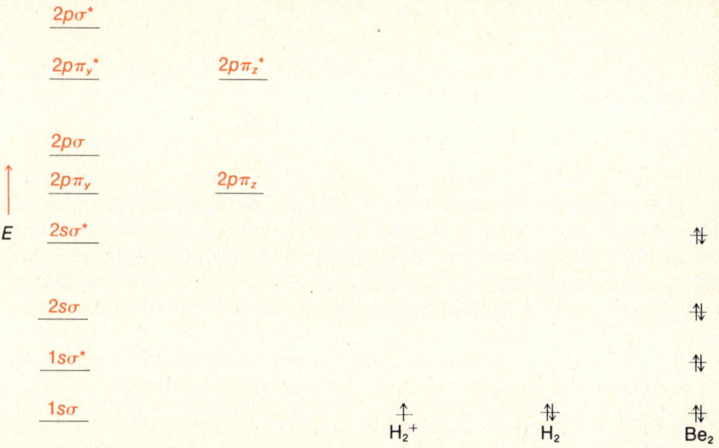

Abb. 6—11 Reihenfolge der Molekülorbitalenergien einiger molekularer Elektronenkonfigurationen.

Daher ergeben $2e^-$ in einem bindenden Orbital eine Bindungsordnung von 1. In H_2 gibt es ein Elektron und daher beträgt die Bindungsordnung $^1/_2$. Das Kriterium für molekulare Stabilität ist, daß eine positive Bindungsordnung vorliegen muß. Daher würde man sowohl H_2^+ als auch H_2 als stabil mit Bindungsordnungen von $^1/_2$ und 1 voraussagen. Dies stimmt mit dem Experiment überein.

Im Falle von He_2 haben wir eine Bindung von zwei Elektronen in dem bindenden Molekülorbital $1s\sigma$ und eine Nicht-Bindung von $2e^-$ in einem nicht-bindenden Molekülorbital $1s\sigma^*$. Die Bindung wird durch die Nicht-Bindung mit einer scheinbaren Resultante von Null (oder Bindungsordnung = 0) aufgehoben und daher resultiert keine Bindung. In der Tat destabilisiert eine Nicht-Bindung besser als eine Bindung stabilisiert. Daher ist die Destabilisierungsenergie sogar größer als man aus der einfachen Addition, die die Bindungsordnung Null ergibt, erwartet. Es kann daher vorausgesagt werden, daß He_2 Moleküle bei normalen Temperaturen nicht existieren und daß Helium im Atomzustand als He existiert. Dieses stimmt mit dem Experiment überein, Tabelle **6—3** faßt die Situation für H_2^+, H_2 und He zusammen.

Die „Valence-bond-Theorie" macht es deutlich, daß H_2 durch Zusammenbringen von zwei kompletten H Atomen, die eine kovalente Bindung formen, gebildet werden könnte.

$$H\cdot + H\cdot \longrightarrow H{:}H$$

Es ist nicht offensichtlich, daß man dasselbe nicht für Helium machen könnte.

$$He{:} + He{:} \longrightarrow He{::}He$$

Jedoch entsteht die Erklärung für die Nicht-Existenz von He_2 auf natürliche Weise und recht einfach aus der Betrachtung der „Molecular-orbital-Theorie" der Bindung. Es ist wichtig zu bemerken, daß wir in der „Molecular-orbital-Theorie" nicht darauf bestehen, daß eine Bindung aus einem Elektronenpaar gebildet werden muß. Daher ist H_2^+ ein stabiles Molekül, obwohl es nur ein Elektron in einem bindenden Molekülorbital (BO = $^1/_2$) enthält. Es sei daran erinnert, daß die „Valence-bond-Theorie" in ihrer einfachsten und schlichtesten Form fordert, daß ein Elektronenpaar eine Bindung darstellt.

Das Molekül O_2 hat 16 Elektronen, und beachtet man die Hund'sche Regel (Abschnitt 4–L; I, S. 136), so hat es die folgende vorausgesagte Elektronenkonfiguration:

$$(1s\sigma)^2\,(1s\sigma^*)^2\,(2s\sigma)^2\,(2s\sigma^*)^2\,(2p\pi_y)^2\,(2p\pi_z)^2\,(2p\sigma)^2\,(2p\pi_y^*)^1\,(2p\pi_z^*)^1$$

Eigentlich liegt das $(2p\sigma)$ unterhalb der $(2p\pi_z)$ und der $(2p\pi_y)$ Orbitale. Man sieht, daß es auf Grund der Hund'schen Regel in jedem der $2p\pi_y^*$ und $2p\pi_z^*$ Orbitale jeweils ein Elektron mit parallelem Spin gibt. Moleküle oder Ionen, die ein einzelnes Elektron oder zwei oder mehrere Elektronen mit parallelen Spins haben, zeigen paramagne-

Tabelle 6–3 Molekulare Elektronenkonfiguration und Stabilität

Moleküle	Molekulare Elektronenkonfiguration	Zahl der bindenden e^-	Zahl der nichtbindenden e^-	Bindungs-Ordnung	vorausgesagte Stabilität
H_2^+	$(1s)^1$	1	0	$^1/_2$	stabil
H_2	$(1s)^2$	2	0	1	stabil
He_2	$(1s)^2\,(1s)^2$	2	2	0	nicht stabil

tische Eigenschaften. Für unsere Zwecke bedeutet diese Eigenschaft, daß diese Substanz von einem magnetischen Feld angezogen wird. Daher sollte Sauerstoff entsprechend unserer vorausgesagten Elektronenkonfiguration paramagnetisch sein. Dieses stimmt mit dem Experiment überein. Diese Voraussage war einer der frühen Triumphe der „Molecular-orbital-Theorie". Es ist nicht möglich, eine solche Voraussage mit der „Valence-bond-Theorie" zu machen, in der eine Bindung durch ein Elektronenpaar dargestellt wird.

Aufgabe 6—8

Schreibe die molekularen Elektronenkonfigurationen für die folgenden Moleküle und sage voraus, ob sie stabil oder instabil sein werden. Berechne die Bindungsordnungen: He_2^+, Li_2, Be_2 und Be_2^+.

Wir haben gesagt, daß es von großer Hilfe sein könnte, die Elektronen, entsprechend ihrer Molekülorbitale, die sie besetzen, zu identifizieren. Die Begriffe der bindenden und nicht-bindenden Molekülorbitale erlauben es uns, die Basis für die Existenz und Nicht-Existenz von gewissen zweiatomigen Molekülen nicht nur vorauszusagen, sondern auch zu verstehen. Wenn wir weiterhin die Zuordnung der Elektronen in den Molekülorbitalen kennen, können wir bestimmen, was passiert, wenn individuelle Elektronen von einem Energieniveau eines Molekülorbitals zu einem Energieniveau eines anderen Molekülorbitals angeregt werden. Zum Beispiel wurde für H_2 die Orbitalkonfiguration wie folgt bestimmt

$$H_2 \text{ (Grundzustand)} \quad (1s\sigma)^2$$

Benutzt man eine äußere Energiequelle, so könnte eines dieser Elektronen auf ein Molekülorbital höherer Energie angeregt werden; zum Beispiel

$$H_2 \text{ (angeregt)} \quad (1s\sigma)^1 \; (1s\sigma^*)^1$$

Wenn die äußere Energiequelle Licht ist, so findet Absorption statt, und wir haben ein Molekülabsorptionsspektrum. Natürlich kann ein Elektron auch auf jedes andere Molekülorbital höherer Energie angeregt werden

$$H_2 \text{ (angeregt)} \quad (1s\sigma)^1 \; (2s\sigma)^1$$

Dieser Vorgang ist ganz analog zu den Atomspektren. Im letzteren Vorgang wird ein Elektron auf ein Atomorbital höherer Energie angeregt und ein Atomabsorptionsspektrum erzeugt.

Wir haben schon früher das Ergebnis des Versuchs besprochen, H_2 durch Einbauen eines Elektrons in ein $1s\sigma$ Orbital und das andere durch Einbauen in ein $1s\sigma^*$ Orbital zu erzeugen — das Molekül würde sofort auseinander fliegen. Natürlich besteht der Weg ein solches H_2 „darzustellen“ darin, mit wirklichem H_2 zu beginnen und Energie zuzuführen, um ein Elektron von $1s\sigma \longrightarrow 1s\sigma^*$ anzuregen. Ein solcher Zustand ist ein angeregter Zustand für das H_2 Molekül und wir würden erwarten, daß eine Dissoziation von H_2 in H Atome ** erfolgen würde. Wenn Absorption von Licht in elektrischer Anregung resultiert und zu einem stabilen angeregten Zustand (Dissoziation

---

** Es ist bekannt, daß Dissoziation eintritt, wenn die Elektronen parallele Spins haben

$$H_2 \text{ (angeregt)} \quad \underset{1s\sigma}{(\uparrow)} \quad \underset{1s\sigma^*}{(\uparrow)}$$

widerstehend) führt, kehrt das Elektron nach einer begrenzten Zeit in sein ursprüngliches Orbital niedriger Energie unter Emission von Licht zurück. Dieser Vorgang ergibt ein Emissionsspektrum; eine parallele Situation ist bei Atomen möglich.

Die Tatsache, daß Moleküle elektronische Anregung durch Lichtabsorption erleiden können, ist in verschiedener Hinsicht wichtig. Es ist möglich, etwas über die Strukturen eines Moleküls durch Studien der Absorptions- und Emissionsspektren (Kapitel 19; III, S. 95) zu erlernen. Die fundamentale Voraussetzung für die Photochemie ist, daß Moleküle Licht absorbieren und in einen angeregten Zustand gehoben werden können. Während des Aufenthalts im angeregten Zustand ist es einer Bindung in einem zweiatomigen Molekül möglich aufzubrechen. In vielatomigen Molekülen, kann ① eine Bindung (oder Bindungen) brechen und ein Atom (oder Atome) kann ausgestoßen werden, ② sich ein Molekül in eine andere geometrische Form umlagern und ③ können Bindungen gebildet werden, sodaß ein gänzlich verschiedener Molekültyp entsteht. Diese Reaktionen können wie folgt dargestellt werden:

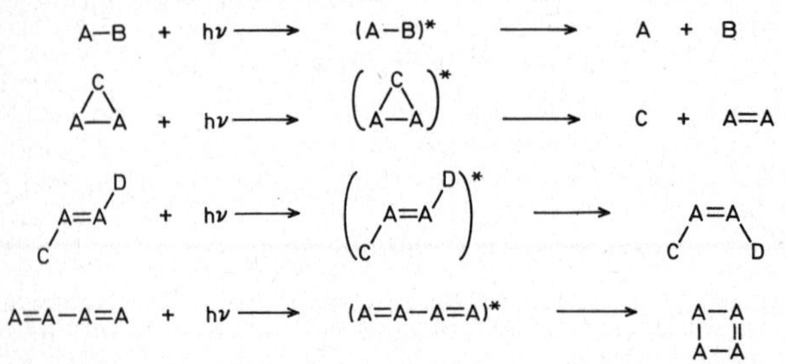

Brechen der Bindung

Ausstoßen eines Atoms

Geometrische Umlagerung

Bildung einer Bindung

Die absorbierte Energie kann auch auf ein anderes Molekül, das eine Reaktion eingeht, übertragen werden. Viele molekulare Vorgänge, z. B. Photosynthese und gewisse Erscheinungen der Luftverschmutzung (Smog) (Kapitel 19; III, S. 95) erfordern Lichtabsorption. Der Abbau von vielen Plastikmaterialien geschieht durch Absorption von ultraviolettem Licht mit nachfolgenden photochemischen Reaktionen (Kapitel 19; III, S. 95). Eine entscheidend wichtige photochemische Reaktion lautet

$$3\,O_2 \xrightleftharpoons{\text{Licht}} 2\,O_3$$

Sie spielt sich hoch über der Erdoberfläche ab. Diese Reaktion erfordert hoch energetisches ultraviolettes Licht; sie reagiert daher als ein Schirm, um hoch energetisches ultraviolettes Licht davon abzuhalten, die Erdoberfläche zu erreichen. Wenn es diese Reaktion nicht gäbe, wäre es wahrscheinlich, daß Leben auf der Erde nicht existieren könnte, da dieses ultraviolette Licht stark zerstörende photochemische Reaktion in allen biologischen Systemen bewirken würde. Es hat bemerkenswerte Diskussionen in bezug auf mögliche Veränderungen dieser Reaktion gegeben, falls hochfliegende Überschallflugzeuge in großer Zahl vorhanden wären.

Letztlich können die Begriffe der Ionisationspotentiale und Elektronenaffinität auf Moleküle angewandt werden, als wären sie Atome. Deshalb ist das (erste) Ionisationspotential die erforderliche Energie, ein Elektron vom höchst gefüllten Molekülorbital zu entfernen. Zum Beispiel:

$$H_2\ (1s\sigma)^2 \longrightarrow H_2^+\ \ (1s\sigma)^1 + 1e^-$$

wobei 356 Kcal/Mol für die Ionisation erforderlich sind. Die Elektronenaffinität ist die freigesetzte Energie, wenn ein Elektron an ein Molekül (es wird gewöhnlich angenommen, daß es in das leere Molekülorbital niedrigster Energie geht) angelagert wird. Zum Beispiel:

$$F_2\ \ (1s\sigma)^2\ (1s\sigma^*)^2\ (2s\sigma)^2\ (2s\sigma^*)^2\ (2p\sigma)^2\ (2p\pi_y{}^*)^2\ (2p\pi_y)^2\ (2p\pi_z)^2\ (2p\pi_z{}^*)^2 + e^- \longrightarrow$$

$$F_2^-\ \ (1s\sigma)^2\ (1s\sigma^*)^2\ (2s\sigma)^2\ (2s\sigma^*)^2\ (2p\sigma)^2\ (2p\pi_y{}^*)^2\ (2p\pi_y)^2\ (2p\pi_z)^2\ (2p\pi_z{}^*)^2\ (2p\sigma^*)^1,$$

wobei Energie freigesetzt wird.

Aufgabe 6—9

Schreibe die Reaktion für die Ionisation von H_2 und B_2 und die Elektronenanlagerung an H_2 und Be_2 mit den entsprechenden Konfigurationen der Orbitale für die beteiligten Moleküle und die Ionen.

6—F. Elektronegativität und Polarität

Wenn eine Bindung entsteht, bewegt sich die Ladungsdichte von den ursprünglichen Atomzentren weg und wird im Raum zwischen den Kernen, dem Bereich der Bindung, gefunden. Da das Ionisationspotential und die Elektronenaffinität der beteiligten Atome unterschiedlich sind (mit der Ausnahme für homonukleare, zweiatomige Moleküle, bei denen beide Atome dieselben sind), ist die Elektronendichte nicht einheitlich im Bereich der Bindung verteilt. Die relative Fähigkeit eines gebundenen Atoms, die Ladungswolke oder das Elektronenpaar aus einer kovalenten Bindung anzuziehen, war schon früher als die Elektronegativität χ definiert worden.

Definition der Elektronegativität — Gegenüberstellung der Definition von Mulliken und Pauling

Die einfachste und klarste Definition der Elektronegativität der Atome stammt von R. Mulliken

6–7 $$\chi = \frac{\text{Ionisationspotential} + \text{Elektronenaffinität}}{2} = \frac{IP + EA}{2}$$

Obwohl Daten für die Ionisationspotentiale fast aller Elemente zur Verfügung stehen, sind die Elektronenaffinitäten nur von einigen Elementen bekannt. Eine verhältnismäßig vollständige Tabelle mit Elektronenaffinitäten ist in Kapitel 5 (I, S. 163) gegeben worden; jedoch stammen einige aus theoretischen oder extrapolierten Daten. L. Pauling schlug als erster auf empirischer Basis vor, daß der Unterschied zwischen der Elektronegativität der beiden Atome A und B zufriedenstellend aus einer Betrachtung der Bindungsenergie des Moleküls A—B (siehe Abschnitt 6—H; I, S. 214) abgeleitet werden könnte. Der Begriff der Elektronegativität hat dann eine experimentelle Basis in Form von *IP* und *EA* (Mulliken) oder der Bindungsenergie (Pauling). Weiterhin können die Werte für die Elektronegativität der Atome von Pauling mit denen aus einer mehr fundamentalen Definition von Mulliken in Verbindung gebracht werden (mit dem einzigen Unterschied in der absoluten Größenordnung). Abbildung **6—12** stellt die Werte der Elektronegativitäten, basierend auf der Definition von Pauling, dar. Nur wenige Werte stehen zur Verfügung, die auf der Definition von Mulliken beruhen. Wir können verschiedene, wichtige, allgemeine Punkte aus Abbildung **6—12** ableiten.

1. Nichtmetalle – besonders Stickstoff, Sauerstoff, Fluor, Schwefel, Chlor, Brom und Jod – haben die höchste Elektronegativität, während Metalle die niedrigste Elektronegativität haben.
2. Die Elektronegativität erhöht sich, wenn man von links nach rechts in einer Periode geht; z. B. in der zweiten Periode: Lithium (1,0), Beryllium (1,5), Kohlenstoff (2,5), Stickstoff (3,0), Sauerstoff (3,5) und Fluor (4,0).
3. Die Elektronegativität nimmt von oben nach unten innerhalb einer Gruppe ab, wie z. B. in Gruppe VIIA: Fluor (4,0), Chlor (3,0), Brom (2,8) und Jod (2,5).

Die Tendenzen der Elektronegativität beruhen auf den erwarteten Werten und den Tendenzen für das Ionisationspotential und der Elektronenaffinität der Metalle und Nichtmetalle (siehe Abschnitte 5—G und 5—H).

In kovalenten, homonuklearen, zweiatomigen Molekülen wie H_2, O_2, N_2 und Cl_2 ist die Elektronenladung symmetrisch in der Bindung

IA	IIA	IIIB	IVB	VB	VIB	VIIB	VIIIB			IB	IIB	IIIA	IVA	VA	VIA	VIIA	O
1 H 2.1																	2 He –
3 Li 1.0	4 Be 1.5											5 B 2.0	6 C 2.5	7 N 3.0	8 O 3.5	9 F 4.0	10 Ne –
11 Na 0.9	12 Mg 1.2											13 Al 1.5	14 Si 1.8	15 P 2.1	16 S 2.5	17 Cl 3.0	18 Ar –
19 K 0.8	20 Ca 1.0	21 Sc 1.3	22 Ti 1.5	23 V 1.6	24 Cr 1.6	25 Mn 1.5	26 Fe 1.8	27 Co 1.8	28 Ni 1.8	29 Cu 1.9	30 Zn 1.6	31 Ga 1.6	32 Ge 1.8	33 As 2.0	34 Se 2.4	35 Br 2.8	36 Kr –
37 Rb 0.8	38 Sr 1.0	39 Y 1.2	40 Zr 1.4	41 Nb 1.6	42 Mo 1.8	43 Tc 1.9	44 Ru 2.2	45 Rh 2.2	46 Pd 2.2	47 Ag 1.9	48 Cd 1.7	49 In 1.7	50 Sn 1.8	51 Sb 1.9	52 Te 2.1	53 I 2.5	54 Xe –
55 Cs 0.7	56 Ba 0.9	57–71 La–Lu 1.1–1.2	72 Hf 1.3	73 Ta 1.5	74 W 1.7	75 Re 1.9	76 Os 2.2	77 Ir 2.2	78 Pt 2.2	79 Au 2.4	80 Hg 1.9	81 Tl 1.8	82 Pb 1.8	83 Bi 1.9	84 Po 2.0	85 At 2.2	86 Rn –
87 Fr 0.7	88 Ra 0.9	89– Ac– 1.1–1.7															

Abb. 6—12 Elektronegativitäten der Elemente in ihren üblichen Oxidationsstufen.**

verteilt. Da beide Atome identisch sind, ist die Elektronegativität dieselbe, und es gibt keine Möglichkeit die Ladung von einem Atom zum anderen zu verschieben. Jedoch in kovalenten, heteronuklearen, zweiatomigen Molekülen, wie HCl oder HJ, resultiert der Unterschied in der Elektronegativität der Atome in einer Ladungsverschiebung; es besteht daher eine Ladungsasymmetrie. Natürlich wird die Ladungsverschiebung zu Gunsten des Atoms mit der höheren Elektronegativität sein. Die Ladungsasymmetrie ergibt ein Dipolmoment μ. Dies bedeutet, daß ein Ende des Moleküls relativ negativ ist, verglichen mit dem anderen. Dies kann wie folgt gezeigt werden.

$$\overset{\delta^+}{\mathrm{H}}\text{–}\overset{\delta^-}{\mathrm{Cl}} \quad \text{oder} \quad \overrightarrow{\mathrm{H\text{–}Cl}}$$

Die griechischen Buchstaben δ^+ und δ^- zeigen kleine, relative positive oder relative negative Ladungen an, die aus der Ladungsasymmetrie auf Grund von $\chi_{\mathrm{H}} < \chi_{\mathrm{Cl}}$ entstehen. Das Symbol $\rightarrow$ stellt einen Vektor dar, wobei der Pfeil zum negativen Ende zeigt. Das Dipolmoment entspricht der Ladung (q) in elektrostatischen Einheiten mal der Ent-

** Werte aus L. Pauling, *Nature of the Chemical Bond*, dritte Ausgabe, Cornell University Press, Ithaca, N. Y., 1960.

fernung (d) in Zentimetern zwischen den positiven und negativen Zentren

6–8 $$\mu = q \times d$$

Die üblicherweise benutzte Einheit ist *Debye* D, wobei 1 D 10^{-18} ESE cm entspricht. Wenn zum Beispiel 0,2 eines Elektrons ($0{,}2 \times 4{,}8 \times 10^{-10}$ ESE) um 1 Å (10^{-8} cm) von der positiven Ladung derselben Größenordnung versetzt ist, dann beträgt das Dipolmoment 1 D.

Die relative Elektronegativität eines Atoms in einem zweiatomigen Molekül bestimmt die Ladungsasymmetrie und ist für das Dipolmoment verantwortlich. Der Unterschied in der Elektronegativität der Atome A und B sollte ungefähr mit dem Dipolmoment des Moleküls AB (μ_{AB}) identisch sein. Tabelle **6–4** zeigt, daß diese Beziehung auffallend gut für die Halogenwasserstoff-Verbindungen gilt.

Tabelle 6–4 Dipolmomente und Elektronegativitäten der Halogenwasserstoff-Verbindungen

	HF	HCl	HBr	HJ
$\chi_A - \chi_B$	1·9	0·9	0·7	0·4
μ (Debye)	1·82	1·09	0·79	0·38

Das Dipolmoment ist für uns von besonderer Bedeutung wegen des Effekts, den die Wechselwirkung der Moleküldipole auf solche Eigenschaften wie Löslichkeit, Siedepunkt und Schmelzpunkt hat (Kapitel 8; I, S. 270). Mehratomige Moleküle können oder können keine Dipolmomente haben, selbst wenn verschiedene Atome beteiligt sind. Die Geometrie des mehratomigen Moleküls ist der kritische Faktor, der entscheidet, ob ein Dipolmoment existiert (Kapitel 7; I, S. 224 ff.).

Aufgabe 6—10

Sage voraus, ob die folgenden Moleküle ein Dipolmoment haben werden. Lege die Richtung fest.

a) N_2 b) JCl c) F_2 d) BrF

6—G. Gegenüberstellung von kovalenter und ionischer Bindung

In dem Abschnitt über Elektronegativität wurde Bezug auf kovalente Moleküle und die damit verbundenen Dipolmomente genommen; je größer der Unterschied in χ_A und χ_B ist, desto größer ist das Dipolmoment. Wenn wir zwei Atome miteinander reagieren lassen, die sehr verschiedene Elektronegativitäten haben, werden wir anstelle der Teilung von Elektronen (kovalente Bindung) einen Elektronenübergang (ionische Bindung) erhalten. Deshalb sollten wir voraussagen können, ob ein Molekül kovalent oder ionisch sein wird. Weiterhin können wir, falls das Molekül kovalent ist, die Richtung des Dipols und dessen ungefähre Größenordnung voraussagen. Allgemein gilt, wenn der absolute Unterschied in der Elektronegativität $|\chi_A - \chi_B|$ größer als 2 ist, dann wird die Verbindung als ionisch angesehen. Tabelle **6–5** gibt Beispiele für diese Beziehung der Differenz zwischen χ_A und χ_B und einige Werte für Dipolmomente an. Gleichzeitig wird angegeben, ob die Verbindung als ionisch oder kovalent angesehen werden kann.

Tabelle 6–5 Zusammenhang zwischen Elektronegativität, Dipolmoment und Bindungstyp

Molekül	$\chi_A - \chi_B$	Dipolmoment	Vorherrschender Bindungstyp
H_2	0	0	kovalent
Cl_2	0	0	kovalent
N_2	0	0	kovalent
HF	1,9	1,8	kovalent
HCl	0,9	1,09	kovalent
HBr	0,7	0,79	kovalent
HJ	0,4	0,38	kovalent
KCl	2,2	8,0	ionisch
CsCl	2,3	10,5	ionisch
KF	3,2	8,6	ionisch
BaO	2,6	–	ionisch
CsF	3,3	–	ionisch
ClF	1,0	0,83	kovalent
BrF	1,2	1,29	kovalent
JCl	0,5	–	kovalent

Wie schon früher erwähnt, beziehen sich Oxidationszahlen auf den scheinbaren Wert der positiven oder negativen Ladung eines Atoms in einer kovalenten Verbindung. Ionische Ladung bezieht sich auf den aktuellen Wert der positiven oder negativen Ladung eines einatomigen Ions in einer ionischen Verbindung oder in Lösung. Die Zuteilung der Oxidationszahl hängt von der relativen Elektronegativität der beteiligten Atome ab, d. h. die Elektronen, die die Bindung bilden, werden dem elektronegativeren Element zugeteilt. Die Zahl der Elektronen im Überschuß, die normalerweise im neutralen Atom vorhanden sind, legt die negative Oxidationszahl für das Atom fest. Natürlich wird das andere Atom eine positive Oxidationszahl erlangen, die der Zahl der Elektronen, die vom anderen Atom abgegeben wurden, gleicht. Zum Beispiel in HCl ist Chlor stärker elektronegativ; beide Bindungselektronen werden dem Chlor zugeteilt und ergeben die Summe von 8. Dies ist ein Elektron im Überschuß der im freien Atom vorkommenden Elektronen und somit hat Chlor die Oxidationszahl −1. Im Gegensatz dazu hat Wasserstoff die Oxidationszahl +1.

Aufgabe 6—11

Sage voraus, ob die folgenden Verbindungen ionisch oder kovalent sein werden und welches die Ionenladung oder Oxidationszahl jedes Elements sein wird: CaO, ClF, NO, CO, KCl, HJ, SrO.

Die Anwendung der Definitionen für die Ionenladung oder Oxidationszahl ist nicht auf zweiatomige Spezies beschränkt. Tabelle **6—6** zeigt verschiedene mehratomige Verbindungen mit Ionenladung oder Oxidationszahl, die den verschiedenen Atomen zugeteilt sind.

6—H. Elektronegativität und Bindungsenergie

Allgemein finden wir, daß für ein heteronukleares, zweiatomiges Molekül A—B die Bindungsdissoziationsenergie $D_{(A-B)}$ größer ist, als man aus dem Mittelwert der beiden Bindungsdissoziationsenergien für A—A und B—B erwarten kann.

6—9
$$D_{A-B} > \frac{D_{A-A} + D_{B-B}}{2}$$

Anfänglich könnten wir erwarten, daß die Bindungsenergie dem Mittel entsprechen würde, wenn eine symmetrische Elektronenverteilung vorliegt (Elektronenpaar in der Mitte). Jedoch wissen wir, daß, wenn verschiedene Atome beteiligt sind, die Ladungsverteilung wegen der Unterschiede zwischen χ_A und χ_B nicht symmetrisch ist (das Elektronenpaar befindet sich nicht in der Mitte).

Es ist beobachtet worden, daß der Unterschied der Bindungsenergie vom Mittelwert auf D_{A-A} und D_{B-B} zunimmt, wenn der Unterschied in der Elektronegativität von A oder B zunimmt. Gleichung **6—10** stellt die empirisch abgeleitete Beziehung dar

6—10
$$D_{A-B} - \frac{D_{A-A} + D_{B-B}}{2} = (|\chi_A - \chi_B|)^2$$

wobei $|\chi_A - \chi_B|$ den absoluten Wert der Differenz in der Elektronegativität angibt und D_{A-B}, D_{A-A} und D_{B-B} in Elektronenvolt gegeben sind. Dies ist die Basis, die Pauling benutzt hat, die χ Werte

Tabelle 6–6 Ionenladung und Oxidationszahlen der Atome in verschiedenen Verbindungen

Verbindung	Bindungstyp	Atom mit der höheren Elektronegativität	Ionenladung	Oxidationszahl für kovalente Verbindungen
Li_2O	ionisch	O	Li^+ +1	—
			O —2	—
BeO	ionisch	O	Be +2	—
			O —2	—
CO_2	kovalent	O	—	C +4
			—	O —2
H_2S	kovalent	S	—	H +1
			—	S —2
CCl_4	kovalent	Cl	—	C +4
			—	Cl —1
NaF	ionisch	F	Na +1	—
			F —1	—
SO_2	kovalent	O	—	S +4
			—	O —2
BF_3	kovalent	F	—	B +3
			—	F —1
OF_2	kovalent	F	—	O +2
			—	F —1
NH_3	kovalent	N	—	H +1
			—	N —3
H_2O	kovalent	O	—	H +1
			—	O —2
PbF_2	ionisch	F	Pb +2	—
			F —1	—

für die Elemente aufzustellen. Die Bindungsdissoziationsenergie z. B. von HF, berechnet aus dem Mittel D_{H-F}, beträgt:

$$D_{H-F} = \frac{D_{H-H} + D_{F-F}}{2}$$

$$= \frac{104{,}2 + 36{,}6}{2}$$

$$= 70{,}4 \text{ Kcal/Mol}$$

Eigentlich beträgt die Bindungsdissoziationsenergie für H—F 134,6 Kcal/Mol, 64 Kcal mehr als der Mittelwert erwarten läßt.

Tabelle 6–7 Bindungsdissoziationsenergien einiger zweiatomiger Moleküle

Molekül	D_{A-B} Bindungsenergie (D_{A-B}) (Kcal/Mol)	$\frac{D_{A-A}+D_{B-B}}{2}$ (Kcal/Mol)	Δ (Kcal/Mol)	$\lvert\chi_A-\chi_B\rvert$
H–H	104,2			
F–F	36,6			
Cl–Cl	58,0			
Br–Br	46,1			
J–J	36,1			
H–F	134,6	70,4	64,2	1,9
H–Cl	103,2	81,1	22,1	0,9
H–Br	87,5	75,2	12,3	0,7
Cl–F	60,6	47,3	13,3	1,0
J–Cl	50,3	47,1	3,2	0,5

** Es sei darauf hingewiesen, daß Gleichung **6—11** nicht uneingeschränkt auf alle Verbindungen angewandt werden kann, da ein geometrisches Mittel oft erforderlich ist, um Δ anstelle des arithmetischen Mittels zu berechnen.

Tabelle **6—7** gibt andere Beispiele, in denen eine Differenz Δ existiert.

6—11
$$\Delta = \left(D_{A-B} - \frac{D_{A-A} + D_{B-B}}{2}\right)$$

6—I. Resonanz

Die Formulierung A : B kennzeichnet, daß eine symmetrische Ladungsverteilung vorliegt. Wie wir gesehen haben, trifft dies nicht immer zu; ein Unterschied zwischen χ_A und χ_B bewirkt eine asymmetrische Ladungsverteilung. Wir können unsere Beschreibung der Ladungsverteilung der Elektronen deutlich mit Hilfe der „Valence-bond-Annäherung" verbessern, wenn wir den Begriff der Resonanzstrukturen einführen. Die individuellen Resonanzstrukturen stellen alternative Wege dar, um die Bindung oder die Elektronenstruktur des Moleküls zu beschreiben. Wir wollen HCl als Beispiel betrachten. Mögliche Beschreibungen der Elektronenverteilung in der Bindung können folgende sein:

H:Cl	oder	$(H)^+(:Cl)^-$	oder	$(H:)^-(Cl)^+$
I		II		III

Auf der Basis unserer früheren Betrachtungen würden wir erwarten, daß HCl rein kovalent ist, welches der Struktur H : Cl entspräche. Die bedeutende Frage ist jedoch, ob diese Beschreibung genau ist. Die Antwort hierauf ist nein – die einfache Beschreibung ist zu naiv. Auf der anderen Seite sind reine ionische Strukturen $(H)^+$ $(Cl)^-$ und $(H)^-$ $(Cl)^+$ auch nicht genau und für sich selbst sind sie inkorrekt; HCl ist keine ionische Verbindung. Die Idee der Resonanz ist, Strukturen I, II und III zu kombinieren; keine von den dreien beschreibt individuell gesehen die Bindung, aber sie kommen nahe an die korrekte Beschreibung heran, wenn sie in entsprechenden Proportionen übereinandergelegt werden. Die schließlich resultierende Struktur wird oft das *Resonanzhybrid* genannt. Die beste Beschreibung der Bindung in HCl innerhalb „Valence-bond-Näherungsverfahrens" bringt eine Übereinanderlagerung der Elektronenverteilung der Strukturen I, II und III und wird wie folgt geschrieben

$$\text{H–Cl} \longleftrightarrow \text{H}^+\text{Cl}^- \longleftrightarrow \text{H}^-\text{Cl}^+$$

Jede dieser drei Formeln wird als eine Resonanzstruktur bezeichnet. Es ist wichtig, darauf hinzuweisen, daß dies keine drei verschiedenen Sorten von HCl Molekülen sind, zwei ionische und eine kovalente, die für eine begrenzte Zeit existieren. Es gibt nur eine Sorte HCl und die Kombination der obigen Strukturen gibt eine nähere Beschreibung der wahren Elektronenverteilung oder Bindung, als eine Struktur alleine. Resonanz wird durch den doppelten Pfeil ($\longleftrightarrow$) symbolisiert. Die endgültige Beschreibung, das Resonanzhybrid, erhält man durch eine quantenmechanische Berechnung, welche die Anteile von I, II und III bestimmt, die die niedrigste Energie haben und dadurch die beste Annäherung für die elektronische Verteilung in der Bindung ergeben.

Wir wissen weiterhin, daß HCl ein Dipolmoment von 1,07 D hat. Weiter würden wir auf Grund der Tatsache, daß die Elektronegativität von Chlor größer ist als die von Wasserstoff, die Existenz eines Dipols voraussagen. Obwohl beide ionischen Resonanzstrukturen H^+Cl^- und H^-Cl^+ im Prinzip erforderlich sind, muß der prozentuale Anteil an H^+Cl^- beträchtlich größer sein als der für H^-Cl^+. Dies trifft allgemein in allen Fällen zu, in denen ein erheblicher Unterschied in der Elektronegativität der beteiligten Atome vorhanden ist; die Möglichkeit, beide Elektronen am weniger elektronegativen Element zu finden, ist sehr gering. Da $\chi_{Cl} \gg \chi_H$ ist, würde die Beschreibung der Resonanzstrukturen für HCl im wesentlichen wie folgt sein:

$$\underset{\text{I}}{\text{H–Cl}} \longleftrightarrow \underset{\text{II}}{\text{H}^+\text{Cl}^-}$$

Die anteilmäßige Beteiligung der Resonanzstruktur II ist zu 0,17 berechnet worden. Dieses bedeutet, daß die HCl Bindung zu 17 % ionischen Charakter hat. Ist dies bekannt, so können wir voraussagen, daß HCl ein Dipolmoment mit dem negativen Ende zum Cl hat. Diese Voraussage stimmt mit dem Experiment überein. Je größer $|\chi_A - \chi_B|$ für ein Molekül A—B ist, desto größer wird der relative Anteil der ionischen Struktur sein und desto größer ist der prozentuale Ionencharakter.

Wir können das Resonanzhybrid von H—Cl und H^+Cl^- wie folgt darstellen,

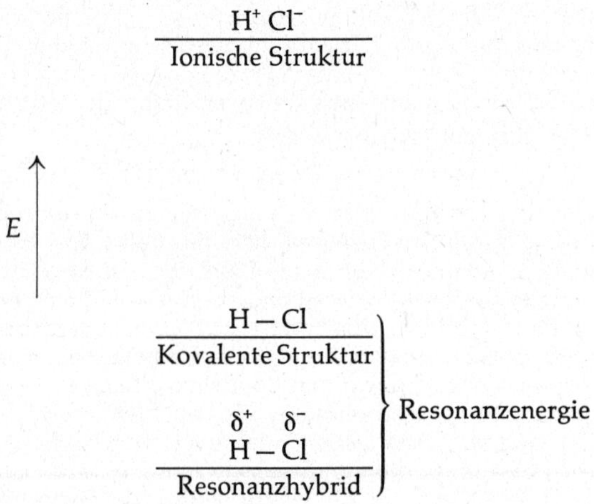

Abb. 6—13 Energiebeziehung zwischen Resonanzstrukturen und Resonanzhybrid von HCl. Die Energie des Resonanzhybrids liegt immer niedriger als die jeder anderen individuellen Resonanzstruktur.

wobei die Bindung, die kovalente Bindung (von H—Cl) und die δ^+ und δ^- anzeigen, daß Ladungsasymmetrie existiert (von H^+Cl^-). Man sieht in Abbildung **6—13**, daß die berechnete Energie des Resonanzhybrids niedriger ist als die der individuellen Resonanzstrukturen. Dies ist erwartungsgemäß, da keine der Resonanzstrukturen allein eine korrekte Beschreibung der Bindung liefert. Der Energieunterschied zwischen der einzelnen Resonanzstruktur mit der niedrigsten Energie und des Resonanzhybrids ist als *Resonanzenergie* bekannt. Man kann dies als eine Energieerniedrigung ansehen, die erhalten wird, wenn man die ionischen Resonanzstrukturen mit den kovalenten Resonanzstrukturen *„mischt"*. Die Beschreibung von HCl ist auf jedes andere molekulare System anwendbar. Insbesondere gilt:

1. Jede individuelle Resonanzstruktur hat immer eine höhere Energie als das endgültige Resonanzhybrid.
2. Das Resonanzhybrid besteht aus einer anteilsmäßigen Mischung jeder einzelnen Resonanzstruktur, so daß ein Energieminimum erhalten wird.

Wir haben früher in diesem Abschnitt erwähnt, daß je größer der Unterschied der Elektronegativität zwischen den Atomen in einem zweiatomigen Molekül ist, desto größer wird der relative Anteil der ionischen Strukturen zum Resonanzhybrid sein. In Anbetracht dessen würden wir erwarten, daß es eine Beziehung zwischen dem Unterschied in der Elektronegativität der Atome und dem prozentualen Ionencharakter gibt. Wie in Abbildung **6—14** gezeigt wird, gibt es eine solche Beziehung, in der der prozentuale Ionencharakter gegen die absoluten Werte der Elektronegativitätsdifferenz der Atome für eine Anzahl zweiatomiger Verbindungen aufgetragen ist. Tabelle **6—8** gibt Daten für einige zweiatomige Verbindungen in bezug auf den prozentualen Ionencharakter und den Unterschied in der Elektronegativität der Atome.

Es ist nicht möglich, die Elektronenverteilung in einer Bindung durch Schreiben einer Struktur wie z. B. H—Cl genau anzugeben. Wir haben dies eingesehen und haben deshalb versucht, unsere Beschreibung innerhalb der „Valence-bond-Theorie" durch Angabe von Resonanzformeln zu verbessern, die nicht individuell als reale Beschreibungen

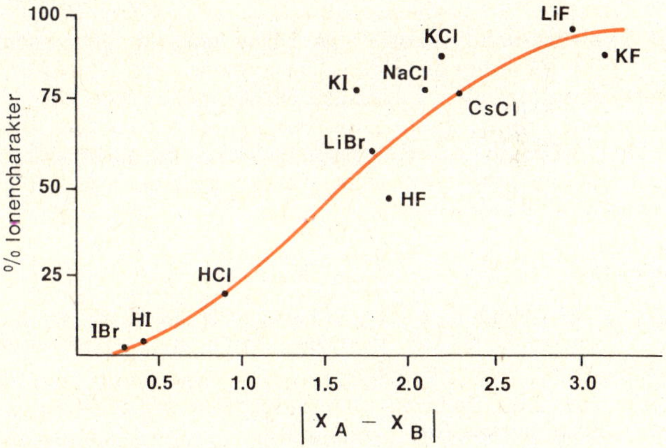

Abb. 6—14 Gegenüberstellung des prozentualen Ionencharakters und der Differenz der Elektronegativität der Atome in einigen zweiatomigen Molekülen. Die experimentellen Ergebnisse (basierend auf Daten der Dipolmomente) sind als Punkte dargestellt. Die durchgezogene Linie repräsentiert den theoretisch vorausgesagten Zusammenhang.

der Bindung in einem Molekül in Frage kommen, sondern, wenn man sie zusammenfaßt, eine gute Annäherung an die aktuelle Situation wiedergeben.

Dies wird durch einen Doppelpfeil zwischen den Strukturen dargestellt. Es ist nicht möglich, eine bildliche Darstellung dieser Situation mittels der „Molecular-orbital-Theorie" zu machen. Letztlich jedoch sind die Ergebnisse, berechnet mit der „Molecular-orbital-Theorie"

Tabelle 6–8 Prozentualer Ionencharakter einiger zweiatomiger Moleküle

Verbindung	Prozent-Ionencharakter	$\lvert\chi_A - \chi_B\rvert$
H_2	0	0
Cl_2	0	0
HCl	17	0,9
HF	45	1,9
HJ	4	0,4
JBr	~3	0,3
LiJ	55	1,5
KJ	75	1,7
KF	83	3,2

und der „Valence-bond-Theorie", in bezug auf die Elektronenverteilung in einer Bindung, dieselben. Die „Valence-bond-Theorie" liefert einen befriedigenden bildlichen Mechanismus, um die Natur der existierenden Bindung mit Hilfe von Resonanzstrukturen darzustellen. Der Gebrauch von Resonanzstrukturen ist nicht auf zweiatomige Moleküle beschränkt. Wir werden mehratomige Moleküle im nächsten Kapitel betrachten.

Aufgabe 6—12

Nimm Bezug auf Abbildung **6—14** und beantworte auf Grund der Kenntnisse des Zusammenhangs der Elektronegativität und des prozentualen Ionencharakters die folgenden Fragen.

a) Erwartet man einen höheren oder niedrigeren prozentualen Ionencharakter für JCl als für JBr?

b) Erwartet man einen höheren oder niedrigeren Ionencharakter für HBr oder für HJ oder HCl? Schätze den prozentualen Ionencharakter in HBr ab.

c) Wird der prozentuale Ionencharakter für LiCl größer oder kleiner sein als für NaCl? Warum?

ÜBUNGEN

1. Welches ist der Hauptunterschied in dem Näherungsverfahren zwischen „Valence-bond-Theorie" und „Molecular-orbital-Theorie"?
2. Was ist gemeint, wenn man sagt, ein Molekül ist polar?
3. Die freigesetzte Energie in der Reaktion $F + F \rightarrow F_2$ beträgt 37 Kcal/Mol. Wie groß ist die Bindungsdissoziationsenergie von F_2?
4. Gegeben ist der internukleare Abstand in $LiF_{(g)}$ von 1,51 Å. Berechne die Bindungsenergie von $LiF_{(g)}$ aus den Ionen.
5. Der internukleare Abstand für $KCl_{(g)}$ ist 2,666 Å. Das Ionisationspotential von Kalium beträgt 100 Kcal/g-Atom und die Elektronenaffinität von Cl ist 83,5 Kcal/g-Atom. Berechne
   a) die Bindungsenergie eines gasförmigen KCl Moleküls aus den Ionen
   b) die Bindungsdissoziation von $KCl_{(g)}$.
6. Das Ionisationspotential von Lithium beträgt 5,39 EV/Atom. Die Bindungsdissoziationsenergie von LiF beträgt 180 Kcal/Mol. Berechne mit dieser Information und den Ergebnissen aus Übung 4 die Elektronenaffinität von Fluor.
7. Die Bildungsenergie von CaO aus den Ionen beträgt ungefähr 730 Kcal/Mol. Jedoch ist der internukleare Abstand ähnlich wie der in den Alkalimetallhalogeniden und er beträgt 1,8 Å. Gib einen qualitativen Beweis, warum die Bildungsenergie deutlich unterschiedlich von der der Alkalimetallhalogenide sein sollte. Weise auch quantitativ nach, daß dies der korrekte Wert ist.
8. Schreibe die Lewis Elektronenformel von NaJ, BaS, H_2O, OF_2, CF_4, MgF_2 und Na_2O.
9. Wie wird der Valenz- oder Oxidationszustand aller Elemente in jeder der nachfolgenden Verbindungen sein?
   HJ, LiF, CS_2, SO_3, KBr, CaCl, Al_2O_3, NiO, $ZnCl_2$, Ag_2O, H_3PO_4, CO_3^{2-}, SO_4^{2-}, ClO_2^- und NH_4^+.
10. a) Würde man von folgenden Verbindungen erwarten, daß sie ein Dipolmoment haben?
    b) Welches wird das negative Ende sein?
    c) Wird das Dipolmoment verhältnismäßig klein oder groß sein?
    Cl_2, HJ, CsBr, LiF, JBr, O_2, MgO und CuF.
11. Sage voraus, ob die Verbindungen in Übung 10 ionisch oder kovalent sein werden.
12. Welches würde die Elektronenkonfiguration für den angeregten Zustand niedrigster Energie in den folgenden Molekülen sein? N_2, Li_2 und C_2.
13. Sage mit Hilfe der „Molecular-orbital-Theorie" voraus, ob die folgenden zweiatomigen Moleküle stabil oder instabil sein werden: He_2^+, C_2, Ne_2, F_2, F_2^+.

14. Welches würden die Resonanzstrukturen sein, die zu den folgenden Verbindungen beitragen? Von welchen würde man erwarten, daß sie vorherrschend sind? Warum? HJ, NaF, JBr, RbCl und BrCl.

15. Von welchen der nachfolgenden Moleküle würde man vorhersagen, daß sie die größte Abweichung von ihren Bindungsenergien zeigen würden, die man durch Nehmen des arithmetischen Mittels von A—A und B—B erhält? Warum? JBr, BrF, HBr, Cl_2 und NO.

16. Schreibe die Reaktion für die erste Ionisation und für die Elektronenanlagerung an die folgenden Moleküle unter Benutzung der entsprechenden Molekülorbitale für die beteiligten Moleküle und Ionen.
    a) B_2 b) C_2 c) O_2

17. a) Bestimme die Bindungsordnung für die Moleküle und Ionen in Übung 16.
    b) Vergleiche O_2 und O_2^+. Erwartet man, daß die Bindungsenergie für O_2 größer ist als die für O_2^+ und warum?
    c) Unter welchen Umständen würde die Bindungsdissoziationsenergie eines Ions größer sein als die eines neutralen Moleküls?

18. He_2, gebildet aus den He Atomen im Grundzustand, ist der Voraussage nach nicht stabil (siehe Abschnitt 6—E; I, S. 197). Sage voraus, ob He_2 stabil sein wird, wenn es aus einem He Atom im Grundzustand und einem He Atom im angeregten Zustand mit einer $1s^1\,2s^1$ Konfiguration gebildet wird.

19. Gib vier Faktoren an, die die Energie einer im wesentlichen ionischen Bindung beeinflussen.

20. Gib drei Faktoren an, die die Energie einer Bindung in einem zweiatomigen Molekül beeinflussen, welches im wesentlichen kovalent ist.

21. Die Bindungsabstände in den Natriumhalogeniden betragen

MX	r
NaCl	2,3606 Å
NaBr	2,5020 Å
NaJ	2,7115 Å

Berechne die Coulomb-Energie für jede Verbindung und stelle die Coulomb-Energie und EA_X aufgetragen gegen die Periodennummer der Halogenide graphisch dar. Erkläre, warum die Bindungsenergien für NaCl, NaBr und NaJ wie in Tabelle **6—1** gezeigt, variieren.

22. Der Bindungsabstand in den folgenden Alkalimetallhalogeniden beträgt

MX	r
NaCl	2,3606 Å
KCl	2,6666 Å
RbCl	2,7867 Å

Berechne die Coulomb-Energie und stelle graphisch die Coulomb-Energie und IP_M, aufgetragen gegen die Periodennummer der Alkalimetalle, dar. Erkläre, warum die Bindungsenergien für NaCl, KCl und RbCl variieren, wie in Tabelle **6—1** gezeigt.

23. Erwartet man, daß der prozentuale Ionencharakter von LiF größer oder kleiner ist als der der folgenden Verbindungen: LiBr, NaBr und NaCl? Warum?

24. Der prozentuale Ionencharakter von HCl und HJ beträgt 17 bzw. 4. Welche Verbindung wird ein größeres Dipolmoment haben? Warum?

KAPITEL 7

Struktur und Bindung mehratomiger Moleküle

In diesem Kapitel werden wir die Begriffe der Bindung, die in Kapitel 6 entwickelt wurden, auf mehratomige Moleküle anwenden. Wir werden diese Begriffe benutzen, gewisse neue Charakteristika wie die Geometrie eines Moleküls vorauszusagen. Die „Molecular-orbital-Theorie" kann sowohl auf mehratomige als auch auf zweiatomige Moleküle angewandt werden. Jedoch kann mittels der „Valence-bond-Theorie" im allgemeinen eine einfachere Behandlung der Bindung und Geometrie mehratomiger Moleküle erreicht werden. Bindung in vielen mehratomigen Molekülen kann nicht mit Hilfe der bisher entwickelten Begriffe erklärt werden – das neue Konzept der Hybridisierung ist erforderlich.

In diesem Kapitel werden wir die Klassen kohlenstoffhaltiger Verbindungen untersuchen. Diese Verbindungen haben immer im Interessenbrennpunkt der Organischen Chemie gestanden. Wir werden uns in diesem Kapitel hauptsächlich mit den strukturellen Aspekten der organischen Moleküle beschäftigen.

7—A. Einfachbindungen in mehratomigen Molekülen

Wie schon in Kapitel 6 gesagt, wird die stärkste Bindung gebildet, wenn individuelle Atomorbitale maximal überlappen. Dies wird *das Kriterium der maximalen Überlappung* genannt. Die Elektronenkonfiguration des Fluors lautet:

$$1s^2\ 2s^2\ 2p_z^{\,2}\ 2p_y^{\,2}\ 2p_x^{\,1}$$

Es ist ohne Bedeutung, ob sich das eine ungepaarte Elektron in dem p_x, p_y, *oder* p_z Orbital befindet. Der wichtigste Punkt ist, daß, abgesehen davon, in welchem Orbital es sich befindet, die Bildung des F_2 sich durch Überlappung entlang der Koordinaten-Achse vollzieht, die

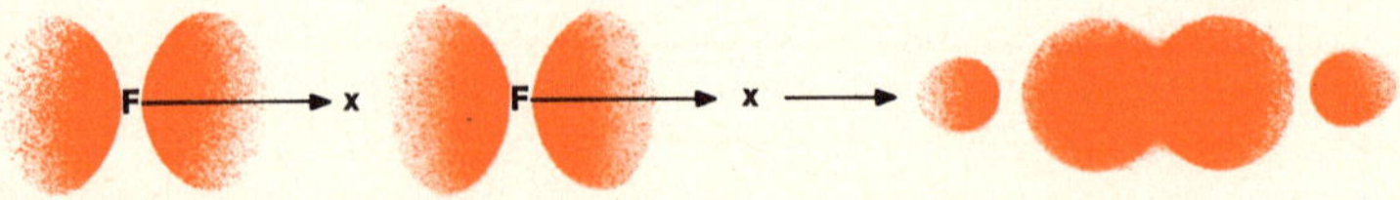

Abb. 7—1 Bildung von F_2 durch Überlappung der p Orbitale.

dieselbe Bezeichnung trägt. In unserem Fall wird F_2 aus zwei Fluoratomen gebildet, die sich entlang der x-Achse nähern, um maximale Überlappung einer σ Bindung zu geben, wie in Abbildung **7—1** gezeigt wird. In diesem und in den nachfolgenden Beispielen werden wir eine Darstellung der Ladungswolke benutzen, um die Elektronenverteilung zu zeigen.

In einem mehratomigen Molekül wie H_2O trifft das Kriterium der maximalen Überlappung auch zu. Die prinzipielle Annäherung zur Bildung einer Bindung ist dieselbe, mit der Ausnahme, daß mehr als eine Bindung gebildet wird. Die Elektronenkonfiguration von Sauerstoff ist

1s	2s	$2p_x$	$2p_y$	$2p_z$
↑↓	↑↓	↑	↑	↑↓

Die ungepaarten Elektronen in den $2p_x$ und $2p_y$ Orbitalen können jeweils eine Bindung mit einem Wasserstoffatom, welches ein einzelnes 1*s* Elektron (Abbildung **7—2**) besitzt, ausbilden. In diesem Fall überlagert sich das 1*s* Orbital des jeweiligen Wasserstoffatoms mit dem p_x oder p_y Orbital des Sauerstoffs durch Annäherung entlang der x oder y Achse. Dieser Vorgang ergibt maximale Überlappung der Orbitale. Da Bindung entlang der Achsen (p_x und p_y) eintritt, die beiderseitig aufeinander senkrecht stehen, würden wir den H—O—H Winkel in Wasser auf 90° schätzen. In der Tat ist er jedoch unterschiedlich und beträgt ~105°; aber das Prinzip der maximalen Überlappung gibt uns qualitativ das richtige Bild, nämlich, daß das Wassermolekül klar gebogen und nicht linear ist. Wir werden in Kürze auf eine weitere Betrachtung des H_2O Moleküls eingehen.

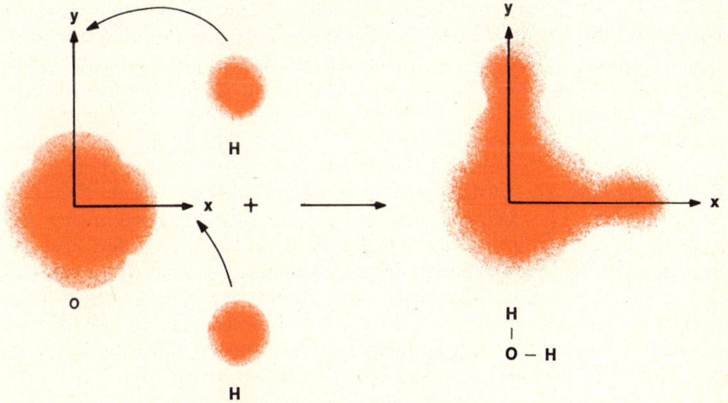

Abb. 7—2 Bildung von H_2O durch Orbitalüberlappung.

Aufgabe 7–1

Welche Bindungswinkel würde man in den folgenden Verbindungen erwarten a) H_2S, b) OF_2, c) SCl_2 und d) PCl_3?

7–B. Hybridisierung unter Beteiligung von Einfachbindungen

Wenn wir versuchen, die „Valence-bond-Theorie“ auf Kohlenstoffverbindungen anzuwenden, so sehen wir, daß neue Probleme auftreten. Kohlenstoff hat die Elektronenkonfiguration $1s^2 2s^2 2p_x{}^1 2p_y{}^1$. Da eine kovalente Bindung durch Paaren der Valenzelektronen zwischen Atomen entsteht, würde die einfachste, stabile Verbindung zwischen Kohlenstoff und Wasserstoff, die man erwartet, CH_2 durch Zusammenbringen der Wasserstoffatome entlang der x und y Richtungen sein. In diesem Fall würden die 1*s* Orbitale der Wasserstoffatome mit den p_x und p_y Orbitalen des Kohlenstoffs überlagern und der H–C–H Winkel würde ungefähr 90° betragen. Dies ist jedoch nicht der Fall; die einfachste stabile Verbindung aus Kohlenstoff und Wasserstoff ist CH_4 mit einem H–C–H Winkel von 109,5°. Der Begriff der Hybridisierung wird eingeführt, um eine solche Sachlage zu erklären.

Hybridisierung ist ein brauchbares Modell für die Bindung in Molekülen, in denen die offenbar klare Annäherung nicht mit dem Experiment übereinstimmt. Im Modell der Hybridisierung kann man sich zwei oder drei Atomorbitale innerhalb eines Atoms in bestimmten Verhältnissen zusammengemischt denken, um neue hybridisierte Atomorbitale hervorzubringen, die andere Formen und Richtungseigenschaften haben als die Orbitale, aus denen sie „gemacht“ wurden. Hiernach werden die anderen Atome in dem Molekül entlang den Richtungen der hybridisierten Orbitale gebracht, um maximale Überlappung zu ergeben. Tabelle **7–1** und Abbildung **7–3** zeigen Hybridorbitale, die üblicherweise geformt werden, die Form und Geometrie, die sie bestimmen, und die Winkel zwischen den Hybridorbitalen. Die Winkel sind durch theoretische Berechnung bestimmt worden. Man sieht, daß die Zahl der entstehenden Hybridorbitale der Zahl der reinen Atomorbitale (*s*, *p* und *d*) entspricht, die gemischt wurden. Außerdem sind alle Hybridorbitale eines Typs gleichwertig. Bis jetzt haben wir das Wort Atom, das dem Ausdruck Hybridorbital vorausging, benutzt, um die atomare Natur zu betonen. In Zukunft werden wir dies aus Bequemlichkeit weglassen.

Wir werden zuerst die tetraedrisch hybridisierten Orbitale betrachten. Die Bildung solcher Orbitale kann, wie in Abbildung **7–4** gezeigt,

Tabelle 7–1 Zusammensetzung der Hybridorbitale

Teile *s*	Teile *p*	Teile *d*	Hybrid-orbital	Zahl Hybrid-orbitale	Form des Hybrids	Winkel zwischen Hybriden	Beispiele
1	1	0	*sp*	2	linear	180 °	$HgCl_2$
1	2	0	sp^2	3	dreieckig	120 °	BF_3
1	3	0	sp^3	4	tetraedrisch	109,5 °	CH_4, NH_4^+
1	3	1	sp^3d	5	trigonal bipyramidisch	90°,120°	PCl_5
1	3	2	sp^3d^2	6	oktaedrisch	90 °	SF_6

begrifflich dargestellt werden. Im ersten Schritt wird das Kohlenstoffatom aus der $1s^22s^22p_x^12p_y^1$ Konfiguration zu einer $1s^22s^12p_x^12p_y^12p_z^1$ Konfiguration angeregt; die Hybridorbitale bestehen zu diesem Zeitpunkt noch nicht. Mit weiterer Energiezufuhr (Schritt 2) „mischt sich" (verbindet sich) das eine *s* mit den drei *p* Atomorbitalen, um vier Hybridorbitale zu ergeben. Dieser Schritt ist eine nicht sichtbare Anregung auf einen Valenzzustand, auf dem die hybridisierten Orbitale

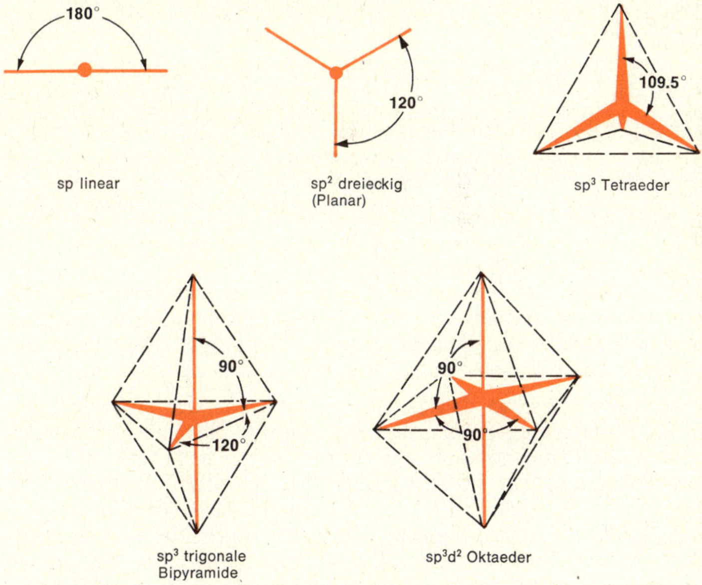

Abb. 7—3 Geometrische Eigenschaften der Hybridorbitale.

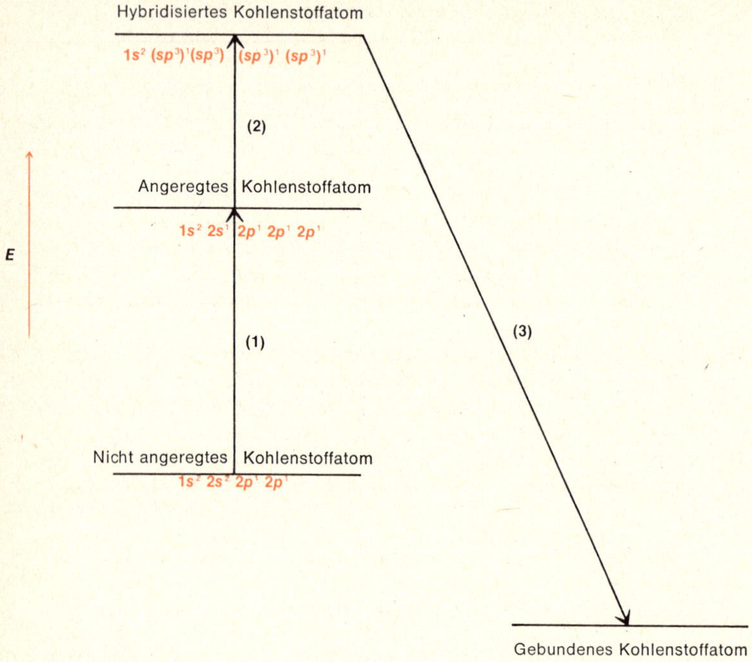

Abb. 7—4 Diagramm der Energieniveaus für die Bildung von sp^3 Orbitalen. Schritt (1) entspricht einer elektronischen Anregung. Schritt (2) ist eine nicht sichtbare Anregung auf den hybridisierten Valenzzustand. Schritt (3) stellt die Bindung des hybridisierten Kohlenstoffatoms mit anderen Atomen dar.

existieren. Dies ist eine andere Möglichkeit, auszudrücken, daß Hybridisierung ein Modell ist, welches experimentell Daten erklären kann, aber welches in sich selbst gesehen, kein physikalisch sichtbares Phänomen ist.

Es sei nochmals gesagt, daß die Zahl der entstehenden Hybridorbitale der Zahl der reinen Atomorbitale entspricht, die gemischt werden, und daß alle Hybridorbitale äquivalent sind (siehe Tabelle **7—1**). Die Schritte (1) und (2) in Abbildung **7—4** erfordern Energie. Diese Energie wird kompensiert, wenn das hybridisierte Kohlenstoffatom Bindungen mit anderen Atomen (Schritt 3) eingeht. In anderen Worten, die freiwerdende Energie während der Bildung einer Verbindung (Schritt 3) ist größer als die erforderliche Energie, um vier sp^3 Orbitale am Kohlenstoff (Schritt 1 und 2) zu bilden.

Wir haben im Methan CH_4 den H—C—H Bindungswinkel experimentell zu 109,5° bestimmt. Wir können nun verstehen, warum es richtig ist, wenn wir sagen, daß das Kohlenstoffatom in CH_4 sp^3 hybridisiert ist (siehe Tabelle **7–1** und Abbildung **7–4**). Jedes sp^3 Hybridorbital überlagert mit einem *1s* Orbital von Wasserstoff, um CH_4 zu bilden (oder es findet eine Paarung zwischen einem sp^3 Elektron des Kohlenstoffs und einem 1*s* Elektron des Wasserstoffs statt). Es ist nicht notwendig, daß sich Kohlenstoff nur mit Wasserstoff vereinigt. Tatsächlich verbindet sich Kohlenstoff mit vielen anderen Elementen (Abbildung **7–5**). Zum Beispiel kann sich Kohlenstoff mit Chlor durch Überlagerung der sp^3 (C) und *p* (Cl) Orbitale verbinden, um Tetrachlormethan zu bilden, welches den erwarteten

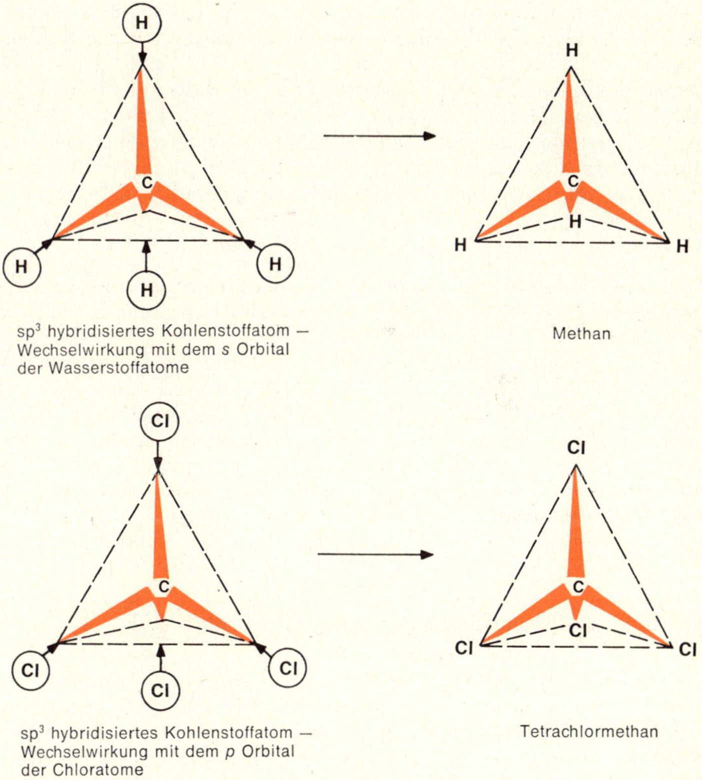

Abb. 7–5 Bildung der tetraedrischen Kohlenstoffmoleküle.

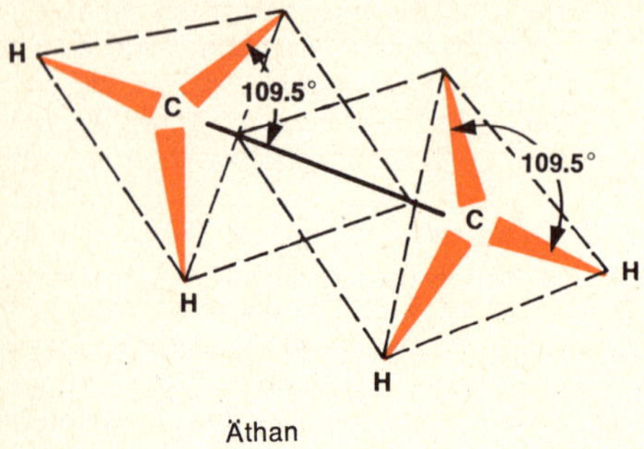

Abb. 7–6 Bildung von Äthan durch sp^3 Orbitalüberlappung.

Cl–C–Cl Bindungswinkel von 109,5° hat. In bestimmten organischen Molekülen, die als Alkane oder gesättigte aliphatische Kohlenwasserstoffe bekannt sind (Abschnitt 7–H; I, S. 247), kommen nur die Elemente Kohlenstoff und Wasserstoff vor. In diesen Verbindungen existieren sowohl C–C als auch C–H Bindungen. Das sp^3 Orbital des Kohlenstoffs kann mit einem anderen sp^3 Orbital eines weiteren Kohlenstoffs überlappen, wie in Abbildung **7–6** gezeigt wird. Zwei Tetraeder werden an einer Spitze zusammengebracht, um eine C–C Bindung zu bilden, und Wasserstoffatome werden an die anderen Spitzen gebracht, um C–H Bindungen zu formen.

Eine parallele Situation besteht für die Bindung der *sp* und sp^2 Hybridorbitale in Kohlenstoff. Diese Fälle sind etwas komplizierter, da Elektronen in den *p* Orbitalen nach der Bildung der Hybridorbitale ungenützt bleiben; jedoch für Bindung noch zur Verfügung stehen. Wir werden diese Fälle, die Mehrfachbindungen zur Folge haben, auf Abschnitt 7–D (I, S. 237) verschieben. Außer Kohlenstoff existieren andere Beispiele der *sp* und sp^2 Hybridisierung für Atome, die mit anderen Atomen einfach gebunden sind. Wir werden zuerst den *sp* Fall betrachten. Die Moleküle $BeCl_2$ und $HgCl_2$ sind experimentell als linear bestimmt worden.

Cl–Be–Cl

Cl-Hg-Cl

Die Konfigurationen für Beryllium und Quecksilber sind

Be $1s^2\,2s^2$

Hg . . . . $5d^{10}\,6s^2$

In beiden Fällen können wir eines der *ns* Elektronen anregen und erhalten

Be $1s^2\,2s^1\,2p^1$

Hg . . . . $5d^{10}\,6s^1\,6p^1$

Dann hybridisieren wir das eine *s* und eines der *p* Orbitale und erhalten in beiden Fällen zwei *sp* Hybridorbitale. Wir können nochmals die Elektronenkonfigurationen für die Atome unter Betonung der hybridisierten Orbitale aufschreiben.

$$\text{Be} \quad 1s^2\,(sp)^1\,(sp)^1$$
$$\text{Hg} \quad \ldots\ldots\ldots\ldots \; 5d^{10}\,(sp)^1\,(sp)^1$$

Mit Hilfe von Tabelle **7–1** und Abbildung **7–3** haben wir gezeigt, daß *sp* Hybridorbitale linear sind. Die Chloratome werden entlang der Richtung des *sp* Hybridorbitals gebracht und das *p* Orbital des jeweiligen Chloratoms überlappt mit dem *sp* Orbital, um eine Bindung zu formen. Die Moleküle sind der Voraussage nach linear, welches mit dem Experiment übereinstimmt.

Das Molekül BF_3 ist dem Experiment entsprechend planar mit F–B–F Winkeln von 120°. Die Elektronenkonfiguration von Bor ist

$$\text{B} \quad 1s^2\,2s^2\,2p^1$$

Wenn wir nur das eine ungepaarte Elektron in Bor benutzen, um es mit Fluor zu binden, so würden wir das Molekül BF erwarten. Jedoch wissen wir aus dem Experiment, daß BF_3 korrekt ist. Wenn wir ein *s* Elektron auf ein *p* Orbital anregen und ein *s* und zwei *p* Orbitale hybridisieren, so

$$\text{B} \quad 1s^2 2s^2 2p^1 \xrightarrow{\text{Anregung}} \text{B} \quad 1s^2 2s^1 2p^1 2p^1$$
$$\xrightarrow{\text{Hybridisierung}} \text{B} \quad 1s^2 (sp^2)^1 (sp^2)^1 (sp^2)^1$$

werden wir drei äquivalente, sp^2 hybridisierte Orbitale erhalten. Die drei Hybridorbitale befinden sich in einer Ebene mit Winkeln, die alle 120° entsprechen (Abbildung **7–3**). Dementsprechend können drei F Atome entlang den Richtungen der sp^2 Hybridorbitale von B binden, um BF_3 mit einer vorausgesagten Geometrie in Übereinstimmung mit dem Experiment zu bilden.

Andere Atomorbitale als *s* und *p* können sich an der Hybridisierung beteiligen. Zum Beispiel können *s, p* und *d Orbitale* in verschiedenen Verhältnissen hybridisieren, um Hybridorbitale verschiedener Form und Richtung zu erzeugen. Es ist aus Experimenten bekannt, daß PCl_5 die geometrische Form einer trigonalen Bipyramide hat (Abbildung 7–7). In Phosphor können sp^3d Hybridorbitale durch „Mischen" eines *s* Orbitals, dreier *p* Orbitale und eines *d* Orbitals gebildet werden. Die resultierenden fünf äquivalenten Hybridorbitale zeigen in die Ecken einer trigonalen Bipyramide (Abbildung **7–3** und 7–7).

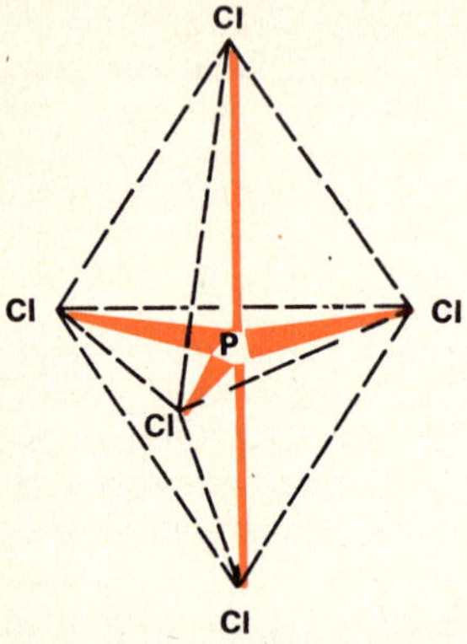

Abb. 7—7 Struktur von PCl_5.

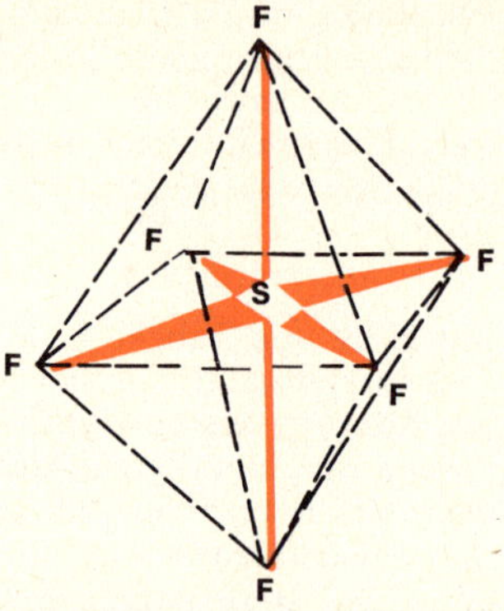

Abb. 7—8 Struktur von SF_6.

Ein spezifisches Beispiel, in dem sp^3d^2 Orbitale beteiligt sind, ist S in SF_6. Auf Grund von Experimenten ist bekannt, daß SF_6 die geometrische Form eines Oktaeders hat (Abbildung **7—8**). Die sp^3d^2 Hybridorbitale in Schwefel können durch Mischen der drei Orbitale im folgenden Verhältnis dargestellt werden: ein Teil *s*: drei Teile *p*: zwei Teile *d*. Die resultierenden sechs gleichwertigen Hybridorbitale deuten in die Ecken eines regulären Oktaeders (Abbildung **7—8**).

Die hybridisierten Orbitale haben eine andere Form als die ursprünglichen *s*, *p* und *d* Orbitale, aus denen sie gebildet wurden. Die Hybridorbitale haben alle unterschiedliche Richtungen (Abbildung **7—3**) und haben eine größere Ladungsdichte in der Richtung, in der sie liegen. Der Unterschied in der Ladungsdichte und Form eines sp^3 Hybrids, verglichen mit einem *p* Orbital, ist in Abbildung **7—9** gezeigt. Man sieht die bedeutend größere Raumausdehnung des sp^3 Hybridorbitals verglichen mit dem *p* Orbital. Das Gleiche trifft im allgemeinen für alle anderen Hybridorbitale zu, insbesondere, wenn man mit einem *s* Orbital vergleicht, welches eine sphärische Form hat und daher überhaupt nicht gerichtet ist.

Auf Grund des Kriteriums der maximalen Überlappung und vergleichbarer Ladungsdichte und Raumausdehnung würden wir eine stärkere Bindung zwischen Atomen erwarten, wenn Überlappung zwischen hybridisierten Orbitalen eintritt, verglichen mit nicht-hybridisierten Orbitalen.

Wir wollen die drei Moleküle Li_2, F_2 und C_2H_6 betrachten. In Li_2 wird die Bindung durch Überlagerung von *s* Orbitalen gebildet; in F_2 tritt Überlagerung der *p* Orbitale ein; in C_2H_6 entsteht die C—C Bindung

Abb. 7—9 Vergleich der Form und der Ladungsdichte der sp^3 und p Orbitale.

aus Überlappung der sp^3 Hybridorbitale der beiden Kohlenstoffatome (Abbildung **7—10**). Die Bindungsenergien sind bestimmt worden und betragen 26, 37 und 80 Kcal/Mol. Daher überlagern s Orbitale, die keine bevorzugte Richtung haben, am wenigsten und ergeben damit die schwächste Bindung. Die p Orbitale, die mehr räumliche Überlappung in einer Richtung haben, geben die nächst stärkere Bindung. Schließlich überlagern sp^3 Orbitale, die die höchste Ladungsdichte und Raumausdehnung in einer Richtung haben, und ergeben damit die stärkste Bindung von allen. Abbildung **7—10** zeigt ein schematisches Diagramm des relativen Überlappungsgrads der $2s$, $2p$ und sp^3 Hybridorbitale (entstanden aus $2s$ und $2p$ Atomorbitalen). Das Konzept der Hybridisierung liefert nicht nur Orbitale mit maximaler Überlappung (daher gibt es die stärkste Bindung), sondern erlaubt es uns auch, die experimentell gefundenen Bindungswinkel zu verstehen und diejenigen vorauszusagen, die bis jetzt noch nicht untersucht wurden.

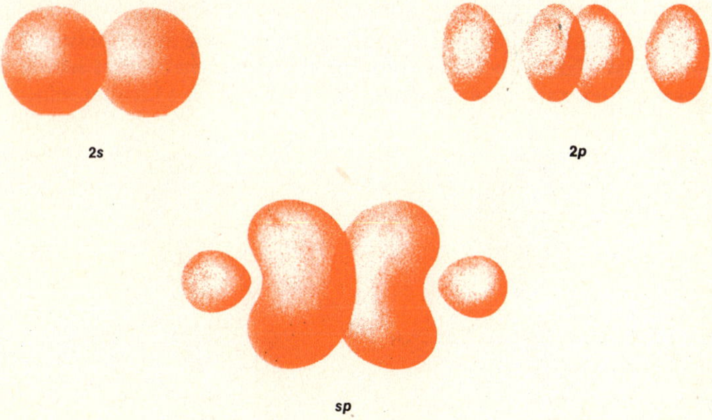

Abb. 7—10 Relativer Überlappungsgrad der $2s$, $2p$ und sp^3 Orbitale.

Als wir die Bindung in H_2O diskutierten, vermuteten wir, daß die Bindung des Wasserstoffs entlang der p_x und p_y Achsen des Sauerstoffs mit Winkeln von 90° maximale Bindungsstärke liefern würde. Unsere einfache Näherung für das Problem, bei dem Überlagerung von reinen *p* Orbitalen (O) und *s* Orbitalen (H) beteiligt sind, gab uns eine qualitativ richtige, aber quantitativ falsche Geometrie. Wir sagten einen H—O—H Winkel von 90° voraus, anstelle des beobachteten Winkels von ~105°. Die Bindung in H_2O kann nicht als reine Beteiligung von *p* und *s* Orbitalüberlagerung beschrieben werden. Stattdessen muß der Sauerstoff eine Hybridisierung zeigen, bei dem sp^3 Hybridorbitale beteiligt sind. Zwei Wasserstoff 1*s* Orbitale überlappen mit zwei sp^3 Orbitalen und die anderen vier Sauerstofforbitalelektronen bleiben als nicht gebundene, einsame Elektronenpaare in jedem der beiden verbleibenden sp^3 Orbitale, wie in Abbildung **7—11** gezeigt wird. Falls keine Wasserstoffatome gebunden wären, würde der Winkel zwischen den sp^3 Orbitalen 109,5° betragen (tetraedrischer Sauerstoff); jedoch reduziert die Anwesenheit der kovalent gebundenen Wasserstoffatome die Elektronenabstoßung zwischen sp^3 Orbitalen und erlaubt so, daß sich die Winkel bis auf ~ 105° nähern.

Ammoniak NH_3 ist ein interessanter Fall. Wir würden voraussagen, daß der H—N—H Winkel ungefähr 90° betragen würde, da jedes 1*s* Orbital der Wasserstoffatome mit den p_x, p_y, p_z Orbitalen des Stickstoffs überlagert, die gegenseitig aufeinander senkrecht stehen. In Wirklichkeit beträgt der H—N—H Winkel ~108°, welches dem Tetraederwinkel recht nahe kommt. Daher nehmen wir an, daß die ursprünglichen *s* und *p* Orbitale des Stickstoffs hybridisieren, um im wesentlichen sp^3 Orbitale zu bilden.

Die drei Wasserstoffatome und ein einsames Elektronenpaar sind ungefähr in die Ecken eines Tetraeders gerichtet, wie in Abbildung **7—11** gezeigt ist. Falls sich keine Hybridisierung ereignet hätte, würde das einsame Elektronenpaar in einem nicht gerichteten *s* Orbital sein.

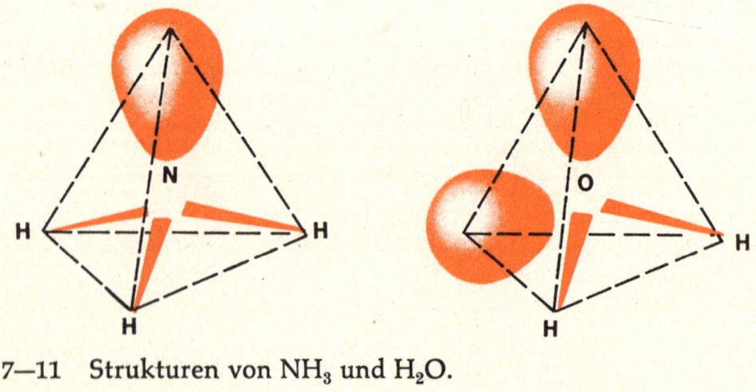

Abb. 7—11 Strukturen von NH_3 und H_2O.

Die Tatsache, daß dieses einsame Elektronenpaar stark gerichtet ist, hat eine wichtige Konsequenz auf die physikalischen und chemischen Eigenschaften des Ammoniaks. Dieselben Betrachtungen in bezug auf die wichtigen Konsequenzen des gerichteten einsamen Elektronenpaares gelten für H_2O.

Aufgabe 7—2

$CdCl_2$ ist im wesentlichen linear aufgebaut. Erkläre dieses Ergebnis.

Aufgabe 7—3

Bei Zimmertemperatur ist $SiCl_4$ eine Flüssigkeit mit Cl—Si—Cl Winkeln von $\sim 109^\circ$.

a) Erkläre, ob man $SiCl_4$ als ionisch oder kovalent betrachten kann. Warum?
b) Erkläre den Cl—Si—Cl Bindungswinkel.

7—C. Dipolmomente von Molekülen mit Einfachbindungen

Bei zweiatomigen Molekülen besteht keine Schwierigkeit, die Existenz und Richtung eines Dipolmoments zu bestimmen. In homonuklearen zweiatomigen Molekülen (beide Atome sind identisch) muß die Elektronegativität der beiden Atome daher dieselbe sein und es besteht keine Ladungsasymmetrie. In heteronuklearen zweiatomigen Molekülen muß eine Ladungsasymmetrie existieren, da keine zwei Atome dieselbe Elektronegativität haben. Das negative Ende des Dipols zeigt immer zum Atom mit der größeren Elektronegativität.

Obwohl es in mehratomigen Molekülen für eine individuelle Bindung zwischen zwei verschiedenen Atomen einen Dipol geben könnte, kann das Molekül als Ganzes ein oder kein Dipolmoment haben. Als Beispiel betrachten wir die lineare Verbindung $BeCl_2$

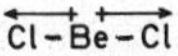

Da Beryllium und Chlor verschiedene Elektronegativitäten haben, gibt es einen individuellen Bindungsdipol in der Richtung der jeweiligen Chloratome. Es sei daran erinnert, daß das Symbol einen Vektor darstellt und daher sowohl Größe als auch Richtung hat. Da die Vektoren, die diese Bindungsdipole darstellen, in umgekehrte Richtung deuten, aber von gleicher Größe sind, muß die Resultante gleich Null sein; d. h. es muß eine Anullierung geben und es existiert kein molekularer Dipol. Dies ist vergleichbar mit zwei Männern, die an einem Seil in entgegengesetzte Richtung, aber mit gleicher Kraft ziehen — es gibt keine Netto-Bewegung in irgendeiner Richtung. Diese Situation wird in solchen linaren Molekülen immer eintreten, bei denen es eine symmetrische Verteilung der Atome um ein Zentralatom herum, wie z. B. in $HgBr_2$, gibt, wobei Quecksilber das Zentralatom ist.

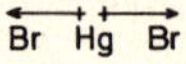

Wenn ein Molekül nicht linear ist, wird die Addition der beteiligten Vektoren zeigen, ob ein Dipol existiert und in welche Richtung er zeigt. Es sei daran erinnert, daß ein Vektor sowohl Richtung als auch Größe angibt. (Die Pfeillänge ist proportional der Größe der Ladungsasymmetrie und die Richtung, in die der Pfeil deutet, gibt die Richtung des Dipols an.) Betrachten wir das Molekül BF_3,

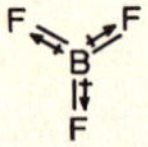

das symmetrisch planar mit Winkeln von 120 ° ist. Wegen der entgegengesetzten symmetrischen Verteilung der B—F Bindungsdipole entsteht ein Ausgleich der Vektoren und es sollte kein molekularer Dipol existieren. Dies stimmt mit dem experimentellen Ergebnis überein.

Die Bindungsdipole in H_2O liegen sich nicht symmetrisch gegenüber; daraus resultiert ein molekularer Dipol, wie durch den gestrichelten Pfeil angezeigt ist.

Das Molekül PCl_5

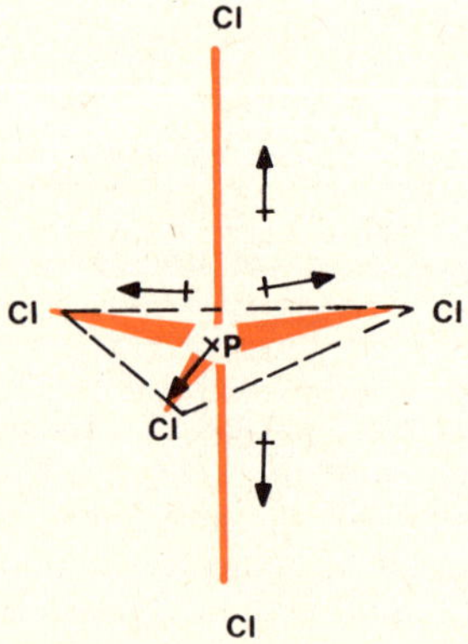

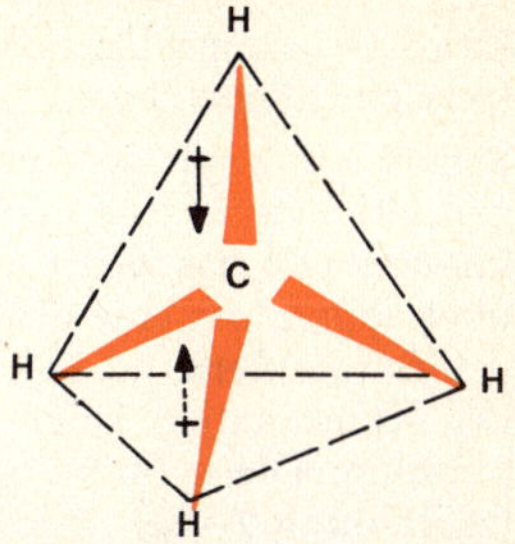

Abb. 7—12 Anullierung der Bindungsdipole in CH_4, die in einem Dipolmoment von Null resultiert. Der gestrichelte Dipol ist die Resultante der drei Dipole aus Wasserstoff und Kohlenstoff.

ist ein komplizierterer Fall. Die drei Bindungsdipole im Dreieck heben sich auf und die beiden Dipole unterhalb und oberhalb der Ebene des Dreiecks gleichen sich ebenfalls aus. Daher ist das resultierende Dipolmoment Null und PCl_5 hat keinen Dipol. Ähnliches gilt für CH_4. Da alle Winkel gleich sind, wird die Resultante der drei Bindungsdipole in den Ecken der Dreiecksgrundfläche des Tetraeders den verbleibenden Dipol zum vierten H oberhalb der Ebene anullieren (Abbildung **7—12**). Daher wird CH_4 kein Dipolmoment haben. In allen Fällen, in denen es eine symmetrische Verteilung der Bindungsdipole gleicher Größe gibt, tritt eine Anullierung ein und es existiert kein molekularer Dipol.

Aufgabe 7—4

Sage voraus, ob die folgenden Moleküle ein Dipolmoment haben und wenn ja, in welche Richtung (wenn auch nur qualitativ). a) Fe, b) HF, c) H_2S, d) NH_3, e) H_2CCl_2.

7—D. Mehrfachbindungen

Wir haben bereits die Mehrfachbindung in zweiatomigen Molekülen (Abschnitt 6—D; S. 193 ff.) diskutiert; jedoch ist eine weitere Diskussion der Mehrfachbindung in vielatomigen Molekülen notwendig. Mehrfachbindungen haben immer eine σ Bindung und eine oder mehrere π Bindungen, wie wir im Falle von O_2 und N_2 gesehen haben. Für den Fall der sp^2 und sp hybridisierten Kohlenstoffatome gibt es ein oder zwei ungebundene p Elektronen pro Atom. Da die sp^2

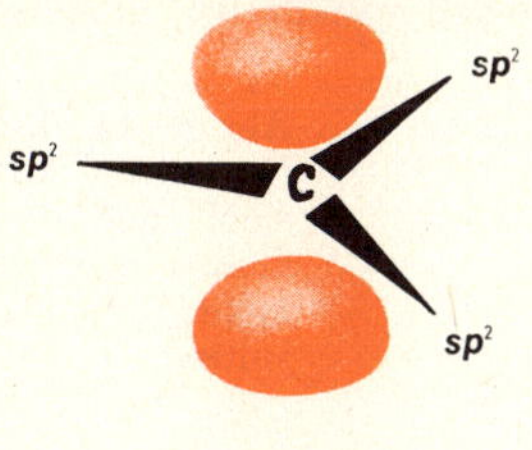

Orbitale in einer Ebene liegen, muß das verbleibende *p* Orbital senkrecht zur Ebene liegen.

Wenn wir zwei sp^2 hybridisierte Kohlenstoffatome zusammenbringen, die Wasserstoffatome an zwei der drei sp^2 Orbitale haben, dann können wir das dritte sp^2 Orbital der jeweiligen Kohlenstoffatome überlappen, um eine σ Bindung zu bilden. Wir können auch jedes der *p* Orbitale Seite an Seite überlagern, um eine σ Bindung zu bilden. Die Kombination einer σ und einer π Bindung ergibt eine Doppelbindung. Diese Situation liegt im Äthylenmolekül $CH_2 = CH_2$ vor (Abbildung **7—13**). Wir erwarten, daß das Molekül planar sein wird, da die sp^2 hybridisierten Kohlenstoffatome in einer Ebene liegen (Abbildung **7—3** und Tabelle **7—1**) und der H—C—H Winkel 120° beträgt. Dies stimmt mit den experimentellen Daten überein.

Eine weitere Möglichkeit ergibt sich, wenn zwei *sp* hybridisierte Kohlenstoffatome vorliegen, die Wasserstoffatome tragen, welche an eines der *sp* Orbitale gebunden sind. Das verbleibende *sp* Orbital des jeweiligen Kohlenstoffatoms kann überlappen, um eine σ Bindung auszubilden, und die beiden *p* Orbitale können Seite an Seite überlagern, um zwei π Bindungen zu bilden. Acetylen (HC ≡ CH) ist ein Beispiel für ein Molekül mit einer Dreifachbindung zwischen zwei Kohlenstoffatomen. Wir würden erwarten, daß das Molekül linear ist, da die ursprünglichen *sp* hybridisierten Kohlenstofforbitale linear waren (Abbildung **7—3**, Tabelle **7—1**). Wiederum stimmt dies mit den experimentellen Daten überein.

Mehrfachbindungen können wie folgt gebildet werden:

Einfachbindung	— σ Bindung
Doppelbindung	— $\sigma + \pi$ Bindungen
Dreifachbindung	— $\sigma + 2\,\pi$ Bindungen

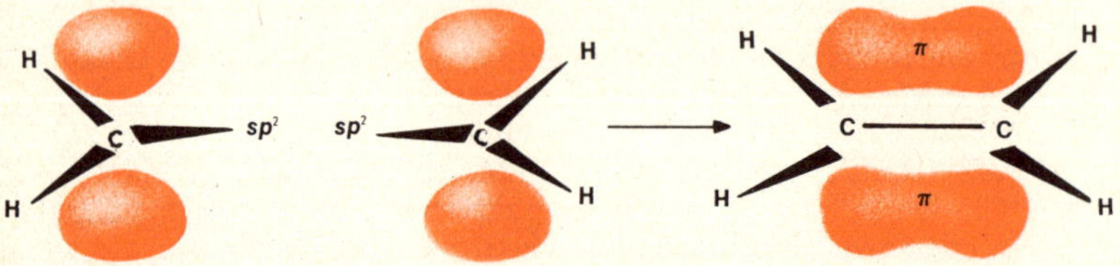

Abb. 7—13 Bildung der σ und π Bindungen in Äthylen.

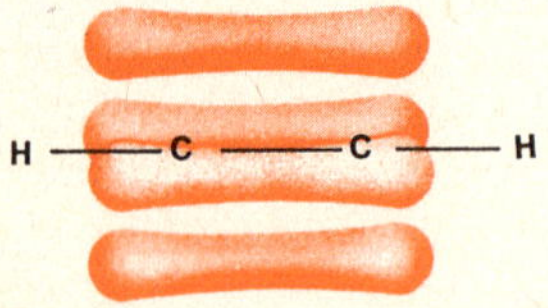

Abb. 7—14 Bindung in Acetylen — eine σ und zwei π Bindungen. Man sieht, daß die Überlappung der π Elektronenverteilungswolken in einer zylindrischen Ladungsverteilung resultiert.

Die σ Bindung kann wie folgt entstehen:

$$s + s \longrightarrow \sigma$$

$$p + p \text{ (Kopf an Kopf)} \longrightarrow \sigma$$

$$\left.\begin{matrix} sp + sp \\ sp^2 + sp^2 \\ sp^3 + sp^3 \end{matrix}\right\} \text{ (Kopf an Kopf)} \longrightarrow \sigma$$

$$\left.\begin{matrix} s + p \\ \quad + sp \\ \quad + sp^2 \\ \quad + sp^3 \end{matrix}\right\} \longrightarrow \sigma$$

Die π Bindung kann nur aus einer Seite an Seite Überlagerung der beiden p Orbitale entstehen.

$$p + p \text{ (Seite an Seite)} \longrightarrow \pi$$

Es ist nicht notwendig, daß dieselben Atome an der Ausbildung von Einfach-, Doppel- oder Dreifachbindungen beteiligt sind.

H–Cl

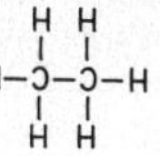

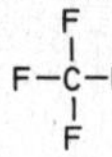

Chlorwasserstoff Äthan Tetrachlormethan

Für Doppelbindungen gilt:

O=C=O

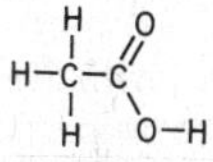

Kohlenstoffdioxid Essigsäure

Für Dreifachbindungen:

C≡O H–C≡C–H H–C≡N

Kohlenstoffmonoxid Acetylen Blausäure

Man darf erwarten, daß die Anwesenheit einer oder zweier zusätzlicher Bindungen die Bindungsdissoziationsenergie im Vergleich zu einer Einfachbindung erhöhen sollte. Dies ist in der Tat richtig, wie schon früher für zweiatomige Moleküle festgestellt wurde (Abschnitt 6–D, E; I, S. 193). Die Dissoziationsenergien der Kohlenstoff-Kohlenstoffbindung der folgenden Einfach-, Doppel- und Dreifachbindungssysteme betragen:

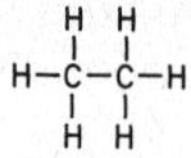

D = 83 kcal/Mol

Äthan

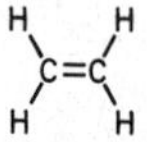

D = 145 kcal/Mol

Äthylen

H−C≡C−H D = 198 kcal/Mol

Acetylen

Es sollte erwähnt werden, daß die Bindungsenergien der Doppel- und Dreifachbindungen nicht 2 oder 3 mal größer sind als die der Einfachbindung. Die Bindungsenergie der Seite an Seite Überlappung der *p* Orbitale, zur Bildung von π Bindungen ist geringer als die Bindungsenergie einer Kopf an Kopf Überlagerung der sp^2 oder *sp* Orbitale, die zu einer σ Bindung führt. Daher ist eine π Bindung schwächer als eine σ Bindung. Dies trifft allgemein auch für zweiatomige Moleküle zu.

7—E. Struktur von Molekülen auf der Basis der Abstoßung der Valenzschalenelektronenpaare

Bisher diskutierten wir die Entwicklung der Molekülstruktur, die auf dem Begriff der maximalen Orbitalüberlappung und auf einem Näherungsverfahren eines Hybridisierungsmodells basiert. In diesem Abschnitt werden wir ein weiteres Modell diskutieren, in dem die geometrische Anordnung um das Atom zum größten Teil durch die abstoßenden Wechselwirkungen zwischen den Elektronenpaaren in den Valenzschalen des Zentralatoms bestimmt wird. Es ist wichtig, hervorzuheben, daß oft mehr als ein Näherungsversuch oder Modell benutzt werden kann, um ein Ergebnis zu erklären.

Die Elektronen in einer Valenzschale besetzen lokalisierte Atomorbitale, die um den verbleibenden Atomkern so orientiert sind, daß die Entfernung zwischen den Orbitalen ein Maximum beträgt. Dies ist das Ergebnis der abstoßenden Wechselwirkungen gleicher Ladungen. Wenn neutrale Moleküle gebildet werden, nehmen die um ein Zentralatom lokalisierten Elektronenpaare (sowohl die bindenden als auch die nichtbindenden) eine solche Geometrie an, daß der Abstand zwischen den Orbitalen ein Maximum beträgt. Dies ist wiederum eine Folge des Abstoßungspotentials zwischen negativ geladenen Elektronenpaaren. Der wichtigste Punkt, der die Geometrie bestimmt, ist die relative Abstoßung zwischen bindenden und nichtbindenden Elektronenpaaren. Die abstoßende Wechselwirkung ist gering, wenn die Überlappung zwischen den Orbitalen gering ist und sie ist groß, wenn die Überlappung groß ist. Ferner nimmt die Abstoßung sehr schnell zu, wenn die Überlappung zunimmt.

Auf Grund elementarer geometrischer Betrachtungen kann die wahrscheinlichste Lage der vorhandenen Elektronenpaare, die die Abstoßung auf ein Minimum bringen, bestimmt werden.

zwei Paare	linear (180°)
drei Paare	gleichseitiges Dreieck (120°)
vier Paare	tetraedrisch (109,5°)
sechs Paare	oktaedrisch (90°)

Für fünf Elektronenpaare gibt es zwei Möglichkeiten: eine trigonale Bipyramide und eine quadratische Pyramide. Es kann gezeigt werden, daß die trigonale Bipyramide allgemein etwas begünstigt ist. Wir können dieses Modell nicht auf Übergangsmetalle mit teilweise gefüllten *d* Orbitalen übertragen.

Für ein Zentralatom in einem Molekül, das nur Einfachbindungen enthält, kann die allgemeine Formel

$$AL_bN_n$$

geschrieben werden, in der A das Zentralatom, b die Zahl der bindenden Liganden L und n die Zahl der nichtbindenden (ungepaarten) Elektronen N ist. Ein Ligand ist ein Atom oder eine Atomgruppe, der an das Zentralatom gebunden ist. Bereits erwähnte Liganden sind Cl, F und NH_3. Die Geometrie von A wird durch die räumliche Anordnung der bindenden und nichtbindenden Elektronenpaare (siehe Tabelle **7—2**) bestimmt.

Einige geometrische Einzelheiten in Tabelle **7—2** bedürfen einer weiteren Betrachtung. Zuerst stoßen nichtbindende Elektronenpaare benachbarte Elektronenpaare stärker ab als bindende Elektronenpaare. Das nichtbindende Paar beansprucht mehr Raum als ein bindendes. Daher wird ein nichtbindendes Paar mit einem benachbarten Paar stärker überlappen als mit einem bindenden und somit ergibt sich eine größere Abstoßung. Die Reihenfolge der Abstoßung lautet:

einsames Paar—einsames Paar > einsames Paar—bindendes Paar
> bindendes Paar > bindendes Paar

Wir betrachten die Moleküle CH_4, NH_3 und H_2O. Alle drei werden eine tetraedrische Form haben, da das Zentralatom von insgesamt vier

Elektronenpaaren (siehe Tabelle **7–2**) umgeben ist. Jedoch ist die Zahl der bindenden und nichtbindenden Elektronenpaare unterschiedlich.

CH_4	4 bindende Paare, 0 nichtbindende Paare
NH_3	3 bindende Paare, 1 nichtbindendes Paar
OH_2	2 bindende Paare, 2 nichtbindende Paare

Auf Grund der relativen Abstoßung würden wir folgende Reihenfolge erwarten:

$$\text{Winkel H–C–H} > \text{Winkel H–N–H} > \text{Winkel H–O–H}$$

Dies stimmt mit experimentellen Daten überein, die folgende Werte ergeben:

Winkel H–C–H	Winkel H–N–H	Winkel H–O–H
109,5°	107,3°	104,5°

Dies trifft auch im allgemeinen zu, wenn die Wasserstoffatome in NH_3 oder H_2O durch Kohlenstoffgruppen (Alkylgruppen, Abschnitt 7–G; I, S. 247), Stickstoff, Sauerstoff oder Fluor ersetzt werden. Der Winkel in Stickstoff- und Sauerstoffverbindungen ist geringer als der Tetraederwinkel.

Zweitens nimmt die Abstoßung zwischen bindenden Paaren mit zunehmender Elektronegativität des Liganden ab. Dies kommt daher, daß, je größer die Elektronegativität des Liganden ist, desto größer ist die Kontraktion des bindenden Orbitals und desto geringer ist die Abstoßung zwischen diesen. Daraus ergibt sich folgende Reihenfolge:

$$OF_2\ (103°) < H_2O\ (104{,}5°)$$

$$NF_3\ (102°) < NH_3\ (107°)$$

$$PCl_3\ (100°) < PI_3\ (102°)$$

Falls das Zentralatom nicht aus der zweiten Periode (Li bis F), sondern aus der dritten Periode (Na bis Cl) stammt, können Unterschiede festgestellt werden. Im letzteren Fall gibt es keine merkbare Wechselwirkung zwischen bindenden Paaren, solange der L–A–L Winkel ungefähr 90° beträgt. Vergleicht man H_2S mit H_2O, so stoßen sich die beiden nichtbindenden Paare des Schwefels (ein Element der dritten Periode) bis zu einem Punkt voneinander ab, an dem merkliche Wechselwirkung zwischen bindenden Paaren eintreten (in der Nähe von 90°). Dies führt zu einem Winkel von 92° für H_2S, während der Winkel für H_2O 104,5° beträgt. Dieses Elektronenpaarabstoßungsmodell ist einfach und brauchbar für das Verstehen der molekularen Geometrie.

Tabelle 7–2 Allgemeine Molekülformen als Funktion der Zahl der Valenzelektronenpaare

Zahl der Valenzelektronen des Zentralatoms A		Geometrie	Bildliche Darstellung	Beispiele
2		linear	 AL_2	$HgCl_2$, $CdCl_2$, $Zn(CH_3)_2$
3	3 bindend	dreieckig	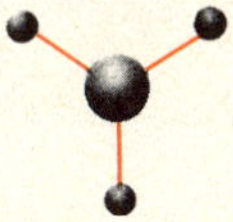 AL_3	BF_3, GaI_3
	2 bindend 1 nicht bindend	V-förmig	 AL_2N_1	$SnCl_2$, $PbBr_2$
4	4 bindend	Tetraeder	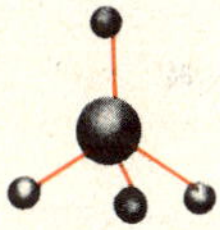 AL_4	CH_4, NH_4^+, $(BeCl_4)^{2-}$
	3 bindend 1 nicht bindend	Trigonale Pyramide	 AL_3N_1	NH_3, H_3O^+, $AsCl_3$
	2 bindend 2 nicht bindend	V-förmig	 AL_2N_2	H_2O, SCl_2, H_2S

Tabelle 7–2 Fortsetzung

Tabelle 7–2 Allgemeine Molekülformen als Funktion der Zahl der Valenzelektronenpaare

Zahl der Valenzelektronen des Zentralatoms A	Geometrie	Bildliche Darstellung	Beispiele
5[a] 5 bindend	Trigonale Bipyramide	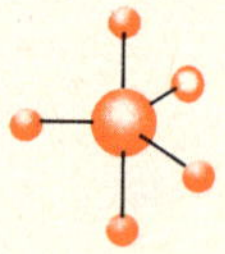 AL_5	PCl_5
6 6 bindend	Oktaeder	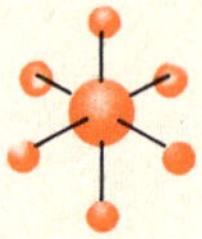 AL_6	SF_6, MoF_6, $[SnCl_6]^{2-}$, $[AlF_6]^{3-}$

* Es gibt auch andere Geometrien, aber sie sind weniger häufig. Für Einzelheiten siehe Artikel von R. J. Gillespie, J. Chem. Ed. **40,** 295 (1963)

Aufgabe 7—5

Sage die allgemeine Geometrie der folgenden Moleküle voraus:

a) BCl_3 b) CF_4 c) $SbCl_5$ d) $Ag(CN)_2^-$ e) PF_6^- f) ZnJ_2 g) $PbCl_2$.

Aufgabe 7—6

Sage voraus, welche Verbindung der folgenden Paare den größeren Bindungswinkel haben wird. Warum?

a) PBr_3 oder PJ_3

b) $SbCl_3$ oder SbJ_3

7—F. Resonanz

Schon früher (Abschnitt 6—I; I, S. 221) haben wir den Ausdruck Resonanz, z. B. bei dem zweiatomigen Molekül HCl, erklärt. Bei dem „Valence-bond-Näherungsverfahren" wird eine Bindung durch ein Elektronenpaar dargestellt und, wenn wir eine einzelne Struktur für ein Molekül zeichnen, nehmen wir an, daß diese eine ziemlich genaue Beschreibung der Bindung oder der Ladungsdichte darstellt. Jedoch gibt es gewisse Fälle, in denen eine Struktur nicht zur genauen Beschreibung der Bindung ausreicht. Wir betrachten das Molekül SO_3. Schwefel und Sauerstoff haben jeweils 6 Elektronen in den Valenzschalen; so sollte SO_3 24 bindende und nichtbindende Elektronen haben. Es sei daran erinnert, daß acht Elektronen jedes an der Bindung beteiligte Atom umgeben. Damit können wir SO_3 mit einer der drei folgenden Möglichkeiten beschreiben

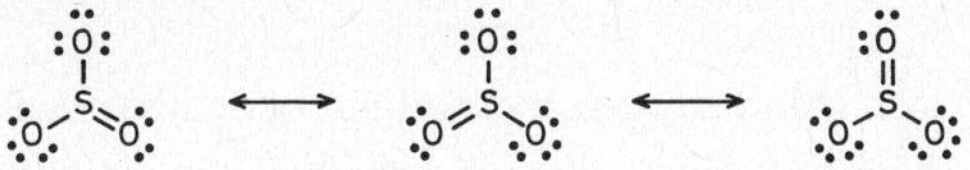

I II III

Das Experiment sagt aus, daß alle drei Schwefel-Sauerstoff Bindungen in SO_3 gleichwertig sind (d. h. sie haben dieselbe Bindungslänge). Jede der drei Formeln I, II und III zeigt eine unterschiedliche S—O Bindung, aber wenn wir die drei Elektronenkonfigurationen I, II und III überlagern, werden alle S—O Bindungen gleich sein. Wir sagen, daß I, II und III *Resonanzformen* oder *Resonanzstrukturen* von SO_3 sind. Es muß noch einmal betont werden, daß es nur ein SO_3 gibt und wir die Resonanzstrukturen benutzen, um die bestmögliche Beschreibung innerhalb der Grenzen des „Valence-bond-Näherungsverfahrens" zu geben. Die uns interessierende Einschränkung besteht darin, daß eine Bindung durch ein Elektronenpaar dargestellt wird.

Bei der Beschreibung vieler anderer Moleküle befinden wir uns in einer ähnlichen Lage. Als erstes Beispiel betrachten wir das Carbonat Ion, CO_3^{2-}.

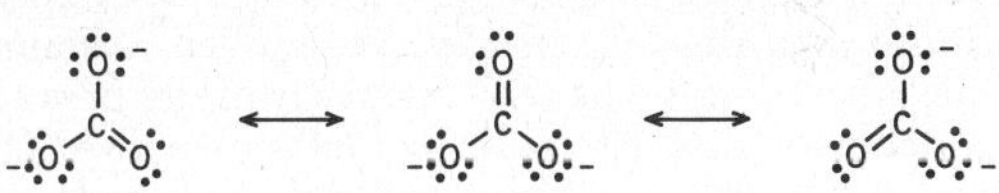

Es stellt eine zum SO_3-Molekül analoge Situation dar. Für das Acetat-Ion $C_2H_3O_2^-$ oder (CH_3COO^-) erhalten wir

Die klassische Anwendung des Resonanzbegriffs in der organischen Chemie sei für die Struktur von Benzol C_6H_6 gezeigt. Das Experiment zeigt, daß alle Kohlenstoffatome an den Scheitelpunkten eines regulären Sechsecks liegen (d. h. die Bindungslängen sind alle gleich), mit Wasserstoffatomen in derselben Ebene, die aber nach außen gerichtet sind.

Alle Bindungswinkel betragen 120°. Alle Kohlenstoffatome sind sp^2 hybridisiert und das verbleibende p Orbitalelektron eines jeden Kohlenstoffatoms bildet eine π Bindung mit einem seiner benachbarten Kohlenstoffatome. Dies ergibt die folgende naheliegende Struktur:

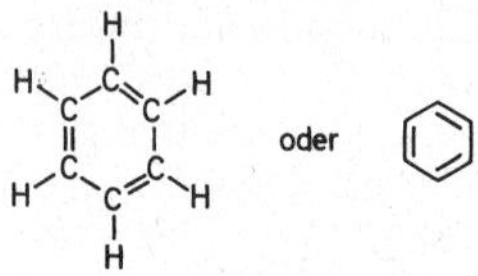

Wir können uns jedoch fragen, warum ein benachbartes Kohlenstoffatom dem anderen, in bezug auf die Lage der Doppelbindung, vorgezogen werden sollte. Die Struktur

ist ebenso gültig. In der Tat stellt jede eine Resonanzform oder Resonanzstruktur des Benzols dar. Wir schreiben daher

Diese Formen werden als Kekulé-Strukturen bezeichnet, benannt nach dem Wissenschaftler Kekulé, der sie zuerst vorgeschlagen hat. (Eigentlich gibt es noch andere mögliche Resonanzstrukturen, aber diese tragen viel weniger zum aktuellen Bild der Bindung bei.) Übereinanderlegen der Elektronenkonfigurationen der Kekulé-Strukturen würde ergeben, daß alle Bindungen in Benzol gleich lang sind. Die Struktur von Benzol kann sowohl mit Hilfe des Hybridisierungsmodells als auch mit dem Resonanzmodell verstanden werden. Das Modell der „Molecular-orbital-Theorie" kann ebenfalls benutzt werden, wenn wir annehmen, daß die sechs p Elektronen des Kohlenstoffs gleichmäßig über das ganze Molekül delokalisiert sind. Wir werden zur Diskussion der „Molecular-orbital-Theorie" zurückkehren, wenn wir die Struktur der organischen Moleküle besprechen.

Jede Resonanzstruktur stellt einen Versuch dar, die Natur der Bindung in einem Molekül zu beschreiben. Wo es mehr als eine mögliche Resonanzstruktur gibt, erhält man die beste Beschreibung der Bindung durch Beteiligung aller Resonanzstrukturen. Das Bindungsschema einer einzelnen Resonanzstruktur allein ergibt eine höhere Energie als das, welches durch Hybridisierung aller Strukturen entsteht. Demzufolge können wir die *Resonanzenergie als den Energieunterschied zwischen der Struktur mit der niedrigsten Energie und der Energie des Resonanzhybrids* definieren (Abschnitt **6–I**; I, S. 221). Die wichtigsten physikalischen Eigenschaften, die durch die Resonanzenergien beeinflußt werden, sollen in den Kapiteln 10 (II, S. 1 ff.) und 13 (II, S. 143 ff.) diskutiert werden.

Aufgabe 7—7

Zeichne die möglichen Resonanzformen für SO_2 (dreieckige Form) unter der Annahme, daß der Schwefel von maximal 8 Elektronen umgeben wird.

Aufgabe 7—8

Im planaren NO_3^- sind alle Bindungen gleichwertig. Zeichne die Resonanzformen, um dies zu erklären. In wieweit unterscheidet sich NO_3^- von CO_3^{2-}?

7—G. Strukturen organischer Moleküle

Kohlenstoff ist ein einzigartiges Element, da die Kohlenstoff-Kohlenstoff Bindungen stark genug sind, eine große Anzahl von Kohlenstoffatomen in langen Ketten oder großen cyclischen Molekülen zu binden. Zusätzlich können Mehrfachbindungen zwischen Kohlenstoffatomen auftreten (Abschnitt 7—D; I, S. 237). Kohlenstoff kann sich nicht nur mit sich selbst, sondern auch mit anderen Atomen, hauptsächlich Wasserstoff, Sauerstoff, Stickstoff, Schwefel und den Halogenen verbinden. Kein anderes Atom hat einen solch vielseitigen Charakter und aus diesem Grunde gibt es eine Chemie auf der Basis des Kohlenstoffs, die als Organische Chemie bezeichnet wird. Die Organische Chemie ist ein außerordentlich bedeutender Zweig der Chemie. Das Leben selbst – Pflanze und Tier – hängt von Reaktionen ab, an denen organische Moleküle beteiligt sind. Auch die meisten synthetischen Produkte, die von der Menschheit produziert werden, sind organischer Natur. In diesem Stadium werden wir die bestehenden Klassen der organischen Verbindungen und einige Charakteristika diskutieren; wir werden sowohl die Natur der Bindung als auch spezielle strukturelle Merkmale solcher Verbindungen kennenlernen.

7—H. Kohlenwasserstoffe

Alkane

Die erste Verbindungsklasse, die wir betrachten werden, sind die Alkane (oder gesättigte aliphatische Kohlenwasserstoffe). Diese Verbindungen enthalten nur Kohlenstoff und Wasserstoff mit der allgemeinen Formel C_nH_{2n+2}; sie haben einen H—C—H Winkel von 109,5°.

Dies stimmt mit der Idee überein, daß die Kohlenstoffatome tetraedrisch hybridisiert sind. Daher können alle C-Atome in den Alkanen als *sp*^{3} hybridisiert betrachtet werden. Die Muttersubstanz dieser Klasse ist Methan CH_4 und die anderen entstehen durch Addition von CH_2 Einheiten, mit der Ausnahme, daß, wenn sich der Kohlenstoff in der terminalen Position befindet, eine CH_3 Gruppe hinzugefügt wird.

$H_3C{-}CH_2{-}CH_3$ — Propan

$H_3C{-}CH_2{-}CH_2{-}CH_2{-}CH_3$ — Pentan

Die *-an* Endung zeigt an, daß nur Kohlenstoff und Wasserstoff beteiligt sind und nur Einfachbindungen im Molekül vorliegen. Die Tatsache, daß es keine Doppelbindungen in dem Molekül gibt, kann theoretisch erwartet werden, da es für *sp*^{3} hybridisierte Kohlenstoffatome unmöglich ist, an Doppelbindungen beteiligt zu sein.

Es gibt sowohl verzweigte als auch gerade Ketten

$H_3C{-}CH_2{-}CH_2{-}CH_3$

n-Butan
nichtverzweigt

$H_3C{-}CH(CH_3){-}CH_3$

Isobutan (i-Butan)
verzweigt

Der Buchstabe *n* bedeutet, daß die Struktur *normal* – nichtverzweigt – ist. Wenn der Name ohne einen vorausgestellten Buchstaben benutzt wird, nimmt man an, daß keine Verzweigung der Kette vorliegt. Butan und Isobutan sind *Strukturisomere. Diese haben dieselbe Formel, aber eine unterschiedliche Anordnung der Atome.* Obwohl die Struktur des Alkans als eine geradlinige Kette dargestellt wird, handelt es sich tatsächlich aber um eine Zick-Zack Anordnung. Dies wird durch die tetraedrische Natur des Kohlenstoffs (*sp*^{3} Hybride) erklärt; die C–C Bindung resultiert aus Tetraedern, die an den Spitzen zusammengesetzt sind. Eine genaue Darstellung des aus fünf Kohlenstoffatomen bestehenden Alkans Pentan ist in Abbildung **7–15** dargestellt.

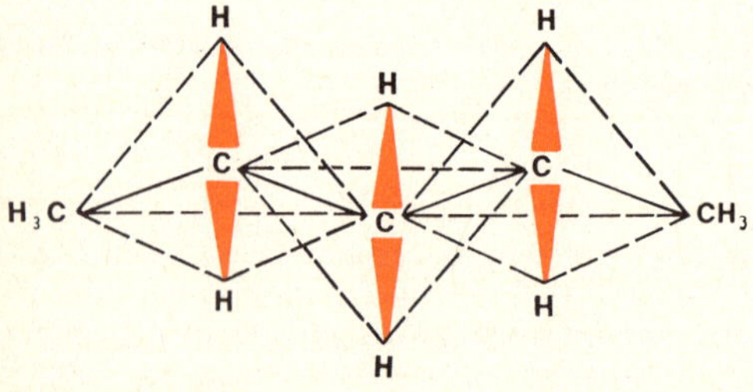

Abb. 7–15
Struktur von Pentan.

Wie in Tabelle **7–3** angegeben, enden die Namen aller gesättigter Kohlenwasserstoffe auf *-an* und die Länge der Kohlenstoffkette wird durch die Vorsilben gekennzeichnet: *Meth* – eins, *Äth* – zwei, *Prop* – drei und *But* – vier. Nach diesen vier Gliedern der Serie geht das griechische Zahlwort, als Vorsilbe für die Anzahl der Kohlenstoffatome in der Kette, in den Namen ein. Man sieht, daß sich die Siedepunkte mit zunehmender Zahl der Kohlenstoffatome erhöhen. Diese Erhöhung wird in Abschnitt 8–E (I, S. 281) auf Grund der erhöhten Anziehungskräfte zwischen Molekülen höheren Molekulargewichts erklärt werden.

Tabelle 7–3 Siede- und Schmelzpunkte einiger unverzweigter Alkane

Molekularformel	Name	Siedepunkt (° C)	Schmelzpunkt (° C)
CH_4	Methan	—161 °	—184 °
C_2H_6	Äthan	— 88 °	—183 °
C_3H_8	Propan	— 45 °	—190 °
C_4H_{10}	*n*-Butan	+ 0,6 °	—138 °
C_5H_{12}	*n*-Pentan	36 °	—148 °
C_6H_{14}	*n*-Hexan	69 °	— 94 °
C_7H_{16}	*n*-Heptan	98 °	— 91 °
C_8H_{18}	*n*-Octan	126 °	— 98 °
C_9H_{20}	*n*-Nonan	150 °	— 51 °
$C_{10}H_{22}$	*n*-Decan	174 °	— 32 °

Wenn ein Wasserstoffatom von einem Alkan entfernt wird, kann der Rest (Alkylgruppe genannt) mit anderen Atomen oder Molekülen reagieren, um neue Verbindungen zu bilden. Die Namen der Alkylgruppen liefern die Basis, um viele Klassen organischer Verbindungsklassen zu benennen. Der Name der Alkylgruppe wird vom jeweiligen Alkan durch Austauschen der *-an* Endung in *-yl* erhalten.

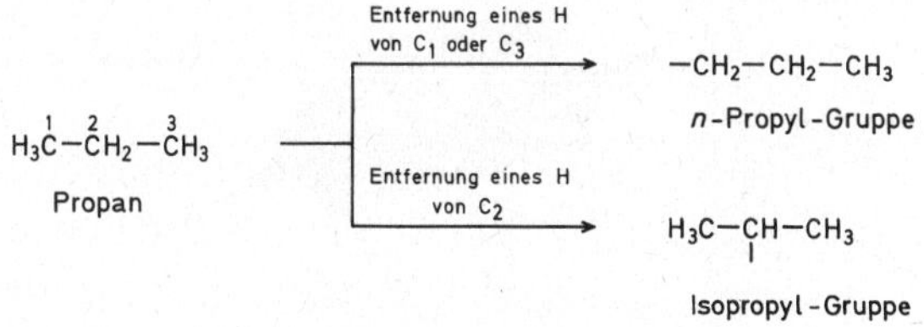

Der Strich vom terminalen oder mittleren Kohlenstoffatom der n-Propylgruppe bzw. der Isopropylgruppe stellt ein Elektron dar, welches zur Bildung einer Bindung mit einem anderen Atom oder einer

anderen Atomgruppe fähig ist. Im Gegensatz zu Propan resultiert die Entfernung irgendeines Wasserstoffatoms aus Methan oder Äthan in derselben Alkylgruppe. Die Entfernung eines Wasserstoffatoms vom terminalen Kohlenstoff eines unverzweigten Alkans wird immer dieselbe Alkylgruppe ergeben.

$$\underset{n\text{-Butan}}{H_3\overset{1}{C}-\overset{2}{C}H_2-\overset{3}{C}H_2-\overset{4}{C}H_3} \xrightarrow[\text{von } C_1 \text{ oder } C_4]{\text{Entfernung eines H}} \underset{n\text{-Butyl-Gruppe}}{H_3C-CH_2-CH_2-CH_2-}$$

Tabelle 7–4 gibt die Namen und Formeln einiger üblicher Alkylgruppen.

Tabelle 7–4 Namen und Formeln einiger üblicher Alkylgruppen

Name	Strukturformel
Methyl	H_3C-
Äthyl	H_3C-CH_2-
n-Propyl	$H_3C-CH_2-CH_2-$
i-Propyl	$H_3C-\underset{\mid}{C}H-CH_3$
n-Butyl	$H_3C-CH_2-CH_2-CH_2-$

Eine bedeutende strukturelle Eigenschaft der Alkane und der Alkylgruppen ist die Möglichkeit der Rotation um die C–C Einfachbindungen. Es sei daran erinnert, daß eine σ Bindung (eine Einfachbindung) zwischen den beiden Kohlenstoffatomen des Äthans durch Kopf an Kopf Überlappung der sp^3 Hybridorbitale, unter Bildung einer zylinderförmigen Ladungswolke, entsteht.

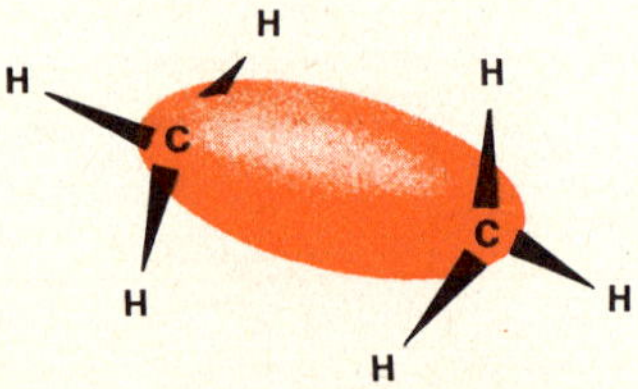

Wenn wir eine CH_3 Gruppe relativ zu der anderen gesehen, um die C–C Bindung drehen, verändern wir auf Grund der zylindrischen Symmetrie der Ladungsdichte in der Bindung *nicht* die Überlappung der beteiligten Atomorbitale. Demzufolge erwarten wir durch diese

Rotation nur eine geringe oder überhaupt keine Energieänderung. Tatsächlich sind ungefähr 3 Kcal infolge der Wechselwirkungen im Bereich der Elektronen der C—H Bindungen erforderlich, um von der gestaffelten (staggered) zur verdeckten (eclipsed) Form zu gehen.

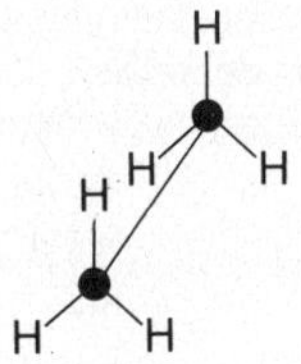

verdeckte Form
„eclipsed"

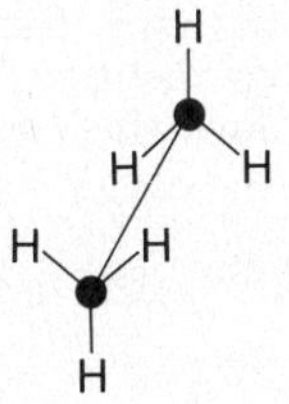

gestaffelte Form
„staggered"

Bei Zimmertemperatur haben diese Formen genügend Energie, sich bereitwillig ineinander umzuwandeln. Daher wird oft (obwohl eigentlich nicht korrekt) gesagt, daß freie Rotation um eine Einfachbindung besteht; d. h. in Wirklichkeit ist keine Energie erforderlich, um die Rotation auszuführen. Wir werden zur freien Rotation zurückkehren, wenn wir das Drehen um eine Doppelbindung betrachten.

Eine der bedeutendsten Anwendungen der Alkane ist ihr Gebrauch als Treibstoff, besonders in Verbrennungsmaschinen. Benzin (Gasolin) ist eine Mischung aus gradkettigen und verzweigten Alkanen mit einer durchschnittlichen Zusammensetzung von C_7H_{16}. Verbrennungsmotoren mit hoher Kompression klopfen bei vielen Benzintypen. Die Anwesenheit verzweigter Ketten und ungesättigter Kohlenwasserstoffe (siehe nächster Abschnitt) können das Klopfen herabsetzen oder eliminieren oder es kann durch Zusatz einer geringen Menge Tetraäthyl-blei [$(C_2H_5)_4$ Pb] reduziert oder vermieden werden. Ein Gebiet gegenwärtiger Forschungsinteressen ist die Verbesserung der Antiklopfeigenschaften des Benzins und die Eliminierung von Tetraäthyl-blei. Man macht sich Gedanken wegen der sogenannten Blei-Luftverschmutzung, die durch Verbrennung oder Abbau des $(C_2H_5)_4Pb$ zu anderen Komponenten (einschließlich Blei) entsteht.

Aufgabe 7—9

a) Haben alle C—C Bindungen in Propan zylindrische Ladungssymmetrie? Warum?

b) Von welchem Bindungstyp sind die C—H Bindungen in Propan?

Aufgabe 7—10

Schreibe die drei möglichen strukturellen Isomere für C_5H_{12}.

Cyclische Alkane

Die Form für cyclische gesättigte Kohlenwasserstoffe lautet C_nH_{2n}, und sie unterscheidet sich von der allgemeinen Formel für Alkane C_nH_{2n+2}. Die häufig vorkommenden Ringgrößen enthalten 3, 4, 5 und 6 Kohlenstoffatome. Die Namen dieser Verbindungen sind dieselben wie für gradkettige Alkane mit derselben Kohlenstoffzahl, aber sie werden durch die Vorsilbe Cyclo- gekennzeichnet.

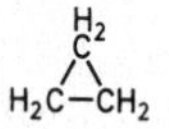
Cyclopropan

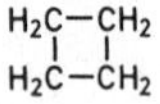
Cyclobutan

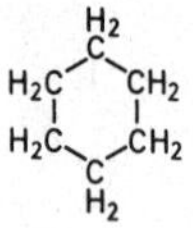
Cyclohexan

Meistens werden sowohl die Wasserstoffatome als auch das Symbol C im Ring weggelassen:

Cyclobutan ist nicht ganz eben und Cyclohexan ist keinesfalls planar.

Alkene

Alkene sind kohlenstoff- und wasserstoffhaltige Verbindungen mit einer Doppelbindung. Nicht alle möglichen Bindungen der Kohlenstoffatome sind mit Wasserstoff gesättigt, und daher stammt der Name, der diesen Verbindungen manchmal gegeben wird — ungesättigte aliphatische Kohlenwasserstoffe. Die allgemeine Formel für diese Klasse ist C_nH_{2n} und die Endung *-en* wird benutzt, um den ungesättigten Charakter (oder die Anwesenheit der Doppelbindung) anzuzeigen. In Alkenen betragen die H–C–H und H–C–C Winkel 120°. Dies stimmt mit der Annahme überein, daß die Kohlenwasserstoffatome sp^2 hybridisiert sind.

Die Stammverbindung dieser Klasse ist Äthylen $H_2C{=}CH_2$. Es ist planar, übereinstimmend mit einer sp^2 Hybridisierung der Kohlenstoffatome (siehe auch Abschnitt 7–D; I, S. 237). Das nächste Glied wird durch Substitution eines Wasserstoffatoms durch eine Methylgruppe (CH_3) erhalten, wobei man Propen $H_3C{-}CH{=}CH_2$ erhält. Wenn drei oder vier Kohlenwasserstoffatome vorliegen, wird die Situation komplizierter, da die Lage der Doppelbindung nicht vorher bestimmt werden kann. Ein Beispiel hierfür sind die beiden nichtverzweigten Moleküle

$$\overset{4}{H_3C}{-}\overset{3}{C}H_2{-}\overset{2}{C}H{=}\overset{1}{C}H_2 \qquad \overset{4}{H_3C}{-}\overset{3}{C}H{=}\overset{2}{C}H{-}\overset{1}{C}H_3$$

1-Buten 2-Buten

In Propylen und längeren Alkenen enthält das Molekül sowohl *sp*^{2} Kohlenstoffatome 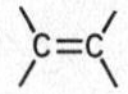 als auch *sp*^{3} Kohlenstoffatome (im Alkylteil).

Ungesättigte Verbindungen, die mehr als eine Doppelbindung enthalten, sind als Polyene bekannt. Das erste Glied in dieser Serie ist Butadien $H_2C{=}CH{-}CH{=}CH_2$. Die beiden ungesättigten Kohlenstoffpaare werden durch die Endung *–dien* angezeigt. Natürlich gibt es Moleküle mit drei Doppelbindungen (z. B. Hexatrien). Die Polyene sind allgemein planar; dies stimmt mit *sp*^{2} hybridisierten Kohlenstoffatomen überein.

Es sei daran erinnert, daß Äthylen ein planares Molekül mit einer Doppelbindung (eine σ und eine π Bindung) ist. Wir betrachten die Möglichkeit der Rotation um diese Doppelbindung im Vergleich mit der Rotation um eine Einfachbindung. Wenn natürlich alle am Kohlenstoff gebundenen Atome identisch sind (Wasserstoff), können wir nicht sagen, ob eine Rotation um 180° stattgefunden hat. Wenn wir jedoch eine $-CH_3$ Gruppe gegen ein H an jedem Kohlenstoffatom austauschen, und 2-Buten (ein substituiertes Äthylen) bilden, dann ist es möglich, zwei unterschiedliche geometrische Anordnungen zu haben

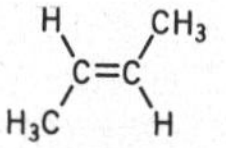

trans-2-Buten
Methylgruppen befinden sich auf entgegengesetzten Seiten

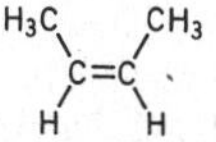

cis-2-Buten
Methylgruppen befinden sich auf derselben Seite

Ist es nun möglich, die *cis*- in die *trans*-Form umzuwandeln? Früher haben wir gesehen, daß die Rotation um die Einfachbindung (σ Bindung) wenig Energie (ungefähr 3 Kcal) erfordert; daher sollte im wesentlichen freie Rotation vorliegen. Demzufolge sollte der σ Teil der Doppelbindung keine Barriere für die Drehung darstellen. Die π Bindung entsteht jedoch durch eine Seite an Seite Überlappung der *p* Orbitale. Wenn wir ein *p* Orbital in bezug auf das andere um die Einfachbindung drehen, erniedrigen wir die Überlappung der *p* Orbitale, bis bei 90° keine Überlappung mehr stattfindet (Abbildung **7–16**). Die stabilste Bindung oder ein Energieminimum entsteht, wenn maximale Überlappung erhalten wird. Wenn maximale Überlappung bei 0 ° stattfindet und auf Grund der Drehung auf 90 ° keine Überlappung mehr vorliegt, so muß die Rotation Energie erfordern. Weiterhin erhöht eine zweite Drehung um 90 ° in dieselbe Richtung wiederum die Überlappung und stellt die π Bindung wieder her und führt damit letzten Endes zur *trans*-Form. Ein schematisches

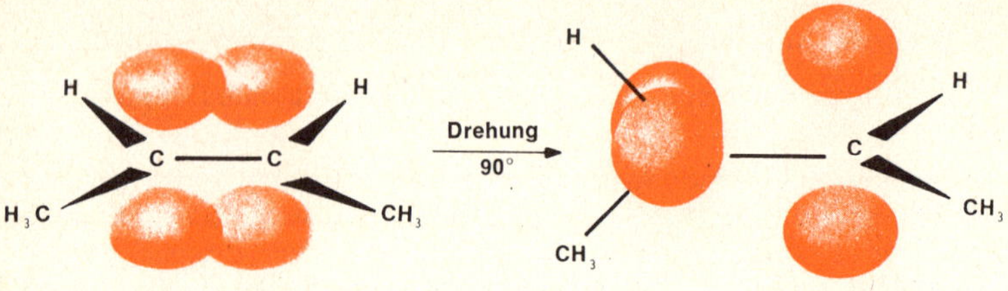

Abb. 7—16 Schematisches Energiediagramm, das den Effekt der Drehung auf eine *p* Orbitalüberlappung zeigt.

Energiediagramm wird in Abbildung **7—17** gegeben. Die Umwandlung zwischen der *cis*- und *trans*-Form (oder zwischen Isomeren) erfordert ungefähr 60 Kcal Energie, welche die Rotation um eine Doppelbindung verhindert (im Gegensatz zur freien Rotation um eine Einfachbindung). Auf Grund dieser Rotationsbarriere ist es möglich, *cis*- und *trans*-Isomere, die verschiedene physikalische Eigenschaften besitzen, zu isolieren. Zum Beispiel siedet *cis*-2-Buten bei +1 °C, während das *trans*-Isomere bei +4 °C siedet.

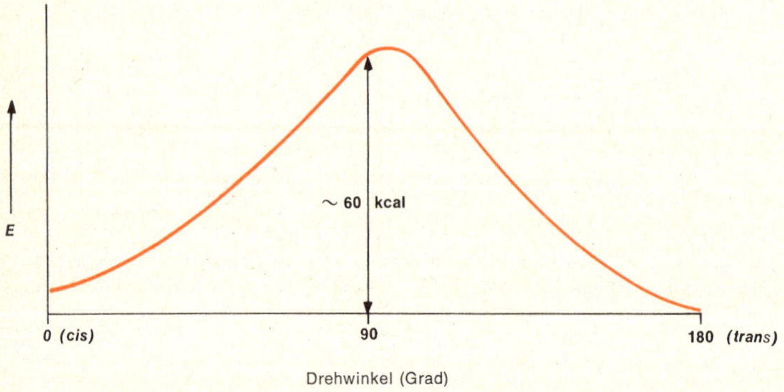

Abb. 7—17 Energiediagramm für die Rotation um eine Doppelbindung. Man sieht, daß die gleiche Energie für eine Drehung von 90° erforderlich ist, unabhängig davon ob man von der *cis*- oder *trans*-Form ausgeht.

Wenn wir die Dipolmomente der *cis*- und *trans*-Butenisomere messen würden, so fänden wir, daß sie unterschiedlich sind. Aus Rücksicht auf die Beweisführung – und wegen der besseren Zugänglichkeit der Daten – wollen wir den Fall betrachten, in dem die $-CH_3$ durch Chlor ersetzt ist. Es gibt bedeutende Unterschiede bei den beiden

Dichloräthylenen, sowohl in den Dipolmomenten als auch in anderen Eigenschaften:

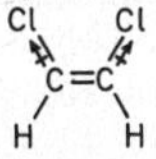

cis

Dipolmoment = 1,185 D
Siedepunkt = 60 °C
Schmelzpunkt = –80 °C

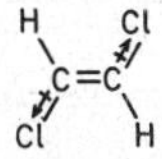

trans

Dipolmoment = 0,0 D
Siedepunkt = 48 °C
Schmelzpunkt = –50 °C

Man sieht, daß die Vektoren, die das Dipolmoment darstellen, sich für das *trans*-Isomere gegenseitig aufheben (gleich große, aber entgegengesetzte Richtung). Für das *cis*-Isomere resultiert jedoch ein bestimmter Vektor, der einen Wert für das Dipolmoment gibt.

Alkene werden oft dazu benutzt, um große komplexe Moleküle, sogenannte Polymere, herzustellen. Zu den Polymeren gehört Plastik, wie z. B. Polyäthylen oder Polypropylen und Gummi (Polybutadien). Synthetisches Gummi ist ein Polymeres, welches Butadien und andere Alkene enthält, die miteinander verbunden sind. Proteine sind Polymermoleküle, die in Kapitel 18 diskutiert werden. Polymere werden weiterhin in Abschnitt 7—N besprochen.

Aufgabe 7—11

Ist es möglich, unterscheidbare *cis, trans*-Isomere des 1-Butens zu haben? Gib eine kurze Begründung.

Aufgabe 7—12

Aus dem Diagramm der potentiellen Energie in Abbildung **7—17** ist ersichtlich, daß sich die Energie in beiden Richtungen erniedrigt, wenn man den Punkt bei 90° auf der Kurve betrachtet. Gib eine kurze Erklärung für dieses Ergebnis.

Alkine

Die am stärksten ungesättigten Kohlenwasserstoffe enthalten eine Dreifachbindung und sie stellen eine Verbindungsklasse dar, die als *Alkine* bezeichnet wird. Sie haben die allgemeine Formel C_nH_{2n-2}. Die Stammverbindung, und zugleich die bedeutendste Verbindung dieser Klasse ist *Acetylen*, HC ≡ CH. Acetylen ist linear aufgebaut und besteht aus zwei *sp* hybridisierten Kohlenstoffatomen. Die Wasserstoffatome können durch Alkylgruppen ersetzt werden. Zum Beispiel hat Methylacetylen die Formel

$$H_3C—C \equiv CH$$

Acetylen ist von Bedeutung, da es eines der Ausgangsprodukte bei der Darstellung von speziellen synthetischen Gummiarten, wie z. B. Neopren, ist. Es wird ferner in Acetylenschweißbrennern benutzt. Acetylene sind allgemein verhältnismäßig reaktive Verbindungen und daher als Ausgangsprodukte zur Synthese komplexer Moleküle geeignet.

7—I. Aliphatische sauerstoffhaltige Verbindungen

Alkohole und Äther

Nach Kohlenstoff und Wasserstoff ist Sauerstoff das am häufigsten vorkommende Element in organischen Molekülen. Sauerstoffverbindungen mit Kohlenstoff in seiner niedrigsten Oxidationsstufe sind *Alkohole* und *Äther*. Die allgemeinen Formeln dieser Verbindungen lauten:

R–OH	R^1–O–R^2
Alkohol	Äther

wobei R, R^1 und R^2 jeweils Alkylgruppen darstellen. So ist z. B. CH_3-OH Methanol oder Methylalkohol und CH_3–O–CH_3 (Di-) Methyläther. Man kann Alkohole auch betrachten, als wären sie aus Alkanen durch Ersatz eines Wasserstoffs mit einer Hydroxygruppe entstanden. Weiterhin ist es möglich, diese als Alkylderivate des Wassers zu betrachten. Eine Atomgruppe, die bestimmte chemische und physikalische Eigenschaften hat, wird als *funktionelle Gruppe* bezeichnet. Die *funktionelle Gruppe eines Alkohols ist eine –OH Gruppe.* Der einfachste Weg die Entstehung des Äthers R^1–O–R^2 zu sehen, besteht darin, daß man die beiden Wasserstoffatome im Wasser durch die gleiche oder durch verschiedene Alkylgruppen ersetzt. Die *funktionelle Gruppe eines Äthers* ist die *C–O–C Bindung.* Alle Kohlenstoffatome gesättigter Alkohole und Äther sind sp^3 hybridisiert. Die C–O–H und C–O–C Bindungswinkel liegen im allgemeinen in der Größenordnung des Tetraederwinkels von 109°. Dieser Bindungswinkel kann jedoch erheblich variieren; da er von der Größe der Gruppen R abhängig ist, die an das Sauerstoffatom gebunden sind. Für große R kann der Winkel auf 125° anwachsen.

Die gebräuchlichen Namen einfacher Alkohole bestehen aus dem Namen der Alkylgruppe an die die OH– Gruppe gebunden ist, und werden durch das Wort Alkohol vervollständigt. Ein mehr formeller Name einfacher Alkohole ergibt sich aus dem Namen des „Mutter-Kohlenwasserstoffs" durch Anhängen der Endung *-ol.* Zum Beispiel:

H_3C-OH	H_3C-CH_2-OH	$H_3C-\overset{\overset{OH}{\vert}}{C}H-CH_3$
Methylalkohol	Äthylalkohol	Isopropylalkohol
Methanol	Äthanol	Isopropanol

Äther werden benannt, indem man die Namen der Alkylgruppen, die am Sauerstoffatom gebunden sind, benutzt, und das Wort Äther hinzufügt.

$$H_3C-O-C_2H_5$$

Methyläthyläther

Sind die Alkylgruppen identisch, so wird das griechische Zahlwort *di-* benutzt, um die beiden Gruppen anzuzeigen. Zum Beispiel

$$H_3C-O-CH_3$$

Dimethyläther

Manchmal wird das Zahlwort *di-* weggelassen und es wird dann allgemein angenommen, daß R^1 gleich R^2 ist (Dimethyläther wird auch Methyläther genannt).

Der bekannteste Alkohol ist wahrscheinlich Äthylalkohol, welcher Bestandteil des Weines, der Biere und der Liköre ist; er ist auch für die durch die Getränke hervorgerufene physiologische Reaktion verantwortlich. Isopropanol wird gewöhnlich als Einreibungsmittel benutzt. Äthanol ist einer der wenigen Alkohole, die für den menschlichen Organismus – natürlich in geringen Mengen – nicht toxisch sind. Alkohole sind bedeutende Ausgangsprodukte in vielen industriellen Prozessen. Der bekannteste Äther ist wahrscheinlich (Di)Äthyläther, welcher als Betäubungsmittel wirkt.

Falls ein Molekül mehr als eine Hydroxygruppe enthält, wird es als Polyol wie z. B. Diol (zwei OH– Gruppen) und Triol (drei OH–Gruppen) bezeichnet. Zucker sind Polyole, die auch andere funktionelle Gruppen enthalten (Kapitel 18). Das einfachste Diol hat den Trivialnamen Äthylenglykol.

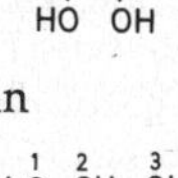

Das einfachste Triol ist Glycerin

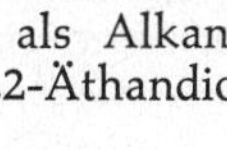

Diese Polyole können auch als Alkan-Derivate benannt werden. Äthylenglykol würde als 1,2-Äthandiol und Glycerin als 1,2,3-

Propantriol bezeichnet werden. Glykol ist der Hauptbestandteil des Frostschutzmittels. Glycerin wird in Salben und Cremes benutzt und ist ein wichtiges Ausgangsmaterial für die Nitroglycerin Produktion.

Die Molekularformel für Äthanol und (Di)Methyläther lautet C_2H_6O. Wenn diese Molekularformel gegeben ist, ist es unmöglich zu entscheiden, ob wir uns auf den Äther oder den Alkohol beziehen. Auf der anderen Seite entscheidet die Strukturformel zwischen beiden: Äthanol ist C_2H_5OH, oder besser CH_3CH_2OH, während (Di)Methyläther $CH_3–O–CH_3$ ist.

Aufgabe 7—13

Schreibe die Formeln für die folgenden Verbindungen:

a) Diäthyläther
b) Methylpropyläther
c) Propanol
d) Butanol
e) Isopropanol

Aldehyde und Ketone

Organische Verbindungen, mit zweifach gebundenem Sauerstoff am Kohlenstoff sind

Aldehyde

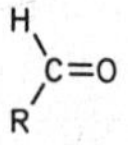

und *Ketone*

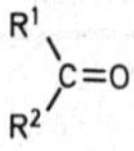

R, R^1 und R^2 bezeichnen hier wiederum die Alkylgruppen. Der $>C{=}O$ Teil des Moleküls wird als *Carbonyl-Gruppe* bezeichnet. Dieser Molekülteil ist planar mit Bindungswinkeln von 120°, übereinstimmend mit einem sp^2 hybridisierten Kohlenstoffatom. Die verbleibenden Kohlenstoffatome der Alkylgruppen sind wie erwartet sp^3 hybridisiert. Der einfachste Aldehyd ist Formaldehyd $H_2C{=}O$; der einfachste mit einer Alkylgruppe heißt Acetaldehyd $CH_3–CH{=}O$. Das einfachste Keton ist Aceton (oder Dimethylketon) $CH_3–CO–CH_3$. Die Ketone haben Namen, die auf den enthaltenden Alkylgruppen basieren. Zum Beispiel ist $CH_3–CO–C_2H_5$ Methyläthylketon. Dimethylketon hat den Trivialnamen Aceton.

Bestimmte Aldehyde und Ketone kommen in der Natur vor und sind für den Geruch vieler Substanzen, einschließlich dem angenehmen Geruch von frisch geschnittenem Gras, verantwortlich. Aldehyde, insbesondere Formaldehyd, werden zu polymeren Plastikartikeln und Harzen umgesetzt. Aldehyde und Ketone haben medizinische Eigenschaften und sie werden auch in Parfümen benutzt. Sie haben außerdem die Fähigkeit, viele organische Verbindungen zu lösen und werden daher als Lösungsmittel z. B. für Farben benutzt.

Aufgabe 7—14

Schreibe die Formel für Diäthylketon.

Carbonsäuren und Ester

Die Klasse der organischen Verbindungen mit einer Hydroxygruppe an der Carbonyl-Gruppe sind die organischen Säuren oder *Carbonsäuren*

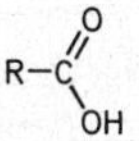

oder RCOOH

wobei R wieder eine Alkylgruppe bedeutet. Die funktionelle Gruppe –COOH ist als *Carboxygruppe* bekannt. Der 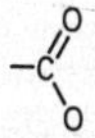 Anteil des Moleküls ist planar mit Bindungswinkeln von 120°. Dies stimmt wiederum damit überein, daß der Kohlenstoff der Carboxygruppe sp^2 hybridisiert ist. Die Kohlenstoffatome der Alkylgruppe sind sp^3 hybridisiert. Die Stammverbindung ist Ameisensäure HCOOH; die erste Säure mit einer Alkylgruppe wird gewöhnlich als Essigsäure CH_3COOH bezeichnet. Diese Verbindungen verhalten sich wie Säuren da ein Bruchteil der Moleküle in Wasser Protonen (H^+) aus der Carboxygruppe an die Lösung abgeben. Das Kohlenstoffatom der Carboxygruppe wird mitgezählt, wenn man den Namen der Säure festlegt (z. B. CH_3CH_2COOH Propionsäure).

Ester sind Derivate von Säuren, bei denen der Wasserstoff der –OH Gruppe durch eine Alkylgruppe ersetzt ist

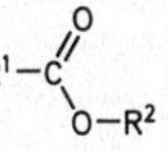

Diese werden üblicherweise als Alkyl Derivate (R^1) der betreffenden Säure bezeichnet. Daher wird die folgende Verbindung Methylacetat

genannt. 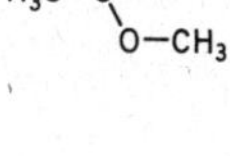

Essigsäure ist wahrscheinlich die bekannteste organische Säure; sie ist für die sauren Eigenschaften (und den sauren Geschmack) des Essigs verantwortlich. Ester werden häufig in der Natur gefunden und haben einen angenehmen Geruch. Ester des Glycerins sind Bestandteile vieler Öle und Fette.

Aufgabe 7—15

Beschreibe die Struktur der Buttersäure $C_3H—CH_2—CH_2—CH_2—COOH$ und gib die ungefähren Bindungswinkel an.

Oxidationszustände des Kohlenstoffs in organischen Verbindungen

Die Bedeutung der Oxidationszustände (Oxidationsstufen) in organischen Verbindungen ist eine wichtige Angelegenheit. Es sei daran erinnert, daß wir am Anfang dieses Abschnitts festgestellt haben, daß Alkohole und Äther sauerstoffhaltige organische Moleküle, mit Kohlenstoff im niedrigsten Oxidationszustand, sind. Der relative Oxidationszustand des Kohlenstoffs kann dadurch abgeschätzt werden, daß man die Zahl der abgegebenen Wasserstoffatome und die Zahl der aufgenommenen Sauerstoffatome auswertet, wobei Kohlenstoff in einem Alkan als Bezugspunkt benutzt wird und den niedrigsten Oxidationszustand bezeichnet. Wir wollen die folgende Oxidationssequenz des Methans betrachten

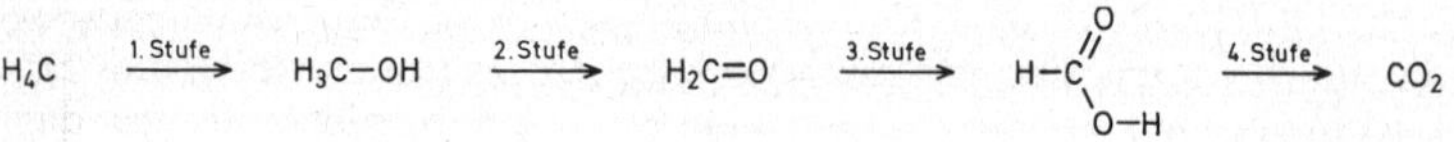

Alkan	Alkohol	Aldehyd	Säure	Kohlenstoff-
—4	(oder Äther)	(oderKeton)	(oder Ester)	dioxid
	—2	0	+2	+4

Die Oxidationszustände des Kohlenstoffs können mit Hilfe der in Kapitel 3 (I, S. 57 ff.) dargestellten Regeln bestimmt werden. In organischen Verbindungen hat Wasserstoff die Oxidationszahl +1, Sauerstoff —2. Die Oxidationszahl des Kohlenstoffs kann dann zu —4 in CH_4 und zu —2 in CH_3OH berechnet werden. Die Oxidationszustände des Kohlenstoffs in der stufenweisen Oxidation von Methan sind unterhalb der jeweiligen Verbindung in Gleichung **7—1** angegeben.

7—J. Aliphatische stickstoffhaltige organische Verbindungen

Wir werden uns nur mit einer Sorte stickstoffhaltiger organischer Moleküle beschäftigen; das sind die Amine R–NH_2.

Die Amine können theoretisch durch Ersetzen eines Wasserstoffatoms (oder durch Ersetzen von zwei oder drei Wasserstoffatomen) durch eine Alkylgruppe im Ammoniak abgeleitet werden

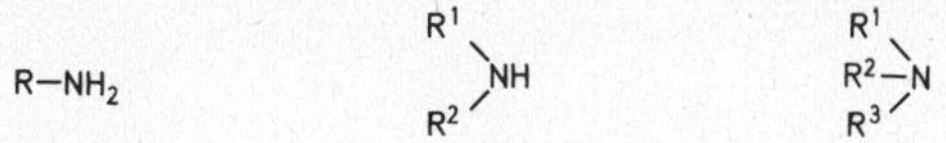

primäres Amin sekundäres Amin tertiäres Amin

Natürlich können die Amine auch von den Alkanen durch Ersetzen eines Wasserstoffatoms mit einer –NH_2 Gruppe abgeleitet werden. Die funktionelle Gruppe –NH_2 (oder N–H oder –N) ist als Aminogruppe bekannt. Die Namen der Amine basieren auf den vorhandenen Alkylgruppen (z. B. Methylamin CH_3–NH_2 und Äthylamin C_2H_5–NH_2). Ist mehr als eine Alkylgruppe derselben Sorte vorhanden, dann wird das Amin als Di- oder Trialkylamin bezeichnet (z. B. Triäthylamin $[CH_3]_3N$). Alle Amine sind Basen, da man sie vom Ammoniak ableiten kann. Sie erhöhen daher die Hydroxyl-Ionen Konzentration in wässriger Lösung.

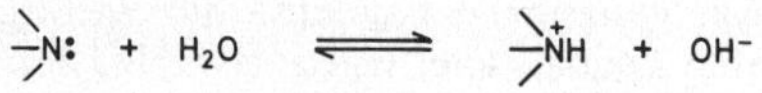

Die Kohlenstoffatome der Alkylgruppen sind erwartungsgemäß sp^3 hybridisiert. Auf Grund von experimentellen R–N–H oder R–N–R Winkelmessungen muß das Stickstoffatom ungefähr sp^3 hybridisiert sein.

Amine kommen häufig in der Natur vor und sie können eine weitere Substitution in der Alkylgruppe vorliegen haben. Zum Beispiel ist Cholin

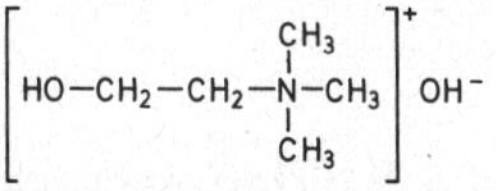

Cholin

wichtig bei der Verwertung von tierischen (und menschlichen) Fetten. Ein Derivat des Cholins ist ein außerordentlich starkes muskelkontrahierendes Mittel. Amine haben ebenfalls eine Bedeutung als Initiatoren für die Polymerisationsreaktionen bei der Harzherstellung, z. B. Epoxid-Harze. Einige der bedeutendsten biochemischen Moleküle sind

Aminosäuren, die Bausteine für alle Proteine. Aminosäuren sind Moleküle, die sowohl eine Aminogruppe als auch eine Carboxygruppe aufweisen.

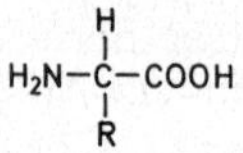

Neben Kohlenstoff können andere Atome in dem Alkylteil des Moleküls enthalten sein. Diese interessanten Verbindungen werden in Kapitel 18 diskutiert.

Aufgabe 7—16

Schreibe die Formel für Methyläthylamin.

7—K. Aliphatische Halogenverbindungen

Eine weitere interessante Verbindungsklasse sind die Alkylhalogenide mit der allgemeinen Formel R—X, wobei X ein Halogenatom bedeutet. Die H—C—H und die X—C—H Winkel betragen ungefähr 109,5° (übereinstimmend damit, daß alle Kohlenstoffatome *sp*³ hybridisiert sind). Eine typische Verbindung ist Chlormethan CH_3Cl, oft auch Methylchlorid genannt. Es ist immer möglich, mehr als ein Wasserstoffatom in einem Alkan zu substituieren, um Polyhaloalkane zu bilden: Dichlormethan CH_2Cl_2, oder Tetrachlormethan (oft auch Tetrachlorkohlenstoff genannt) CCl_4. Eine der wichtigsten Anwendungen der gemischten Haloalkane, wie z. B. $CHCl_2F$ und $CCl_2F—CCl_2F$, ist ihre Verwendung als Kühlmittel. Die fluorhaltigen Verbindungen sind inert und besonders gut als Schmiermittel und Vermittler zur Wärmeübertragung geeignet. Das vollständig fluorierte Polymere $—(CF_2—CF_2)_n$ ist als Teflon (siehe Abschnitt 7—M; I, S. 265 ff.) bekannt.

Aufgabe 7—17

Benenne die folgenden Verbindungen

a) CH_3CH_2Br b) CH_3J

7—L. Aromatische Kohlenwasserstoffe und ihre Derivate

Diese Klasse der Kohlenwasserstoffe ist hauptsächlich deswegen nicht mit den anderen besprochen worden, da sie eine einzigartige Natur der Bindung hat. In unserer Diskussion bezüglich der Resonanz (Abschnitt 7—F; I, S. 244 ff.) haben wir gesagt, daß sowohl beim „Valencebond-Näherungsverfahren" als auch in der „Molecular-orbital-

Theorie" die Doppelbindung in Benzol (eigentlich der π-Bindungsanteil) nicht zwischen den Atompaaren lokalisiert werden kann. Aus Experimenten geht hervor, daß alle C—C Bindungsabstände in Benzol gleich lang sind und die C—C—C und H—C—C Bindungswinkel 120° betragen. Dies stimmt mit der Annahme überein, daß die Kohlenstoffatome sp^2 hybridisiert sind. Es liegt ein Skelett vor, das aus relativ festgelegten σ Bindungen (aus sp^2 Orbitalüberlappung) besteht. Die verbleibenden sechs p Elektronen (eins von jedem Kohlenstoff) überlappen unter Bildung eines π Molekülorbitals, das über den ganzen Molekülring delokalisiert ist:

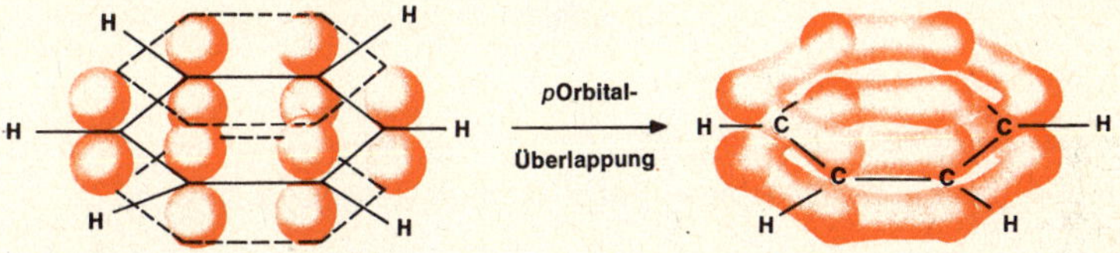

Wir haben einen Kreis im Inneren des Sechsecks zur Demonstration benutzt, daß die Bindungen gleichwertig sind und die π Elektronen über das gesamte Molekül delokalisiert sind.

Benzol ist die Muttersubstanz der gesamten Serie der aromatischen Kohlenwasserstoffe. Alle enthalten kondensierte Benzolringe. Auf Grund der Bindungswinkel sind die Kohlenstoffatome sp^2 hybridisiert. Alle aromatischen Kohlenwasserstoffe sind im wesentlichen planar. Einige Beispiele sind

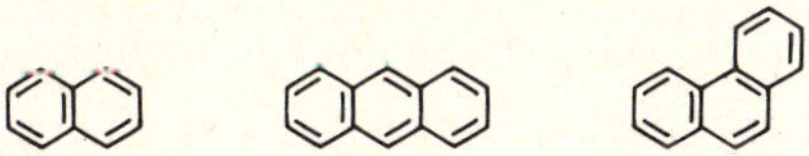

Naphthalin Anthracen Phenanthren

Es gibt eine außerordentlich große Anzahl substituierter aromatischer Kohlenwasserstoffe, da die Wasserstoffatome durch viele andere Atome oder Atomgruppen ersetzt werden können. Hierzu gehören die Halogene, Alkylgruppen, $-NH_2$, $-OH$, $-COOH$, OCH_3, $-CHO$ und deren Kombinationen. Beispielsweise bildet Benzol folgende Derivate

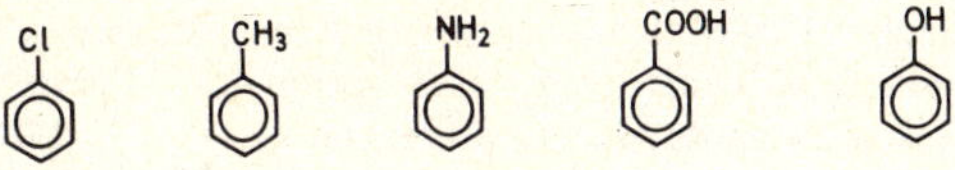

(Zusätzlich können die Alkylsubstituenten mit jeder der oben aufgeführten Gruppen substituiert sein). Die Namen dieser Derivate werden oft aus der Beschaffenheit des Substituenten und des aromatischen Kohlenwasserstoffs abgeleitet. Zum Beispiel heißen in den obigen Benzol-Derivaten die Chlor- und Methyl-Verbindungen Chlorbenzol und Methylbenzol (oder Toluol).

In disubstituiertem Benzol werden die Kohlenstoffatome durch Zahlen (im Uhrzeigersinn) oder durch Buchstaben *o*- (ortho), *m*- (meta) und *p*- (para) identifiziert

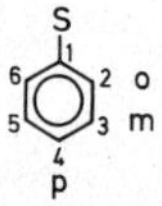

wobei S für einen beliebigen Substituenten steht. Zum Beispiel

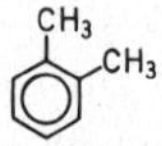

o-Dimethyl-benzol oder
1,2 Dimethyl-benzol

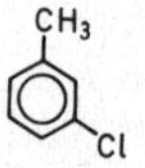

3-Chlor-1-methyl-benzol und nicht
m-Chloro-1-methyl-benzol

Der einfachste Alkohol mit einem aromatischen Ring ist Benzylalkohol.

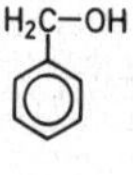

Befindet sich die Hydroxygruppe direkt am Ring, so wird die Verbindung als Phenol bezeichnet.

Tatsächlich unterscheiden sich die Eigenschaften dieser Verbindung merklich von denen anderer Alkohole und Phenol wird daher nicht als ein Alkohol betrachtet. Die Phenole sind im Gegensatz zu den Alkoholen schwach sauer.

Die aromatischen Kohlenwasserstoffe und ihre substituierten Derivate sind sehr wichtige Verbindungen. Aspirin und Wintergrünöl sind beispielsweise substituierte Benzol Derivate

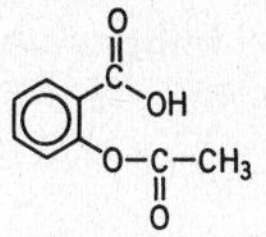

Aspirin

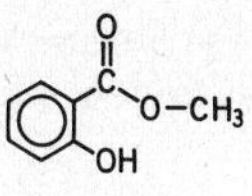

Wintergrünöl

Die altmodischen Mottenkugeln bestanden aus Naphthalin, während die neuen 1,4-Dichlor-benzol enthalten. Dopa, eine Verbindung, die zur Behandlung der Parkinson'schen Krankheit benutzt wird, ist ebenfalls ein Benzol Derivat.

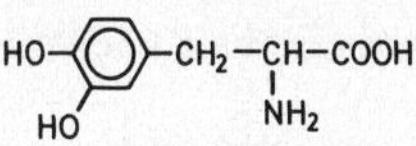

Tausende von Verbindungen, wichtig für Medizin, Plastikartikel, Harze, Lösungsmittel, Aromastoffe, Geruchsstoffe und von Bedeutung in biologischen Systemen, sind aromatische Kohlenwasserstoffe.

7—M. Polymere

Polymere werden gebildet, wenn eine Anzahl kleinerer Moleküle (Monomere) miteinander reagiert. Polymere werden daher oft Makromoleküle genannt. Ein Beispiel für die Bildung eines Polymeren würde folgendes sein:

$$H_2C{=}CH_2 \quad + \quad H_2C{=}CH_2 \longrightarrow \sim\!\sim CH_2{-}CH_2{-}CH_2{-}CH_2 \sim\!\sim$$

Je größer die Zahl des Äthylenmonomeren ist, desto länger wird das dargestellte Polymere (Polyäthylen) sein. Den Vorgang, Monomere in Polymere umzusetzen, nennt man *Polymerisation.* Es gibt sowohl synthetische als auch natürliche Polymere. Tabelle **7—6** gibt einige Beispiele für synthetische Polymere.

Viele andere Polymere unterscheiden sich von denen in Tabelle **7—6** durch Substitution und zusätzlichen Substituenten. Wenn z. B. —CN für —Cl in Polyvinylchlorid substituiert wird, so entsteht das Polymere Orlon. Wenn anstelle von Polyvinylchlorid

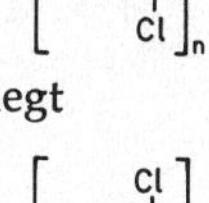

die folgende Verbindung vorliegt

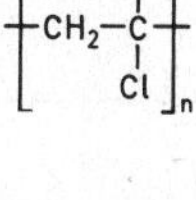

dann heißt das Polymere Saran. Vollständige Substitution aller Wasserstoffatome in Polyäthylen (Tabelle 7–6) durch Fluor führt zu Teflon:

$$\text{+}CF_2-CF_2\text{+}_n$$

Zu den natürlich vorkommenden Polymeren gehören Proteine und Polynukleotide wie DNS. Die Proteine sind Polymere von Aminosäuren, die wie folgt dargestellt werden können,

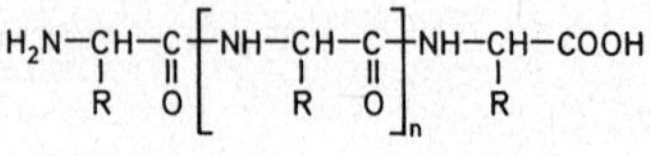

wobei sich die nachfolgende Einheit wiederholt

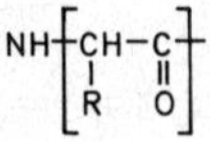

Proteine können viele verschiedene Formen besitzen. Das bedeutendste Protein ist Hämoglobin, das Sauerstoff-befördernde Protein im Blut. Eine weitere Diskussion der natürlich vorkommenden Polymere wird in Kapitel 18 gegeben.

Tabelle 7–6 Einige synthetische Polymere

Polymer	Allgemeine Formeln
Polyäthylen	$[CH_2-CH_2]_n$ oder $\sim CH_2-CH_2-CH_2-CH_2\sim$
Polyvinylchlorid	$[CH_2-CH(Cl)]_n$ oder $\sim CH_2-CH(Cl)-CH_2-CH(Cl)\sim$
Polypropylen	$[CH_2-CH(CH_3)]_n$
Polyester (Dacron)	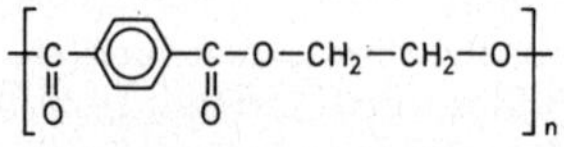
Polymethylmethacrylat (Lucite, Plexiglas)	$[CH_2-C(CH_3)(COOCH_3)]_n$
Polystyren	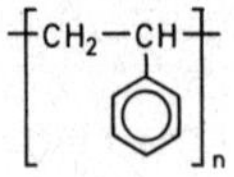

Viele synthetische Polymere sind bekannt, die sehr bedeutende Anwendungen haben. Zum Beispiel wird Dacron in der Bekleidungsindustrie verwendet und Polyvinylchlorid wird als Plastikfolie zum Schutz der Fleischfarbe benutzt (O_2 diffundiert nur sehr langsam durch das Plastikmaterial). Polypropylen wird bei der Herstellung von Teppichen, die im Freien benutzt werden, verwendet und sowohl Polyäthylen als auch Polypropylen finden Verwendung bei Plastikartikeln aller Art. Lucite (Plexiglas) ist als unzerbrechliches „Glas" im Gebrauch. Dies sind nur ein paar Beispiele für die vielseitige Anwendung der unzähligen Polymere.

Übungen

1. Nimm an, daß es keine Hybridisierung gäbe. Welche spezifische periodische Eigenschaft würde erklären, daß die Bindungswinkel in H_2S und H_2O 90° betragen?
2. Könnte die Antwort von Übung 1 auch für andere Fälle wie $(CH_3)_2S$ und $(CH_3)_2O$ erwartet werden? Gib eine kurze Erklärung.
3. Könnte die Antwort von Übung 1 auch für andere Moleküle, mit anderen Atomen als Schwefel und Sauerstoff, verallgemeinert werden?
4. Nimm an, daß es keine Hybridisierung gäbe, welche Bindungswinkel würde man in den folgenden Molekülen erwarten?
   a) NH_3 b) H_2Se c) H_3Sb d) $AsCl_3$
5. Wird die Hybridisierung für ein einzelnes Atom angenommen oder findet man sie zwischen zwei oder mehreren Atomen?
6. Was hat das Kriterium der Überlappung mit Bindung und Struktur eines Moleküls zu tun?
7. $PbCl_4$ ist eine niedrig siedende Flüssigkeit (105 °C). Erkläre den niedrigen Siedepunkt und beschreibe die Natur der Bindung, die man für diese Substanz erwarten kann.
8. Das Molekül CH_3Cl hat ein Dipolmoment, während CCl_4 keines hat. Erkläre, warum das seine Richtigkeit hat.
9. SnF_4 ist eine niedrig siedende Flüssigkeit. Kann man erwarten, daß diese Verbindung ionisch oder kovalent aufgebaut ist? Mache Voraussagen über die zu erwartende Geometrie dieses Moleküls.
10. Das Molekül 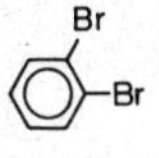 hat ein Dipolmoment, während 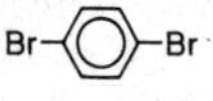 keines hat.
    Diskutiere, warum das seine Richtigkeit hat.
11. Zeige, ob die folgenden Verbindungen Mehrfachbindungen haben.
    a) HCN (linear) b) CS_2 (linear) c) CO d) OF_2 e) H_2CO_3
    Nimm an, daß jedes Atom maximal von acht Elektronen umgeben sein kann.

12. Sage die allgemein erwartete Geometrie der folgenden Verbindungen voraus

a) CCl_4	f) PF_5
b) $[FeCl_4]^-$	g) $Sn(OH)_6^{2-}$
c) NF_3	h) $Au(CN)_2^-$
d) OF_2	i) WCl_6
e) $Cd(CH_3)_2$	

13. Sage voraus, welche Verbindung in den folgenden Paaren die größeren Winkel haben wird.

a) $AsCl_3$ vs. AsJ_3	c) CF_4 vs. NF_3
b) PF_3 vs. PBr_3	d) NF_3 vs. OF_2

14. Zeichne die möglichen Resonanzformen für das Formiat-Ion ($HCOO^-$).

15. Schreibe die Strukturformel für Cyclopentan. Erwartet man, daß das Molekül planar ist? Erklärung.

16. Schreibe die Strukturformeln für

a) *n*-Pentanol	d) Diäthylamin
b) Methylpropyläther	e) 1,3-Dijodbenzol
c) Äthyl-*n*-propylketon	f) 2-Äthyl-1-brom-benzol

17. Mottenkugeln enthalten 1,4-Dichlor-benzol. Schreibe die Strukturformel hierfür.

18. Welchen H—O—C Bindungswinkel würde man im Methanol Molekül erwarten? [Hinweis: Es sei daran erinnert, daß dieses Molekül als ein Derivat des Wassers betrachtet werden kann.]

19. Das einfachste Polyen ist Butadien $H_2\overset{1}{C}=\overset{2}{C}H-\overset{3}{C}H=\overset{4}{C}H_2$ Bei welchen Bindungen sollte eine ansehnliche Barriere bestehen, wenn man um 180° drehen will?

20. Betrachte das Molekül

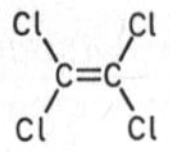

a) Gibt es *cis*- und *trans*-Isomere für dieses Molekül? Verteidige kurz die Antwort.

b) Wird dieses Molekül ein Dipolmoment haben? Verteidige kurz die Antwort.

21. In den Kapiteln 4 (I, S. 101) und 5 (I, S. 145) haben wir die effektive Kernladung diskutiert. Die effektive Kernladung eines sp^3 hybridisierten Kohlenstoffs ist kleiner als die eines sp^2 hybridisierten Kohlenstoffs. Welches Kohlenstoffatom wird elektronegativer sein?

22. Die folgende Kurve zeigte die relative Überlappung zwischen zwei Orbitalen vom selben Typ.

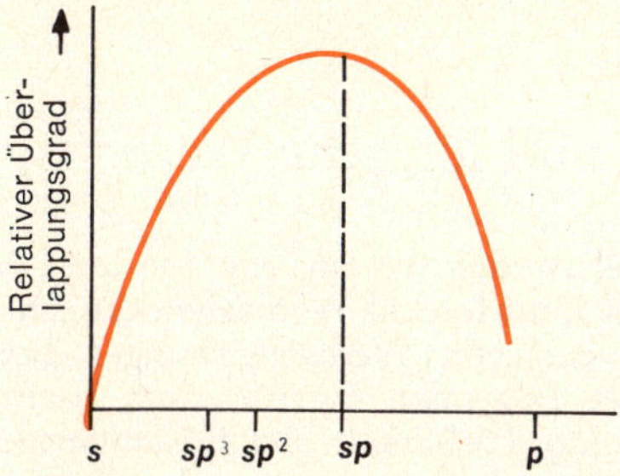

a) Erkläre die Ergebnisse für den relativen Überlappungsgrad für jeden Orbitaltyp.

b) Korreliere dieses mit den Bindungsstärken, die für jeden der Fälle erwartet werden.

23. Ein Molekül, wie z. B. $Ni(NH_3)_2Br_2$, kann entweder eine tetraedrische Struktur, (siehe Abbildung **7—3**) mit Nickel im Zentrum des Tetraeders, oder eine quadratisch planare Struktur, wie unten gezeigt, haben.

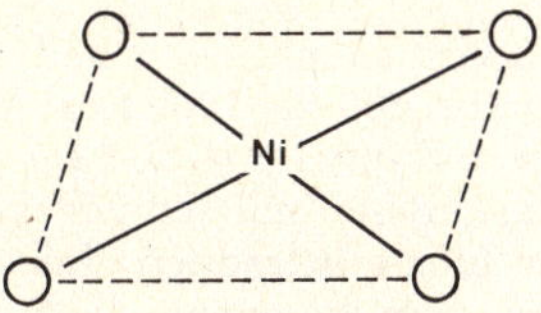

Die Kreise stellen entweder NH_3 oder Br Gruppen dar. Wenn gefunden wird, daß $Ni(NH_3)_2Br_2$ ein Dipolmoment von Null hat, welches ist dann die richtige Struktur? [Hinweis: Kann eine tetraedrische Struktur des $Ni(NH_3)_2Br_2$ ein Dipolmoment von Null haben?]

24. Die Verbindung $Co(NH_3)_4Cl_2$ hat eine oktaedrische Struktur (siehe Abbildung **7—3**) mit Cobalt im Zentrum. NH_3 und Cl besetzen die Ecken des Oktaeders.

a) Zeichne zwei verschiedene strukturelle Isomere für diese Verbindung.

b) Sage voraus, welches Isomere ein Dipolmoment haben wird.

KAPITEL 8

Molekulare und ionische Wechselwirkungen

In diesem Kapitel werden wir uns mit Ion-Ion-, Molekül-Molekül-, Atom-Atom- und Ion-Molekül Wechselwirkungen beschäftigen. Wir werden sechs Typen von Wechselwirkungen betrachten, die eine oder mehrere der folgenden Eigenschaften beeinflussen: Schmelzpunkte, Siedepunkte, Löslichkeit und Gesamtstruktur oder Fernordnung der Verbindung. Wir werden mit der Diskussion der stärksten Wechselwirkung beginnen und werden die schwächste zuletzt behandeln. Eine besondere Art der Molekül-Molekül-Wechselwirkung ist die Wasserstoffbrückenbindung, die vorliegt, wenn ein Wasserstoffatom mit einem elektronegativen Atom wie Sauerstoff in einer OH-Gruppe verbunden ist.

8—A. Ion—Ion

Die Wechselwirkung zwischen positiven und negativen Ionen liegt in der Größenordnung von 100 bis 1000 Kcal/Mol. Ion-Ion Wechselwirkung wurde bereits in Kapitel 6 (I, S. 184) eingeführt. Wenn wir die ionische Bindung diskutieren, müssen wir entweder die potentielle Energie zwischen den Ionen betrachten, falls ein Molekül in der Gasphase gebildet wird, oder die potentielle Energie zwischen Ionen, falls ein kristalliner ionischer Festkörper gebildet wird. Energie wird in beiden Fällen freigesetzt. Die *Gitterenergie* ist diejenige Energie, die bei der Bildung einer kristallinen ionischen Verbindung freigesetzt wird. Zum Beispiel:

8—1a $$Na^{+}_{(g)} + Cl^{-}_{(g)} \longrightarrow NaCl_{(g)} + \text{Energie (140 Kcal/Mol)}$$

8—1b $$Na^{+}_{(g)} + Cl^{-}_{(f)} \longrightarrow NaCl_{(f)} + \text{Energie (184 Kcal/Mol)}$$

In der Gasphase beträgt die Wechselwirkungsenergie pro Ionenpaar, wie in Kapitel 6 (I, S. 184) angedeutet,

8—2 $$E = -\frac{(n_{+}e)\,(n_{-}e)}{r}$$

wobei n_{+} und n_{-} die Zahl der Ladungen der individuellen Ionen ist; r ist der Abstand zwischen den Ionen. Wenn die rechte Seite der Gleichung **8—2** mit der Loschmidt'schen Zahl N_L multipliziert wird, dann wird E die freigesetzte Energie *pro Mol* in Gleichung **8—3a** sein.

8–3a $\overset{+}{M}_{(g)} + \overset{-}{X}_{(g)} \longrightarrow MX_{(g)}$ Energie wird freigesetzt

8–3b $\overset{+}{M}_{(g)} + \overset{-}{X}_{(g)} \longrightarrow MX_{(f)}$ Energie wird freigesetzt

Die bei der Bildung verschiedener Metallhalogenide aus den Atomen in der Gasphase beteiligten Energien sind bereits in Tabelle **6–1** (I, S. 188) angegeben. Tabelle **8–1** gibt die beteiligten Energien bei der Bildung einiger kristalliner Metallhalogenide aus den Ionen (Gleichung **3b**) an. In einigen Fällen wird in Tabelle **8–1** die Bildungsenergie der gasförmigen Moleküle aus den Ionen zum Vergleich in Klammern angegeben. Die Gitterenergie kann auch aus einem Born-Haber-Kreisprozeß (Abschnitt 6–A; I, S. 184) bestimmt werden, in dem $[NaCl]_f$ für $[NaCl]_g$ substituiert wird. Daher ist $E(NaCl)_f$ identisch mit der Gitterenergie. Man sieht, daß die Tendenzen der Gitterenergie parallel zu den Tendenzen der Bildungsenergie gasförmiger Moleküle laufen.

Tabelle 8–1 Bildungsenergien einiger Alkalimetallhalogenide ($MX_{(f)}$) aus den Ionen* (Kcal/Mol freigesetzt)

	Halogenid ($\overset{-}{X}_{(g)}$)			
Metall ($\overset{+}{M}_{(g)}$)	F	Cl	Br	I
Li	241 (220)	198		175 (139)
Na	216	184 (140)	175	165
K	192 (130)	167		151 (104)
Rb	184	163 (119)		146,5 (104)

* Die Zahlen in Klammern sind die Bildungsenergien des gasförmigen Moleküls aus den gasförmigen Ionen (Gleichung 8–3a)

Die Berechnung der Gitterenergie des Festkörpers ist nicht so einfach wie die Bestimmung der Bildungsenergie für ein Ionenpaar-Molekül in der Gasphase. In der Gasphase sind nur ein positives und ein negatives Ion bei der Berechnung der Coulomb-Energie – die Bildungsenergie des Ionenpaar-Moleküls – beteiligt. In der kristallinen Phase ist jedes positive und negative Ion mit entgegengesetzten Ladungen umgeben – sechs im Fall des NaCl (Abschnitt 2–B; I, S. 15). Das bedeutet, daß die Coulomb-Anziehungsenergie wegen der gleichzeitigen Anziehung eines Ions von allen seinen Nachbarn mit entgegengesetzter Ladung zunimmt. Die Abstoßungsenergie, die aus der Wechselwirkung der Elektronenladungswolken resultiert, ist natürlich auch bedeutender als zuvor. Nichtsdestotrotz ist es möglich, die Gitterenergien auszuwerten und diese Berechnungen stimmen mit den experimentellen Daten überein.

Auf Grund der starken zwischenionischen Kräfte in einem Kristall ist das Aufbrechen der Gitteranordnung der Ionen schwierig. Dies wird durch die Tatsache wiedergegeben, daß ionische Verbindungen sehr hohe Schmelzpunkte haben – NaCl (801 °C) und MgF_2 (1266 °C). Ebenfalls reflektieren die hohen Siedepunkte die starken interionischen Kräfte. (Die Siedepunkte für NaCl und MgF_2 betragen 1413 °C bzw. 2239 °C). Dieses ist nicht der Fall für kovalente Kristalle, da hier nur relativ schwache Molekül-Molekül Wechselwirkungen beteiligt sind (siehe Abschnitt 8–C und 8–E).

Die Gitterenergie ist ein bedeutender Faktor bei der Bestimmung der Löslichkeit eines Salzes in Wasser. Je größer die Gitterenergie, desto schwieriger ist es, das Salz zu lösen, da der erste Schritt beim Auflösen des Salzes (Gleichung **8–4)** als Bildung der Ionen angesehen werden kann; dieser Schritt erfordert Energie.

8–4 $$MX_{(f)} \longrightarrow \overset{+}{M}_{(g)} + \overset{-}{X}_{(g)} \quad \text{Energie ist erforderlich}$$

Der zweite Schritt (Gleichung **8–5**) betrachtet die Wechselwirkung der Ionen mit dem Wassermolekül,

8–5 $$\overset{+}{M}_{(g)} + \overset{-}{X}_{(g)} \xrightarrow{\text{aq}} \overset{+}{M}_{(aq)} + \overset{-}{X}_{(aq)} \quad \text{Energie wird freigesetzt}$$

wobei *aq* für wässrige Lösung oder eine unbestimmte große Wassermenge steht. Im zweiten Schritt wird Energie freigesetzt. Die Wechselwirkung zwischen den Wassermolekülen und den solvatisierten Ionen $\overset{+}{M}_{(aq)}$ führt natürlich zu einer Betrachtung der Ion-Dipol Wechselwirkung.

Aufgabe 8–1

Man sieht, daß in Tabelle **8–1** der Unterschied der Bildungsenergie der Kalium-Halogenide verglichen mit den Rubidium-Halogeniden nur geringfügig größer ist.

Jedoch ist der Unterschied bemerkenswert größer zwischen den gleichen Kalium- und Natrium-Halogeniden. Erklärung. [Hinweis: Lege die Aussagen des Kapitels 5 (I, S. 147) zu Grunde.]

8–B. Ion–Dipol

Bei Ion-Dipol-Wechselwirkungen ist ein geringerer Energiebetrag beteiligt als bei Ion-Ion Wechselwirkungen; aber dieser ist höher als bei anderen Wechselwirkungen, die wir betrachten werden. Die Größenordnung dieser Wechselwirkung liegt zwischen 10 bis 160 Kcal/Mol. Obwohl solche Wechselwirkungen nicht nur auf Wasser als polares Molekül beschränkt sind, so stellt Wasser doch das gebräuchlichste Lösungsmittel dar. Wenn Wasser beteiligt ist, so wird die Wechselwirkungsenergie als *Hydratationsenergie* bezeichnet.

Man erinnert sich, daß das Wassermolekül ein Dipolmoment in Richtung des Sauerstoffs hat, welches aus dem Unterschied der Elektronegativität von Wasserstoff und Sauerstoff resultiert. Dieses kann bildlich wie folgt dargestellt werden

Die + oder – Zeichen stellen keine ionischen Ladungen dar, sondern nur kleine Ladungsdifferenzen (oder partielle Ladungstrennungen), die aus der Differenz der Elektronegativität zwischen Wasserstoff- und Sauerstoffatomen resultieren. Dies wurde in Kapitel 6 (I, S. 197) als δ^+ (H) und δ^- (O) dargestellt. Die Ion-Dipol Wechselwirkung zwischen H_2O und den Ionen kann dann schematisch wie folgt dargestellt werden:

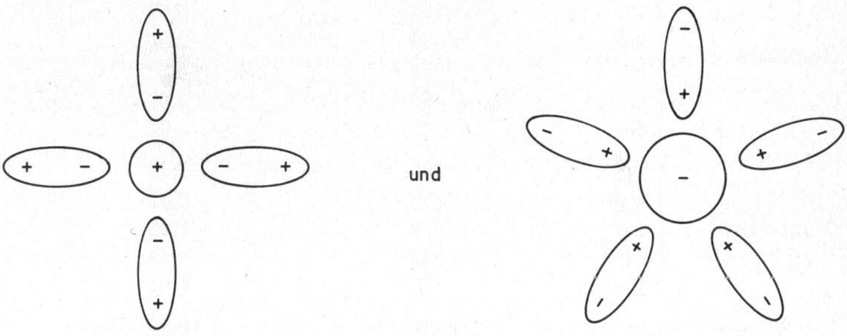

Die Wechselwirkungsenergie (Hydratationsenergie) ist abhängig von der Zahl der Wassermoleküle, die das Ion umgeben, und von der Ladungsdichte des Ions. Die Ladungsdichte (Ladung pro Volumeneinheit) ist von der Ionenladung und der Ionengröße (wie aus den Ionenradien abgeleitet) abhängig.

Die Größe der Ion-Dipol Wechselwirkung hat eine bedeutende Wirkung auf die Löslichkeit der Salze. Wie in Abschnitt 8—A festgestellt, ist Energie erforderlich, um das Kristallnetzwerk aufzubrechen. Der Lösungsprozeß in Wasser

8—6 $$MX_{(f)} \xrightarrow{aq} M^{-}_{(aq)} + X^{+}_{(aq)}$$

kann folgendermaßen gesehen werden: ein erster Schritt (Gleichung **8—4**), der Energie erfordert, und ein zweiter Schritt, bei dem eine Ion-Dipol Wechselwirkung beteiligt ist (Gleichung **8—5**), die Energie freisetzt. Die in der Ion-Dipol Wechselwirkung freigesetzte Energie ist entscheidend bei der Festlegung der Tendenz einer ionischen Verbindung, sich in einem Lösungsmittel zu lösen.

Wir haben gerade ausgesagt, daß es eine Abhängigkeit der Ion-Dipol Wechselwirkung, der Hydratation, von Größe und Ladung des Ions gibt. Tabelle **8—2** gibt die Hydratationsenergie für eine Anzahl von Ionen in der Reaktion nach Gleichung **8—5**. Verschiedene interessante Punkte können aus Tabelle **8—2** abgeleitet werden. Die Hydratationswärme nimmt für Ionen derselben Ladung ab, wenn die Größe dieser

Tabelle 8–2 Hydratationswärmen einiger Ionen*

	Ion	Freigesetzte Energie (Kcal/g-Atom)	Ionenradius Å im Kristall
Gruppe IA	H^+	258	sehr klein
	Li^+	121	0,67
	Na^+	95	0,97
	K^+	75	1,33
	Rb^+	69	1,48
	Cs^+	61	1,67
Gruppe IIA	Be^{2+}	591	0,35
	Mg^{2+}	456	0,60
	Ca^{2+}	377	0,99
	Sr^{2+}	342	1,12
	Ba^{2+}	308	1,34
Gruppe IIIA	Al^{3+}	1109	0,51
	In^{3+}	980	0,81
	Fe^{2+}	456	0,74
	Fe^{3+}	1041	0,64
Gruppe VIIA	F^-	121	1,33
	Cl^-	90	1,81
	Br^-	82	1,96
	J^-	71	2,20
Gruppe VIA	S^{2-}	330	1,84

* Siehe Abbildung 5–17 in Kapitel 5 (I, S. 175), in der die relativen Größen einiger Ionen dargestellt werden.

Ionen zunimmt. Eine graphische Darstellung der Hydratationsenergien, aufgetragen gegen den Ionenradius, wird in Abbildung **8—1** gezeigt. Die Hydratationsenergie verhält sich umgekehrt proportional zum Ionenradius. Wenn ferner die Ladung des Ions zunimmt, so erhöht sich die Hydratationswärme. Man vergleiche z. B. Na^+, Ca^{2+} und In^{3+} (Tabelle **8—2** und Abbildung **8—1**), die ungefähr die gleiche

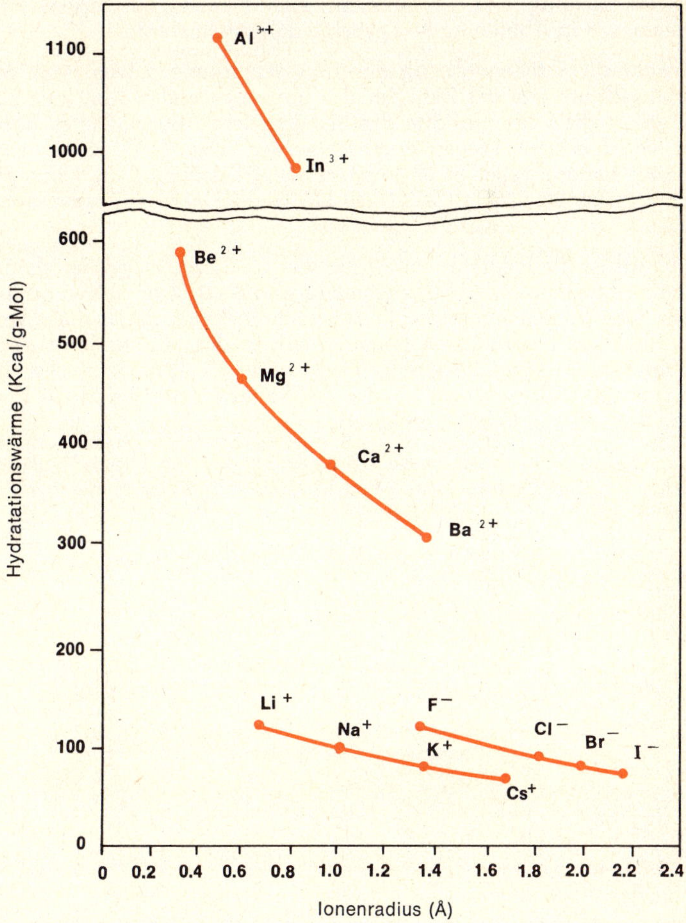

Abb. 8—1 Hydratationsenergie aufgetragen gegen den Ionenradius.

Ionengröße haben. Das gleiche gilt für negative Ionen; die Hydratationswärme für Cl^- ist geringer als die für S^{2-}, welches sich in derselben Periode befindet und ungefähr die gleiche Ionengröße hat. Die Hydratationsenergie ändert sich ungefähr mit dem Quadrat der Ladung eines Ions. Zum Beispiel beträgt die Ladung am S^{2-} −2 und die Hydratationsenergie ist ungefähr $(2)^2 = 4$ mal so groß wie die Hydratationsenergie für Cl^-. Die Änderung der Hydratationsenergie mit der Ionenladung und Größe kann auch bequem im Periodischen System, wie in Abbildung **8–2** gezeigt, dargestellt werden.

Obwohl die Größenordnung der Wechselwirkung sowohl von der Ladungsdichte und der Zahl der das Ion umgebenden Moleküle abhängt, ist die Ladungsdichte der bedeutendere Faktor. Dieses kann auf verschiedenen Wegen erkannt werden. Das Ca^{2+}-Ion hat eine größere Ladung (aber es ist kleiner) als K^+; daher ist die Ladungsdichte größer als die für Ca^{2+}. Natürlich werden weniger Wassermoleküle Ca^{2+} im Vergleich zu K^+ umgeben.

Dennoch ist die Hydratationswärme von Ca^{2+} deutlich größer als die für K^+ (Tabelle **8–2,** Abbildungen **8–1** und **8–2**). Zum selben Schluß kann man kommen, wenn man S^{2-}- und Cl^--Ionen miteinander vergleicht. Diese beiden Ionen kommen sich in ihrer Größe recht nahe (Abbildung **5–17** und **5–16**; I, S. 174 und I, S. 175). Jedoch ist die Hydratationswärme von S^{2-} fast 4 mal so groß wie die von Cl^- (Tabelle **8–2**, Abbildung **8–1** und **8–2**).

Eine weitere sehr bedeutende Konsequenz der Ion-Dipol Wechselwirkung bringt die Ionisierung von Molekülen in Wasser mit sich, die normalerweise als kovalent betrachtet werden. Beispiele hierfür sind

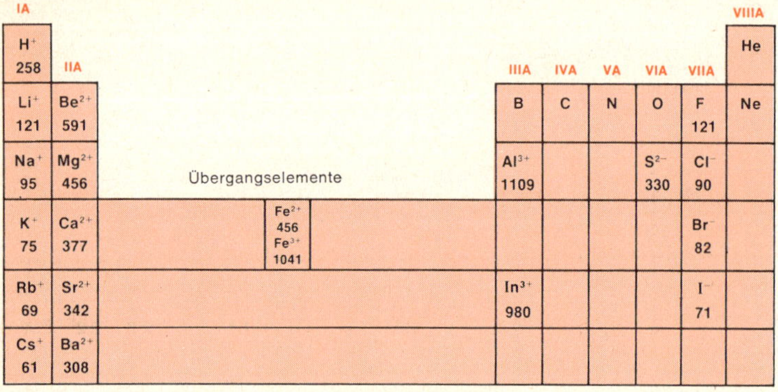

Abb. 8–2 Hydratationswärmen einiger Ionen (Kcal/Mol).

HCl, HBr, HJ, HNO_3 und H_2SO_4. Eine solche Reaktion kann wie folgt dargestellt werden:

$$HCl + H_2O \xrightarrow{aq} H_3O^+_{(aq)} + Cl^-_{(aq)}$$

Man sieht, daß wir kein H^+ sondern ein $H_3{}^+O$ geschrieben haben, da es einem nackten Proton nicht möglich ist, in Wasser zu existieren. Daher schreibt man $H_3{}^+O$, das *Hydronium-Ion*, welches ein hydratisiertes Proton in Wasser bedeutet.

(H_3O^+ stellt ein hydratisiertes Proton dar, aber andere Spezies wie $H_5O_2{}^+$ und $H_9O_4{}^+$ existieren ebenfalls.) Aus Tabelle **8—2** und Abbildung **8—1** und **8—2** ist ersichtlich, daß die Hydratationswärme für H^+, ein einfach positiv geladenes Ion, ungewöhnlich hoch ist (258 Kcal/Mol). Daher reicht die Hydratationsenergie von H^+ (plus die des Cl^- Ions) aus, um Ionen aus einem normalerweise als kovalent betrachteten Molekül zu bilden. Das Gleiche gilt für die anderen aufgeführten Beispiele. Diese Ionisationsreaktion ist hauptsächlich für die außerordentlich hohe Löslichkeit solcher Moleküle in Wasser verantwortlich.

Aufgabe 8—2

Angenommen, daß das Se^{2-}-Ion in Lösung stabil ist. Würde man eine höhere oder niedrigere Hydratationsenergie als für S^{2-} erwarten?

Aufgabe 8—3

Man sieht, daß die Hydratationsenergie von H^+ als einfach geladenes Ion außergewöhnlich hoch ist. Gib eine kurze Erklärung, warum dies richtig ist.

Aufgabe 8—4

Zeige mit Hilfe der Hydratationsenergien für K^+ und Ba^{2+}, daß die Hydratationsenergie vom Quadrat der Ionenladung abhängt.

8—C. Dipol—Dipol

Die Wechselwirkung von nächst größtem Ausmaß ist diejenige zwischen kovalenten Molekülen, die jeweils ein Dipolmoment besitzen. Die Energie dieser Wechselwirkung liegt ungefähr zwischen 1 bis 6 Kcal/Mol. Dies ist als Dipol-Dipol Wechselwirkung bekannt und kann wie folgt dargestellt werden:

oder für HCl

$$\overset{\delta^+\delta^-}{HCl}\cdots\overset{\delta^+\delta^-}{HCl}\cdots\overset{\delta^+\delta^-}{HCl}$$

Dies bedeutet jedoch nicht, daß notwendigerweise eine lineare Anordnung vorliegen muß. Tatsächlich würde eine lineare Anordnung (außer für zweiatomige Moleküle) nicht die wahrscheinlichste sein. In dem einfachsten Fall, in dem zwei lineare Moleküle mit Dipolen wie HCl in der begünstigsten Orientierung in Wechselwirkung miteinander stehen (Kopf-Schwanz), beträgt die beteiligte Energie,

8—7 $$E = \frac{-\mu_1\,\mu_2}{r^3}$$

wobei μ_1 und μ_2 die Dipolmomente der beiden Moleküle sind, und r der Abstand zwischen den Dipolen:

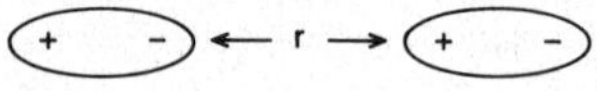

Da das Zeichen in Gleichung **8—7** negativ ist, wird Energie freigesetzt; somit ist die Wechselwirkung eine Anziehungskraft. Ein gewisses Gefühl für die beteiligte Energie kann aus der folgenden Betrachtung erhalten werden: Wenn zwei lineare Moleküle in eine gerade Linie gebracht werden, und jedes ein Dipolmoment von 1 D bei einem Abstand von 10 Å hat,

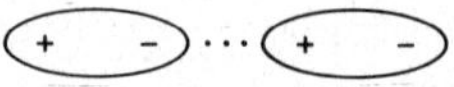

so wären ungefähr 30 Kcal/Mol erforderlich, sie auf eine unendliche Entfernung zu bringen. Es wird vorausgesetzt, daß Vakuum herrscht; die Energie ist geringer, wenn die Moleküle in einem Lösungsmittel eingebettet sind. Es ist auch ersichtlich, daß die Energie von $1/r^3$ abhängt. Mit anderen Worten, die Anziehungsenergie nimmt verhältnismäßig schnell mit zunehmender Entfernung zwischen den Dipolen ab.

Zusätzlich zu den obigen Betrachtungen gibt es eine Temperaturabhängigkeit für Dipol-Dipol Wechselwirkungen. Wenn die Temperatur zunimmt, verhindert die thermische Bewegung das Einstellen der idealen Orientierung; daher nimmt die Anziehung bei einer Temperaturerhöhung ab. Für zwei Dipole in schneller thermischer Bewegung beträgt die durchschnittliche potentielle Anziehungsenergie

8—8 $$E = \frac{-2}{3kT}\,\frac{\mu_1{}^2\,\mu_2{}^2}{r^6}$$

wobei k die Boltzmann Konstante ($1{,}38 \times 10^{-16}$ erg grad^{-1}) und T die absolute Temperatur ist. Aus Gleichung **8—8** ist ersichtlich, daß bei gemäßigten Temperaturen die Wechselwirkungsenergie proportional zu $1/r^6$ anstatt $1/r^3$ ist.

Die Dipol-Dipol Wechselwirkung liegt sowohl in flüssigen als auch in festen Phasen vor. Weiterhin ist die Wechselwirkung verhältnismäßig schwach (erheblich geringer als die für interionische Anziehung).

Daher werden Schmelz- und Siedepunkte kovalenter polarer Moleküle erheblich niedriger liegen als für ionische Verbindungen. Zum Beispiel hat HCl einen Schmelzpunkt von —115 °C und einen Siedepunkt von —85 °C und für ClF betragen diese Werte —155 °C bzw. —101 °C. Es sei daran erinnert, daß für die ionische Verbindung NaCl der Schmelzpunkt 801 °C und der Siedepunkt 1413 °C beträgt.

Die Dipol-Dipol Wechselwirkung ist ein bedeutender Faktor in der gegenseitigen Löslichkeit einer Flüssigkeit in einer anderen. Zum Beispiel ist der Kohlenwasserstoff Hexan im wesentlichen unlöslich in Wasser, während Äthanol im wesentlichen unendlich löslich ist. Der Hauptgrund hierfür ist die Existenz der Dipol-Dipol Wechselwirkung im Falle des $H_2O—C_2H_5OH$ Systems. Dieses kann bildlich wie folgt dargestellt werden:

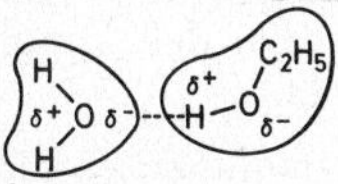

Diese Wechselwirkung ist im $H_2O—C_6H_{14}$ System nicht vorhanden. Selbst wenn ein vielatomiges Molekül keinen Netto-Dipol haben mag, so können individuelle Bindungsdipole vorhanden sein. Daher können Wechselwirkungen zwischen individuellen Teilen benachbarter Moleküle vorliegen. Dipol-Dipol Wechselwirkungen können auch für die Änderung anderer physikalischer Eigenschaften von Lösungen verantwortlich sein, wie wir später in Kapitel 12 sehen werden.

Aufgabe 8—5

Betrachte den Fall von gasförmigen HCl, in dem molekulare Schwingung möglich ist. Welche Gleichung würde man benutzen, um die Dipol-Dipol Wechselwirkungsenergie zu berechnen? Warum?

Aufgabe 8—6

Wird die Dipol-Dipol Wechselwirkung in Aufgabe **8—5** temperaturabhängig sein und wie wird sie sich verändern, wenn die Temperatur zunimmt?

Aufgabe 8—7

Viele organische Moleküle sind nicht in Wasser löslich. Jedoch ist das häufig benutzte Frostschutzmittel Äthylenglykol offensichtlich in Wasser löslich. Erklärung. [Hinweis: Die Formel für Äthylenglykol befindet sich in Kapitel 7 (I, S. 257).]

8—D. Dipol—Induzierter Dipol

Bisher haben wir Situationen betrachtet, in denen die beteiligten Spezies eine permanente Ladung (Ion) oder einen Dipol (polare Moleküle) hatten. Einige Moleküle, wie z. B. homonukleare zweiatomige Moleküle, CH_4, $BeCl_2$ und andere, haben keinen Dipol (aus Gründen, die in Abschnitt 7—C; I, S. 235 diskutiert wurden). Es sei auch daran erinnert, daß Atome wie Helium und Xenon keine Dipolmomente haben. Wenn man aber eine Ladung in die Nähe eines solchen Moleküls oder Atoms bringt, so kann eine Ladungsasymmetrie induziert werden.

Diese induzierte Ladungsasymmetrie ist einem induzierten Dipol gleichwertig. Man kann dies wie in Abbildung **8—3** dargestellt betrachten, wobei die Ladung, die den Dipol induziert, das eine Ende des polaren Moleküls darstellt.

Das Ausmaß der Ladungsasymmetrie, die in einem Molekül oder Atom durch eine gegebene Ladung induziert werden kann, hängt von

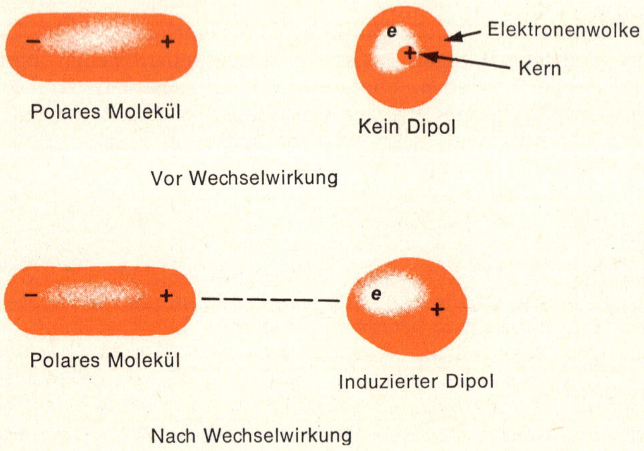

Abb. 8—3 Induktion eines Dipolmoments durch ein polares Molekül.

der *Polarisierbarkeit* α des Moleküls oder Atoms ab. Die Größe der Polarisierbarkeit hängt davon ab, wie leicht die Elektronenwolke verschoben werden kann. Offensichtlich können Moleküle mit großen, ausgedehnten Ladungswolken wie J_2 einfacher verschoben werden oder polarisiert werden als solche mit kleinen, kompakten Ladungswolken, wie z. B. F_2 oder CH_4.

Die Größe des induzierten Dipolmoments hängt von der Polarisierbarkeit der Ladungswolke durch eine gegebene Ladung ab. Die an einer Wechselwirkung zwischen Dipol und induziertem Dipol beteiligte Energie ist proportional zu $1/r^6$. Die genaue Formel für die potentielle Energie der Wechselwirkung lautet,

8—9
$$E = \frac{-2\alpha\mu^2}{r^6}$$

wobei μ das Dipolmoment des polaren Moleküls und α die Polarisierbarkeit des anderen nicht polaren Moleküls oder Atoms ist. Die Größenordnung der Wechselwirkungsenergie beträgt ungefähr 0,2–2 Kcal/Mol. Da wiederum das Zeichen auf der rechten Seite der Gleichung **8—9** negativ ist, wird Energie frei und die Wechselwirkung resultiert in einer Anziehung.

Die Wechselwirkung Dipol-induzierter Dipol ist zum größten Teil für die Löslichkeit von inerten Gasen in Wasser verantwortlich. Der Wasser-Dipol kann die Ladungswolke der inerten Gasatome ausreichend verschieben, um einen Dipol zu induzieren. Es sind auch kristalline Hydrate von Alkanen, wie Butan, bekannt. Die Stabilität dieses Hydrates muß hauptsächlich aus der Dipol (H_2O)- induzierter Dipol (C_4H_{10}) Wechselwirkung stammen.

8—E. Induzierter Dipol—Induzierter Dipol

Bei diesem Wechselwirkungstyp sind Kräfte beteiligt, die als *London- oder Dispersions-Kräfte* bekannt sind; dieser Typ ist vielleicht die schwierigste bildlich darstellbare Wechselwirkung. Die folgende Diskussion soll jedoch einen Einblick bieten. Angenommen, wir hätten die Möglichkeit, eine photographische Aufnahme eines nicht polaren Moleküls oder Atoms zu machen, welches die momentane Lage der Elektronen gibt. Eine Überlagerung einer großen Anzahl solcher Photos würde zeigen, daß es keine Bevorzugung für irdendeine Verteilung der Elektronen gibt. Individuelle Photos werden jedoch zu verschiedenen Zeitpunkten verschiedene Verteilung der Elektronen zeigen. Wir würden daher eine große Anzahl von schnell wechselnden Dipolen vorliegen haben, die dann die Ladungswolken der benachbarten Moleküle oder Atome polarisieren können. Diese induzierten Dipole können dann mit den momentanen Dipolen, die sie gebildet haben, in Wechselwirkung treten. (Abbildung **8—4**)

Im allgemeinen wird dieser Wechselwirkungstyp sehr schwach sein, aber er kann verhältnismäßig stark werden, wenn die molekulare Polarisierbarkeit groß ist. Die Energie liegt zwischen 0,02—10 Kcal/Mol. Die Wechselwirkungsenergie ist proportional zu $1/r^6$. Die Größe der Wechselwirkung hängt von der Polarisierbarkeit der beteiligten Moleküle oder Atome ab. Für zwei Spezies derselben Sorte wird die Wechselwirkung induzierter Dipol-induzierter Dipol durch folgende Beziehung gegeben

8—10
$$E = \frac{-3}{4} \frac{(\alpha^2)\,(IP)}{r^6}$$

wobei α die Polarisierbarkeit und IP das Ionisationspotential ist.

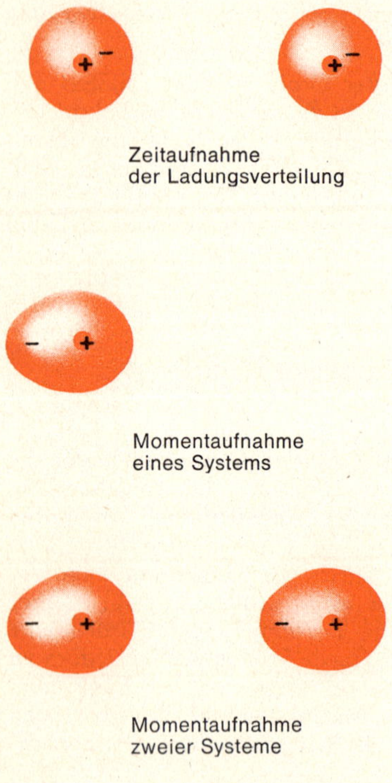

Abb. 8—4 Induzierter Dipol-Induzierter Dipol. Zu jedem Zeitpunkt wird ein System eine asymmetrische Ladungsverteilung und daher einen kleinen Dipol haben. Dieser kann wiederum einen Dipol einem anderen System induzieren. Die Rollen können natürlich auch vertauscht sein.

Trotz der Tatsache, daß es sich um eine relativ schwache Wechselwirkung handelt, ist diese zum größten Teil für die Verflüssigung inerter Gase und anderer Moleküle wie CH_4 und H_2 verantwortlich. Natürlich sind im allgemeinen auch die Wechselwirkungen in den gerade erwähnten Flüssigkeiten gering. Deshalb würde man auch erwarten, daß die Siedepunkte solcher Verbindungen niedrig sind. Dies gilt für die Siedepunkte von Helium (–269 °C) und Methan (–164 °C). Die Siedepunkte der inerten Gase sind in Tabelle **8–3** aufgeführt. Wir würden erwarten, daß Helium weniger polarisierbar ist als Xenon, welches eine große, ausgedehnte Ladungswolke hat.

Da die Größe der Wechselwirkung von der Polarisierbarkeit der beteiligten Spezies abhängt, können wir einen progressiven Anstieg der Siedepunkte von Helium zum Xenon feststellen. Im Falle von J_2 ist die Polarisierbarkeit so groß und die Wechselwirkung induzierter Dipol-induzierter Dipol von ausreichender Größe, daß J_2 ein Festkörper bei Raumtemperatur ist.

Bisher waren unsere Betrachtungen zum größten Teil auf zwei miteinander in Wechselwirkung stehende Spezies begrenzt (wenigstens in der Form der Energiegleichungen). Für langkettige Verbindungen wie Polyäthylen sind jedoch die paarweisen Wechselwirkungen zwischen den Ketten additiv. In diesem Fall nehmen wir an, daß der C–H Bindungsdipol im wesentlichen vernachlässigt werden kann. Selbst wenn das nicht richtig ist, liefern die Kräfte zwischen induzierten Dipolen unter Beteiligung der CH_2-Paare benachbarter Ketten eine signifikante Beteiligung zur Wechselwirkung der Polymerketten (Abbildung **8–5**). Natürlich vorkommende langkettige Alkane stehen auch durch einen induzierten Dipol-induzierten Dipol Mechanismus miteinander in Wechselbeziehung.

Aufgabe 8–8

Würde man im allgemeinen erwarten, daß die Polarisierbarkeit von N_2 größer oder geringer ist als die für H_2? Welchen Beweis gibt es für die Antwort?

Tabelle 8–3 Siedepunkte der inerten Gase und anderer Moleküle

Molekül	Siedepunkt
He	—269 °C
Ne	—249 °C
Ar	—189 °C
Kr	—157 °C
Xe	—107 °C
N_2	—196 °C
H_2	—253 °C
CH_4	—164 °C

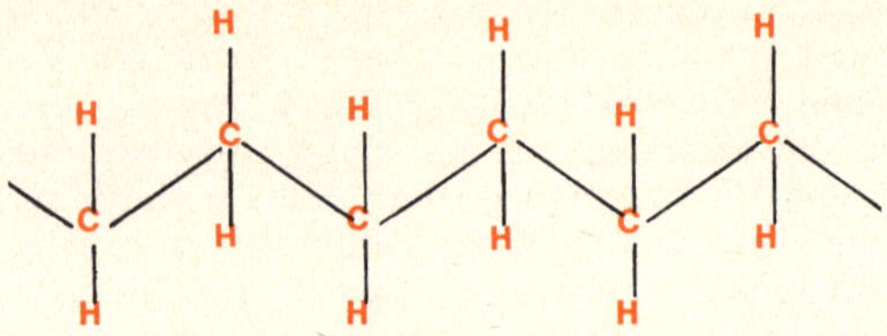

Polyäthylen Polymerkette

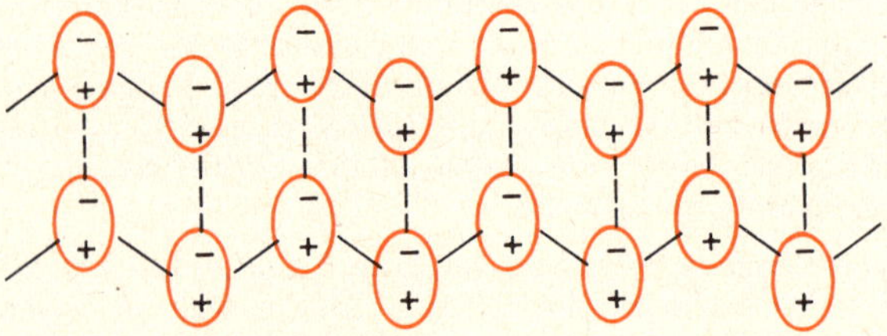

Wechselwirkung zwischen zwei Polymerketten

Abb. 8—5 Struktur des Polyäthylens und eine schematische Ansicht der Wechselwirkung induzierter Dipol — induzierter Dipol zwischen den Ketten.

Aufgabe 8—9

a) Welche Elektronen sind im allgemeinen Sinn polarisierbar in Kr und CH_4?
b) Vergleiche die Polarisierbarkeit von Kr und CH_4.

Aufgabe 8—10

Die Siedepunkte verschiedener Alkane sind in Tabelle 7—3 (I, S. 249) aufgeführt. Erkläre die Abweichungen in den Siedepunkten auf der Basis intermolekularer Wechselwirkungen.

8—F. Ion—Induzierter Dipol

Diese Wechselwirkung ist weniger üblich; wir haben auch nur sehr wenige Daten dafür. Da die beteiligten Energien in der Tat noch nicht gut definiert sind, werden wir nur einen Fall kurz erwähnen. Die Wechselwirkungsenergie zwischen einem Ion und einem induzierten

Dipol ist ungefähr proportional zu $1/r^4$. Die Bildung bestimmter Komplexionen hängt, wenigstens zum Teil, von der durch diesen Typ freigesetzten Wechselwirkungsenergie ab. Zum Beispiel

$$J_2 + J^- \longrightarrow J_3^-$$

8—G. Wasserstoffbrückenbindung

Wir diskutieren die Wasserstoffbrückenbindung getrennt, da dieser Wechselwirkungstyp einen ganz speziellen Fall der Dipol Wechselwirkung darstellt. Es ist gefunden worden, daß polare Moleküle, die Wasserstoff, insbesondere an Stickstoff, Sauerstoff oder Fluor gebunden, enthalten, Wechselwirkungen mit anderen Molekülen in bedeutend größerem Ausmaß eingehen, als man von der Größe ihrer Dipolmomente her erwartet. Die Energie einer Wasserstoffbrückenbindung liegt zwischen 2–10 Kcal/Mol.

Eine Wasserstoffbrückenbindung ist eine verhältnismäßig schwache Bindung, die zwischen einem Molekül, welches ein kovalent gebundenes Wasserstoffatom an einem elektronegativen Atom A enthält, und einem Molekül B, welches ein Protonakzeptor ist, gebildet wird; d. h. B ist eine Brönsted'sche Base (Kapitel 3; I, S. 78). Die Wasserstoffbrückenbindung wird gewöhnlich symbolisch durch eine gestrichelte Linie dargestellt.

$$\mathrm{A{-}H\cdots B}$$

Man beachte, daß der Wasserstoff kein formelles Proton darstellt. Da der Wasserstoff jedoch an ein elektronegatives Zentrum gebunden ist, nimmt er eine partielle positive Ladung an:

$$\overset{\delta^+}{\mathrm{H}}{-}\overset{\delta^-}{\mathrm{A}}$$

Nimmt die Elektronegativität von A zu, so erhöht sich die partielle positive Ladung am Wasserstoff. Auf Grund der partiellen positiven Ladung am Wasserstoffatom, wird der Wasserstoff als *protonisch* bezeichnet.

Man hat gefunden, daß, falls B eine stärkere Base (größere Protonenaffinität) ist, die resultierende Wasserstoffbrückenbindung ($\mathrm{AH\cdots B}$) stärker wird. (Diese Aussage soll nicht besagen, daß B ein einzelnes Atom oder Ion ist, oder, daß nur zweiatomige Moleküle oder einfach gebundene Systeme beteiligt sind). Einige Beispiele für Systeme mit Wasserstoffbrückenbindungen sind:

I

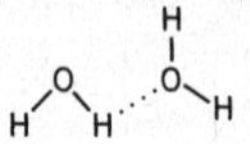

II

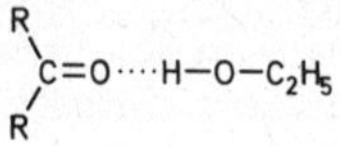

III

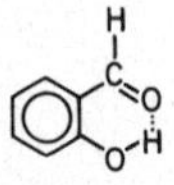

IV

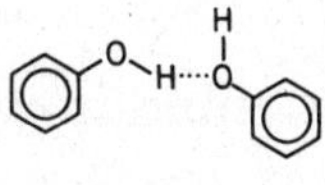

V

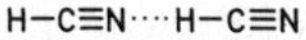

VI

Man sieht, daß in einigen Fällen A–H und B identisch sind – I, II, V und VI – und daß es ein Atom innerhalb der Base B gibt, das als Protonakzeptor fungiert. In Verbindung IV entsteht die Wasserstoffbrückenbindung zwischen Gruppen innerhalb desselben Moleküls. Dieses wird als *intramolekulare* Wasserstoffbrückenbindung bezeichnet. Wenn die Wechselwirkung zwischen zwei Molekülen stattfindet, so wird diese als *intermolekulare* Wasserstoffbrückenbindung bezeichnet.

Obwohl es sich bei der Wasserstoffbrückenbindung um eine relativ schwache Bindung handelt, hat sie Bedeutung zur Bestimmung ferngeordneter Strukturen (Anordnung von Molekülen) von Verbindungen in flüssigen oder festen Phasen. Zum Beispiel die ferngeordnete Struktur von flüssigem und festem Wasser wird zum größten Teil durch Wasserstoffbrückenbindungen bestimmt (siehe Kapitel 9; I, S. 333). Wasserstoffbrückenbindungen sind von besonderer Bedeutung, da sie den außerordentlich komplexen biochemischen Molekülen behilflich sind, ihre Form aufrechtzuerhalten (siehe Kapitel 18; III, S. 64). Andere wichtige Beispiele für Wasserstoffbrückenbindungen werden auf den folgenden Seiten gegeben.

Tabelle 8–4 Vergleich der physikalischen Eigenschaften von C_2H_5OH und CH_3–O–CH_3

Verbindung	Dipol-moment (D)	Schmelz-punkt [° C]	Siede-punkt [° C]
C_2H_5OH	1,7	—115	78
C_3H–O–CH_3	1,3	—141	—25

Es sei daran erinnert, daß die Wechselwirkung der Wasserstoffbrükkenbindung größer ist, als man vom Dipolmoment erwartet. Man sieht dies gut, wenn man die Siedepunkte und Schmelzpunkte von

Äthanol (C_2H_5OH) mit seinem Isomeren Dimethyläther ($C_3H–O–CH_3$) (Tabelle **8–4**) vergleicht. Auf Grund ähnlicher Dipolmomente würden wir erwarten, daß die Wechselwirkungen zwischen Alkoholmolekülen vergleichbar mit denen zwischen Äthermolekülen sein sollten. Jedoch auf Grund der Wasserstoffbrückenbindungen zwischen Alkoholmolekülen und nicht zwischen Äthermolekülen sind der Schmelzpunkt und der Siedepunkt von Alkohol um 26 °C bzw. 103 °C höher.

Die Wasserstoffbrückenbindung für C_2H_5OH kann wie folgt gezeichnet werden:

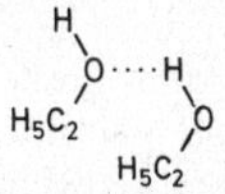

Die Wasserstoffatome in $CH_3–O–CH_3$ sind wegen der relativ niedrigen Elektronegativität des Kohlenstoffs nicht protonisch, und es existiert nur eine schwächere Dipol-Dipol Wechselwirkung.

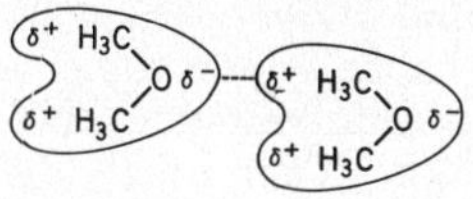

Die einfachste theoretische Annäherung, Wasserstoffbrückenbindung zu verstehen, ist die Anwendung des „Valence-bond-Näherungsverfahrens". Die Hauptresonanzformen, die man betrachtet, sind folgende

$$\underset{\text{I}}{\text{A–H}\quad\text{B}} \longleftrightarrow \underset{\text{II}}{\text{A}^-\text{H}^+\cdots\text{B}} \longleftrightarrow \underset{\text{III}}{\text{A}^-\ \text{H–B}^+}$$

wobei I und II die kovalente und ionische Resonanzform von AH: A–H $\longleftrightarrow$ A^-H^+ darstellen. Die Beteiligung der Formen I und II ist für den polaren (Dipol) Charakter des Moleküls AH verantwortlich; dies wiederum resultiert in einer Dipol-Dipol Wechselwirkung mit dem polaren Molekül B. Die Stärke der Wasserstoffbrückenbindung kann nicht zufriedenstellend auf der Basis der Dipol-Dipol Wechselwirkung berechnet werden, die aus der Kombination der Formen I und II resultiert. Die Resonanzform III liefert einen Anteil zur Stärke der Wasserstoffbrückenbindung. Resonanzform II bringt eine kovalente Bindung zwischen H und B^+ mit sich; das Ausmaß ihrer Beteiligung ist noch unklar.

Die Stärke der Wasserstoffbrückenbindung hängt zum Teil von der Elektronegativität des Atoms ab, welches am Wasserstoff gebunden ist. Wasserstoffbrückenbindungen, dargestellt als A–H · · · B, sind am stärksten, wenn A und B Fluor sind; am nächst größten, wenn A und

B Sauerstoff sind und dann, wenn A und B Stickstoff sind. Die Stärke der Wasserstoffbrückenbindung nimmt zu, wenn die Elektronegativität der Atome A und B zunimmt.

In durchaus allen Fällen ist die Wasserstoffbrückenbindung —H · · · B länger als die kovalente Bindung A—H. Jedoch gibt es $(FHF)^-$ Ionen mit nur einer H—F Bindung der Länge 2,26 Å; dies zeigt, daß sich der Wasserstoff an einem Punkt in der Mitte zwischen den beiden Fluoratomen befindet. Gewöhnlich zeigen Wasserstoffbrückenbindungen eine Bindungsdissoziationsenergie von 2—10 Kcal/Mol. Im Fall des $(FHF)^-$ wird die H—F Bindungsenergie jedoch auf 58 Kcal/Mol geschätzt.

Ein weiteres Anzeichen für den Einfluß der Elektronegativität des Atoms, an das der Wasserstoff gebunden ist, stammt aus den Daten für Siede- und Schmelzpunkte. Abbildung **8—6** ist eine graphische Darstellung der Siedepunkte einer Serie von Hydrid-Molekülen (AH_n). Die Siedepunkte von H_2O, NH_3 und HF sind ungewöhnlich hoch, verglichen mit den Hydriden der anderen Elemente, die zu den betreffenden Gruppen gehören. Zum Beispiel würde man auf Grund der Tendenz von H_2Te, H_2Se und H_2S erwarten, daß H_2O einen erheblich niedrigeren Siedepunkt haben würde, als es in Wirklichkeit hat. Die Abweichung kommt dadurch zustande, daß die Elektronegativität von Sauerstoff beträchtlich größer ist als die von Telur, Selen und Schwefel. Dies hat einen erhöhten Grad an Wasserstoffbrückenbindung zur Folge, welches wiederum zu einem ungewöhnlichen Siedepunkt von H_2O führt. Ein ähnliches Argument erklärt die ungewöhnlich hohen Siedepunkte von NH_3 und HF verglichen mit anderen Molekülen in ihrer betreffenden Gruppe. Man sieht jedoch in der Gruppe SnH_4, GeH_4, SiH_4 und CH_4, daß CH_4 einen niedrigeren Siedepunkt als die anderen Moleküle hat. Der Grund hierfür ist das Nichtvorhandensein von Wasserstoffbrückenbindungen in CH_4, die erwartete Tendenz umzukehren.

Wie schon früher erwähnt, entsteht Wasserstoffbrückenbindung hauptsächlich mit einem Wasserstoffatom, das kovalent an Sauerstoff, Stickstoff oder Fluor gebunden ist. Es ist auch möglich, Wasserstoffbrückenbindung unter Beteiligung anderer elektronegativer Atome zu erhalten. Wir betrachten die folgenden Beispiele:

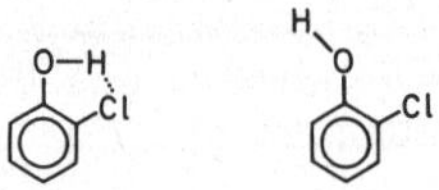

VII VIII

Es ist experimentell möglich, Wasserstoffbrückenbindung in *o*-Chlorphenol Formel VII zu beobachten. Die Bildungstendenz dieser Was-

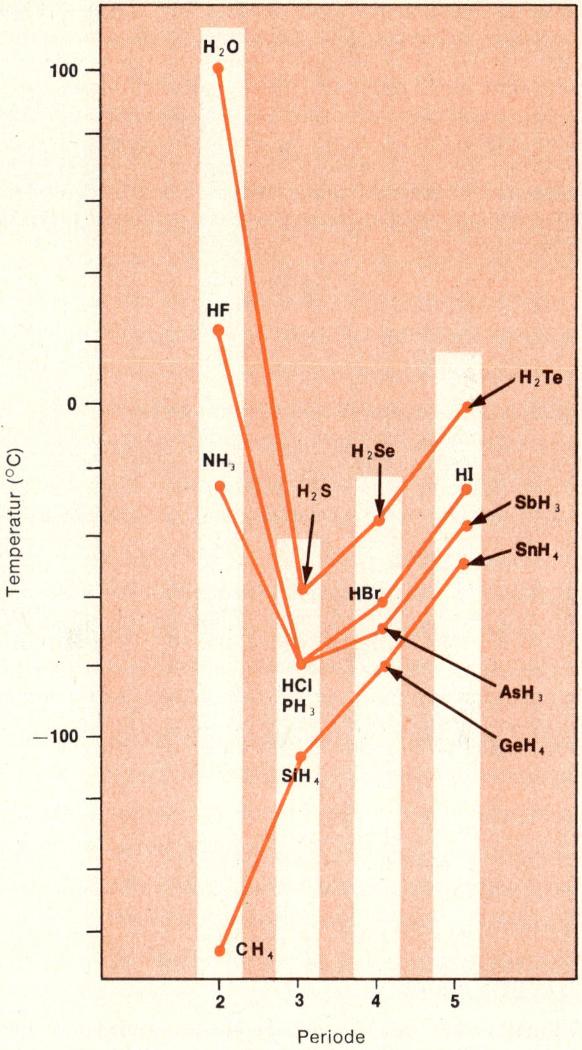

Abb. 8—6 Siedepunkte einiger Hydridmoleküle aufgetragen gegen die Periode. Die Linien verbinden Moleküle, die Atome aus derselben Gruppe des Periodischen Systems enthalten.

serstoffbrückenbindung ist so groß, daß ungefähr 91 % aller Moleküle in Form VII und nur 9 % in Formel VIII (keine Wasserstoffbrückenbindung) vorliegen. Die Existenz von Wasserstoffbrückenbindung ist für viele Abweichungen vom erwarteten Verhalten und für die Struktur oder Anordnung vieler organischer und anorganischer Verbindungen verantwortlich. Sowohl Essigsäure als auch Ameisensäure bilden sehr stabile Dimere, die aus Wasserstoffbrückenbindungen resultieren. Die Struktur der Carboxygruppe COOH ist so, daß zwei Wasserstoffbrückenbindungen zwischen den beiden Molekülen gebildet werden können. Beispielsweise hat das Dimere der Ameisensäure die Struktur

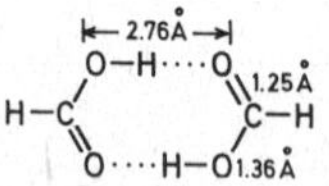

Die Energie für die Wasserstoffbrückenbindung beträgt 7,1 Kcal/Mol; dies ist verhältnismäßig hoch (für Essigsäure beträgt sie 7,6 Kcal/Mol). Die meisten organischen Moleküle, die eine —OH Gruppe enthalten, zeigen intermolekulare Wasserstoffbrückenbindungen. Die physikalischen Eigenschaften vieler Verbindungen, die ähnliche Strukturen und Atome besitzen, weichen auf Grund des Unterschieds in der Art der Wasserstoffbrückenbindung voneinander ab. Zum Beispiel beträgt der Schmelzpunkt von *o*-Chlorphenol (Formel VII und VIII) ungefähr 0 °C, während *m*-Chlorphenol und *p*-Chlorphenol bei 29 °C bzw. 41 °C schmelzen. Dies ist hauptsächlich darauf zurückzuführen, daß in den *meta*- und *para*-Isomeren vorwiegend *inter*molekulare Wasserstoffbrückenbindungen, aber *intra*molekulare Wasserstoffbrückenbindung für das *ortho*-Isomere vorliegt. Daher ist die Wechselwirkung zwischen den *o*-Chlorphenol Molekülen gering und der Schmelzpunkt niedrig.

Borsäure enthält Schichten oder Lagen von $B(OH)_3$ Molekülen, die durch Wasserstoffbrückenbindungen zusammengehalten werden. Andere anorganische Moleküle zeigen ebenfalls Wasserstoffbrückenbindungen. Die Anwesenheit von Wasserstoffbrückenbindungen zwischen vielen biologisch wichtigen Molekülen hat bedeutenden Einfluß auf ihr Verhalten. Dies gilt für natürliche Polymere wie Proteine (Kapitel 7 und 18; I, S. 291 ff. und III, S. 70 ff.) und Polynukleotide (Kapitel 18; III, S. 74 ff.).

In natürlichen Fasern wie Seide liegt ein Faserprotein vor, dessen Proteinketten in einer Ebene liegen, die durch Wasserstoffbrückenbindungen miteinander vereinigt sind. (Abbildung **8—7**). In dem synthetischen Polymeren Nylon 66 ist die Wasserstoffbrückenbindung von ähnlichem Typ, mit der Ausnahme, daß der Abstand von einer

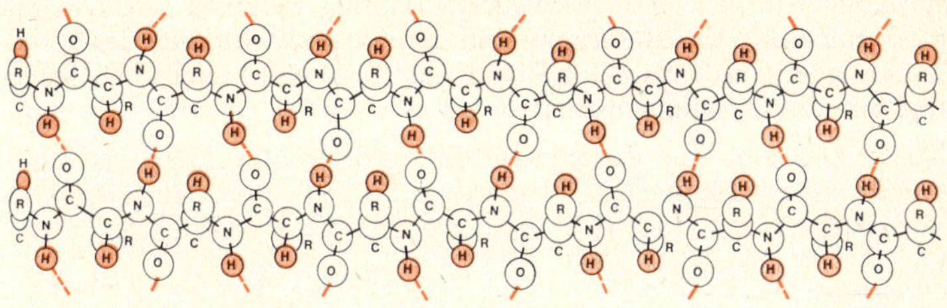

Abb. 8—7 Seidenfasern.

Wasserstoffbrückenbindung zur nächsten entlang der Ketten größer ist. In anderen Fällen nimmt eine Proteinkette die Form einer Helix (Spirale) an; diese Helix wird dann durch Wasserstoffbrückenbindung fest zusammengehalten. Dies ist der Fall für die Faserproteine in Haar, Fingernägeln, Muskeln und Horn. Das Polynukleotid DNS kommt in den Chromosomen in Form einer doppelten Helix vor (zwei DNS Ketten wickeln sich um eine gemeinsame Achse). Die Ket-

Tabelle 8–5 Zusammenfassung der molekularen und ionischen Wechselwirkungen

Wechsel-wirkungstyp	Hauptfaktoren verantwortlich für Wechselwirkung und *r* Abhängigkeit	Größe der Wechselwirkung
Ion-Ion	Ionenladung $\frac{1}{r}$	$\sim$100–1000 Kcal/Mol
Ion-Dipol	Ionenladungsdichte, Dipolmoment $\frac{1}{r^2}$	$\sim$10–160 Kcal/Mol
Dipol-Dipol	Dipolmoment $\frac{1}{r^3}$ oder $\frac{1}{r^6}$	$\sim$1–6 Kcal/Mol
Dipol-induzierter Dipol	Dipolmoment, Polarisierbarkeit $\frac{1}{r^6}$	$\sim$0,2–2 Kcal/Mol
induzierter Dipol-induzierter Dipol	Polarisierbarkeit $\frac{1}{r^6}$	0,02–10 Kcal/Mol
Ion-induzierter Dipol	Ionenladung, Polarisierbarkeit $\frac{1}{r^4}$	nicht bekannt
Wasserstoff-brückenbindung	Dipolmoment, Elektronegativität und Basizität	$\sim$2–10 Kcal/Mol

ten werden durch Wasserstoffbrückenbindung zwischen den Wasserstoffatomen der Amino-Gruppe und den Sauerstoffatomen der C=O Gruppe oder durch Stickstoffatome (die Teile einer cyclischen Ringstruktur sind) zusammengehalten.

Tabelle **8—5** gibt eine Zusammenfassung der molekularen und ionischen Wechselwirkungen, die verantwortlichen Faktoren für die Wechselwirkungen und eine Abschätzung der Größe der Wechselwirkungen.

Aufgabe 8—10

Warum gibt es keine Wasserstoffbrückenbindung in CH_4?

Übungen

1. Ordne die folgenden Verbindungen nach höheren Schmelzpunkten und rechtfertige die Reihenfolge: LiF, RJ, RbF, CaF_2.
2. Die Schmelzpunkte von HCl und LiCl unterscheiden sich stark. Welche Verbindung zeigt den höheren Schmelzpunkt und warum?
3. Ordne die folgenden Verbindungen nach höheren Siedepunkten und rechtfertige die Reihenfolge: NaCl, He, Br_2.
4. Man sieht aus Tabelle **8—2** und Abbildung **8—1**, daß die Hydratationswärmen der Ionen zu Beginn und Ende einer Serie nahezu dieselben Werte haben. Gib eine vernünftige Erklärung, warum solche Ähnlichkeiten vorliegen können.
5. Der Ionenradius von Tl^{3+} beträgt ungefähr 0,95 Å. Nimm an, daß Tl^{3+}-Ionen in Wasser existieren können. Würde man erwarten, daß es eine größere oder kleinere Hydratationswärme als Al^{3+} haben würde? Warum?
6. Benzin und Wasser mischen sich nicht, d. h. es liegt keine gegenseitige Löslichkeit vor. Auf der anderen Seite mischen sich das Frostschutzmittel Methanol und Wasser. Gib eine Erklärung für dieses Ergebnis.
7. Würde man erwarten, daß sich HJ in Wasser unter Bildung von Jodwasserstoffsäure löst? Gib eine kurze Erklärung.
8. Kristalline Hydrate ionischer Verbindungen wie $CoSO_4$ und $CuSO_4$ sind verhältnismäßig stabil. Jedoch ist das kristalline Butanhydrat, wie schon in diesem Kapitel erwähnt, relativ instabil. Gib eine Erklärung für diese Beobachtung.
9. Der Siedepunkt von H_2 beträgt —253 °C, während der von Cl_2 —34 °C ist. Gib einen Grund dafür, warum dies richtig sein soll. [Bemerkung: Vernachlässige den Unterschied im Molekulargewicht.]
10. Der Schmelz- bzw. Siedepunkt von Essigsäure beträgt 17 °C bzw. 118 °C. Der Schmelz- bzw. Siedepunkt von Essigsäureäthylester (Ab-

schnitt 7—J; I, S. 261) beträgt —83,6 °C bzw. 77 °C. Gib eine Erklärung für diese Unterschiede zwischen den Molekülen.

11. Der Schmelzpunkt von *o*-Hydroxybenzoesäure (Abschnitt 7—L; I, S. 262) liegt bei 159 °C, der von *p*-Hydroxybenzoesäure (Abschnitt 7—L; I, S. 262) liegt bei 213 °C. Gib eine Erklärung für dieses experimentelle Ergebnis.

12. Man sieht in Tabelle **8—1**, daß die meisten Daten für die Bromide fehlen.

    a) Stelle graphisch die Bildungsenergien der Lithium- und Rubidiumhalogenide dar.

    b) Sage die Bildungsenergien für LiBr und RbBr auf Grund einer Interpolation voraus.

13. In Abschnitt 8—C wurde gesagt, daß die Schmelzpunkte für HCl und ClF —115 °C bzw. —155 °C betragen. Gib eine Erklärung für diesen Unterschied.

14. Es ist allgemein bekannt, daß Kochsalz (NaCl) gut in Wasser löslich ist. Ein Freund möchte qualitativ wissen, ob und ungefähr wieviel Salz sich in

    a) Octan und b) in Äthanol löst.

    Gib eine Antwort mit Erklärung.

15. Obwohl NaCl sehr gut wasserlöslich ist, löst es sich nicht so gut wie HCl. (35,7 g/100 *ml* H_2O bzw. 82,3 g/100 *ml* H_2O). Gib eine mögliche qualitative Erklärung für diesen Unterschied.

16. Die Schmelzpunkte zweier Hydridserien betragen:

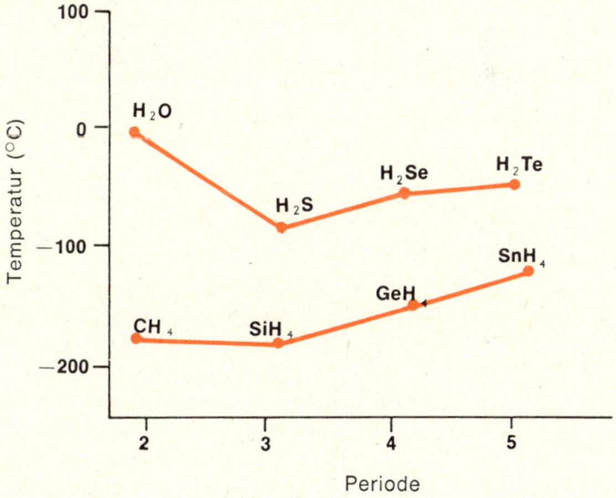

Gib eine Erklärung für die relativen Positionen von H_2O und CH_4 in den entsprechenden Serien.

17. Langkettige Alkohole wie CH_3—$(CH_2)_n$—OH (n beträgt etwa 12) werden auf die Oberflächen von großen Wasserreservoirs gegeben, um Verdampfung zu vermeiden. Gib eine physikalische Erklärung, wie diese Verbindungen arbeiten. Von welcher Natur sind die eintretenden Wechselwirkungen?

18. Die Wechselwirkung zwischen Ionen wird als ferngeordnet bezeichnet, während ein induzierter Dipol—induzierter Dipol als nahgeordnet betrachtet wird. Zeige mit Hilfe eines Diagramms (E aufgetragen gegen r) für diese beiden Wechselwirkungen, daß diese obige Aussage richtig ist.

19. Ordne die folgenden Ionen nach zunehmenden Hydratationswärmen und begründe die gefundene Reihenfolge.

$$Al^{3+}, Mg^{2+}, Na^+, Cs^+$$

KAPITEL 9

Korrelation molekularer Eigenschaften und Reaktionen mit dem Periodischen System

In diesem Kapitel werden wir uns zuerst mit allgemeinen Eigenschaften der Moleküle und den Tendenzen dieser Eigenschaften in einigen Verbindungsklassen beschäftigen. Die Hauptbetonung legen wir auf die physikalischen und chemischen Eigenschaften, die von den Verbindungen eines gegebenen Typs gezeigt werden. Dieses Näherungsverfahren diskutiert physikalische und chemische Tendenzen als Funktion der relativen Lage des betreffenden Elements im Periodischen System. Es wird viel einfacher sein, dieses Kapitel zu verstehen, wenn man sich im Verlaufe dieses Kapitels so oft wie möglich auf das Periodische System, auf der Innenseite des hinteren Buchdeckels, bezieht.

Dann werden die chemischen Eigenschaften der Elemente innerhalb einer Gruppe diskutiert. Im Brennpunkt werden Reaktionen stehen, die charakteristisch von einer ganzen Gruppe gegeben werden. Wo wichtige Ausnahmen bestehen, werden diese erwähnt. Zusätzlich werden auch die physikalischen und chemischen Eigenschaften einiger dargestellter Verbindungen besprochen. Zu Beginn der Diskussion jeder Gruppe werden die Eigenschaften der Elemente und die Säure-Basen Eigenschaften der Oxide in einer Tabelle zusammengefaßt. In diesem Kapitel wird man einen Einblick in die gewöhnlichen Eigenschaften der Elemente und Verbindungen erhalten, ohne daß man mit zahllosen Einzelheiten, die zu lernen wären, überwältigt wird. Eine Tabelle am Ende der Diskussion jeder Gruppe wird die allgemeinen Reaktionen der Elemente und einiger Verbindungen zusammenfassen.

9—A. Allgemeine Moleküleigenschaften und Tendenzen

Zuerst werden wir einige allgemeine Eigenschaften und Tendenzen repräsentativer Elemente der A Gruppe beschreiben. Wir werden die Grundlagen dieser Eigenschaften später in Einzelheiten diskutieren.

1. Reaktionen zwischen Elementen benachbarter oder fast benachbarter Gruppen im Periodischen System geben kovalente Verbindungen. Verbindungen, die durch Reaktionen zwischen weit voneinander entfernten Gruppen gebildet werden, sind ionisch.

2. Die Oxide und Hydroxide der Metalle sind Basen, die der Metalloide haben amphoteren Charakter und die der Nichtmetalle sind Säuren. Ein amphoteres Oxid oder Hydroxid kann als Säure oder Base reagieren. Oxide und Hydroxide werden sauer, wenn man von links nach rechts innerhalb einer Periode geht und weniger sauer, wenn man von oben nach unten innerhalb einer Gruppe geht.
3. Die binären Wasserstoffverbindungen dieser Elemente illustrieren die Bindungskraft dieser Elemente. Betrachten wir z. B. die dritte Periode:

IA	IIA	IIIA	IVA	VA	VIA	VIIA
NaH	MgH_2	AlH_3	SiH_4	PH_3	H_2S	HCl

Die Bindungskraft der Elemente IA–IIIA ist gleich ihrer Gruppennummer und der Wasserstoff befindet sich im Oxidationszustand −1. Für die Gruppe IVA ist die Bindungskraft der Elemente 8 minus der Gruppennummer; Wasserstoff hat einen Oxidationszustand von +1 oder −1, abhängig von der Stellung des Elements innerhalb der Gruppe. Es gibt einen bemerkenswerten Unterschied in der Natur dieser binären Wasserstoffverbindungen innerhalb einer Periode. Die Wasserstoffverbindungen der Gruppen IA und IIA sind ionische Festkörper, während diejenigen der Gruppen IVA–VIIA im allgemeinen gasförmig und kovalent sind. In der Natur der binären Wasserstoffverbindungen gibt es nur kleinere Änderungen innerhalb einer Gruppe; diese sind jedoch nicht von besonderem Interesse für unsere Betrachtungen.

4. Die binären Chlorverbindungen können dazu benutzt werden, um die Bindungskraft der Elemente mit den Halogenen zu zeigen. Wir betrachten beispielsweise die dritte Periode

IA	IIA	IIIA	IVA	VA	VIA	VIIA
$NaCl$	$MgCl_2$	$AlCl_3$	$SiCl_4$	PCl_3	SCl_2	Cl_2

Die Bindungskraft der Elemente mit Halogenen ist allgemein

a) gleich der Gruppennummer für die Gruppen IA–IIIA

b) gleich 8 minus der Gruppennummer für die Gruppen IVA–VIIA.

Die Chloride können als repräsentativ für die Halogenide betrachtet werden. Innerhalb einer Periode gibt es einen Wechsel von ionischen Verbindungen auf der linken Seite (Gruppen IA und IIA) zu kovalenten Verbindungen auf der rechten Seite (Gruppen IVA–VIIA). Ferner besteht auch die Tendenz zu mehr ionischen Verbindungen, wenn man von oben nach unten in einer Gruppe geht.

5. Es existieren Alkylverbindungen dieser Elemente; z. B. lauten diese in der 3. Periode mit Me (Methyl):

IA	IIA	IIIA	IVA	VA	VIA	VIIA
Na Me	Mg Me_2	Al Me_3	Si Me_4	P Me_3	Me_2S	Me Cl

Wiederum ist ersichtlich, daß die Bindungskraft der Elemente:

a) gleich der Gruppennummer für die Gruppen IA—IIIA

b) gleich 8 minus der Gruppennummer für die Gruppen IVA bis VIIA ist.

Es ist möglich, die Alkylgruppe als ein einzelnes Atom anzusehen, um die relative Ladungsverteilung in den Molekülen aufzustellen. Für die Metallverbindungen der Gruppe IA ist die Alkylgruppe negativ im Verhältnis zum Metallatom. Auf der anderen Seite ist die Alkylgruppe für die Verbindungen der Gruppe VIIA relativ gesehen positiv. Man sieht, daß es eine Tendenz innerhalb der Periode gibt, die sich so zeigt, daß die Alkylgruppen auf der linken Seite relativ negativ und relativ positiv auf der rechten Seite sind. Dieser Wechsel beeinflußt sowohl die physikalischen als auch die chemischen Eigenschaften der Verbindungen. Innerhalb der Gruppen, besonders in den Gruppen IVA—VIIA gibt es eine Tendenz für die Alkylgruppen; sie werden weniger positiv (oder sie werden etwas negativer) wenn man von oben nach unten in der Gruppe geht.

9—B. Gegenüberstellung ionischer und kovalenter Verbindungen

Wir haben gesehen, daß es eine Funktion der Gruppe sein kann, aus denen die reagierenden Elemente stammen, ob eine Verbindung ionisch oder kovalent ist. Es sei daran erinnert, daß die Elektronegativität allgemein zunimmt, wenn man von links nach rechts innerhalb einer Periode geht. Aus Kapitel 6—G (I, S. 212) war ersichtlich, daß die Verbindung ionisch sein wird, wenn der absolute Wert der Differenz der Elektronegativitäten größer als 2 ist. Diese Grundlage unserer ersten allgemeinen Aussage (Abschnitt 9—A, I) besagt, daß an der Reaktion benachbarter Gruppen Elemente von nahezu der gleichen Elektronegativität beteiligt sind. Dies führt zur Ausbildung einer kovalenten Verbindung. An Reaktionen zwischen Elementen aus entfernten Gruppen sind Elemente mit merklichen Unterschieden in den Elektronegativitäten beteiligt und daher wird eine ionische Verbindung gebildet. Dies ist beispielsweise recht gut ersichtlich, wenn man die Schmelzpunkte der Fluoride aus der dritten Periode betrachtet.

NaF	MgF_2	AlF_3	SiF_4	PF_3	SF_6	ClF
995 °C	1263 °C	1290 °C	−90 °C	−152 °C	−51 °C	−156 °C

Die Hauptgründe, verantwortlich für den bemerkenswerten Unterschied von links nach rechts, sind die Änderung von ionischer zu kovalenter Bindung und die Änderung in der atomaren Anordnung. In NaF ist Na^+ von sechs F^- Ionen umgeben und jedes F^- von sechs Na^+. Diese Struktur ist identisch mit der für NaCl (Abschnitt 2–B; I, S. 15). Ein gigantisches Netzwerk von Na^+ und F^-, mit starken Bindungen in allen Richtungen, existiert. Auf der anderen Seite ist jedes Si in SiF_4 von vier F umgeben und SiF_4 Moleküle existieren, die durch relativ schwache Wechselwirkungen (induzierter Dipol-induzierter Dipol) zusammengehalten werden, wie in Abbildung **9–1** gezeigt ist.

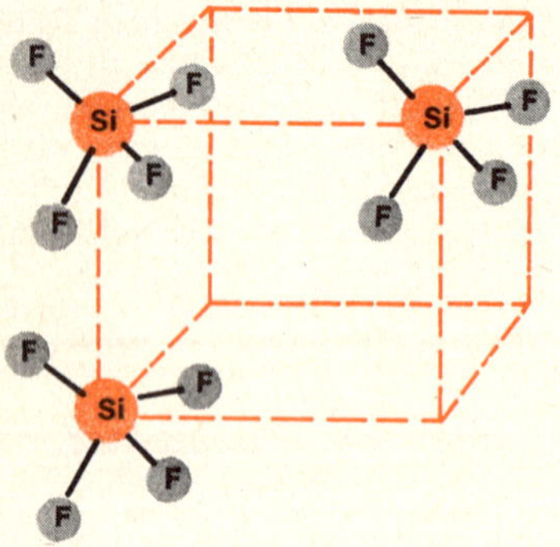

Abb. 9–1 Anordnung der SiF_4 Moleküle im festen Zustand.

Zusammenfassung

Wir erwarten, daß Verbindungen, die durch Reaktionen der Elemente der Gruppe VIIA mit den Elementen der Gruppe IA und IIA entstehen, im wesentlichen ionisch sind, und daß solche, die durch Reaktionen der Elemente der Gruppe VIIA mit Elementen der Gruppe IVA, VA und VIA entstehen, im wesentlichen kovalent sind; z. B. sind KCl und $CaCl_2$ im wesentlichen ionisch, während $SiCl_4$, PCl_3 und SCl_2 im wesentlichen kovalent sind. Wir erwarten auch, daß Verbindungen, die aus Elementen benachbarter Gruppen entstehen, wie z. B. Stickstoff (Gruppe VA) und Sauerstoff (Gruppe VIA), im wesentlichen kovalent sind.

Aufgabe 9—1

Schreibe die Formeln für Bariumbromid und Phosphor(III)-bromid. Erwartet man, daß diese ionisch oder kovalent sind? Warum?

Aufgabe 9—2

Sage die Natur der Bindung in K_2O und NO voraus. Rechtfertige die Antwort.

9—C. Oxide und Hydroxide der Elemente

Basen

Die Metallhydroxide sind Hydroxyl-Ionen Donatoren und daher Basen. Die Hydroxide der Nichtmetalle sind Wasserstoff-Ionen Donatoren und daher Säuren. Metallhydroxide werden gewöhnlich als $M(OH)_n$ geschrieben; spezifische Beispiele sind NaOH und $Ca(OH)_2$. Ein bedeutender Grund dafür, daß $M(OH)_n$ OH^- Donatoren sind, ist die niedrige Elektronegativität des Metalls und die hohe Elektronegativität des Sauerstoffs; die Metall-Sauerstoff Bindung ist im wesentlichen ionisch. Demzufolge ergibt die Ionisation in Wasser

$$NaOH \xrightarrow{aq} Na^+_{(aq)} + OH^-_{(aq)}$$

Die Hydroxide und Oxide der Metalle sind Basen, da sie mit Säuren und sauren Oxiden reagieren, um Salze zu bilden:

$$\text{basisches Oxid} + \text{Säure} \longrightarrow \text{Salz} + H_2O$$
$$BaO + 2\,HNO_3 \longrightarrow Ba\,(NO_3)_2 + H_2O$$

$$\text{Base} + \text{saures Oxid} \longrightarrow \text{Salz} + H_2O$$
$$Ca\,(OH)_2 + SO_3 \longrightarrow CaSO_4 + H_2O$$

Die Hydroxide und Oxide der Gruppen IA und IIA (außer Beryllium) sind alle Basen. In allen anderen Gruppen sind nur die Hydroxide des Indiums und Thalliums (Gruppe IIIA) ausschließlich Basen.

Säuren

Die Oxide und Hydroxide der Nichtmetalle mit der allgemeinen Formel $XO_m(OH)_n$, wie z. B. $SO_2(OH)_2$ oder H_2SO_4 und $NO_2(OH)$ oder HNO_3, sind sauer. Die Strukturformeln beider Beispiele (H_2SO_4 und HNO_3) zeigen, daß diese Hydroxide sind:

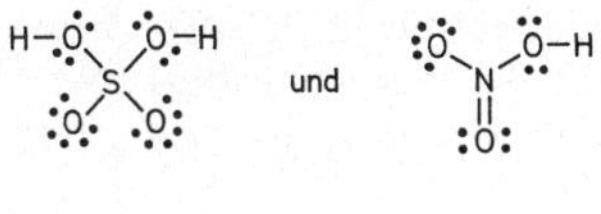

In diesen Fällen sind die Elektronegativitäten des nicht metallischen Zentralatoms (Stickstoff und Schwefel) im Vergleich mit Sauerstoff relativ hoch. Das Ergebnis ist eine kovalente Bindung zwischen dem Zentralatom und Sauerstoff und eine sehr polare O—H Bindung. In Wasser ergibt die Ion-Dipol Wechselwirkung mit Wasser (wie in Abschnitt 8—B; I, S. 272 diskutiert) eine H^+ Ionisation oder eine H^+ Abgabe. Die Oxide und Hydroxide der Nichtmetalle reagieren daher also sauer, weil sie mit Basen oder basischen Oxiden Salze ergeben.

$$\text{Saures Oxid} + \text{Base} \longrightarrow \text{Salz} + H_2O$$
$$SO_3 + 2\,KOH \longrightarrow K_2SO_4 + H_2O$$

$$\text{Saures Oxid} + \text{basisches Oxid} \longrightarrow \text{Salz}$$
$$CO_2 + CaO \longrightarrow CaCO_3$$

$$\text{Säure} + \text{basisches Oxid} \longrightarrow \text{Salz} + H_2O$$
$$H_2CO_3 + CaO \longrightarrow CaCO_3 + H_2O$$

Die bekannten Hydroxide der Elemente in Gruppe VIA (außer Sauerstoff) und VIIA sind alle Säuren. Die meisten Hydroxide der Gruppe VA verhalten sich ebenfalls sauer. Die Hydroxide der ersten Elemente in den Gruppen IIIA (Bor) und IV (Kohlenstoff) sind die einzigen in diesen Gruppen, die ausschließlich sauer sind.

Die Oxide der Gruppe VIA (außer Sauerstoff) sind sauer; ebenfalls sauer sind die Phosphoroxide und das Stickstoffoxid (NO_2) der Gruppe VA. Die Oxide des Bors, Kohlenstoffs und Siliciums sind gleichfalls sauer. Die Oxide der Gruppe VIIA sind im allgemeinen relativ instabil. Gewöhnlich reagieren diese nicht direkt mit Basen.

Amphotere Hydroxide und Oxide

Diese Oxide und Hydroxide, die ein Metalloid als Zentralatom besitzen, zeigen sowohl saure als auch basische Eigenschaften. Diese Eigenschaft wird als amphoter bezeichnet; d. h., das Oxid oder Hydroxid kann sowohl mit einer starken Säure als auch mit einer starken Base reagieren.

$$Al(OH)_3 + 3\,HNO_3 \rightarrow\!\!\!— Al(NO_3)_3 + 3\,H_2O$$

und

$$Al(OH)_3 + Na\,OH \longrightarrow Na\,Al\,O_2 + 2\,H_2O$$

Die eigentlichen gebildeten Spezies, die in Lösung existieren, sind viel komplizierter als diese Formel vermuten läßt; es handelt sich um hydratisierte $Al(H_2O)_6^{3+}$- und $Al(OH)_4^-$-Ionen. Oxide und Hydroxide mit amphoterem Charakter kommen in Gruppen vor, die von einem Nichtmetall angeführt werden und von einem Metall beendet werden. Es handelt sich dabei um die Gruppen IIIA, IVA und VA. Obwohl Beryllium auch als Metall betrachtet wird, zeigen seine Oxide und Hydroxide amphoteren Charakter.

Zusammenfassung

Die Tendenzen im Säure-Base Charakter der Oxide sind in Abbildung **9—2** gegeben. Diejenigen Oxide innerhalb der farbigen Abgrenzung sind amphoter. Oxide auf der linken Seite sind basisch; diejenigen auf der rechten Seite sind sauer. Die Tendenzen der Hydroxide sind in Abbildung **9—3** gegeben. Die amphoteren Hydroxide sind wiederum innerhalb der farbigen Markierung ersichtlich. Man sieht, daß die Formeln für die sauren Hydroxide, wie schon früher besprochen, auf zwei verschiedene Arten geschrieben sind. Es gibt bei der Betrachtung der Hydroxide einige Schwierigkeiten, da Hydroxide bestimmter Elemente nicht existieren. Nichtsdestotrotz gibt Abbildung **9—3** einen guten Überblick über das, was bekannt ist. Sowohl für Oxide als auch für Hydroxide besteht eine Tendenz von links nach rechts innerhalb einer Periode, vom ionischen zum kovalenten Charakter.

Aufgabe 9—3

Vervollständige und gleiche die folgenden Reaktionen ab. Schreibe „keine Reaktion", falls keine stattfindet.

a) $MgO + SO_3 \longrightarrow$

b) $Na_2O + ? \longrightarrow Na_2CO_3$

c) $Ca(OH)_2 + HClO_3 \longrightarrow$

d) $LiOH + Mg(OH)_2 \longrightarrow$

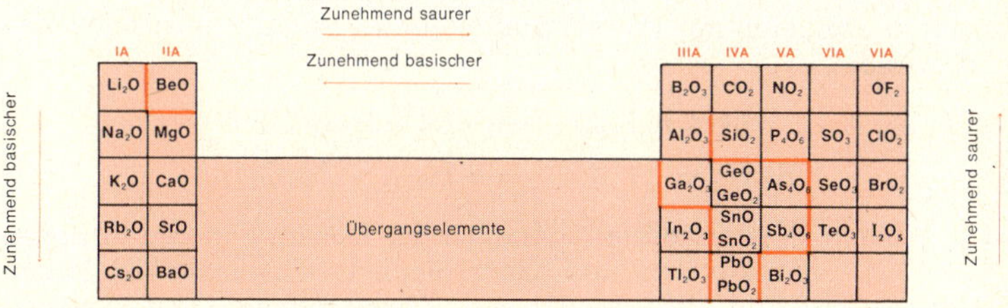

Abb. 9—2 Säure-Base Charakter der Oxide.

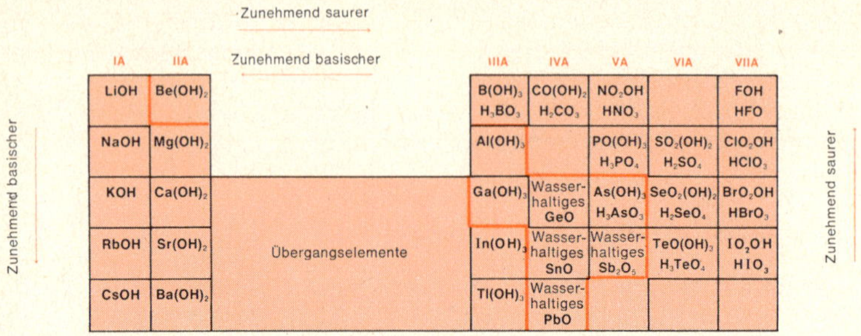

Abb. 9—3 Säure-Base Charakter der Hydroxide.

Aufgabe 9—4

Betrachte die Oxide Rb_2O und SO_3

a) Sind diese Oxide basisch oder sauer? Warum? Wie könnte man das beweisen?

b) Werden diese Verbindungen ionisch oder kovalent sein? Warum? Wie könnte man das beweisen?

9—D. Binäre Wasserstoffverbindungen

Die Bindungskraft der Elemente mit Wasserstoff ist in Abbildung **9—4** dargestellt. Die Wasserstoffverbindungen, insbesondere der Gruppe IA und IIA, enthalten Wasserstoff in einer Oxidationsstufe von —1. Wenn man einen elektrischen Strom durch eine Schmelze solcher Verbindungen leitet, wird Wasserstoff an der positiven Elektrode (Anode) in Freiheit gesetzt. Daraus folgt, daß Wasserstoff als negatives Hydrid-Ion H^- in diesen Verbindungen existiert. Die Wasserstoffverbindungen der Gruppen IA und IIA sind Hydride; sie sind ionisch, salzartig und haben hohe Schmelzpunkte. Diese Hydride reagieren mit Wasser und bilden H_2 und die entsprechenden Hydroxide:

$$LiH + H_2O \longrightarrow H_{2(g)} + LiOH$$

$$BaH_2 + 2\,H_2O \longrightarrow H_{2(g)} + Ba(OH)_2$$

Die binären Wasserstoffverbindungen der Elemente in den Gruppen IIIA—VIIA sind kovalent und haben niedrige Schmelzpunkte. In den Gruppen VIA und VIIA besitzt der Wasserstoff die Oxidationszahl +1. In den Gruppen IIIA—VA (außer in den Verbindungen mit Kohlenstoff und Stickstoff (CH_4, NH_3) hat Wasserstoff allgemein die

IA	IIA		IIIA	IVA	VA	VIA	VIIA
LiH 680	BeH_2 Z		B_2H_6 −165.5	CH_4 −182.5	NH_3 −77.7	H_2O 0	HF −83.1
NaH Z	MgH_2 Z		nicht genau definiert	SiH_4 −184.7	PH_3 −133.8	H_2S −85.5	HCl −114.2
KH Z	CaH_2 Z	Übergangselemente	Ga_2H_6 −21.4	GeH_4 −165.9	AsH_3 −116.3	H_2Se −65.7	HBr −86.9
RbH Z	SrH_2 Z		nicht genau definiert	SnH_4 −150	SbH_3 −88	H_2Te −51	HI −50.8
CsH Z	BaH_2 1200			PbH_4			

Ionisch — Kovalent

Zunahme des kovalenten Charakters →

Abb. 9—4 Die ionisch-kovalente Natur der binären Wasserstoffverbindungen. Die Schmelzpunkte sind in °C angegeben und Z bedeutet „Zersetzung".

Oxidationszahl —1. Jedoch sind diese Verbindungen immer noch kovalent und die reine Flüssigkeit kann nicht elektrolytisch zersetzt werden, wie es für die Verbindungen der Gruppen IA und IIA der Fall ist.

Die binären Wasserstoffverbindungen der Gruppen VIA und VIIA zeigen sauren Charakter in Wasser:

$$HCl \xrightarrow{aq} H^+_{(aq)} + Cl^-_{(aq)} \qquad \text{starke Säure}$$

$$H_2S \overset{aq}{\rightleftharpoons} H^+_{(aq)} + HS^-_{(aq)} \overset{aq}{\rightleftharpoons} H^+_{(aq)} + S^{2-}_{(aq)} \qquad \text{sehr schwache Säure}$$

Die Verbindungen der Gruppe VIIA sind mit der Ausnahme von HF alle starke Säuren. Die Verbindungen der Gruppe VIA sind alle schwache Säuren. Die Säurestärke der Wasserstoffverbindungen der Gruppe VIA erhöht sich, wenn man von oben nach unten innerhalb der Gruppe geht.

Die binäre Wasserstoffverbindung des Stickstoffs (Gruppe VA) reagiert basisch in wässriger Lösung: NH_3 reagiert mit Wasser und ergibt NH_4^+ und OH^-. Die restlichen binären Wasserstoffverbindungen der Gruppe VA sind neutral. Außer NH_3 sind alle außerordentlich giftig und SbH_3 ist sehr instabil. Die binären Wasserstoffverbindungen der Gruppe IVA reagieren alle neutral in Wasser.

B_2H_6 (und Ga_2H_6) sind Ausnahmen in Gruppe IIIA und existieren zusätzlich zu einfachen binären Wasserstoffverbindungen. Die Verbindung leidet an Elektronenunterschuß; d. h., wenn man versucht die Elektronenformel zu zeichnen,

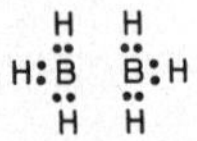

so gibt es nicht genügend Valenzelektronen, um alle Atome miteinander zu verbinden. Auf Grund experimenteller Daten ist die Struktur von B_2H_6, wie in Abbildung **9—5** angegeben.

Man sieht, daß es in B_2H_6 keine B—B Bindung gibt und daß die Wasserstoffbrücken-Atome unterhalb und oberhalb einer Ebene liegen, die durch die beiden BH_2 Anteile des Moleküls gebildet wird. Daher tritt Bindung der BH_2 Anteile durch zwei Dreizentren-Molekülorbitale unter Beteiligung der beiden B Atome ein, die jeweils durch ein H-Brückenatom miteinander verbunden sind.

Zusammenfassung

Die binären Wasserstoffverbindungen der elektropositiven Metalle in den Gruppen IA und IIA sind ionische salzartige Verbindungen, während die Verbindungen der Elemente in den Gruppen IIIA bis VIIA kovalent sind (Abbildung **9—4**). Die Stabilität der zuletzt genannten Verbindungen nimmt von oben nach unten innerhalb einer Gruppe ab. Es gibt eine Tendenz nach erhöhtem sauren Charakter der Verbindungen, wenn man von links nach rechts innerhalb einer Periode geht. Gleichzeitig wechselt das Wasserstoffatom seine Oxidationsstufe von —1 (Gruppe IA und IIA) nach +1 (Gruppe VIA und VIIA). Die Verbindungen der Gruppe VIIA stellen alle außer HF stärkere Säure in wässriger Lösung dar.

Aufgabe 9—5

Vervollständige und stelle die folgenden Gleichungen richtig

a) $NaH_{(fl)} \xrightarrow{\text{elektrischer Strom}}$

b) $CaH_2 + H_2O \longrightarrow$

c) $HJ + CaO \longrightarrow$

d) $NH_3 + HNO_3 \longrightarrow$

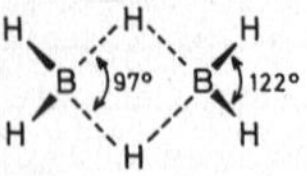

Abb. 9—5 Struktur von B_2H_6, die die brückenbildenden Wasserstoffatome zeigt.

9—E. Binäre Halogenverbindungen

Die Bindungskraft der Elemente mit den Halogenen ist in Abbildung **9—6** am Beispiel der Chloride dargestellt. Chlor befindet sich in einer Oxidationsstufe —1 in allen seinen binären Verbindungen, ausgenommen in Cl_2O und ClF. Hierbei handelt es sich um wirkliche Oxide und Fluoride des Chlors.

Wie aus unserer Diskussion in Abschnitt 9—B (I, S. 297) zu erwarten ist, existieren Halogenverbindungen in zwei größeren Klassen, ionische und kovalente Verbindungen. Die Halogenide der Gruppen IA und IIA sind ionisch, während die der Gruppen IVA—VIIA allgemein kovalent sind. Das letztere trifft besonders zu, wenn ein Element der Gruppen IVA—VIIA in seiner höchsten Oxidationsstufe vorliegt. Zum Beispiel sind $SnCl_4$ und $PbCl_4$ Flüssigkeiten mit verhältnismäßig niedrigen Schmelz- und Siedepunkten (wie bei kovalenten Verbindungen). Jedoch sind $SnCl_2$ und $PbCl_2$ hoch schmelzende Festkörper. Weiterhin ist geschmolzenes $PbCl_2$ ein verhältnismäßig guter Leiter, welcher ionischen Charakter anzeigt. Wie zu erwarten, besteht eine Tendenz nach erhöhter ionischer Beschaffenheit, wenn man von oben nach unten innerhalb einer Gruppe geht. Dies ist besonders bemerkbar in den Gruppen IIIA—VIA (Abbildung **9—6**).

Bestimmte Verbindungen in der Tabelle der binären Chloride sind relativ instabil wie z. B. Cl_2O und SCl_2. Stabilere Verbindungen sind S_2Cl_2 und Cl_2O_7. Dies trifft auch für andere Halogenide zu — z. B. sind die Fluoride mit der höchsten Stabilität bei den Elementen in der Gruppe VIA (außer Sauerstoff), SF_6, SeF_6 und TeF_6 zu finden. In der Gruppe VIIA sind BrF_5 und JF_5 die stabilsten Fluoride. Es ist nicht überraschend, daß die Elemente, die sich mit Fluor verbinden, in ihrer höchsten Oxidationsstufe vorliegen, da Fluor das elektronegativste Element ist.

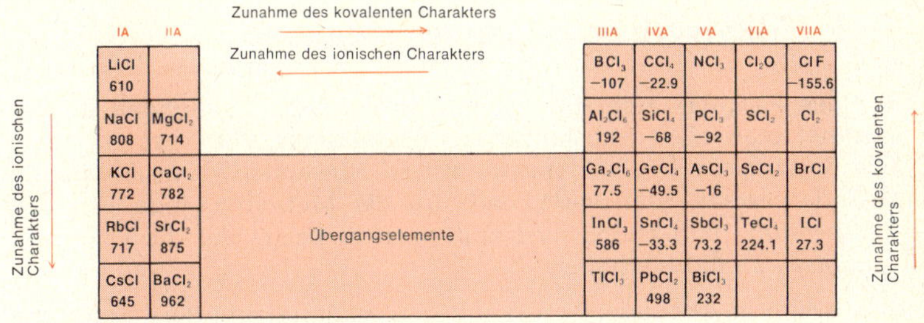

Abb. 9—6 Die ionisch-kovalente Natur der binären Halogenverbindungen. Schmelzpunkte sind in °C angegeben.

Es ist auch nicht ungewöhnlich, daß gewisse Halogenide nicht vorkommen. Keine stabilen Jodide des Schwefels, Selens oder Stickstoffs existieren, und viele Interhalogenverbindungen (Verbindungen, die zwischen Halogenen gebildet werden) kommen nicht vor oder haben nur eine geringe Stabilität. Es scheint, daß nur dreizehn Interhalogenverbindungen klar definiert sind. Es ist bemerkenswert, daß es immer nur ein Atom des weniger elektronegativen Elements pro Molekül gibt, z. B. BrCl, ClF, BrF_3, JF_5, JCl.

Zusammenfassung

Innerhalb einer Periode gehen die Halogenide von hauptsächlich ionischem Charakter auf der linken Seite in kovalente Verbindungen auf der rechten Seite über. Die Halogenide erhöhen ihre ionische Natur, wenn man von oben nach unten innerhalb einer Gruppe geht.

Aufgabe 9—6

$AlBr_3$ leitet den elektrischen Strom nicht, während AlF_3 ein elektrischer Leiter ist. Erkläre diese Beobachtung.

Aufgabe 9—7

Schreibe die Formeln für die folgenden Verbindungen. Gib an, warum sie ionisch oder kovalent sein sollten:

a) Cäsiumjodid
b) Kohlenstofftetrafluorid
c) Magnesiumfluorid
d) Phosphor(III)-bromid

9—F. Alkylverbindungen der Elemente

Für den Fall, daß eine Alkylgruppe an ein Metall gebunden ist, bezeichnet man diese Substanzen als Metallorganische Verbindungen. Die Bindungskraft der Elemente mit Alkylgruppen ist in Abbildung 9—7 dargestellt. Man sieht, daß sich die Methylverbindungen den Wasserstoff- und Halogenverbindungen in bezug auf die Gruppennummern ähnlich verhalten.

Wie schon in Abschnitt 9—A (I, S. 295) gesagt, erlaubt die Betrachtung einer Alkylgruppe als einzelnes Atom die Zuordnung der relativen Ladungsverteilung im Molekül. Die Alkylgruppen sind verhältnismäßig negativ, wenn sie sich mit Elementen der Gruppen IA—IIIA ver-

Zunahme des kovalenten Charakters →

IA	IIA		IIIA	IVA	VA	VIA	VIIA
LiMe	$BeMe_2$		BMe_3	Me_4C	Me_3N	Me_2O	MeF
NaMe	$MgMe_2$		$Al_2(CH_3)_6$	$SiMe_4$	Me_3P	Me_2S	MeCl
KMe		Übergangselemente	$GaMe_3$	$GeMe_4$	Me_3As	Me_2Se	MeBr
RbMe			$InMe_3$	$SnMe_4$	Me_3Sb	Me_2Te	MeI
			$TlMe_3$	$PbMe_4$	Me_3Bi		

Abb. 9—7 Kovalente Natur der Alkylverbindungen. Die Methylgruppe (Me) wird als repräsentatives Beispiel einer Alkylgruppe benutzt.

binden. Die Namen der Methylderivate der Gruppen IA—IIIA leiten sich von dem negativen Methid-Ion CH_3^- ab, z. B.

$NaCH_3$	$Ba(CH_3)_2$
Methylnatrium	Dimethylbarium

Falls die Alkylgruppe verhältnismäßig negativ ist, gehen die Verbindungen zwei interessante Reaktionen ein. Diese Reaktionen treten insbesondere bei allen Alkylverbindungen der Gruppen IA und IIA ein. Zum Beispiel:

1. sofortige Entzündung an der Luft
2. Hydrolyse führt zu Metallhydroxiden und dem entsprechenden Alkan.

$$NaCH_3 + H_2O \longrightarrow NaOH + CH_4$$

Die Alkylverbindungen des Kohlenstoffs stellen organische Moleküle dar (Abschnitte 7—G und 7—H; I, S. 247 und II, S. 252). Beispielsweise können die folgenden Verbindungen als typische Derivate des Methans angesehen werden:

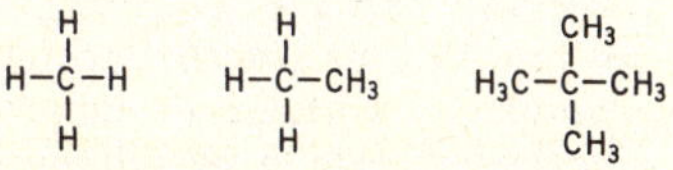

Die Alkylverbindungen des Stickstoffs sind Amine (Abschnitt 7—J; I, S. 261) und daher Ammoniakderivate:

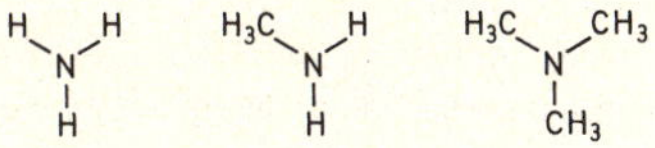

Alle diese Verbindungen sind Basen. Die Alkylverbindungen des Sauerstoffs sind Äther:

$$H_3C\text{–}O\text{–}CH_3$$

Die Alkylverbindungen der Halogene stellen aliphatische Halogenide dar. Wie wir in Abschnitt 9–H sehen werden, können diese mit Magnesium umgesetzt werden.

Die Methylverbindung des Aluminiums lautet $Al_2(CH_3)_6$; sie stellt ein weiteres Beispiel für eine Elektronenmangelverbindung dar.

Aufgabe 9–8

Silicium befindet sich in der Gruppe IVA. Schreibe die Molekularformeln für die Methyl- und Äthylderivate des Siliciums. Beschreibe die Struktur dieser Moleküle.

Aufgabe 9–9

Das Methylderivat des Bleis ist Bleitetramethyl. In welcher A Gruppe würde man Blei auf Grund der Formel für Bleitetramethyl erwarten? Was für eine Struktur ist für Bleitetramethyl zu erwarten?

Aufgabe 9–10

Beschreibe die Struktur der Methylderivate der Elemente aus der zweiten Periode [z. B. $LiCH_3$, $Be(CH_3)_2$, ... CH_3F].

9–G. Gruppe IA-Alkalimetalle

Einige Eigenschaften der Alkalimetalle sind in Tabelle **9–1** gegeben.

Alkalimetalle werden niemals als solche in der Natur gefunden, da sie außerordentlich reaktiv sind. Sie sind weiche, silberartige Metalle mit niedrigen Schmelz- und Siedepunkten. Sie lassen sich mit einem Messer schneiden und Cäsium kann in einer evakuierten Ampulle schon bei Körpertemperatur geschmolzen werden. In der Gasphase liegen zweiatomige Moleküle, wie z. B. Na_2, vor. Alle Alkalimetalle werden als gute Strom- und Wärmeleiter betrachtet. Mit sehr dickem Plastik bezogene Natriumkabel werden als Ersatz für Kupferdraht erprobt. Dies wäre eine bedeutende Anwendung, da wir allmählich beginnen, unsere bekannten Kupferreserven auszuschöpfen. Natrium kann billig und in großen Mengen aus Meerwasser gewonnen werden. In flüssiger Form kann Natrium als Mittel für die Wärmeübertragung in Kernreaktoren benutzt werden.

Alkalimetalle in elementarer Form können durch elektrische Zersetzung der geschmolzenen Salze $MX_{(fl)}$ hergestellt werden. Dieser Vorgang wird Elektrolyse genannt; Einzelheiten werden in Kapitel 14 (II, S. 205) besprochen.

Die Alkalimetalle zeigen die allgemein zu erwartenden Tendenzen bezüglich der Atom- und Ionenradien, der Ionisationspotentiale und der Elektronegativitäten, wenn man von oben nach unten innerhalb einer Gruppe im Periodischen System geht. Alle Alkalimetalle sind gute Reduktionsmittel. Da sie eine starke Tendenz zeigen, Elektronen an einen Akzeptor abzugeben, sind fast alle Alkalimetallverbindungen ionisch aufgebaut.

Die Alkalimetalle reagieren lebhaft mit Wasser unter Bildung der Hydroxyde und H_2. Zusätzlich wird eine bemerkbare Wärmemenge freigesetzt.

$$2\,Na + 2\,H_2O \longrightarrow 2\,Na^+ + 2\,OH^- + H_{2(g)} + 80\,Kcal$$

Tabelle 9–1 Eigenschaften der Elemente der Gruppe IA

	Li	Na	K	Rb	Cs
Kernladungszahl	3	11	19	37	55
Valenzkonfiguration	$2s^1$	$3s^1$	$4s^1$	$5s^1$	$6s^1$
übliche Form	Metall-atomar	Metall-atomar	Metall-atomar	Metall-atomar	Metall-atomar
Ionisationspotential (Kcal)	124	118	100	96	90
Elektronegativität	1,0	0,9	0,8	0,8	0,7
Atomradius (Å)	1,23	1,57	2,03	2,16	2,35
übliche Oxidationsstufe	+1	+1	+1	+1	+1
Ionengröße	0,60	0,95	1,33	1,48	1,69
Schmelzpunkt (° C)	179	97	64	39	28
Siedepunkt (° C)	1336	880	760	700	670
Hydratationswärme (Kcal/Mol)	121	95	75	69	61
Saure-Base-Charakter des Oxids oder Hydroxids	basisch	basisch	basisch	basisch	basisch

Diese Reaktion ist ein Beispiel für die Reduzierbarkeit der Alkalimetalle. Elektronen werden an das Wasserstoff-Ion im Wasser abgegeben, um elementaren Wasserstoff zu bilden.

Alle Alkalimetalle reagieren direkt mit Halogenen, Wasserstoff, Schwefel und Phosphor, um die entsprechenden Halogenide, Hydride, Sulfate und Phosphide zu liefern. Lithium ist das einzige Element der Gruppe, welches mit O_2 reagiert, um das Oxid zu bilden. Die anderen reagieren und geben Verbindungen mit O_2^{2-} Ionen, die als Peroxide (Abschnitt 9–L; I, S. 332), wie z. B. Na_2O_2, bekannt sind. Andere wiederum enthalten das O_2^--Ion und werden als Superoxide (Abschnitt 9–L; I, S. 332) bezeichnet (KO_2, PbO_2 und CsO_2).

Die Reaktion der Alkalimetalle mit flüssigem Ammoniak ist von besonderem Interesse. Die Alkalimetalle lösen sich zuerst in flüssigem Ammoniak, um blaue Lösungen zu bilden, die ausgezeichnete elektrische Leiter sind. Dies ist darauf zurückzuführen, daß Kationen und mit Ammoniak solvatisierte Elektronen vorliegen.

$$M + (m + n)\,NH_3 \rightleftharpoons M^+(mNH_3) + e^-(NH_3)$$

Die solvatisierten Elektronen sind auch für die Farbe verantwortlich. Beim Stehenlassen entstehen Metallamid und Wasserstoff.

$$2\,K + 2\,NH_3 \longrightarrow 2\,KNH_2 + H_2$$

Fast alle Salze der Alkalimetalle sind in Wasser löslich, u. a.

1. Halogenide MX,
2. Nitrate MNO_3,
3. Sulfate M_2SO_4,
4. Hydroxide und Oxide, MOH und M_2O,
5. Carbonate M_2CO_3,
6. Phosphate M_3PO_4,
7. Acetate CH_3COOM,
8. Chlorate $MClO_3$,
9. Sulfide M_2S.

Die Hydratationswärme der Alkalimetallionen ist niedrig, da das Verhältnis Ladung zur Größe der Ionen klein ist (Kapitel 8; I, S. 175).

Tabelle **9–2** gibt eine Zusammenfassung der bedeutenderen Reaktionen der Elemente und Verbindungen dieser Gruppe.

Aufgabe 9–11

In der Dampfphase kommen die Alkalimetalle als zweiatomige Moleküle vor.

a) Sage den Bindungsabstand in Li_2 und Cs_2 voraus.

b) Welches Molekül wird die höchste Bindungsdissoziationsenergie aufweisen? Warum?

Aufgabe 9–12

NaBr und RbBr sind beide in Wasser löslich. Welche Verbindung wird die höhere Hydratationswärme haben? Warum?

Tabelle 9–2 Einige allgemeine Reaktionen der Verbindungen der Elemente der Gruppe IA

Reaktion*	Bemerkungen
1. $2MX_{(fl)} \xrightarrow{\text{elektrischer Strom}} 2M + X_2$	zur Darstellung des reinen Metalls
2. $2M + 2H_2O \longrightarrow 2MOH + H_2$	heftige Reaktion
3. $2M + H_2 \longrightarrow 2\,MH$	erhöhte Temperaturen sind erforderlich; bildet ionische Hydride
4. $2M + X_2 \longrightarrow 2MX$	
5. $2M + S, Se, Te \longrightarrow M_2S$	
6. $3M + P, As, Sb \longrightarrow M_3P$	
7. $2M + 2NH_3 \longrightarrow 2MNH_2 + H_2$	hohe Temperatur ist erforderlich für die Reaktion mit $NH_{3(g)}$; in $NH_{3(fl)}$ entstehen solvatisierte Elektronen, dann folgt die Reaktion
8. $MOH + \text{Säure} \longrightarrow \text{Salz} + H_2O$	M_2O reagiert ebenfalls mit Säure
9. $MOH \xrightarrow{aq} M^+_{(aq)} + OH^-_{(aq)}$	M_2O reagiert ebenfalls mit Wasser unter Bildung derselben Ionen
10. $MH + H_2O \longrightarrow MOH + H_2$	
11. $\text{Salz} + H_2O \longrightarrow$ wäßrige Lösung	fast alle Salze sind in Wasser löslich

* M bedeutet ein Metall der A-Gruppe; X = F, Cl, Br oder J; $MX_{(fl)}$ = geschmolzenes Salz

Aufgabe 9—13

Vervollständige die folgenden Gleichungen

a) $Li_2O + H_2O \longrightarrow$

b) $CsOH + H_2SO_4 \longrightarrow$

c) $KH + H_2O \longrightarrow$

d) $Na + S \longrightarrow$

e) $Na + NH_3 \longrightarrow$

f) $Cs + H_2 \longrightarrow$

g) $RbBr \xrightarrow{aq}$

h) $NaBr_{(fl)} \xrightarrow{\text{elektrischer Strom}}$

i) $Cs + P \longrightarrow$

Aufgabe 9—14

Kennzeichne die Kationen und Anionen in den folgenden Verbindungen und gib die entsprechenden Oxidationszustände an.

a) Li_2O

b) Na_2SO_4

c) RbJ

d) $KMnO_4$

e) $Na_2Cr_2O_7$

f) CsH

g) KOH

9—H. Gruppe IIA-Erdalkalimetalle

Einige Eigenschaften der Erdalkalimetalle sind in Tabelle **9—3** angegeben.

Die Erdalkalimetalle werden nicht in der Natur gefunden, da sie sehr reaktiv sind. Sie sind Metalle unterschiedlicher Härte (Beryllium ist sehr hart, Barium dagegen ist weich). Beryllium wird in dem Silikatmineral $Be_2Al_2(SiO_3)_6$ gefunden; Beryllium und viele seiner Verbindungen werden als verhältnismäßig giftig betrachtet.

Tabelle 9–3 Eigenschaften der Elemente der Gruppe IIA

	Be	Mg	Ca	Sr	Ba	Ra
Kernladungszahl	4	12	20	38	56	88
Valenzkonfiguration	$2s^2$	$3s^2$	$4s^2$	$5s^2$	$6s^2$	$7s^2$
übliche Form	Metall-atomar	Metall-atomar	Metall-atomar	Metall-atomar	Metall-atomar	Metall-atomar
Ionisationspotential [Kcal]	214	175	140	132	120	121
Elektronegativität	1,5	1,2	1,0	1,0	0,9	0,9
Atomradius	0,89	1,36	1,74	1,91	1,98	
übliche Oxidationsstufe	+2	+2	+2	+2	+2	+2
Ionengröße [Å]	0,31	0,65	0,99	1,13	1,35	1,43
Schmelzpunkt [° C]	1278	651	842	769	725	
Siedepunkt [° C]	2970	1107	1487	1384	1140	
Hydratationswärme (+ 2 Ion) [Kcal/Mol]	591	456	377	342	308	
Säure-Base-Charakter des Oxids oder Hydroxids	amphoter	basisch	basisch	basisch	basisch	basisch

Magnesium kommt ebenfalls in einer großen Anzahl von Silikaten vor und wird auch reichlich in Meerwasser gefunden. Calcium kommt als Calciumcarbonat ($CaCO_3$) in Kreide, Marmor und Kalkstein vor. Sowohl Strontium als auch Barium kommen üblicherweise als Sulfate vor. Alle Radiumisotope sind radioaktiv.

Alle Erdalkalimetalle werden als gute Leiter angesehen. Die Elemente werden gewöhnlich durch Elektrolyse der geschmolzenen Halogensalze hergestellt.

Auf eine Tatsache in der Diskussion der Elemente der Gruppe IA haben wir noch nicht hingewiesen, nämlich auf die chemischen Eigenschaften des Lithiums. Als erstes Glied der Gruppe unterscheiden sich die Eigenschaften in verschiedenen Aspekten von denen der anderen Glieder der Gruppe IA. Beispielsweise ist Lithium das einzige Element der Gruppe, welches direkt mit Stickstoff reagieren kann. Es gibt verschiedene andere chemische Unterschiede, eingeschlossen die schnelle Reaktion von Lithium mit Kohlenstoff und die relative thermische Instabilität des Carbonats. Diese Unterschiede kommen hauptsächlich daher, daß Lithium, als das erste Glied der Gruppe, klein ist und das Ion eine hohe Ladungsdichte hat. Das Gleiche gilt für Beryllium in Gruppe IIA und eigentlich gilt dies allgemein für alle ersten Glieder einer Gruppe. Demzufolge zeigen diese ersten Glieder oft unterschiedliche chemische Eigenschaften von den verbleibenden Elementen der Gruppe.

Die allgemeinen Tendenzen (im Periodischen System) des Ionisationspotentials, der Elektronegativität, der Atom- und Ionengröße und der Hydratationswärme werden von den Elementen der Gruppe IIA befolgt. Die Atom- und Ionengröße der Elemente der Gruppe IIA sind wegen der größeren effektiven Kernladung geringer, als die der Gruppe IA. Die Hydratationsenergien der Ionen der Gruppe IIA sind bemerkenswerterweise größer als die der Ionen der Gruppe IA, da eine erheblich höhere Ladungsdichte des Atoms vorliegt. Alle Erdalkalimetalle sind gute Reduktionsmittel, obwohl sie nicht so gut reduzierend wie Alkalimetalle wirken.

Die Reaktion der Metalle aus Gruppe IIA mit Wasser ist unterschiedlich. Calcium, Strontium und Barium reagieren schnell mit kaltem Wasser, während für eine Reaktion mit Magnesium heißes Wasser erforderlich ist; Beryllium reagiert überhaupt nicht. Findet eine Reaktion statt, so ist sie vom gleichen Typ wie die mit den Metallen der Gruppe IA; d. h. H_2 und Metallhydroxide werden gebildet.

$$Ba + 2\,H_2O \longrightarrow Ba(OH)_2 + H_2$$

Die Metalle der Gruppe IIA reagieren alle direkt mit Sauerstoff und allen anderen Gliedern der Gruppe VIA (Schwefel, Selen und Tellur).

$$2\,Ca + O_2 \longrightarrow 2\,CaO$$

$$Ba + S \longrightarrow BaS$$

Die Elemente der Gruppe IIA reagieren auch mit Kohlenstoff und formen Carbide

$$M + 2\,C \longrightarrow MC_2$$

Ein wichtiges Carbid ist CaC_2, das mit Wasser umgesetzt werden kann, um Acetylen kommerziell herzustellen.

$$CaC_2 + 2\,H_2O \longrightarrow H{-}C{\equiv}C{-}H + Ca(OH)_2$$

Jedoch die zugänglichere Methode der CaC_2 Herstellung ist nicht die direkte Vereinigung von Calcium und Kohlenstoff, sondern dies geschieht besser durch folgende Reaktion:

$$CaO + 3\,C\,(Koks) \longrightarrow CaC_2 + CO$$

Die Elemente Calcium, Strontium und Barium lösen sich in flüssigem Ammoniak unter Bildung farbiger Lösungen, wie es alle Metalle der Gruppe IA tun. Ähnlich gilt, daß, wenn die Lösung einige Zeit gestanden hat, das Metallamid gebildet wird – z. B. $Ba(NH_2)_2$ aus einer Lösung von Ba in Ammoniak.

Das Hauptunterscheidungsmerkmal von Beryllium liegt in der kovalenten Natur seiner Verbindungen und dem amphoteren Charakter seiner Oxide und Hydroxide. Die Oxide oder Hydroxide können direkt mit Säuren und Basen reagieren. Viele Berylliumverbindungen, eingeschlossen Halogenide und Oxide, zeigen sehr geringen ionischen Charakter und sind deshalb hauptsächlich kovalent. Zum Beispiel ist die elektrische Leitfähigkeit von $BeCl_2$ 1000mal kleiner als die von NaCl.

Magnesium ist von einem Standpunkt her einzigartig. Magnesiummetall reagiert mit einem organischen Halogenid zu einem Magnesium-organischen-Halogenid, bekannt als Grignard Reagenz.

$$Mg + R{-}X \longrightarrow R{-}Mg{-}X$$

Gewöhnlich ist X gleich Cl, Br oder J. Diese Grignard-Reagenzien spielen eine bedeutende Rolle in der Synthese vieler organischer Verbindungen.

Berylliumhalogenide, -nitrat, -sulfat, -carbonat, -acetat, -chlorat und -chromat (CrO_4^{2-}) sind alle sehr gut löslich. Im Falle der Verbindungen der anderen Elemente der Gruppe IIA gilt folgendes für die Wasserlöslichkeit:

1. Halogenide sind gut löslich; außer Fluoriden, die verhältnismäßig unlöslich sind.
2. Nitrate sind verhältnismäßig gut löslich.
3. Acetate sind verhältnismäßig gut löslich.
4. Chlorate sind verhältnismäßig gut löslich.
5. Oxide sind verhältnismäßig unlöslich und reagieren unter Hydroxidbildung; Ausnahme BeO, welches nicht löslich ist und keine Reaktion zeigt.
6. Die Hydroxide sind verhältnismäßig unlöslich, insbesondere $Be(OH)_2$; $Ba(OH)_2$ ist das am Besten lösliche (4,2 g/100 g H_2O).

7. Die Sulfate sind fast unlöslich, außer Magnesiumsulfat.
8. Die Carbonate sind alle relativ unlöslich.
9. Die Chromate sind relativ unlöslich, mit der Ausnahme von Magnesium.

Tabelle **9–4** gibt eine Zusammenfassung einiger bedeutender Reaktionen der Elemente der Gruppe IIA.

Aufgabe 9–15

a) Erwartet man, daß die ersten Ionisationspotentiale der Elemente der Gruppe IIA größer oder niedriger sind als die der Gruppe IA? Warum?

b) Das erste Ionisationspotential von Barium (Gruppe IIA) ist geringer als das von Lithium und entspricht etwa dem des Natriums. Erklärung.

Tabelle 9–4 Einige allgemeine Reaktionen der Elemente und Verbindungen der Gruppe IIA

Reaktion*	Bemerkungen
1. $MX_{2(fl)} \xrightarrow{\text{elektrischer Strom}} M + X_2$	zur Darstellung des reinen Metalls
2. $M + 2H_2O \longrightarrow M(OH)_2 + H_2$	für Be und Mg sind höhere Temperaturen erforderlich;
3. $M + {}^1/_2O_2 \longrightarrow MO$	
4. $M + S, Se, Te \longrightarrow MS$	
5. $M + H_2 \longrightarrow MH_2$	findet allgemein bei höheren Temperaturen statt; Bildung ionischer Hydride
6. $M + X_2 \longrightarrow MX_2$	
7. $3M + N_2 \longrightarrow M_3N_2$	findet bei hoher Temperatur und auch bei hohem Druck statt
8. $M + 2NH_{3(fl)} \longrightarrow M(NH_2)_2 + H_2$	mit $NH_{3(g)}$ sind höhere Temperaturen erforderlich; in $NH_{3(fl)}$ entstehen solvatisierte Elektronen, dann folgt die Reaktion
9. $M(OH)_2 + \text{Säure} \longrightarrow \text{Salz} + H_2O$	MO reagiert ebenfalls mit Säure; Be Verbindungen sind amphoter
10. $M(OH)_2 + H_2O \longrightarrow M^{2+} + OH^-$	MO reagiert mit Wasser unter Bildung derselben Ionen; Be Verbindungen sind amphoter
11. $MH_2 + H_2O \longrightarrow M(OH)_2 + H_2$	
12. $\text{Salze} + H_2O \longrightarrow \text{Lösung}$	Halogenide, Nitrate, Acetate, Chlorate

* M bedeutet ein Element der Gruppe IIA; X = (F, Cl, Br oder J)

Aufgabe 9—16

a) Berechne die gesamte Hydratationswärme der Ionen in $CaBr_2$ und vergleiche den Wert mit dem für die Ionen in NaBr. [Hinweis: Benutze Daten aus Kapitel 8; I, S. 169 u. 172.]

b) Man sieht, daß Na^+ und Ca^{2+} ungefähr identisch in der Größe sind und trotzdem bemerkenswerte unterschiedliche Hydratationswärmen haben. Warum?

Aufgabe 9—17

Wieviel Elektronen (in Mol) würden gebraucht, um 1 Mol (eigentlich 1 g-At-GW) K und Ba aus KCl bzw. $BaCl_2$ herzustellen?

Aufgabe 9—18

Vervollständige die folgenden Gleichungen, falls eine Reaktion eintritt.

a) $BaO + HCl \longrightarrow$
b) $Na_2O + CaO \longrightarrow$
c) $Sr(OH)_2 + HBr \longrightarrow$
d) $Mg + O_2 \longrightarrow$
e) $Ba(OH)_2 + RbOH \longrightarrow$
f) $Ba + NH_3 \longrightarrow$
g) $Be + H_2O \longrightarrow$
h) $Ca + Br_2 \longrightarrow$
i) $BaCl_2 + H_2O \longrightarrow$
j) $Ca + N_2 \longrightarrow$

9—I. Elemente der Gruppe IIIA

Einige Eigenschaften der Elemente der Gruppe IIIA sind in Tabelle 9—5 wiedergegeben.

Die Elemente der Gruppe IIIA werden in der Natur nicht als freie Elemente gefunden. Bor wird gewöhnlich als Borax $Na_2B_4O_7 \cdot 10\,H_2O$ gefunden. (Diese Formel mit dem Symbol $10\,H_2O$ bedeutet, daß, obwohl Wassermoleküle beteiligt sind, die genaue Natur der Anordnung und Bindung allgemein unbekannt ist.) Aluminium kommt hauptsächlich als Bauxit $Al_2O_3 \times 2\,H_2O$ vor, aus dem das reine Metall durch Elektrolyse hergestellt wird. Die anderen Elemente dieser Gruppe kommen gewöhnlich als Verbindungen zusammen mit Zinkblende (ZnS) vor. Die Elemente werden gewöhnlich durch Elektrolyse ihrer wäßrigen Salzlösungen gereinigt. Fäden reinen Bormetalls zeigen eine außerordentlich hohe Zugfestigkeit. Bor ist im allgemeinen ein Nichtleiter für Elektrizität; Aluminium und Indium sind gute Leiter und die verbleibenden Elemente sind verhältnismäßig schlechte Leiter.

Die Atom- und Ionengröße der Elemente der Gruppe IIIA ist geringer als die der Elemente der Gruppe IIA. Dies ist hauptsächlich

Tabelle 9–5 Eigenschaften der Elemente der Gruppe IIIA

	B	Al	Ga	In	Tl
Kernladungszahl	5	13	31	49	81
Valenzkonfiguration	$2s^2 2p^1$	$3s^2 3p^1$	$4s^2 4p^1$	$5s^2 5p^1$	$6s^2 6p^1$
übliche Form	Nichtmetall – kovalent	Metall-atomar	Metall-vielleicht Ga_2 Moleküle	Metall-atomar	Metall-atomar
Ionisationspotential [Kcal]	191	138	138	133	141
Elektronegativität	2	1,5	1,6	1,7	1,8
Atomradius [Å]	0,80	1,25	1,24	1,50	1,55
übliche Oxidationsstufe	+3	+3	+3	+3	+3
Ionengröße	0,20	0,50	0,62	0,81	0,95
Schmelzpunkt [° C]	2200	660	30	157	304
Siedepunkt [° C]	2550	2467	2403	2000	1457
Hydratationswärme [Kcal/Mol]		1109	1115	980	990
Säure-Base-Charakter des Oxids oder Hydroxids	sauer	amphoter	amphoter	basisch	basisch

darauf zurückzuführen, daß die effektive Kernladung zunimmt. Die Hydratationsenergien der Ionen der Gruppe IIIA sind größer als die der Ionen der Gruppe IIA, da eine bemerkenswerte höhere Ladungsdichte der Ionen der Gruppe IIIA vorliegt.

Die Elemente der Gruppe IIIA gehen im wesentlichen keine Reaktion mit Wasser ein. Im Falle von Aluminium ist die Trägheit darauf zurückzuführen, daß das Metall durch eine Schicht Al_2O_3 (Aluminiumoxid) geschützt ist. Entfernt man diese Schicht so reagiert Aluminium mit Wasser und bildet H_2. Alle Elemente werden mit Salzsäure unter Bildung von +3 Ionen reagieren, mit der Ausnahme von Thallium, welches ein +1 Ion liefert. Die Elemente reagieren auch mit oxidierenden Säuren, wie z. B. HNO_3 und auch mit H_2SO_4, mit der Ausnahme von Aluminium, welches wiederum wegen der Aluminiumoxidschicht an der Oberfläche nicht reagiert.

Alle Elemente der Gruppe IIIA reagieren mit O_2 und S unter Bildung der Oxide und Sulfide. Zum Beispiel:

$$4\,In + 3\,H_2O \longrightarrow 2\,In_2O_3 + 3\,H_2$$

Thallium geht in die Oxidationsstufe +1 und bildet Tl_2O und Tl_2S. Die Reaktion, welche Al_2O_3 liefert, ist besonders interessant, da es sich um eine sehr stark exotherme Reaktion handelt – es entstehen ungefähr 400 Kcal pro g-Mol/Al_2O_3. Das heißt, Al_2O_3 ist außerordentlich stabil und Aluminium wird fast jedes andere metallische

Oxid zum freien Metall reduzieren. Die Reaktion von Aluminium mit Fe_2O_3 ist so stark exotherm, daß sie geschmolzenes Eisen für Schweißvorgänge liefert (Thermitprozeß). Die Oxide und Hydroxide der Elemente der Gruppe IIIA zeigen saure, amphotere und basische Eigenschaften: Die Borverbindungen sind sauer, die Aluminium- und Galliumverbindungen zeigen amphotere Eigenschaften; die Indium- und Thalliumverbindungen sind basisch.

Die Elemente Aluminium und Gallium reagieren mit starken Basen; Bor aber erfordert geschmolzene Alkalimetallhydroxide. Salze mit komplexen Anionen wie AlO_2^- und BO_3^{3-} werden gebildet. In Lösung liegt AlO_2^- als $Al(OH_4)^-$ oder $[Al(OH)_4(H_2O)_2]$ Ion vor.

Alle Elemente bilden Nitride. Jedoch reagieren nur Bor und Aluminium direkt mit N_2 bei erhöhter Temperatur.

$$2\,B + N_2 \longrightarrow 2\,BN$$

Die Form von Bornitrid ist von Interesse, da sie eine schichtförmige Struktur, ähnlich wie Graphit hat (Abbildung **9—J**). Hohe Temperatur und hoher Druck wird diese Schichten in eine diamantenähnliche Struktur umwandeln, die sogar härter als Diamant ist. Die Elemente der Gruppe IIIA, im Gegensatz zu den Elementen der Gruppen IA und IIA, lösen sich nicht oder reagieren nicht mit flüssigem Ammoniak.

Die Chloride, Bromide und Jodide sind kovalenter Natur. Bortrihalogenide reagieren als Elektronenakzeptormoleküle und bilden eine Vielfalt komplexer Verbindungen. Übliche Elektronendonatormoleküle sind solche, die z. B. Stickstoff oder Sauerstoff enthalten.

Die Halogenide (alle existieren), die Nitrate (alle existieren mit Ausnahme der Bornitrate) und die Sulfate (wiederum existieren alle mit Ausnahme der Borsulfate) der Metalle in der +3 Oxidationsstufe sind wasserlöslich. Die Acetate und Carbonate kommen ebenfalls alle vor (Bor ist wiederum eine Ausnahme) und sind in Wasser löslich, aber es findet eine Reaktion mit Wasser statt, so daß die entsprechenden Ionen nicht in Lösung existieren. Diese Reaktion mit Wasser ist als Hydrolyse bekannt (siehe auch Kapitel 13; II, S. 182 und 16; III, S. 10).

Zum Beispiel:

$$Al(C_2H_3O_2)_3 + 3\,H_2O \rightleftharpoons Al(OH)_3 + 3\,HC_2H_3O_2$$

Im Falle der Halogenide, Nitrate und Sulfate tritt partielle Hydrolyse der hydratisierten Metallionen ein und eine saure Lösung entsteht.

$$[M(H_2O)_6]^{3+} + H_2O \rightleftharpoons [M(H_2O)_5(OH)]^{2+} + H_3O^+$$

Im Falle des Aluminiums tritt diese Reaktion zu einem solchen Ausmaß ein, daß eine Säurestärke entsteht, die ungefähr der der Essigsäure in Wasser entspricht. Das Tl^+-Ion (die übliche Form des Thalliums) ist in wäßriger Lösung stabil, während Tl^{3+} weitgehend Hydrolyse erleidet. Borhalogenide hydrolysieren zu Borsäure in Wasser. Tabelle **9–6** gibt eine Zusammenfassung einiger bedeutender Reaktionen der Elemente und der Verbindungen der Gruppe IIIA.

Tabelle 9–6 Einige allgemeine Reaktionen der Elemente und Verbindungen der Gruppe IIIA

Reaktion*	Bemerkungen
1. $M + H_2O \longrightarrow$ keine Reaktion	Al reagiert, wenn die Al_2O_3 Schicht entfernt ist
2. $4M + 3O_2 \longrightarrow 2M_2O_3$	erfordert höhere Temperaturen
3. $2M + 6HCl \longrightarrow 2MCl_3 + 3H_2$	außer Tl, welches Tl^+ bildet; Ba, Ga, In reagieren ähnlich mit anderen Säuren
4. $2M + 3X_2 \longrightarrow 2MX_3$	ebenfalls TlX
5. $B(OH)_3$ + Base $\longrightarrow BO_3^{3-} + H_2O$	nur B
6. $M(OH)_3$ + Säure $\longrightarrow M^{3+} + H_2O$	Al und Ga
7. $2M + 3S \longrightarrow M_2S_3$	erfordert höhere Temperaturen
8. $2M + N_2 \longrightarrow 2MN$	B und Al erfordern höhere Temperaturen; andere in der Reaktion mit NH_3
9. $M + H_2 \longrightarrow$ keine Reaktion	Hydride müssen indirekt dargestellt werden; es gibt komplexe B-Hydride
10. $[M(H_2O)_6]^{3+} + H_2O \rightleftharpoons [M(H_2O)_5(OH)]^{2+} + H_3O^+$	Hydrolyse der +3 Ionen in Lösung, mit Ausnahme von B; Tl^+ ist stabil, während Tl^{3+} hydrolisiert

* M bedeutet ein Element der Gruppe IIIA; X = (F, Cl, Br oder J)

Aufgabe 9—19

Warum sollten die Bromide der Gruppe IIA im wesentlichen ionisch sein, während die der Gruppe IIIA hauptsächlich kovalent sind?

Aufgabe 9—20

Die Größe der +3 Ionen in Gruppe IIIA ist bedeutend geringer als die der +2 Ionen der Gruppe IIA. Erklärung.

Aufgabe 9—21

Schreibe eine abgeglichene Gleichung für die folgende Reaktion, falls sie stattfindet.

a) $Ga + O_2 \longrightarrow$ b) $Al(OH)_3 + HCl \longrightarrow$

9—J. Elemente der Gruppe IVA

Einige Eigenschaften der Elemente der Gruppe IVA sind in Tabelle **9—7** angegeben.

Von diesen Elementen kommt nur Kohlenstoff sowohl in freier Form als auch in Verbindungen vor. In der freien Form existiert Kohlenstoff als Graphit und Diamant, während er gebunden in Form von Kohlenwasserstoffen, wie z. B. Erdgas (CH_4), Erdöl und Kohle vorkommt. Silicium ist das zweithäufigst vorkommende Element auf der Erde und wird immer als Siliciumdioxid (SiO_2) oder in Silikatmineralien, wie z. B. Granit, angetroffen. Germanium und Blei kommen gewöhnlich als Sulfide in der Natur vor (PbS). Zinn wird häufig als Oxid (SnO_2) in der Natur gefunden. Kohlenstoff in Diamantform ist ein Nicht-Leiter. Silicium und Germanium haben nur sehr geringe Leitfähigkeit und werden als Halbleiter angesehen. Zinn und Blei sind gute Leiter, wobei Zinn der bessere ist. Graphit, Zinn und Blei sind auch gute Wärmeleiter, wobei das letztere ein besserer Leiter als Graphit ist.

Wegen der substantiellen Unterschiede zwischen Graphit und Diamant werden wir kurz die Strukturen dieser Allotrope betrachten. Allotrope sind verschiedene Formen eines Elements, die in demselben physikalischen Zustand existieren. Abbildung **9—8** zeigt die Kristallstruktur von Graphit und Diamant. Jedes Kohlenstoffatom in Diamant ist tetraedrisch, kovalent (sp^3 hybridisiert) an vier anderen Kohlenstoffatome in dem gigantischen Molekül gebunden. Dagegen ist in Graphit jedes Kohlenstoffatom stark kovalent an drei andere Kohlenstoffatome in einer hexagonalen Ring-Anordnung gebunden, die ein

Tabelle 9–7 Eigenschaften der Elemente der Gruppe IVA

	C	Si	Ge	Sn	Pb
Kernladungszahl	6	14	32	50	82
Valenzkonfiguration	$2s^2 2p^2$	$3s^2 3p^2$	$4s^2 4p^2$	$5s^2 5p^2$	$6s^2 6p^2$
übliche Form	Nichtmetall – atomar – kovalent	Nichtmetall – atomar – kovalent	Metall – atomar – kovalent	Metall – atomar	Metall – atomar
Ionisationspotential [Kcal]	260	188	182	169	171
Elektronegativität	2,5	1,8	1,8	1,8	1,8
Atomradius [Å]	0,77	1,17	1,22	1,41	1,54
übliche Oxidationsstufe	+4, —4	+4, —4	+4, +2	+4, +2	+4, +2
Ionengröße			0,73	0,93	1,20
Schmelzpunkt [° C]	>3550	1410	937	232	328
Siedepunkt [° C]	4827 (Diamant)	2355	2830	2270	1744
Hydratationswärme des + 2 Ions [Kcal/Mol]					350
Säure-Base-Charakter des Oxids oder Hydroxids	sauer	sauer	amphoter	amphoter	amphoter

unendlich ausgedehntes Molekül in zweidimensionalen Schichten ergibt. Die Tatsache, daß diese Schichten nur schwach miteinander verbunden sind, ist teilweise für die schmierenden Eigenschaften des Graphits verantwortlich. Ein besserer Weg, die Situation in Graphit zu beschreiben, besteht darin, daß der Kohlenstoff sp^2 hybridisiert ist, während die verbleibenden *p* Elektronen eines jeden Kohlenstoffatoms ein Molekülorbital bilden, welches über das gesamte zwei-

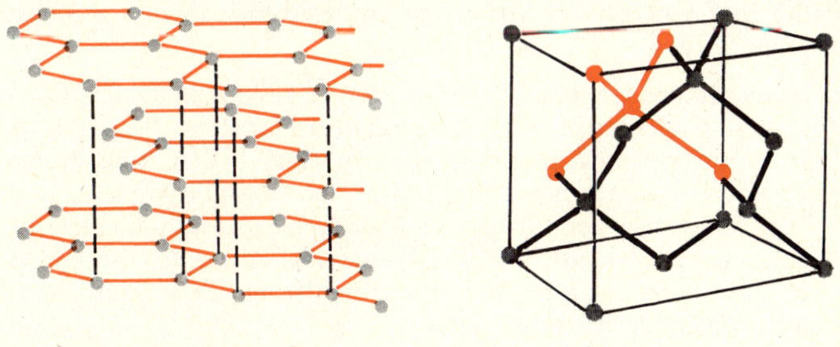

(A) (B)

Abb. 9—8 A Struktur von Graphit. B. Struktur von Diamant. Die dunklen Kugeln in B stellen ein Tetraeder mit Kohlenstoffatomen an allen vier Ecken dar.

dimensionale Molekül verteilt ist. Im Falle von Diamant gibt es keine delokalisierten relativ schwach gebundenen Elektronen. Wenn ein elektrisches Potential angelegt wird, können sich die Elektronen im Graphit in dem delokalisierten Molekülorbital bewegen; dies resultiert in elektrischer Leitfähigkeit. Wie zu erwarten, sind die Bindungsunterschiede auch für die Unterschiede in der Härte zwischen Graphit und Diamant verantwortlich.

Man sieht, daß sich Kohlenstoff in bezug auf das Ionisationspotential und die Elektronegativität von den anderen Gliedern merklich unterscheidet; es gibt einen großen Einschnitt zwischen Kohlenstoff und Silicium und dann findet im wesentlichen keine Änderung mehr statt. Der Einschnitt kann teilweise darauf zurückgeführt werden, daß Silicium ein Metalloid ist. Zusätzlich werden andere Änderungen (wie Atomradien), die durch die restliche Gruppe hindurch zu erwarten sind, durch die Tatsache modifiziert, daß innere *d* Schalen aufgefüllt werden.

Keines der Elemente der Gruppe IVA reagiert mit Wasser, obwohl mehrere mit Säuren reagieren. Silicium scheint im wesentlichen gegen alle Säuren, verdünnt oder konzentriert, inert zu sein, während Zinn und Blei mit fast allen Säuren reagieren, um das zweiwertige Metallion und H_2 in verdünnter HCl zu bilden. Blei, Zinn und Germanium reagieren mit konzentrierten oxidierenden Säuren, jedoch geschieht dies nicht unter H_2 Bildung. Alle Elemente der Gruppe IVA, mit Ausnahme von Kohlenstoff, reagieren mit konzentrierter Alkalimetallhydroxidlösung oder mit geschmolzenem Hydroxid. In allen Reaktionen mit Hydroxidlösung entsteht H_2. Blei und Zinn liegen in der +2 Oxidationsstufe als hydratisierte, komplexe Ionen vor:

$$Pb + 2\,NaOH + 2\,H_2O \longrightarrow Pb(OH)_4^{2-} + 2\,Na^+ + H_2$$

Silicium und Germanium existieren offensichtlich in der +4 Oxidationsstufe (z. B. GeO_3^{-2} oder $Ge[OH]_6^{2-}$).

Alle Elemente der Gruppe IVA reagieren mit Fluor und, mit der Ausnahme von Kohlenstoff, mit den anderen Halogenen unter Ausbildung der entsprechenden Halogenide. In allen Fällen, ausgenommen Zinn (das die Oxidationsstufe +2 hat), ist die üblichste Oxidationsstufe der Elemente der Gruppe IVA +4. Die Tetrahalogenide sind im allgemeinen kovalent. Die Pb(II)-fluoride, -chloride und -bromide sind ionisch, eine Tatsache, die den metallischen Charakter des Bleis klar zum Ausdruck bringt.

Alle Elemente der Gruppe IVA reagieren mit O_2. Alle Oxide enthalten diese Elemente in der +4 Oxidationsstufe mit der Ausnahme von Pb(II). Alle Elemente können auch Monoxide formen, obwohl SiO nicht üblich ist. Von allen Dioxiden und Monoxiden sind CO_2

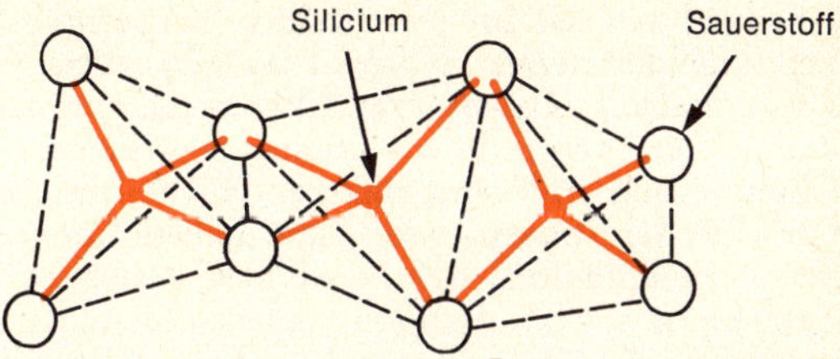

Abb. 9—9 Ausschnitt aus der Siliciumdioxidstruktur.

und CO die einzigen gasförmigen bei Raumtemperatur. Es gibt ein paar Punkte betreffs CO_2 und SiO_2, die eine Diskussion wert sind. Die beiden Oxide unterscheiden sich sehr stark dadurch voneinander, daß individuelle CO_2 Modelle vorliegen, während SiO_2 als ein polymerer dreidimensionaler Festkörper vorkommt (Silicat), der aus SiO_4^{4-} Tetraedern besteht. Abbildung **9—9** zeigt einen Ausschnitt aus der Siliciumdioxidstruktur. Man sieht, daß jedes Siliciumatom von vier Sauerstoffatomen umgeben ist und jedes Sauerstoffatom zu zwei Tetraedern gehört und daher jeweils ein Nachbar von zwei Siliciumatomen ist. Der Grund für diesen Unterschied zwischen CO_2 und SiO_2 ist auf die Tatsache zurückzuführen, daß das Siliciumatom keine Mehrfachbindungen eingeht (nur einfache σ Typ Bindungen können mit Sauerstoff existieren, die zur Ausbildung von kondensierten Tetraedern führen). Quarz ist ein Beispiel für reines Siliciumdioxid. Wegen der dreidimensionalen Bindung und der Si-O Bindungsstärke, ist Quarz eine harte, hoch schmelzende Substanz.

CO_2 und SiO_2 sind sauer, während alle anderen Dioxide amphoter sind. CO_2 ist verhältnismäßig gut löslich in Wasser und liegt zu einem geringen Anteil als Hydroxid [Kohlensäure $CO(OH)_2$] vor, das eine schwache Säure ist, obwohl es nicht möglich ist, sie zu isolieren. Ionisation der Kohlensäure führt zu einer geringen HCO_3^- Konzentration und zu einer noch geringeren CO_3^{2-} Konzentration (zusätzlich zu H^+ oder H_3O^+). Es entsteht das folgende Gleichgewicht:

$$H_2CO_3 \overset{aq}{\rightleftharpoons} HCO^-_{3(aq)} + H^+_{(aq)} \rightleftharpoons CO^{-2}_{3(aq)} + H^+_{(aq)}$$

Carbonatgleichgewichte sind im Prinzip für die Aufrechterhaltung einer konstanten H^+ Konzentration im Blut und für den Transport von CO_2 in die Lungen, welches in metabolischen Vorgängen entsteht, verantwortlich. Carbonate reagieren mit Säuren unter CO_2 Bildung

$$CaCO_3 + 2\,HCl \longrightarrow CO_2 + CaCl_2 + H_2O$$

Siliciumdioxid ist im wesentlichen wasserunlöslich und es existiert kein klar definiertes Hydroxid (es gibt jedoch wasserhaltiges SiO_2). Siliciumdioxid reagiert mit Alkalimetallhydroxiden unter Silicatbildung. Viele natürlich vorkommende Mineralien wie z. B. Feldspat, Glimmer und Talk sind Silikate. Obwohl viele Silicatmineralien eine tetraedrische Struktur wie Quarz haben, können sie andere Metalle neben Si enthalten. Wenn Al beispielsweise Si in einigen SiO_4^{-4} Tetraedern ersetzt, muß ein weiteres Metallion vorhanden sein, um die elektrische Neutralität zu bewahren. Häufig kommt dieses Metallion aus der Gruppe IA, wie z. B. in Feldspat $KAlSi_3O_8$, in dem einige AlO_4^{5-}-Tetraeder existieren (die Formeln für Silicate stellen empirische Zusammensetzungen dar und nicht die molekulare Struktur).

Zeolite sind Natriumaluminiumsilicate, wie z. B. $Na_2Al_2Si_4O_{12}$, die sehr brauchbar in der Chemie sind.

Das tetraedrische Netzwerk und die Hohlraumstruktur gibt diesen Materialien ungewöhnliche Eigenschaften. Zeolite stellen ausgezeichnete Wasserenthärter dar. Wenn Wasser durch die Hohlräume rieselt, werden Ionen wie Fe^{3+} und Ca^{2+} durch Na^+ ausgetauscht und entfernt, wobei „weiches" Wasser entsteht. Zeolite werden auch oft „Molekülsiebe" genannt, auf Grund ihrer Fähigkeit, Moleküle verschiedener Größe zu trennen.

Calciummagnesiumaluminiumsilicate kommen als Fasern vor und werden als Asbest benutzt. Der Halbedelstein Lasurstein (Lapis Lazuli) ist ein Natriumaluminiumsilicat und enthält S_x^{2-} Anionen (wie z. B. S_2^{2-} und S_3^{2-}), die für die blaue Farbe des Halbedelsteins verantwortlich sind.

Gewöhnliches Glas, Weichglas (Geräteglas) genannt, enthält eine Mischung von Silicaten, ungefähr 84 % Silicium und Sauerstoff; der Rest besteht aus Natrium, Calcium und Aluminium. Pyrexglas (Hartglas) ist ein Boraluminiumsilicat-Glas, das nur ungefähr ein Viertel der Menge Natrium und Calcium von Weichglas enthält. Pyrexglas wird nicht so einfach von Wasser oder Basen angegriffen wie Weichglas und ist bruchfest, wenn es schnellen Temperaturänderungen ausgesetzt ist. Nicht-reagierter Zement ist eine Mischung von Calciumsilicaten und Aluminiumsilicaten ($Ca_3Al_2O_6$). Beim Zusammenbringen mit Wasser tritt eine Serie komplexer Reaktionen ein, die letztlich hoch miteinander verschachtelte Calciumaluminiumsilicatkristalle liefert.

Kohlenstoffmonoxid ist bereits bei sehr niedrigen Konzentrationen tödlich, da es mit O_2 um Bindungsstellen in Hämoglobin, der Sauerstoffträgerkomponente im Blut, konkurriert; Hämoglobin hat eine höhere Affinität für CO als für O_2. Kohlenstoffdioxid ist für die Photosynthese wichtig (Kapitel 18; III, S. 90 ff. und 19; III, S. 113 ff.).

Für alle diese Elemente existieren binäre Wasserstoffverbindungen. Wenn man sich von oben nach unten innerhalb einer Gruppe begibt, nimmt die thermische Stabilität der Verbindungen erheblich ab. Wie schon früher diskutiert, ist es Kohlenstoffatomen möglich, sich zu langkettigen Kohlenwasserstoffverbindungen (Alkane und Alkene) miteinander zu verbinden. Siliciumverbindungen des Typs Si_nH_{2n+2} (Silane), die mit den Alkanen (C_nH_{2n+2}) verglichen werden können, existieren jedoch nur bis n = 6; Germane der Formel Ge_nH_{2n+2} gibt es nur bis n = 3; und nur die einfachen Zinn- und Bleihydride (SnH_4 und PbH_4) sind bekannt. Keine Verbindungen des Siliciums, Germaniums, Zinns oder Bleis mit Wasserstoff sind bekannt, in denen eine Doppelbindung zwischen den entsprechenden Atomen der Gruppe IVA existiert. Diese und andere Tatsachen deuten auf die besondere Natur des Kohlenstoffs unter allen anderen Elementen hin.

Es sei daran erinnert, daß es möglich ist, Alkylderivate mit den Elementen dieser Gruppen zu bilden. Ein bedeutendes Beispiel ist $Pb(C_2H_5)_4$, ein Antiklopfmittelzusatz für Benzin (Abschnitt 7—H; I, S. 247). Silicone sind Polymere mit $(Alkyl)_2SiO$ Einheiten, wie z. B.:

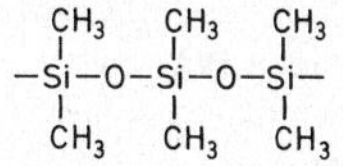

Solche Silicone haben eine ungewöhnlich gute Temperaturstabilität und sind chemisch inert, was sie zu wertvollen Schmiermitteln macht. Es gibt auch andere polymerisierte Silicone — z. B. in Form des Silicongummis.

Alle Tetrahalogenide erleiden Hydrolyse in Wasser, mit Ausnahme von CCl_4, das sich nicht löst und nicht reagiert. Im allgemeinen existieren keine +4 Ionen in Lösung; aber Sn^{2+} und Pb^{2+} können in Lösung vorliegen, obwohl Sn^{2+} Hydrolyse erleidet. Die Nitrate und Acetate sind die einzigen Pb^{2+} Salze, die einigermaßen in Wasser löslich sind.

Tabelle **9—8** gibt eine Zusammenfassung einiger bedeutender Reaktionen der Elemente und Verbindungen der Gruppe IVA. Man sieht, daß Kohlenstoff und Silicium, insbesondere aber Kohlenstoff, nur an wenigen Reaktionen teilnehmen.

Aufgabe 9—22

Warum würde man erwarten, daß Graphit schlüpfrig ist und Schmiermitteleigenschaften aufweist, jedoch Diamant nicht?

Tabelle 9–8 Einige allgemeine Reaktionen der Elemente und Verbindungen der Gruppe IV A

Reaktion*	Bemerkungen
1. $E + H_2O \longrightarrow$ keine Reaktion	
2. $E + O_2 \longrightarrow EO_2$	erfordert höhere Temperaturen; Pb bildet PbO; außer von Si gibt es Monoxide aller Elemente
3. $3E + 4HNO_3 \longrightarrow 3EO_2 + 4NO + 2H_2O$	nur Ge und Sn; Pb bildet $Pb(NO_3)_2$
4. $E + 2HCl \longrightarrow ECl_2 + H_2$	nur Sn und Pb
5. $E + OH^- \longrightarrow EO_2^{2-} + H_2$	Sn und Pb; Si und Ge bilden EO_3^{-2}
6. $E + 2F_2 \longrightarrow EF_4$	Pb bildet PbF_2
7. $E + 2(Cl_2, Br_2, J_2) \longrightarrow EX_4$	außer C; Pb bildet PbX_2
8. $EO_2 + 2OH^- \longrightarrow EO_3^{2-} + H_2O$	C und Si; Ge, Sn, Pb liegen als $E(OH)_6^{2-}$ vor; die Dioxide der letzten drei Elemente sind amphoter
9. $EO + \text{Säure} \longrightarrow E^{2+} + H_2O$	nur Ge, Sn, Pb; die Monoxide dieser drei Elemente sind ebenfalls amphoter
10. $E + H_2 \longrightarrow$ keine Reaktion	Die Hydride müssen indirekt hergestellt werden

* E bedeutet ein Element der Gruppe IVA

Aufgabe 9—23

Zinn und Strontium befinden sich in derselben Periode. Sn(II) ist aber bedeutend kleiner als Sr(II). Erklärung.

Aufgabe 9—24

Schreibe, falls eine Reaktion eintritt, abgeglichene Gleichungen für die folgenden Beispiele:

a) $CO(OH)_2 + HNO_3 \longrightarrow$
b) $Na_2CO_3 + HJ \longrightarrow$
c) $Pb + NaOH \longrightarrow$
d) $Si + H_2O \longrightarrow$
e) $SnO + HCl \longrightarrow$
f) $SnO + LiOH \longrightarrow$
g) $SiO_2 + OH^- \longrightarrow$
h) $C + HNO_3 \longrightarrow$
i) $C + H_2 \longrightarrow$

9—K. Elemente der Gruppe VA

Einige Eigenschaften der Elemente der Gruppe VA sind in Tabelle 9—9 angegeben.

Das Element Stickstoff wird im ungebundenen Zustand als N_2 gefunden. Es kommt auch häufig in gebundenem Zustand, wie in den

Nitraten ($NaNO_3$), vor. Phosphor wird nur in gebundenem Zustand, hauptsächlich als Phosphat z. B. $Ca_3(PO_4)_2$ gefunden. Die restlichen Glieder – Arsen, Antimon und Wismut – können in nicht gebundenem Zustand gefunden werden, sie liegen üblicherweise als Sulfide (in der Oxidationsstufe +3) vor.

Tabelle 9–9 Eigenschaften der Elemente der Gruppe V A

	N	P	As	Sb	Bi
Kernladungszahl	7	15	33	51	83
Valenzkonfiguration	$2s^2 2p^3$	$3s^2 3p^3$	$4s^2 4p^3$	$5s^2 5p^3$	$6s^2 6p^3$
übliche Form	gasförmig – zweiatomige Moleküle	fest – nichtmetallisch	fest – metallisch – atomar	fest – metallisch – atomar	fest – metallisch – atomar
Ionisationspotential [Kcal]	335	254	226	199	168
Elektronegativität	3,0	2,1	2,0	1,9	1,9
Atomradius [Å]	0,74	1,10	1,21	1,41	1,52
übliche Oxidationsstufe	—3, +5	—3, +5	+3	+3	+3
Ionengröße (+ 3 Ionen) [Å]				0,76	0,96
Schmelzpunkt [° C]	—210	44[a]	814 (36 atm)	631	271
Siedepunkt [° C]	—196	280[a]	633	1380	1560
Säure-Base-Charakter des Oxids oder Hydroxids[b]	sauer N(V)	sauer P(V)	amphoter As(III)	amphoter Sb(III)	basisch Bi(III)

[a] weiße Modifikation [b] Oxidationsstufe des Elements in Klammern

Stickstoff leitet weder Wärme noch Elektrizität. Phosphor kommt in wenigstens drei allotropen Formen vor: weiß, rot und schwarz. Die schwarze Form ist die am wenigsten übliche, aber sie ist ein elektrischer Leiter, während die anderen nicht leitend sind. Arsen und Antimon existieren im Prinzip in zwei allotropen Formen: gelb nichtmetallisch und grau metallisch; die letztere ist die stabilere. Wismut kommt nur in einer grauen, metallischen Form vor. Arsen, Antimon und Wismut zeigen in ihrer metallischen Form niedrige elektrische Leitfähigkeit.

Man sieht, daß die Ionisationspotentiale dieser Gruppe ungewöhnlich hoch sind, (Stickstoff hat ein größeres Ionisationspotential als Sauerstoff). Dies kann dadurch erklärt werden, daß die p Orbitale genau zur Hälfte gefüllt sind (mit einem Elektron in jedem der p_x, p_y und p_z Orbitale). Die zusätzlich entstehende Stabilisierung bewirkt, daß die Ionisationspotentiale höher sind als man erwarten würde. Es gibt einen verhältnismäßig scharfen Einschnitt zwischen Stickstoff und Phosphor in bezug auf das Ionisationspotential und den Atomradius; dann folgt eine bescheidene Änderung für die verbleibenden Elemente der Gruppe. Das Auffüllen der inneren Niveaus ist wiederum der Hauptgrund, der das erwartete Verhalten der Elemente, die dem Phosphor folgen, modifiziert.

Keines der Elemente der Gruppe VA reagiert mit Wasser oder Säuren, wie z. B. HCl oder H_3PO_4; jedoch alle, mit Ausnahme von Stickstoff, reagieren mit oxidierenden Säuren, wie z. B. HNO_3 und H_2SO_4. Im Fall von Phosphor und Arsen lauten die entsprechenden Sauerstoffsäuren, die gebildet werden, H_3PO_4 und H_3ASO_4, während mit Antimon und Wismut Sb_4O_6 und Bi^{3+} gebildet werden.

Alle Elemente der Gruppe VA (ausgenommen Stickstoff) können mit den Halogenen unter Bildung von Trihalogeniden reagieren (Ausnahme Phosphor, welches PF_5 liefert). Nur wenige Pentahalogenide existieren für die Elemente der Gruppe VA. Nur vier binäre Halogenide vom Stickstoff sind bekannt – N_2F_2, N_2F_4, NF_3 und NCl_3.

Alle Trihalogenide, mit der Ausnahme von NF_3, reagieren mit Wasser und geben die entsprechenden Halogenwasserstoffsäuren. Zum Beispiel:

$$PBr_3 + 3\,H_2O \longrightarrow H_3PO_3 + 3\,HBr$$

$$BiCl_3 + H_2O \longrightarrow BiOCl + 2\,HCl$$

Die Verbindung NF_3 reagiert nicht mit Wasser; dagegen NCl_3, NH_3 und HOCl.

Alle Elemente der Gruppe VA können mit O_2 reagieren. In allen Fällen (ausgenommen Stickstoff) befindet sich das Element in seiner +3 Oxidationsstufe. Stickstoff bildet mehrere Oxide: N_2O, NO, NO_2 und N_2O_5. Das Oxid NO entsteht in Automobilmotoren und wird an der Luft sofort zu NO_2 oxidiert. Die Verbindung NO_2 nimmt dann am ersten Schritt der Smog-Darstellung, auf Grund einer photochemischen Reaktion, teil. NO_2 und die Oxide des Phosphors und Arsens, in denen die Elemente in der Oxidationsstufe +3 sind, reagieren mit Wasser unter Säurebildung. P_4O_{10} verbindet sich mit unterschiedlichen Wassermengen und ergibt verschiedene Arten von Phosphorsäuren – für uns ist H_3PO_4 von Interesse. Die Oxide As_4O_6 und Sb_4O_6 sind amphoter und liefern AsO_2^- und SbO_2^--Ionen mit Basen und komplexe positive Ionen wie SbO^+ mit Säuren.

Die Struktur der Hydroxide dieser Elemente zeigt bemerkenswerte Unterschiede und bedarf daher einer weiteren Diskussion. Obwohl die Molekularformel für Phosphorige Säure H_3PO_3 und parallel dazu die für Arsenige Säure H_3AsO_3 ist, kann eine verschiedene Zahl von Protonen in den beiden Säuren ionisiert werden. Im Falle von H_3PO_3 liegt eine tetraedrische Struktur vor,

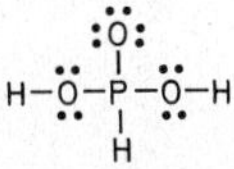

während die für H_3AsO_3 wie folgt ist:

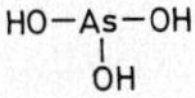

Daher kann das Wasserstoffatom, welches sich direkt am Phosphor befindet, nicht ionisieren, um ein H^+ zu bilden, während alle drei Wasserstoffatome in H_3AsO_3 ionisieren. H_3AsO_3 ist jedoch eine sehr schwache Säure und sogar die Ionisation nur eines H^+ Ions ist sehr gering. H_3PO_3 wird als mittelstarke Säure angesehen, aber das H^+ ionisiert nur zu einem geringen Maß. Die andere Säure von Interesse ist (ortho)-Phosphorsäure (H_3PO_4) mit einer tetraedrischen Struktur.

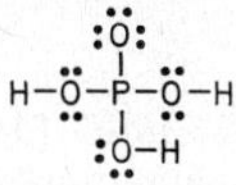

In Wasser ionisiert nur ein H^+ in bedeutendem Ausmaß,

$$H_3PO_{4(aq)} \rightleftharpoons H_2PO^-_{4(aq)} + H^+_{(aq)}$$

und H_3PO_4 wird daher als mittelstarke Säure angesehen. Alle drei H^+-Ionen können, jedoch stufenweise, in einer Reaktion mit einer starken Base ersetzt werden:

$$3\,NaOH_{(aq)} + H_3PO_{4(aq)} \longrightarrow Na_3PO_4 + 3\,H_2O$$

Phosphate kommen häufig in Waschmitteln vor. Da sie jedoch das Wachstum von Algen in Flüssen und Seen fördern und damit die natürliche Ökologie unterbrechen, hat man die Phosphate aus den Detergentien entfernt. Organische Phosphatester liegen vor, wenn ein H der OH-Gruppe durch ein organisches Molekül ersetzt ist. Ein derartiges Molekül, das besondere Bedeutung hat, ist ein Nucleosid, wobei ein H durch einen Zuckerrest ersetzt wurde und letzterer wiederum an eine organische Base gebunden ist. Reaktion oder Kondensation der nucleosidsubstituierten Phosphate (Nucleotide) an einer der freien OH-Gruppen des Phosphats liefert die biologisch wichtigen Nucleinsäurepolymere, Desoxyribonucleinsäure (DNS) und Ribonucleinsäure (RNS). Diese Reaktion (weitere Einzelheiten in Kapitel 18; III, S. 72 ff.) kann schematisch wie folgt dargestellt werden:

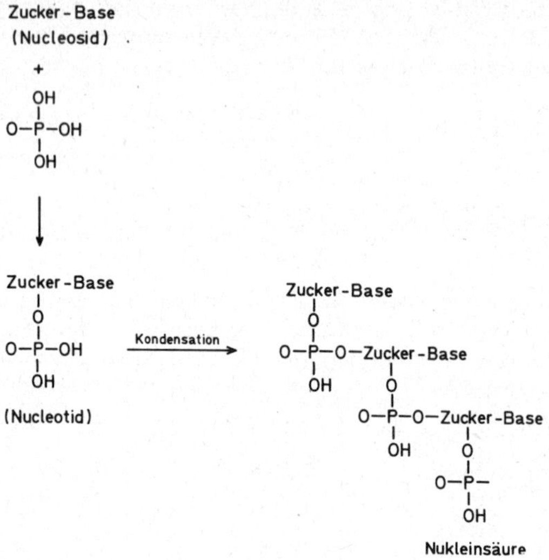

Da Stickstoff ein derart bedeutendes Element ist, werden wir verschiedene Aspekte seiner Chemie verfolgen. Obwohl molekularer Stickstoff bei Raumtemperatur außerordentlich inert ist, sind stickstoffixierende Bakterien fähig, N_2 in organische Stickstoffverbindungen umzuwandeln. Die Sequenz der Reaktionen wird noch nicht vollständig verstanden. Wir erhalten jedoch einen Einblick in dieses Problem, wenn man Übergangsmetallkomplexe studiert.

Die binäre Wasserstoffverbindung des Stickstoff, Ammoniak, ist nur eine der vielen Verbindungen in Gruppe VA, die direkt aus den Elementen hergestellt wird. (Allgemeine Eigenschaften der binären Wasserstoffverbindungen sind im Abschnitt 9—D; I, S. 302 besprochen worden.) Es sei daran erinnert, daß der Schmelz- und Siedepunkt von NH_3 auf Grund der Wasserstoffbrückenbindung ungewöhnlich hoch ist, im Vergleich zu anderen Wasserstoffverbindungen der Elemente der Gruppe VA. Ammoniak, mit einem Siedepunkt von —33 °C, ist ein Gas bei Raumtemperatur.

Man kann sich das Stickstoffatom in NH_3 als ungefähr sp^3 hybridisiert vorstellen; das nicht gebundene Elektronenpaar an Stickstoff ist räumlich stark orientiert. Daher sollte NH_3 ein guter Elektronenpaardonator sein (es sei an Abschnitt 9—I; I, S. 312 erinnert, daß NH_3 mit BF_3 durch Abgeben eines Elektronenpaares unter Ausbildung einer Bindung reagieren kann). NH_3 ist sehr gut in Wasser löslich, hauptsächlich auf Grund der Wasserstoffbrückenbindung, und reagiert unter Ausbildung von NH_4^+ und OH^-. Weiterhin kann NH_3 (eine Base) direkt mit Chlorwasserstoff, Bromwasserstoff oder anderen Säuren unter Bildung des Ammonium-Ions reagieren:

$$NH_{3(aq)} + HCl_{(aq)} \longrightarrow NH^+_{4(aq)} + Cl^-_{(aq)}$$

Flüssiger Ammoniak ist ein gutes Lösungsmittel. Wir haben früher erwähnt, daß sich die Metalle der Gruppe IA und IIA in flüssigem Ammoniak lösen, um sich zu den entsprechenden Amiden umzusetzen.

Wie schon zuvor erwähnt, ist N_2, hauptsächlich wegen der hohen Bindungsdissoziationsenergie von 226 Kcal/Mol, recht reaktionsträge. Die Energie ist so hoch, da N_2 eine Dreifachbindung, :N≡N:, enthält.

Tabelle **9—10** gibt eine Zusammenfassung einiger bedeutender Reaktionen der Elemente und Verbindungen der Gruppe VA.

Aufgabe 9—25

Schreibe die Punkt-Elektronenformel für das Nitrat-Ion.

Tabelle 9–10 Einige allgemeine Reaktionen der Elemente und Verbindungen der Gruppe VA

Reaktion*	Bemerkungen
1. $E + H_2O \longrightarrow$ keine Reaktion	
2. $4E + 3O_2 \longrightarrow E_4O_6$	P, As, Sb; Bi bildet Bi_2O_3; N bildet NO
3. $E + HCl, H_3PO_4 \longrightarrow$ keine Reaktion	
4. $E + HNO_3, H_2SO_4 \longrightarrow$ Reaktion	außer N; siehe Text
5. $E + NaOH \longrightarrow$ Oxy-Anion	außer N; Oxy-Anionen sind $(H_2PO_2^-)$; $(AsO_2)^-$ $(SbO_2)^-$
6. $2E + 3F_2 \longrightarrow 2EF_3$	außer N; P bildet PF_5
7. $2E + 3(Cl_2, Br_2, J_2) \longrightarrow 2EX_3$	außer N
8. $EX_3 + H_2O \longrightarrow HX +$ Produkt	außer N; die Produkte für P und As sind H_3EO_3; für Sb und Bi EOCl; NCl_3 reagiert ebenfalls
9. $E_4O_6 + 6H_2O \longrightarrow 4H_3EO_3$	P und As; NO_2 bildet HNO_3; P kann andere Säuren bilden
10. $E_4O_6 +$ Säure $\longrightarrow EO^+ + H_2O$	As, Sb, Bi (als Bi_2O_3); As und Sb sind amphoter, N nicht
11. $N_2 + 3H_2 \longrightarrow 2NH_3$	die anderen Hydride müssen indirekt dargestellt werden
12. $E + S \longrightarrow E_2S_3$	As, Sb, Bi; Sulfide sind wasserunlöslich

* E bedeutet ein Element der Gruppe VA

Aufgabe 9—26

Warum besitzt die weiße allotrope Form des Phosphors einen niedrigen Schmelzpunkt?

Aufgabe 9—27

Schreibe, falls eine Reaktion eintritt, abgeglichene Gleichungen:

a) $NaOH + PO(OH)_3 \longrightarrow$
b) $PO(OH)_3 + SO_2(OH)_2 \longrightarrow$
c) $NH_{3(aq)} + HNO_3 \longrightarrow$
d) $Sb_4O_6 + HBr \longrightarrow$
e) $Sb_4O_6 + KOH \longrightarrow$
f) $K + NH_{3(fl)} \longrightarrow$
g) $P + Cl_2 \longrightarrow$
h) $As + HCl \longrightarrow$
i) $P_4O_6 + H_2O \longrightarrow$
j) $As + O_2 \longrightarrow$

9—L. Elemente der Gruppe VIA

Einige Eigenschaften der Elemente der Gruppe VIA sind in Tabelle **9—11** aufgeführt.

Die Elemente der Gruppe VIA sind im wesentlichen Nichtmetalle. Wir werden Polonium aus unserer Diskussion auf Grund seiner Radioaktivität ausschließen; es sollte jedoch bemerkt werden, daß Polonium mehr metallische Charakterzüge hat als die übrigen Elemente.

Sauerstoff wird in gebundenem und nicht gebundenem Zustand gefunden und ist das am häufigsten vorkommende Element in der Natur. Es stellt ungefähr 50 % des Gewichts der Erdkruste dar. Schwefel wird sowohl in freiem Zustand als auch im gebundenen Zustand hauptsächlich als Sulfide (S^{2-}) und Sulfate (SO_4^{2-}) gefunden. Selen, Tellur und Polonium, die gewöhnlich in gebundener Form vorliegen, sind sehr selten.

O_2 leitet weder Wärme noch Strom, obwohl er paramagnetisch ist (wird in ein magnetisches Feld gezogen — Abschnitt 6—E; I, S. 197). Schwefel ist ebenfalls ein Nichtleiter für Wärme und Strom. Sowohl Schwefel als auch Selen kommen in verschiedenen allotropen Formen vor. Eine Selenmodifikation ist ein schlechter Leiter der Elektrizität, aber die Leitfähigkeit erhöht sich, wenn sie dem Licht ausgesetzt wird. Die metallisch graue Form zeigt eine Photoelementreaktion — eine Reaktion, in der Licht in Elektrizität umgewandelt wird —, die in Photo- und Sonnenzellen benutzt werden. Polonium kommt als niedrig schmelzendes Metall mit Leitfähigkeiteigenschaften vor, die typisch für Metalle sind.

Tabelle 9–11 Eigenschaften der Elemente der Gruppe VIA

	O	S	Se	Te	Po
Kernladungszahl	8	16	34	52	84
Valenzkonfiguration	$2s^2 2p^4$	$3s^2 3p^4$	$4s^2 4p^4$	$5s^2 5p^4$	$6s^2 6p^4$
übliche Form	gasförmig – zweiatomiges Molekül	fest – nichtmetallisch – S_8 Moleküle	fest – Se_n	fest – Te_n	fest – metallisch – atomar
Ionisationspotential [Kcal]	314	239	225	208	194
Elektronegativität	3,5	2,5	2,4	2,1	2,0
Atomradius [Å]	0,74	1,04	1,17	1,37	1,64
übliche Oxidationsstufe[n]	—2	—2, +4, +6	—2, +4	—2, +4	+2, +4
Größe des —2-Ions [Å]	1,40	1,84	1,98	2,21	
Schmelzpunkt [° C]	—218	113	217	452	254
Siedepunkt [° C]	—183	445	685	1390	962
Hydratationswärme [Kcal/Mol]		330 (S^{-2})			
Säure-Base-Charakter des Oxids oder Hydroxids		sauer	sauer	sauer	

Die Chemie des Sauerstoffs, in bezug auf die Chemie der Elemente der anderen Gruppen, ist schon diskutiert worden. Es gibt jedoch einige Tatsachen, die hinzugefügt werden können. Sauerstoff kommt üblicherweise als O_2 vor, aber es gibt auch eine allotrope Form Ozon O_3 (Siedepunkt –112 ° C). Ozon kommt in größeren Mengen in der äußeren Atmosphäre und auch im Smog vor; es wird durch eine photochemische Reaktion gebildet (Abschnitt 6–E; I, S. 197 und Kapitel 19; III, S. 114). Ozon ist ein gefaltetes Molekül

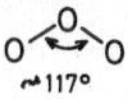

mit zwei Hauptresonanzformen

Es ist viel reaktiver als O_2 und ein starkes Oxidationsmittel. Zum Beispiel reagiert Ozon mit Quecksilber unter HgO Bildung, während für die Reaktion mit O_2 Erhitzen erforderlich ist.

Sauerstoff reagiert, ausgenommen mit den Elementen der Gruppen VIIA und VIIIA, direkt mit allen Elementen und bildet die entsprechenden Oxide, die saure, amphotere oder basische Eigenschaften

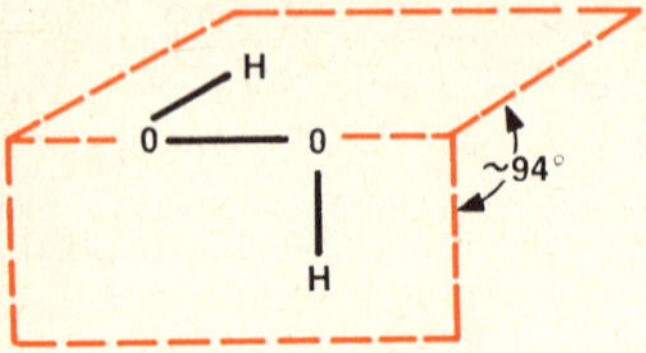

Abb. 9—10 H_2O_2 Strukture

haben. Dies hängt jedoch davon ab, ob das reagierende Element ein Metall, ein Metalloid oder ein Nichtmetall ist. Sauerstoff kann als Oxid-Ion O^{2-}, als Superoxid-Ion O_2^- und als Peroxid-Ion O_2^{2-} vorliegen.

Wasserstoffperoxid H_2O_2 ist nicht planar. Die beiden –OH Gruppen stehen ungefähr senkrecht aufeinander (Abbildung **9—10**). H_2O_2 ist eine Flüssigkeit (Siedepunkt 150 °C; Schmelzpunkt 0,9 °C), in der die Moleküle Wasserstoffbrückenbindungen ausbilden. Die Verbindung ist schwach sauer und stellt ein Oxidationsmittel dar, das aber verhältnismäßig instabil ist und sich zersetzt:

$$2\,H_2O_2 \longrightarrow 2\,H_2O + O_2$$

Wahrscheinlich ist die bedeutendste Sauerstoffverbindung H_2O. In Kapitel 7 (I, S. 224) haben wir die Struktur des Wassermoleküls diskutiert, in dem der Sauerstoff als ungefähr tetraedrisch hybridisiert beschrieben werden kann. In Flüssigkeiten, einschließlich Wasser, gibt es eine Fernordnungsstruktur, d. h. es gibt insgesamt gesehen eine organisierte Anordnung der Moleküle innerhalb der Flüssigkeit (Kapitel 8; I, S. 272). Dies gilt auch für Festkörper, Eis eingeschlossen. Die Existenz der Wasserstoffbrückenbindung in Wasser ist eine bedeutende Tatsache, die für seinen hohen Schmelzpunkt (0 °C) und Siedepunkt (100 °C), im Vergleich mit den anderen binären Wasserstoffverbindungen der Gruppe, verantwortlich ist. Diese Wasserstoffbrückenbindung ist auch der Hauptgrund für die ferngeordnete Struktur im Festkörper und in der Flüssigkeit.

In der Struktur von Eis ist jedes Sauerstoffatom kovalent an zwei Wasserstoffatome gebunden und Wasserstoffbrückenbindungen mit zwei anderen Sauerstoffatomen von benachbarten H_2O Molekülen werden eingegangen. Eigentlich ist ein Sauerstoffatom eines Wassermoleküls tetraedrisch von vier Sauerstoffatomen vier benachbarter Wassermoleküle umgeben, wobei die O–H Bindungen entlang einer Linie gerichtet sind, die jeweils zwei Sauerstoffatome miteinander verbindet (Abbildung **9—11**). Daher ist festes Wasser eine polymere Substanz mit hexagonalen Löchern. Diese offene Struktur ist für die Tatsache verantwortlich, daß die Dichte von Eis geringer ist als die Dichte von flüssigem Wasser.

Die Struktur des flüssigen Wassers ist noch immer eine ungelöste Frage. Jeder jedoch gibt zu, daß es einige Wassermoleküle gibt, die keine Wasserstoffbrücken bilden. Daher kann die Gesamtpackung der Wassermoleküle relativ zum Festkörper dichter werden, wodurch bewirkt wird, daß sich die Dichte beim Schmelzen erhöht. Offensichtlich existieren auch noch Kluster von Wassermolekülen, die tetraedrisch wie in Eis gebunden sind. In jedem Fall tritt beim Schmelzen insgesamt gesehen sowohl eine Erhöhung der Wasserstoffbrückenbindung ein als auch ein Zusammenbruch, der im Eis vorhandenen offenen Struktur. Es hat den Anschein, daß ungefähr 45 % der Wasserstoffbrückenbindungen, die im Eis vorhanden sind, aufbrechen, wenn man zum flüssigen H_2O geht. Die erforderliche Energie um ein Mol Wasserstoffbrückenbindung zu brechen, beträgt etwa 3,7 bis 4,5 Kcal.

Die folgende Diskussion bezieht sich hauptsächlich auf Schwefel, Selen und Tellur. Polonium wird nicht berücksichtigt. Keines dieser Elemente (Sauerstoff eingeschlossen) reagiert mit Wasser. Schwefel scheint das einzige Element in der Gruppe (Sauerstoff eingeschlossen) zu sein, das mit starken Basen reagiert. Jedoch reagieren alle, mit Ausnahme von Sauerstoff, mit konzentrierter HNO_3 und mit O_2

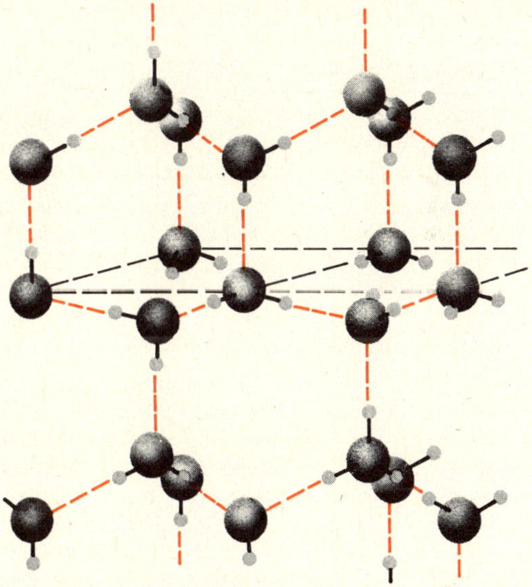

Abb. 9—11 Struktur von Eis. Die großen Kreise stellen Sauerstoffatome und die kleinen Kreise Wasserstoffatome dar.

unter Bildung der entsprechenden Dioxide; SO_2 ist das einzige gasförmige Dioxid der Gruppe. Die Dioxide reagieren mit Wasser und geben Hydroxide, die Oxysäuren sind, wie z. B. Schweflige Säure.

$$SO_2 + H_2O \longrightarrow SO(OH)_2 \text{ oder } H_2SO_3$$

Reine H_2SO_3 oder H_2TeO_3 sind noch nicht hergestellt worden. Jede dieser Säuren ist mittelstark und kann zwei Protonen abdissoziieren. Jedoch ist die Dissoziation nicht vollständig und das zweite H^+ löst sich mit deutlich größeren Schwierigkeiten als das erste. Die Dioxide und Hydroxide haben alle Säure Eigenschaften und zeigen die typischen Reaktionen (Abschnitt 9—C; I, S. 299). Schwefeltrioxid SO_3 ist ein saures Oxid, das mit Wasser unter Bildung der Oxisäure Schwefelsäure H_2SO_4 reagieren kann. In H_2SO_4 mit der Formel

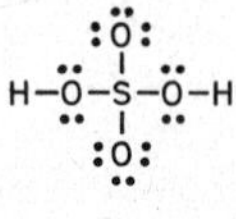

können zwei Protonen in H_2O abdissoziieren. Schwefelsäure ist eine starke Säure. Obwohl die Ablösung des zweiten Protons nicht vollständig ist, liegt trotzdem eine hohe Dissoziation vor

$$H_2SO_{4(aq)} \xrightarrow{100\,\%} H^+ + HSO_4^- \rightleftharpoons H^+ + SO_4^{2-}$$

Es ist einleuchtend, daß sowohl SO_3 als auch H_2SO_4 mit Basen oder basischen Oxiden reagieren. Peroxischwefelsäuren existieren ebenfalls, die bedeutendste ist die Peroxischwefelsäure (oder Perschwefelsäure):

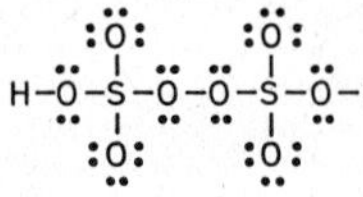

Metalle reagieren mit Sauerstoff, Schwefel, Selen und Tellur unter Bildung der korrespondierenden binären Verbindungen. Die entsprechenden Alkalimetall- (Gruppe IA) und Erdalkalimetall- (Gruppe IIA) Verbindungen sind wasserlöslich, aber die Ionen der Gruppe VIA erleiden Hydrolyse. Zum Beispiel

$$S^{2-} + H_2O \longrightarrow HS^- + OH^-$$

Metallsulfide, deren Hydroxide schwache Basen sind, hydrolysieren vollständig in Wasser unter Bildung von H_2S. Zum Beispiel

$$Al_2S_3 + 6\,H_2O \longrightarrow 2\,Al(OH)_3 + 3\,H_2S$$

Alle Elemente der Gruppe VIA, mit Ausnahme von Sauerstoff, bilden binäre Wasserstoffverbindungen, die alle schwache Säuren in wäßriger Lösung darstellen. Beispielsweise:

$$H_2S \overset{aq}{\rightleftharpoons} HS^-_{(aq)} + H^+_{(aq)}$$

$$HS^-_{(aq)} \rightleftharpoons S^{2-}_{(aq)} + H^+_{(aq)}$$

Alle Elemente, außer Sauerstoff, reagieren mit F_2 und bilden die entsprechenden Hexafluoride. SF_6 ist sehr inert gegenüber fast allen Reaktionen (sogar bei erhöhten Temperaturen) und stellt einen ausgezeichneten, gasförmigen, elektrischen Isolator dar. Es existieren auch andere Di- und Tetrahalogenide.

Tabelle **9–12** gibt eine Zusammenfassung einiger bedeutender Reaktionen der Elemente der Gruppe VIA (außer Polonium).

Tabelle 9–12 Einige allgemeine Reaktionen der Elemente und Verbindungen der Gruppe VIA

Reaktion*	Bemerkungen
1. $E + H_2O \longrightarrow$ keine Reaktion	
2. $E + O_2 \longrightarrow EO_2$	es entsteht auch SO_3
3. $yE + xM \longrightarrow M_xE_y$	Sulfide, Selenide, Telluride
4. $3E + 4HNO_3 \longrightarrow 3EO_2 + 2H_2O + 4NO$	außer O
5. $EO_2 + H_2O \longrightarrow H_2EO_3$	außer O
6. $EO_3 + H_2O \longrightarrow H_2EO_4$	außer O; Te bildet H_4TeO_6
7. $\left.\begin{matrix} H_2EO_3 \\ H_2EO_4 \end{matrix}\right\} + OH^- \longrightarrow$ Salz $+ H_2O$	außer O
8. $ME + 2HCl \longrightarrow H_2E + MCl_2$	
9. $H_2 + E \longrightarrow H_2E$	außer Te
10. $H_2E + H_2O \rightleftharpoons HE^- + H^+ \rightleftharpoons E^{2-} + H^+$	außer O in der zweiten Stufe
11. $E + 3F_2 \longrightarrow EF_6$	außer O
12. $2E + Cl_2 \longrightarrow E_2Cl_2$	außer O; Tetrachloride und -bromide existieren ebenfalls

* E bedeutet ein Element der Gruppe VIA ausgenommen P; M ist ein Metall

c) $SeO_2(OH)_2 + HCl \longrightarrow$

d) $SeO_2(OH)_2 + 2\,LiOH \longrightarrow$

e) $SO_2 + H_2O \longrightarrow$

f) $S + O_2 \longrightarrow$

g) $Se + F_2 \longrightarrow$

h) $SO_2 + HCl \longrightarrow$

i) $Na_2S + HCl \longrightarrow$

j) $S + HNO_3 \longrightarrow$

Aufgabe 9—28

Die Ionen mit der Ladung —2 der Elemente der Gruppe VIA sind bedeutend größer als die Ionen der Gruppe IIA mit der Ladung +2. Erklärung.

Aufgabe 9—29

Es wird angenommen, daß PbS unlöslich ist. Schreibe die Reaktionen, die zum Niederschlag von PbS führen. Beginne mit $Pb(NO_3)_2$ und H_2S.

Aufgabe 9—30

Schreibe, falls die Reaktionen eintreten, die abgeglichenen Gleichungen

a) $SO_3 + K_2O \longrightarrow$ b) $H_2Se + H_2O \rightleftharpoons$

9—M. Gruppe VIIA — Halogene

Einige Eigenschaften der Elemente der Gruppe VIIA sind in Tabelle **9—13** angegeben; Astatin wird wegen seiner Radioaktivität ausgeschlossen; ferner fehlen Einzelheiten betreffs chemischer und physikalischer Eigenschaften. Alle Halogene sind Nichtmetalle. Das Symbol X steht für Halogen.

Keines dieser Elemente kommt im freien Zustand vor; alle treten im gebundenen Zustand als Halogenide auf, obwohl $NaJO_3$ ein wichtiges Ausgangsmaterial für Jod ist. F_2 und Cl_2 werden üblicherweise durch Elektrolyse der Salzschmelzen gewonnen, während Br_2 durch Oxidation der Bromide entsteht, die aus Meerwasser gewonnen werden.

$$2\,Br^- + Cl_2 \longrightarrow Br_2 + 2\,Cl^-$$

Jod wird durch Reduktion des Jodat-Ions (JO_3^-) erhalten. Die Halogenide leiten den Strom nicht und sind auch schlechte Wärmeleiter.

Die Halogene (außer F_2) lösen sich und reagieren mit Wasser; sie haben jedoch unterschiedliche Löslichkeiten. Zusätzlich zu den unterschiedlichen Mengen von gelöstem hydratisierten Halogen, tritt folgende Reaktion ein

$$X_2 + H_2O \rightleftharpoons H^+ + X^- + HOX$$

Diese Reaktion ist für Cl_2 recht wichtig. F_2 reagiert vollständig unter Sauerstoffbildung anstatt von HOF; daher gibt es kein gelöstes, hydratisiertes F_2.

Im allgemeinen (Fluor ausgenommen) reagieren die Halogene mit starken Basen und bilden entweder XO^-- oder XO_3^-- und X^--Ionen. Dies ist von der Konzentration der Base und der Temperatur abhängig.

Tabelle 9–13 Eigenschaften der Elemente der Gruppe VIIA

	F	Cl	Br	J
Kernladungszahl	9	17	35	53
Valenzkonfiguration	$2s^2sp^5$	$3s^23p^5$	$4s^24p^5$	$5s^25p^5$
übliche Form	gasförmig zweiatomiges Molekül	gasförmig zweiatomiges Molekül	gasförmig zweiatomiges Molekül	gasförmig zweiatomiges Molekül
Ionisationspotential [Kcal]	402	300	273	241
Elektronegativität	4,0	3,0	2,8	2,5
Atomradius [Å]	0,72	0,99	1,14	1,33
übliche Oxidationsstufe	—1	—1	—1	—1
Größe des —1-Ions	1,36	1,81	1,95	2,16
Schmelzpunkt [° C]	—218	—101	—7	+113
Siedepunkt [° C]	—188	—35	+59	+183
Hydratationswärme des —1-Ions [Kcal/Mol]	121	90	82	71
Bindungsdissoziationsenergie von χ_2 [Kcal/Mol]	37	58	46	36

Oxide aller Halogene existieren, obwohl sie mit Ausnahme von J_2O_5 thermisch instabil sind. Sie werden alle auf indirektem Weg dargestellt. Die Halogene können in verschiedenen Oxidationsstufen existieren, z. B. Cl_2O, ClO_2 und Cl_2O_7. Das einzige bedeutende Oxid des Fluors ist F_2O; Brom bildet Br_2O und BrO_2; und Jod J_2O_5.

Es gibt verschiedene Oxisäuren der Halogene (im Fall des Fluors existiert nur eine). Diese haben die allgemeine Formel $(XO)_nOH$, wobei $n = 0$ bis $n = 3$ betragen kann (hängt von der Natur von X ab). Tabelle **9–14** zeigt die bedeutendsten Oxisäuren. Von allen Oxisäuren können nur HJO_3, $HClO_4$ und HJO_4 in reinem Zustand isoliert werden. Alle Säuren in Tabelle **9–14** sind gute Oxidationsmittel. Salze aller dieser Säuren, hauptsächlich mit Alkalimetall- (Gruppe IA) und Erdalkalimetall- (Gruppe IIA) Ionen sind bekannt. Zum Beispiel: $Ca(OCl)_2$ und $KClO_3$.

Binäre Wasserstoffverbindungen aller Halogene existieren. Sie sind alle kovalent aufgebaut, aber in Wasser durch Ionisation mit Hilfe von Ion-Dipol Wechselwirkung löslich. Außer HF sind alle starke Säuren und dissoziieren 100 %ig. Obwohl HF in Wasser dissoziiert, tritt eine Folgereaktion ein, die das sehr stabile HF_2^- Ion bildet.

$$HF + H_2O \rightleftharpoons H_3O^+ + F^-$$

$$F^- + HF \longrightarrow HF_2^-$$

Tabelle 9–14 Einige Oxisäuren der Halogene

Oxidationszahl	F	Cl	Br	J	Beispiel zur Nomenklatur	Säurestärke
+1	HOF	HClO	HBrO	HJO	Hypobromige Säure	sehr schwach
+3		$HClO_2$			Chlorige Säure	mittelmäßig
+5		$HClO_3$	$HBrO_3$	HJO_3	Jodsäure	stark
+7		$HClO_4$	$HBrO_4$	HJO_4	Perchlorsäure	stark

Die Halogenwasserstoffsäuren können durch direkte Reaktion aus den Elementen hergestellt werden; aber üblicherweise werden sie durch Reaktion der Metallsalze mit einer Säure in Freiheit gesetzt.

$$NaCl\ (oder\ NaF) + H_2SO_4 \rightleftharpoons HCl\ (oder\ HF) + NaHSO_4$$

HBr und HJ müssen mit nicht oxidierenden Säuren hergestellt werden, da eine oxidierende Säure, wie H_2SO_4, J_2 oder Br_2 liefern wird. Das Fluorid-Ion reagiert mit der Zahnoberfläche unter Bildung von Fluorapatit $Ca_5F(PO_4)_3$, der im gewissen Maße das Entstehen des Zahnverfalls vermindert.

Wir haben in unseren früheren Diskussionen gesehen, daß die Halogene mit jedem Metall der A Gruppen reagieren können. Die Halogenide der Gruppe IA und IIA sind besonders ionisch aufgebaut. Halogene können auch mit anderen Halogenen unter Bildung von Interhalogenverbindungen reagieren. Alle XX Verbindungen mit der Ausnahme von JF existieren und gewisse XX_n Verbindungen gibt es ebenfalls, wie z. B. ClF_3.

Fast alle Chloride, Bromide und Jodide sind wasserlöslich, mit Ausnahme der Ag(I), Hg(I), Pb(I) und Tl(I) Salze. Die Fluoride der meisten Metalle sind verhältnismäßig schwerlöslich, obwohl, mit Ausnahme von Lithium, die Alkalimetallsalze löslich sind. Die meisten Salze der Gruppe IA und IIA vom Typ XO_3^- und XO_4^- (z. B. Chlorat ClO_3^- und Perchlorat ClO_4^-) sind wasserlöslich. Die Natrium- und Kalium Salze vom Typ XO^- (z. B. Hypochlorit ClO^-) sind ebenfalls wasserlöslich. (Siehe Abschnitt 2–B; I, S. 27 für die Nomenklatur solcher vielatomiger Ionen.)

Tabelle **9–15** gibt eine Zusammenfassung einiger bedeutender Reaktionen der Halogene und ihrer Verbindungen.

Tabelle 9–15 Einige allgemeine Reaktionen der Elemente und Verbindungen der Gruppe VIIA

Reaktion[a]	Bemerkungen
1. $X_2 + H_2O \longrightarrow H^+ + X^- + HOX$	F ergibt O_2 anstelle von HOF
2. $X_2 + O_2 \longrightarrow$ keine Reaktion	Oxide werden indirekt hergestellt
3. $X_2 + 2OH^- \longrightarrow XO^- + X^- + H_2O$	außer Fe_2
4. $3X_2 + 6OH^- \longrightarrow XO_3^- + 5X^- + 3H_2O$	außer Fe_2
5. $X_2 + H_2 \longrightarrow 2HX$	
6. $NaX + H_2SO_4 \longrightarrow HX + NaHSO_4$	F und Cl; Br und J erfordern nicht oxidierende Säuren
7. $HX + H_2O \longrightarrow H_3O^+ + X^-$	außer HF; HF ist weniger dissoziiert und bildet HF_2^-
8. $HX + OH^- \longrightarrow X^- + H_2O$	
9. HX + basisches Oxid $\longrightarrow$ + H_2O	
10. $X_2 + X_2' \longrightarrow XX'$	außer JF; und einige XX_n' bestehen
11. $3X_2 + 2P \longrightarrow 2PX_3$	
12. $X_2 + 2S \longrightarrow S_2X_2$	nur für Cl und Br; SF_6 mit F_2
13. $X_2 + M \longrightarrow$ Metallhalogenid	mit jedem Metall der A-Gruppe und auch mit einigen anderen
14. Metallhalogenid $\xrightarrow{ap}$: löslich	außer F Ag (J), Hg (J), Pb (J),und Tl (J) Salzen

[a]X bedeutet Halogen; M = Metall

Aufgabe 9–31

Die Schmelz- und Siedepunkte der zweiatomigen Halogene nehmen stetig von F_2 bis J_2 zu. Gib einen Grund für diese Tatsache.

Aufgabe 9–32

Die Hydratationswärme der Ionen mit der Ladung –1 entspricht etwa der Hydratationswärme der Ionen der Gruppe IA mit der Ladung +1. Erkläre die Tatsachen, die dieses Ergebnis als ein vernünftiges Resultat erscheinen lassen.

Aufgabe 9–33

Vervollständige, falls Reaktionen eintreten, die folgenden Gleichungen

a) $HJ \xrightarrow{aq}$

b) $HF + Cs_2O \longrightarrow$

c) $(ClO_3)OH + Ca(OH)_2 \longrightarrow$

d) $J_2 + H_2 \longrightarrow$

e) $HF + SiO_2 \longrightarrow SiF_4 +$

f) $Br_2 + OH^-_{(heiß)} \longrightarrow$

g) $Cl_2 + H_2O \longrightarrow$

h) $P + Cl_2 \longrightarrow$

i) $Ca + Br_2 \longrightarrow$

j) $CsBr \xrightarrow{aq}$

9—N. Edelgase — Gruppe VIIA

Einige Eigenschaften der Elemente der Gruppe VIIIA sind in Tabelle **9–16** angegeben.

Die Edelgase werden im freien Zustand in der Natur gefunden. Sie fallen kommerziell als Nebenprodukte bei der fraktionellen Destillation von flüssiger Luft an. Helium kann auch aus Erdgas gewonnen werden. Das Ionisationspotential eines Edelgases ist größer als das irgendeines Elements in seiner Periode. Dies ist darauf zurückzuführen, daß 8 Elektronen in der äußeren Schale (oder 2 im Falle von Helium) eine große Stabilität bedeuten. Man sieht, daß es nur sehr geringe Unterschiede in den Schmelz- und Siedepunkten der individuellen Edelgase gibt. Das bedeutet, daß die Anziehungskräfte in flüssigen und festen Zuständen vergleichbar sein müssen. Nur eine Wechselwirkung zwischen induzierten Dipolen kann vorliegen.

Tabelle 9–16 Eigenschaften der Elemente der Gruppe VIIIA

	He	Ne	Ar	Kr	Xe
Kernladungszahl	2	10	18	36	54
Valenzkonfiguration	$1s^2$	$2s^2 2p^6$	$3s^2 3p^6$	$4s^2 4p^6$	$5s^2 5p^6$
übliche Form	Gas – einatomig	Gas – einatomig	Gas – einatomig	Gas – einatomig	Gas – einatomig
Ionisationspotential [Kcal]	566	497	363	322	278
Atomradius [Å] (van der Waals)	0,93	1,12	1,54	1,69	1,90
Schmelzpunkt [° C]	–272	–249	–189	–157	–112
Siedepunkt [° C]	–269	–246	–186	–153	–107

Bis vor kurzem waren keine chemischen Reaktionen dieser Elemente bekannt. Wir kennen Hydrate von Argon, Krypton und Xenon, die oberhalb des Gefrierpunktes von Wasser instabil sind. Kürzlich hat man auch gefunden, daß Edelgase mit verhältnismäßig niedrigen Ionisationspotentialen, Reaktionen eingehen, aber nur mit den elektronegativsten Elementen (Fluor und Sauerstoff). Die erste Verbindung, die entdeckt wurde, ist $XePtF_6$, die in einer Reaktion zwischen PtF_6 und Xe erhalten wurde. Es ist auch möglich, Xe und F_2 (bei 400 ° C) direkt miteinander zu XeF_4 umzusetzen (XeF_4 hat einen Schmelzpunkt von etwa 114 ° C). Die Struktur ist quadratisch koplanar. Ferner ist es möglich, XeF_2 (Schmelzpunkt ungefähr 150 ° C), XeF_6 (Schmelzpunkt etwa 50 ° C) und KrF_4 herzustellen.

Die Xenonfluoride können mit Wasser unter Bildung verschiedener Verbindungen reagieren z. B. XeO_3, $Xe(OH)_4$ und $XeOF_4$. Trockenes XeO_3 ist **explosiv.** Eine wäßrige Lösung von XeO_3 reagiert schwach sauer und stellt ein starkes Oxidationsmittel dar. Das XeO_6^{4+}-Ion ist durch eine Reaktion von XeF_6 mit NaOH erhalten worden.

Übungen

1. Ionische Verbindungen haben hohe Schmelzpunkte, während kovalente Verbindungen niedrige haben. Erkläre, warum das richtig ist.
2. Kann man erwarten, daß eine Lösung von Kalium in flüssigem Ammoniak den elektrischen Strom leitet? Warum? [Hinweis: Nimm an, es liegt kein KNH_2 vor.]
3. Was versteht man unter einer Elektronenmangelverbindung?
4. Warum darf man erwarten, daß Edelgase im allgemeinen niedrigere Schmelzpunkte als Halogene haben, obwohl beide kein Dipolmoment aufweisen?
5. Was sind Allotrope? Gib ein Beispiel.
6. Wasser ist in der Hinsicht ungewöhnlich, daß sich die Dichte erhöht, wenn Eis in flüssiges Wasser übergeht. Erkläre die Rolle der Wasserstoffbrückenbindung in diesem ungewöhnlichen Wechsel.
7. RbCl und PCl_5 sind beide weiße Festkörper. Gib möglichst viele Unterscheidungsmöglichkeiten an (ausgenommen Schmecken, da man nicht in die Gefahr geraten will, sich selbst umzubringen).
8. Nimm an, daß ein Geologe einen Diamanten gefunden hätte, der fast vollständig in Kalkstein ($CaCO_3$) eingebettet wäre. Wie könnte man den Diamanten, ohne ihn zu verletzen, befreien?
9. Erkläre, warum der Siedepunkt von H_2Te einige hundert Grad tiefer als der von LiH liegt.
10. Man sieht, daß die Hydratisierungswärme, sowohl positiver als auch negativer Ionen exotherm ist. Bedeutet das, daß, wenn ein Salz wie KBr in Wasser gegeben wird, sich die Lösung notwendigerweise erwärmt? Erkläre die Grundlage der Antwort.
11. Warum sollte Wasserstoff in NaH eine Oxidationsstufe von —1 haben?
12. Das Molekül NF_3 besitzt Bindungswinkel von ungefähr 103° bis 104°. Das Molekül hat trotz des großen Unterschieds der Elektronegativität zwischen Stickstoff und Fluor ein sehr kleines Dipolmoment. Schlage eine Struktur für NF_3 vor, die mit dieser Information übereinstimmt. [Hinweis: Betrachte die Struktur und die Existenz des einsamen Elektronenpaares.]
13. Angenommen, man will 11,2 Liter HBr mit Hilfe der folgenden Reaktion darstellen:

$$2\,NaBr + H_3PO_4 \longrightarrow 2\,HBr + Na_2HPO_4$$

Wieviel g NaBr sind bei STP Bedingungen erforderlich?

14. a) Berechne die Gewichtsmenge H_2, die bei einer vollständigen Reaktion von 10,02 g Calcium mit Wasser entstehen würde.

    b) Welches Volumen würde in Teil a) unter STP entstehen?

15. Wieviel Elektronen würden erforderlich sein, um 21,9 g Strontium aus $SrBr_2$ durch Elektrolyse herzustellen?

16. Welche der folgenden Oxide werden mit Wasser unter Säurebildung reagieren?

    a) Bi_2O_3 d) P_2O_5

    b) CO_2 e) Na_2O

    c) CaO f) SeO

17. Wieviel g O_2 würden notwendig sein, um vollständig mit $3{,}01 \times 10^{21}$ Atomen Indium zu reagieren?

18. Welche der folgenden Verbindungen würde erwartungsgemäß das höchste Dipolmoment haben? Warum?

    HBr, HCl, HF, HJ

19. Welche der folgenden Verbindungen ist am wenigsten basisch?

    LiOH, $P(OH)_3$, $Sr(OH)_2$, $As(OH)_3$

20. K (Gruppe IA), Ga (Gruppe IIIA) und Br (Gruppe VIIA) sind Elemente, die zur selben Periode gehören.

    a) Welches wird die größere Elektronegativität haben: Kalium oder Brom?

    b) Welches ist das kleinere Atom?

    c) Schreibe die Lewis-Formel für die Verbindung, die zwischen Gallium und Brom gebildet wird.

    d) Wird das Kaliumoxid sauer, basisch oder amphoter sein?

21. Gib die Formel der Verbindungen an, die durch Reaktion der Spezies in Spalte 1 mit jeder Spezies in Spalte 2 entstehen.

Spalte 1	Spalte 2
Cs	J
Sr	Se
In	O

22. Welche der folgenden Substanzen zeigt die höchste elektrische Leitfähigkeit im flüssigen Zustand?

    J_2, NH_3, HCl, N_2, Na

23. Welches Chlorid sollte den am meisten kovalenten Bindungstyp zeigen?

    a) NaCl, b) KCl, c) $CaCl_2$, d) $BaCl_2$, e) $BeCl_2$

24. Vervollständige, wenn notwendig, und stelle die folgenden Reaktionen richtig, falls sie stattfinden.

a) $Se + H_2O \longrightarrow$
b) $GeO + HCl \longrightarrow$
c) $LiNO_3 + aq \longrightarrow$
d) $In + HBr \longrightarrow$
e) $As + J_2 \longrightarrow$
f) $2\,NaJ + H_3PO_4 \longrightarrow$
g) $P + O_2 \longrightarrow$
h) $Rb_2O + HCl \longrightarrow$
i) $NaH + H_2O \longrightarrow$
j) $Ca + N_2 \longrightarrow$
k) $Al + Fe_2O_3 \longrightarrow$
l) $Al + KOH + H_2O \longrightarrow KAlO_2 + H_2$
m) $Sn + HNO_3 \longrightarrow SnO_2 + NO + H_2O$
n) $As + HNO_3 \longrightarrow H_3AsO_4 + NO_2 + H_2O$
o) $SbCl_3 + H_2O \longrightarrow SbOCl +$
p) $Se + HNO_3 \longrightarrow NO +$

Sachverzeichnis

A

Abgleichen von Reaktionsgleichungen 58 ff
Absolute Temperatur 44 ff
Acetylen 255
Actiniden 149
Aldehyde 258 ff
Alkalimetalle 308 ff
Alkane 247, 307
— cyclische 252
Alkene 252
— cis-trans-Isomere 253
Alkine 255
Alkylverbindungen 306
Allotrope 320, 327, 332
Alkohole 256
Amine 261
Ammoniak 300
— flüssiger 82
Amorphe Festkörper 36
Analytische Chemie 1
Anionen 14
— Nomenklatur einatomiger 15
— Nomenklatur mehratomiger 18
Anode 14
Anorganische Chemie 1
Antimon 327
Äquivalentgewicht 80
Aromatische Kohlenwasserstoffe 262 ff
Arsen 327
Aufenthaltswahrscheinlichkeit 124
Äther 256
Atome 8 ff
— allgemeine Struktur 8
— Kernladungszahl 9
— Massenzahl 8
— nuklearer Bereich 8
Atomgewicht 10
— Skala 11
Atomgröße 150, 169 ff
— Definition 169
— metallischer Radius 169
— van der Waals Radius 169
— Werte 170 ff
Atomorbitale 121 ff
— p Orbitale 129
Atomorbitale, s Orbitale 128
— Wasserstoff 124
Atomspektren 105
— Eisenatom 106
— Natriumatom 106
— Wasserstoffatom 106
Avogadro Gesetz 6, 45

B

Balmer Serie 110
Basen 78 ff, 299 ff
Beugung 113
Bildungsenergie 186
Binäre Verbindungen 295 ff
— des Chlors 306
— der Säuren 305
— des Wasserstoffs 302
Bindung 184 ff
— ionische 212
— koordinative-kovalente 189, 191, 212
— metallische 176
Bindungsenergie 214
Bindungsabstand 189
Bindungsdissoziationsenergie 214
Bindungsordnung 204 ff
Bindungstyp 196, 213
Bohr'sche Theorie 108
Born-Haber'scher Kreisprozeß 185
Boyle Gesetz 6
Brönsted-Lowry'sches Konzept 83

C

Carbonsäuren 259
Charles Gesetz 6, 44
Chemische Bindung 16
Chemische Formeln 15 ff
— ionischer Verbindungen 19 ff
— kovalenter Verbindungen 247 ff
Chemische Gleichungen 57 ff
— Abgleichen 58
Chemische Reaktionen 57 ff
— doppelte Umsetzung 63
— einfache Umsetzung 62

Chemische Reaktionen, Gleichungen 57
— Klassifikation 61
— Oxidation-Reduktion 67
— Säure-Base 75
— Vereinigung 61
— Zersetzung 62
Coulomb Kräfte 184
— Energie 186

D

Davison-Germer-Versuch 113
De Broglie'sche Hypothese 112
Dehnbarkeit 175
Diamant 320 ff
Dipolmoment 211, 235, 255
— mehratomiger Moleküle 236
— zweiatomiger Moleküle 212
Dispersionskräfte 281
Dissoziationsenergie 185
Doppelte Umsetzung 63
Drehimpuls 108
Druckeinheiten 48
Dualismus 112
Dynamisches Gleichgewicht 66

E

Edelgase 149, 342
Einfachbindung 226
Einstein'sche Beziehung 112
Eis 334
Elastizität 175
Elektrische Leitung 179 ff
— in Metallen 177
— in Metalloiden 178
— in Nichtmetallen 179
Elektromagnetische Strahlung 102
Elektron 8 ff
— Dualismus 103
— Masse 9
— Wellenlänge 104
Elektronegativität 29, 166, 209, 214
— Bindungsdissoziationsenergie 216
— kovalente und ionische Bindung 212
— Polarität 210
— Werte 212
Elektronenaffinität 150, 164 ff
— Definition 164
— Werte 165
Elektronenakzeptormoleküle 318
Elektronendonatormoleküle 318
Elektronenformeln 192
Elektronenkonfiguration 139, 161
Elektronenpaare 190, 242
Elektronenspin 133
Elektropositive Elemente 30
Elemente 9 ff
— Atomgewicht 10
— Isotope 9
— Kernladungszahl 9
— Symbole 10
Energieniveaudiagramme 200 ff
Erdalkalimetalle 312
Ester 259

F

Fernordnungsstruktur 334
Festkörper 34 ff
— Schmelzpunkt 34
— Schmelzwärme 34
Formeln 15
Formelgewicht 23
Frequenz 102

G

Gaskonstante 47
Geochemie 2
Gramm-Atom 31
Gewicht 31
Gramm-Molekulargewicht 31
Gramm-Molvolumen 48
Graphit 320 ff
Grundzustand 207
Gruppe I A 308 ff
— Eigenschaften 308
— Reaktionen 311
— Verbindungen 310
Gruppe II A 312 ff
— Eigenschaften 312
— Reaktionen 315
— Verbindungen 314
Gruppe III A 316 ff
— Eigenschaften 317

Gruppe III A, Reaktionen 319
— Verbindungen 318
Gruppe IV A 320 ff
— Allotrope 320
— Eigenschaften 321
— Reaktionen 326
— Verbindungen 324 ff
Gruppe V A 326 ff
— Allotrope 327
— Eigenschaften 327
— Reaktionen 331
— Verbindungen 328
Gruppe VI A 332 ff
— Allotrope 332
— Eigenschaften 333
— Reaktionen 334 ff
— Verbindungen 337
Gruppe VII A 338 ff
— Eigenschaften 339
— Oxisäuren 340
— Reaktionen 341
— Verbindungen 339
Gruppe VIII A 342 ff
— Eigenschaften 342
— Reaktionen 342
— Verbindungen 342
Gruppen 148, 256
— funktionelle 256
Gummi 255

H

Halbleiter 179
Halogene 338 ff
Halogenverbindungen 305 ff
— aliphatische 262
— aromatische 264
Hämmerbarkeit 176
Hauptquantenzahl 117
Heisenberg'sche Unschärferelation 115
Hund'sche Regel 135, 203
Hybridorbitale 226 ff
Hybridisierung 226, 240
— Aldehyde 258
— Alkane 247
— Alkene 252
— Alkine 255
— Alkohole 256
Hybridisierung, Alkylhalogenide
— Amine 261
Hybridisierung
— aromatischer Kohlenwasserstoffe 262
— Äther 256
— Carbonsäuren 259
— Ketone 258
Hydratationsenergie 276
Hydratationswärme 276
Hydridmoleküle 289
Hydrolyse 318
Hydronium-Ion 277
Hydroxide 299 ff
— Amphotere 300

I

Ideales Gas 43
Ideale Gasgleichung 47 ff
Ideales Gasgesetz 43 ff
Ionen 12
— einatomige 12
— mehratomige 18
Ionenladung 159, 166
Ionenbindung 19, 184
Ionisationspotential 150, 156, 159
Interhalogenverbindungen 305
Isoelektrische Spezies 173
cis-trans Isomere 254
Isotope 9 ff

K

Kathode 14
Kationen 14
— Nomenklatur 14
Kernladungszahl (Z) 9
Ketone 258
Kinetische Gastheorie 6
Klassische Mechanik 101
Kohlenstoff 320
— dioxid 322
— monoxid 322
Kohlenwasserstoffe 247 ff
Konturzeichnungen 121
Kovalente Bindung 19 ff
Knotenflächen 129 ff

L

Ladungsasymmetrie 280
Ladungsdichte 273
Lanthaniden 149
Lewis-Formeln 192 ff
Loschmidt'sche Zahl 32
— Beziehung zu g-Atom 32
— Beziehung zu Mol 32
Lösungen 38 ff
Konzentrationseinheiten 39 ff
— Molalität 38
— Molarität 38
— gelöster Stoff 38
— Lösungsmittel 38
Lösungsmittel 38
Lösungsmittelkonzept 81

M

Mehrfachbindung 237
Metalle 155, 175
Metalloide 150, 175, 178
Mischungen 22
Mol 31
Molalität 41
Molarität 41
Molecular-orbital-Theorie 197 ff
— bindende und nichtbindende Orbitale 202
— Orbitalenergien 205
— zweiatomige Moleküle 207
Molenbruch 41
Molekulargewicht 23
Molekularsiebe 324
Molekülorbitale 199 ff
Molekularformel 15 ff
— Beziehung zur einfachsten Formel 25

N

Neutron 8 ff
— Masse 10
Neutralisationsreaktionen 79 ff
Nichtmetalle 175, 179
Normalität 92

O

Orbitalenergien 119, 136, 205
Orbitalüberlappung 194 ff, 224 ff
Organische Chemie 1
Oxidationsmittel 70
Oxidations-Reduktionsreaktionen 70 ff
Oxidationszahl 68 ff, 150
Oxidationszustände 260
Oxide 299
— amphotere 300
Ozon 333

P

Parts per billions 40
Parts per million 40
Partialdruck 51
Pauli-Prinzip 135
Periodisches System 147
Perioden 148
Periodizität 148
Phasen 34 ff
Photochemie 2
Phosphor 327
Photonen 102, 112
Physikalische Chemie 2
Polymerisation 265
Polarität 209
Polymere 255, 265
Polarisierbarkeit 281
Potentialkurve 187
Proton 8 ff
— Masse 11
— Eigenschaften 10

Q

Quantenmechanik 101, 114, 197
Quantenzahlen 108, 120
Quarz 323

R

Radius kovalenter 169
— metallischer 169
— van der Waal'sche 169
— interionischer 172

Reißfestigkeit 175
Resonanz 244 ff
— energie 218
— hybrid 219
— formel 219
Rotation 254
Säure-Base Reaktionen 75 ff
— Äquivalentgewicht 80
— Brönsted-Lowry Konzept 81
— Charakter 301
— Neutralisation 79
— relative Stärke 80
— stöchiometrische Berechnungen 93

S

Säuren 76, 299
Sauerstoff 332
Schmelzpunkte 35, 288
Schmelzwärme 35
Schwefel 333
Siedepunkte 37, 288
Silicium 320
— dioxid 322
Silikate 323
Spinquantenzahl 133
Stickstoff 326 ff
— oxide 328
Stöchiometrie 89
Temperatur 43 ff
— absolute 44
— Celsius 46
— Skala 46

T

Torr 48

U

Übergangselemente 149

V

Valence-bond-Theorie 193 ff
Valenzschale 149
Valenzschalenelektronenpaare 240 ff
Van der Waals Radius 169
Verbindungen 22 ff
— Definition 15
— ionische 296 ff
— kovalente 296 ff
— prozentuale Zusammensetzung 24
Verdampfungswärme 37 ff

W

Wahrscheinlichkeitsdichte 112
Wasserstoffbrückenbindung 285 ff
— intramolekulare 286, 290
— intermolekulare 286, 290
Wasserstofforbitale 121, 124
Wasserstoffperoxid 334
Wasserstoffverbindungen 295 ff
Wechselwirkungen 241 ff
— Dipol-Dipol 277
— Dipol-induzierter Dipol 280
— Ion-Dipol 272
— Ion-induzierter Dipol 284
— induzierter Dipol-induzierter Dipol 281
— Ion-Ion 270
— ionische 270
— molekulare 270
Wellenfunktion 115

Z

Zustandsform 34 ff
— gasförmig 37
— fest 34
— flüssig 36

Atomgewichte (bezogen auf $C^{12} = 12{,}000$)

Actinium	Ac	227	Molybdän	Mo	95,94
Aluminium	Al	26,98	Natrium	Na	22,9898
Americium	Am	(243)	Neodym	Nd	144,24
Antimon	Sb	121,75	Neon	Ne	20,183
Argon	Ar	39,948	Neptunium	Np	(237)
Arsen	As	74,92	Nickel	Ni	58,71
Astatium	At	(210)	Niob	Nb	92,91
Barium	Ba	137,34	Nobelium	No	(254)
Berkelium	Bk	(249)	Osmium	Os	190,2
Beryllium	Be	9,102	Palladium	Pa	106,4
Blei	Pb	207,19	Phosphor	P	30,974
Bor	B	10,81	Platin	Pt	195,09
Brom	Br	79,909	Plutonium	Pu	(242)
Cadmium	Cd	112,40	Polonium	Po	(210)
Caesium	Cs	132,91	Praseodym	Pr	140,91
Calcium	Ca	40,08	Promethium	Pm	(147)
Californium	Cf	(251)	Protactinium	Pa	(231)
Cer	Ce	140,12	Quecksilber	Hg	200,59
Chlor	Cl	35,453	Radium	Ra	(226)
Chrom	Cr	52,00	Radon	Rn	(222)
Curium	Cm	(247)	Rhenium	Re	186,23
Dysprosium	Dy	162,50	Rhodium	Rh	102,91
Einsteinium	Es	(254)	Rubidium	Rb	85,47
Eisen	Fe	55,85	Ruthenium	Ru	101,1
Erbium	Er	167,26	Samarium	Sm	150,35
Europium	Eu	151,96	Sauerstoff	O	15,9994
Fermium	Fm	(253)	Scandium	Sc	44,96
Fluor	F	19,00	Schwefel	S	32,064
Francium	Fr	(223)	Selen	Se	78,96
Gadolinium	Gd	157,25	Silber	Ag	107,870
Gallium	Ga	69,72	Silicium	Si	28,09
Germanium	Ge	72,59	Stickstoff	N	14,007
Gold	Au	196,97	Strontium	Sr	87,62
Hafnium	Hf	178,49	Tantal	Ta	180,95
Hahnium	Ha	(260)	Technetium	Tc	(99)
Helium	He	4,003	Tellur	Te	127,60
Holmium	Ho	164,93	Terbium	Tb	158,92
Indium	In	114,82	Thallium	Tl	204,37
Iridium	Ir	192,2	Thorium	Th	232,04
Jod	J	126,90	Thulium	Tm	168,93
Kalium	K	39,102	Titan	Ti	47,90
Kobalt	Co	58,93	Uran	U	238,03
Kohlenstoff	C	12,011	Vanadium	V	50,94
Krypton	Kr	83,80	Wasserstoff	H	1,0080
Kupfer	Cu	63,54	Wismut	Bi	208,98
Kurtschatovium	Ku	(260)	Wolfram	W	183,85
Lanthan	La	138,91	Xenon	Xe	131,30
Lawrencium	Lr(Lw)	(257)	Ytterbium	Yb	173,04
Lithium	Li	6,939	Yttrium	Y	88,91
Lutetium	Lu	174,97	Zink	Zn	65,37
Magnesium	Mg	24,312	Zinn	Sn	118,69
Mangan	Mn	54,94	Zirkon	Zr	91,22
Mendelevium	Md	(256)			

Meßgrößenart Name (Dimension)	Einheit Name Symbol	Untereinheiten und Symbole empfohlen		**nicht** empfohlen
Länge (L)	Meter m	m mm µm nm		 cm µ, u mµ, mu Å
Fläche (L^2)	Quadrat- meter m^2	m^2 mm^2 $µm^2$		 cm^2 $µ^2$
Volumen (L^3)	Kubik- meter m^3	 l dl	 m^3 dm^3	 L
	Liter l	ml µl nl pl fl	cm^3 mm^3	cc, ccm λ, ul µµl, uul $µ^3$, u^3
Masse (M)	Kilogramm kg	kg g mg µg ng pg		Kg gr γ, ug mµg, mug γγ, µµg, uug
Anzahl (der Teilchen) (1)	eins	$\times 10^9$ $\times 10^6$ $\times 10^3$ $\times 1$ $\times 10^{-3}$		alle dazwischen- liegenden Faktoren
Stoffmenge (N)	Mol mol	mol mmol µmol nmol		M, aeq, val, g-mol mM, maeq, mval µM, uM, µaeq, µval nM, naeq, nval
Massen- konzentration ($L^{-3}M$)	Kilogramm pro Liter kg/l	kg/l g/l		g/ml %, g%, %(w/v), g/100 ml, g/dl ‰, g‰, ‰ (w/v) mg%, mg% (w/v), mg/100 ml, mg/dl

SI-Einheiten

Meßgrößenart Name (Dimension)	Einheit Name Symbol	Untereinheiten und Symbole empfohlen	 **nicht** empfohlen
Massen- konzentration ($L^{-3}M$)	Kilogramm pro Liter kg/l	mg/l µg/l ng/l	ppm, ppm (w/v) µg%, ug% (w/v), µg/100 ml, µg/dl, γ% ppb, ppb (w/v) µµg/ml, uug/ml
Massen- verhältnis (1)	eins 1	$\times 1$ $\times 10^{-3}$ $\times 10^{-6}$ $\times 10^{-9}$ $\times 10^{-12}$	kg/kg, g/g %, % (w/v) g/kg, ‰, ‰ (w/v) mg/kg, ppm, ppm, (w/w) µg/kg, ppb, ppb (w/w) ng/kg
Volumen- verhältnis (1)	 eins 1	 $\times 1$ $\times 10^{-3}$ $\times 10^{-6}$	 l/l, ml/ml %, % (v/v), vol% ml/l, ‰, ‰ (v/v), vol‰ µl/l, ppm, ppm (v/v)
Stoffmengen- konzentration ($L^{-3}N$)	Mol pro Liter (mol/l)	 mol/l mmol/l µmol/l nmol/l	 M, aeq/l, val/l, N, n mM, maeq/l, mval/l µM, uM, µaeq/l naeq/l, nM
Molatität ($M^{-1}N$)	Mol/ pro Kilogramm mol/kg	mol/kg mmol/kg µmol/kg	m, mmol/g, µmol/mg mm µm, um
Stoffmengen- verhältnis (1)	 eins 1	 $\times 1$ $\times 10^{-3}$ $\times 10^{-6}$	 mol/mol %, mol% mmol/mol, ‰, mol‰ µmol/mol
Anzahl- konzentration (L^{-3})	Reziprokes Liter l^{-1} oder 1/l	$\times 10^{-3}$/l $\times 10^{-3} l^{-1}$ $\times 1$/l $\times l^{-1}$ $\times 10^{3}$/l $\times 10^{3} l^{-1}$ $\times 10^{6}$/l $\times 10^{6} l^{-1}$ $\times 10^{9}$/l $\times 10^{9} l^{-1}$	$\times 1$/ml, ml^{-1} $\times 1$/µl, $\times 1$/ul, $µl^{-1}$
Anzahlverhältnis (1)	eins 1	$\times 1$ $\times 10^{-3}$ $\times 10^{-6}$	% ‰
Meßgrößenarten relativer Natur (1)	eins 1	$\times 1$ $\times 10^{-3}$ $\times 10^{-6}$ $\times 10^{-9}$	% ‰ ppm ppb

Meßgrößenart Name (Dimension)	Einheit Name Symbol	Untereinheiten und Symbole empfohlen		**nicht** empfohlen
Thermo- dynamische Temperatur (Θ)	Grad Kelvin K	K mK		°K, k°, grd
Celsius- Temperatur (Θ)	Grad Celcius °C	°C, K m°C, mK		C, °, C°
Druck ($L^{-1}MT^{-2}$)	Pascal Pa	MPa	(MN/m^2)	
				atm at bar, b
	(Newton pro Quadrat- meter) (N/m^2)	kPa	(kN/m^2)	
				mmHg, Torr mbar, mb mmH_2O
		Pa	(N/m^2)	
				µbar, µb
Partialdruck ($L^{-1}MT^{-2}$)	Pascal Pa (Newton pro Quadrat- meter (N/m^2)			
Zeit (T)	Sekunde s		a	
		Ms		
			d	
			h	Std., St.
		ks		
			min	mln., Mln., m
		s		sec., s.
		ms		
		µs		us
Dichte ($L^{-3}M$)	Kilogramm pro Liter kg/l	kg/l g/l mg/l		g/ml mg/ml µg/ml
Relative Dichte (1)	eins 1	×1 $\times 10^{-3}$		

SI-Einheiten

Bis 21. 12. 77 noch zugelassene Einheiten

Einheit Name	Symbol	Wert in SI-Einheiten
Ångström	Å	1 Å = 0,1 nm = 10^{-10} m
Curie	Ci	1 Ci = 3,7 × 10^{10} s^{-1}
Röntgen	R	1 R = 2,58 × 10^{-4} C/kg [1])
Rad	rd	1 rd = 10^{-2} J/kg
		[1]) C ≡ Coulomb

Einheiten die im Zusammenhang mit dem SI benutzt werden dürfen

Einheit Name	Symbol	Wert in SI-Einheiten
Minute	min	1 min = 60 s
Stunde	h	1 h = 60 min = 3 600 s
Tag	d	1 d = 24 h = 86 400 s
Liter	l	1 l = 1 dm^3 = 10^{3-} m^3
Grad Celsius	°C	t °C = T – 273,15 K

T ≡ Thermodynamische Temperatur

Hinweis auf Normen:

DIN	1345	Thermodynamik; Formelzeichen, Einheiten
DIN	66035	Kalorie-Joule, Joule-Kalorie; Umrechnungstabellen
DIN	66039	Kilokalorie-Wattstunde, Wattstunde-Kilokalorie; Umrechnungstabellen
DIN	1314	Druck; Begriffe, Einheiten
DIN	66034	Kilopond-Newton, Newton-Kilopond; Umrechnungstabellen
DIN	66037	Kilopond je Quadratzentimeter-Bar Bar-Kilopond je Quadratzentimenter } Umrechnungstabellen
DIN	66038	Torr-Millibar, Millibar-Torr; Umrechnungstabellen
DIN	66036	Pferdestärke-Kilowatt, Kilowatt-Pferdestärke; Umrechnungstabellen